AutoCAD 工程设计视频讲堂

轻松学 AutoCAD 2015 建筑工程制图

李 波 等编著

U0370019

電子工業出版社
Publishing House of Electronics Industry
北京 · BEIJING

内 容 简 介

本书共10章和2个附录，分别讲解AutoCAD 2015基础知识，建筑工程常用符号及图例的绘制方法，建筑设计基础及CAD制图规范；按照建筑工程图的特点，讲解建筑总平面图、平面图、立面图、剖面图、详图、水暖电等施工图的绘制方法；以某办公楼和医院建筑楼的全套施工图为例，贯穿前面所学知识，讲解工程图绘制技巧；附录中介绍CAD常见的快捷命令和常用的系统变量。

本书以“轻松·易学·快捷·实用”为宗旨，采用双色印刷，将要点、难点、图解等分色注释。配套多媒体DVD光盘中，包含相关案例素材、大量工程图、视频讲解、电子图书等。另外，开通QQ高级群（15310023），以开放更多的共享资源，以便读者能够互动交流和学习。

本书适合AutoCAD初中级读者学习，也适合大中专院校相关专业师生学习，以及培训机构和在职技术人员学习。

图书在版编目（CIP）数据

轻松学 AutoCAD 2015 建筑工程制图 / 李波等编著. —北京：电子工业出版社，2015.6
（AutoCAD 工程设计视频讲堂）
ISBN 978-7-121-26210-4

I. ①轻… II. ①李… III. ①建筑制图－计算机辅助设计－AutoCAD 软件 IV. ①TU204

中国版本图书馆 CIP 数据核字（2015）第 118543 号

策划编辑：许存权
责任编辑：许存权　　　　特约编辑：谢忠玉　马军令
印　　刷：北京京师印务有限公司
装　　订：北京京师印务有限公司
出版发行：电子工业出版社
　　　　　北京市海淀区万寿路 173 信箱　　邮编：100036
开　　本：787×1092　1/16　　印张：19.75　字数：506 千字
版　　次：2015 年 6 月第 1 版
印　　次：2015 年 6 月第 1 次印刷
定　　价：65.00 元（含 DVD 光盘 1 张）

凡所购买电子工业出版社图书有缺损问题，请向购买书店调换。若书店售缺，请与本社发行部联系，联系及邮购电话：(010) 88254888。

质量投诉请发邮件至 zlts@phei.com.cn，盗版侵权举报请发邮件至 dbqq@phei.com.cn。

服务热线：(010) 88258888。

前言

- 随着科学技术的不断发展，计算机辅助设计（CAD）也得到了飞速发展，而最为出色的 CAD 设计软件之一就是美国 Autodesk 公司的 AutoCAD，在 20 多年的发展中，AutoCAD 相继进行了二十多次的升级，每次升级都带来了功能的大幅提升，目前的 AutoCAD 2015 简体中文版于 2014 年 3 月正式面世。

本书内容

- 第1章，讲解AutoCAD 2015 的基础入门。
- 第2～3章，讲解建筑工程常用符号及图例的绘制方法，以及建筑设计基础和CAD制图规范。
- 第4～8章，按照建筑工程图的特点，分别进行建筑总平面图、平面图、立面图、剖面图、详图、水暖电等施工图分别进行详细讲解其绘制方法。
- 第9～10章，以某办公楼和医院建筑楼的全套施工图为例来进行绘制，从而贯穿前面所学的知识，讲解其绘制技巧。
- 附录A、B，介绍CAD常见的快捷命令和常用的系统变量。

本书特色

- 经过调查，以及多次与作者长时间的沟通，本套图书的写作方式、编排方式将以全新模式，突出技巧主题，做到知识点的独立性和可操作性，每个知识点尽量配有多媒体视频，是 AutoCAD 用户不可多得的一套精品工具书，主要有以下特色。

版本最新 紧密结合

•以2015版软件为蓝本，使之完全兼容之前版本的应用；在知识内容的编排上，充分将AutoCAD软件的工具命令与建筑专业知识紧密结合。

版式新颖 美观大方

•图书版式新颖，图注编号清晰明确，图片、文字的占用空间比例合理，通过简洁明快的风格，并添加特别提示的标注文字，提高读者的阅读兴趣。

多图组合 步骤编号

•为节省版面空间，体现更多的知识内容，将多个相关的图形组合编排，并进行步骤编号注释，读者看图即可操作。

双色印刷 轻松易学

•本书双色编排印刷，更好地体现出本书的重要知识点、快捷键命令、设计数据等，让读者在学习的过程中，达到轻松学习，容易掌握的目的。

全程视频 网络互动

•本书全程视频讲解，做到视频与图书同步配套学习；开通QQ高级群（15310023）进行互动学习和技术交流，并可获得大量的共享资料。

读者对象

- 特别适合教师讲解和学生自学。
- 各类计算机培训班及工程培训人员。
- 相关专业的工程设计人员。
- 对AutoCAD设计软件感兴趣的读者。

学习方法

- 其实 AutoCAD 建筑工程图的绘制很好学，可通过多种方法利用某个工具或命令，如工具栏、命令行、菜单栏、面板等。但是，学习任何一门软件技术，都需要动力、坚持和自我思考，如果只有三分钟的热度、遇到问题就求助别人、对此学习无所谓，是学不好、学不精的。
- 对此，作者推荐以下 6 点建议，希望读者严格要求自己进行学习。

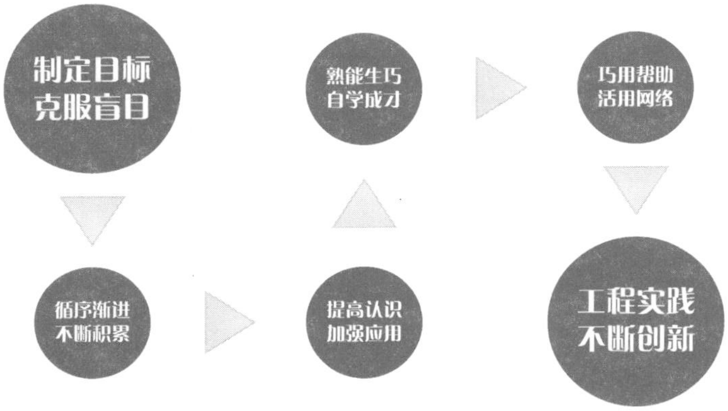

写作团队

- 本书由“巴山书院”集体创建，由资深作者李波主持编写，另外，参与编写的人员还有冯燕、江玲、袁琴、陈本春、刘小红、荆月鹏、汪琴、刘冰、牛姜、王洪令、李友、黄妍、郝德全、李松林等。
- 感谢您选择了本书，希望我们的努力对您的工作和学习有所帮助，也希望把您对本书的意见和建议告诉我们（邮箱：helpkj@163.com　QQ 高级群: 15310023）。
- 书中难免有疏漏与不足之处，敬请专家和读者批评指正。

注：本书中案例工程图的尺寸单位，除特别注明外，默认为毫米（mm）。

目录

1

AutoCAD 2015 快速入门

本章导读

随着计算机辅助绘图技术的不断普及和发展，用计算机绘图全面代替手工绘图将成为必然趋势，只有熟练地掌握计算机图形的生成技术，才能够灵活自如地在计算机上表现自己的设计才能和天赋。

本章内容

- AutoCAD 2015 软件基础
- ACAD 图形文件的管理
- ACAD 绘图环境的设置
- ACAD 命令与变量的操作
- ACAD 辅助功能的设置
- ACAD 图形对象的选择
- ACAD 视图的显示控制
- ACAD 图层与对象的控制
- ACAD 文字和标注的设置
- 绘制第一个 ACAD 图形

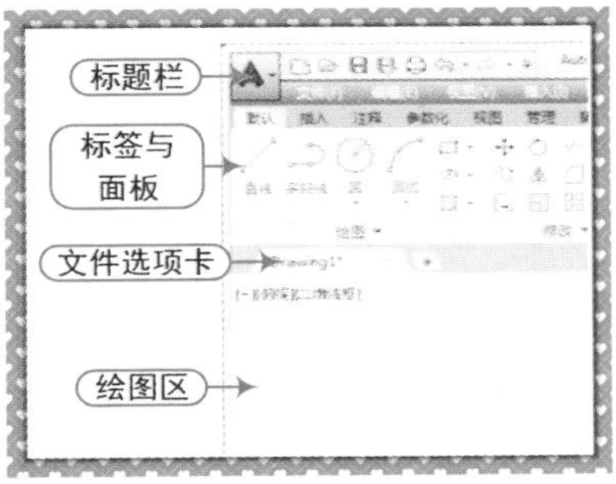

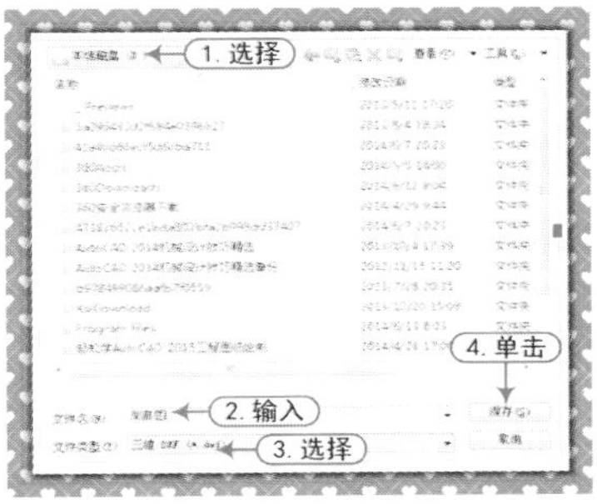

1.1 AutoCAD 2015 软件基础

AutoCAD 软件是美国 Autodesk 公司开发的产品，是目前世界上应用最广泛的 CAD 软件之一。它已经在机械、建筑、航天、造船、电子、化工等领域得到了广泛的应用，并且取得了硕大的成果和巨大的经济效益。

1.1.1 AutoCAD 2015 软件的获取方法

案例	无	视频	AutoCAD 2015 软件的获取方法.avi	时长	03'16"

对于 AutoCAD 2015 软件的获取方法，请用户观看其视频文件的方法来操作。

1.1.2 AutoCAD 2015 软件的安装方法

案例	无	视频	AutoCAD 2015 软件的安装方法.avi	时长	04'52"

对于 AutoCAD 2015 软件的安装方法，请用户观看其视频文件的方法来操作。

1.1.3 AutoCAD 2015 软件的注册方法

案例	无	视频	AutoCAD 2015 软件的注册方法.avi	时长	05'23"

对于 AutoCAD 2015 软件的注册方法，请用户观看其视频文件的方法来操作。

1.1.4 AutoCAD 2015 软件的启动方法

案例	无	视频	AutoCAD 2015 软件的启动方法.avi	时长	02'40"

当用户的电脑已经成功安装并注册 AutoCAD 2015 软件后，用户即可以启动并运行该软件。与大多数应用软件一样，要启动 AutoCAD 2015 软件，用户可通过以下四种方法实现。

方法 01　双击桌面上的【AutoCAD 2015】快捷图标。

方法 02　右击桌面上的【AutoCAD 2015】快捷图标，从弹出的快捷菜单中选择【打开】命令。

方法 03　单击桌面左下角的【开始】|【程序】|【Autodesk | AutoCAD 2015-Simplified Chinese】命令。

方法 04　在 AutoCAD 2015 软件的安装位置，找到其运行文件“acad.exe”文件，然后双击即可。

1.1.5 AutoCAD 2015 软件的退出方法

案例	无	视频	AutoCAD 2015 软件的退出方法.avi	时长	01'36"

在 AutoCAD 2015 中绘制完图形文件后，用户可通过以下四种方法之一来退出。

方法 01　在 AutoCAD 2015 软件环境中单击右上角的“关闭”按钮。

方法 02　在键盘上按<Alt+F4>或<Ctrl+Q>组合键。

方法 03　单击 AutoCAD 界面标题栏左端的图标，在弹出的下拉菜单中单击“关闭”按钮。

方法 04 在命令行输入 Quit 命令或 Exit 命令并按 <Enter>键。

通过以上任意一种方法，可对当前图形文件进行关闭操作。如果当前图形有所修改且没有存盘，系统将出现 AutoCAD 警告对话框，询问是否保存图形文件，如图 1-1 所示。

图 1-1

注意：ACAD 文件退出时是否要保存。

在警告对话框中，单击“是（Y）”按钮或直接按（Enter）键，可以保存当前图形文件并将对话框关闭；单击“否（N）”按钮，可以关闭当前图形文件但不存盘；单击“取消”按钮，取消关闭当前图形文件操作，既不保存也不关闭。如果当前所编辑的图形文件没命名，那么单击“是（Y）”按钮后，AutoCAD 会打开“图形另存为”的对话框，要求用户确定图形文件存放的位置和名称。

1.1.6 AutoCAD 2015 草图与注释界面

案例	无	视频	AutoCAD 2015 草图与注释界面.avi	时长	11'14"

第一次启动 AutoCAD 2015 时，会弹出【Autodesk Exchange】对话框，单击该对话框右上角的【关闭】按钮☒，将进入 AutoCAD 2015 工作界面，默认情况下，系统会直接进入如图 1-2 所示的“草图与注释”空间界面。

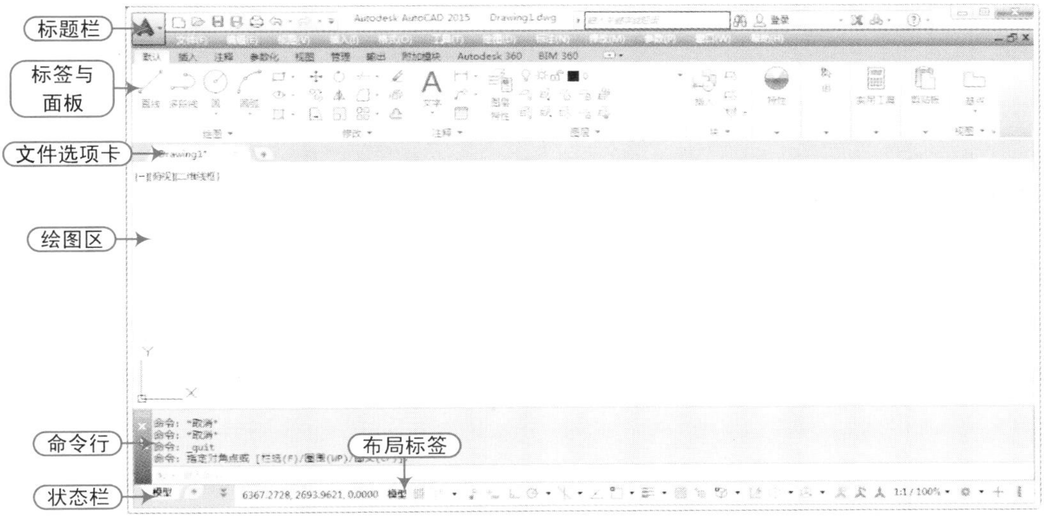

图 1-2

1. AutoCAD 2015 标题栏

AutoCAD 2015 标题栏包括“菜单浏览器”按钮、“快速访问”工具栏（包括新建、打开、保存、另存为、打印、放弃、重做等按钮）、软件名称、标题名称、“搜索”框、“登录”

按钮、窗口控制区（即“最小化”按钮、“最大化”按钮、“关闭”按钮），如图 1-3 所示。这里以“草图与注释”工作空间为例进行讲解。

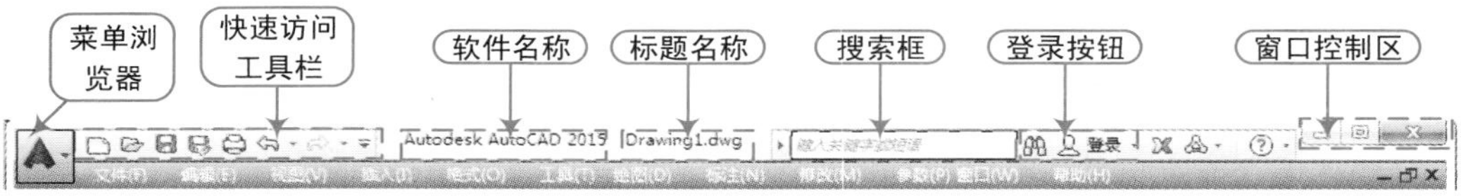

图 1-3

2. AutoCAD 2015 的标签与面板

在标题栏下侧有标签，在每个标签下包括有许多面板。例如“默认”选项标题中包括绘图、修改、图层、注释、块、特性、组、实用工具、剪贴板等面板，如图 1-4 所示。

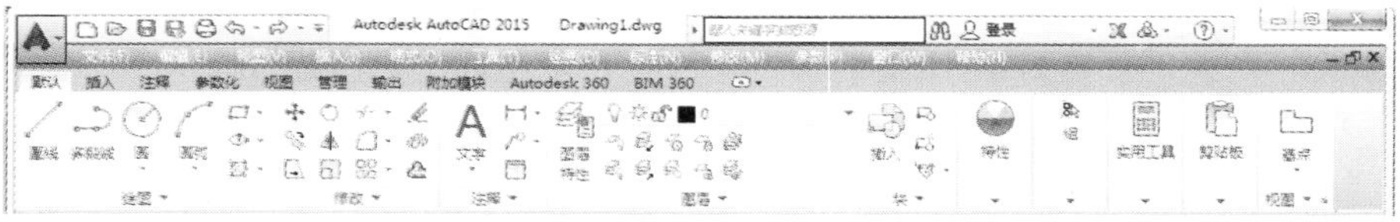

图 1-4

提示：选项卡与面板卡的显示效果。

在标签栏的名称最右侧显示了一个倒三角，用户单击按钮，将弹出一个快捷菜单，可以进行相应的单项选择来调整标签栏显示的幅度，如图 1-5 所示。

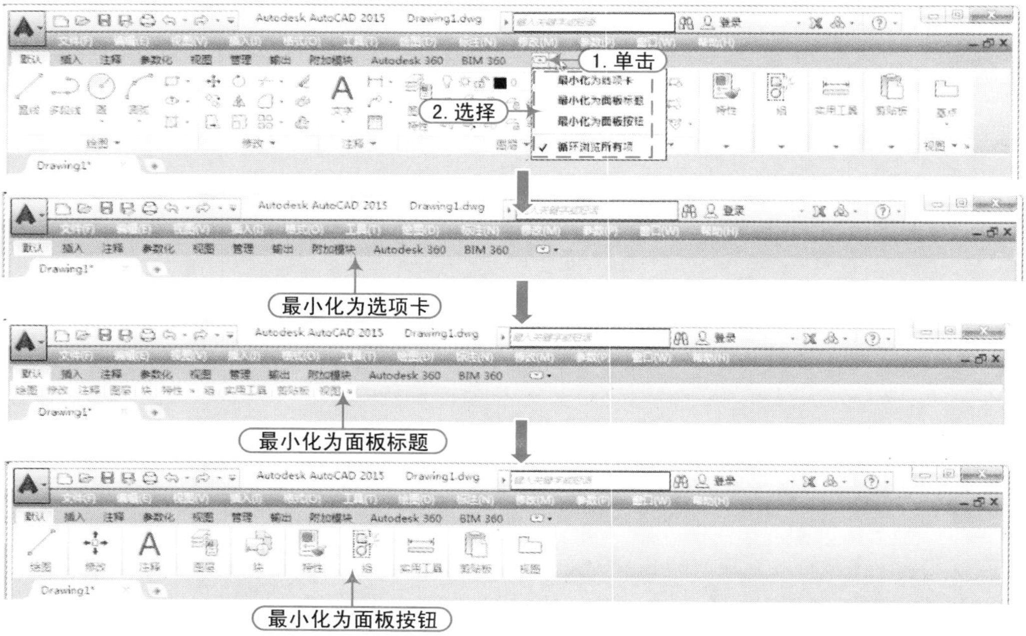

图 1-5

3. AutoCAD 2015 图形文件选项卡

AutoCAD 2015 版本提供了图形选项卡，在打开的图形间切换或创建新图形时非常方便。

使用“视图”选项卡中的“文件选项卡”控件来打开或关闭图形选项卡工具条，当文件选项卡打开后，在图形区域上方会显示所有已经打开的图形选项卡，如图 1-6 所示。

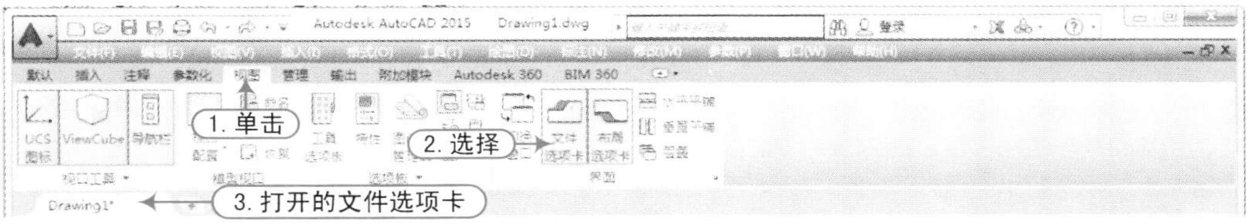

图 1-6

文件选项卡是以文件打开的顺序来显示的，可以拖动选项卡来更改图形的位置，如图 1-7 所示为拖动图形 1 到中间位置的效果。

图 1-7

4. AutoCAD 2015 的菜单栏与工具栏

在 AutoCAD 2015 的“草图与注释”工作空间状态下，其菜单栏和工具栏处于隐藏状态。

如果要显示其菜单栏，那么在标题栏的“工作空间”右侧单击其倒三角按钮（即“自定义快速访问工具栏”列表），从弹出的列表中选择“显示菜单栏”，即可显示 AutoCAD 的常规菜单栏，如图 1-8 所示。

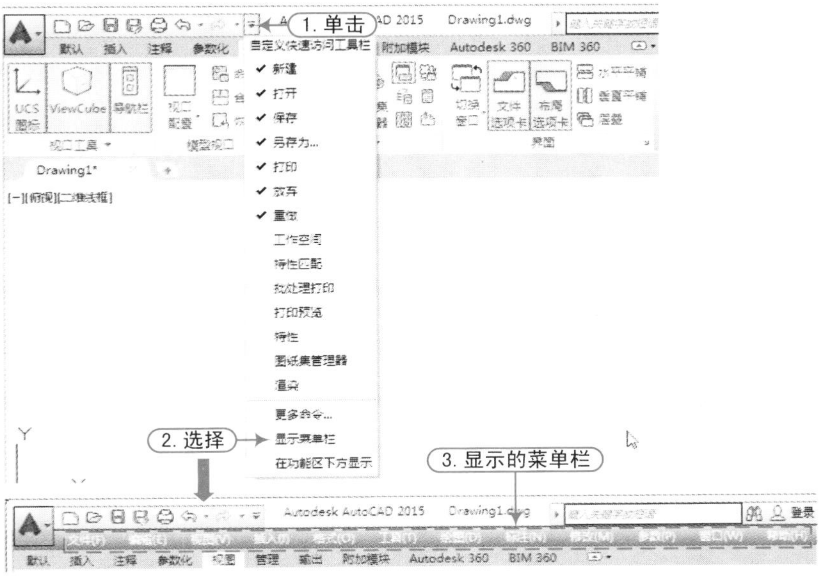

图 1-8

如果要将 AutoCAD 的常规工具栏显示出来，用户可以选择“工具｜工具栏”菜单项，从弹出的下级菜单中选择相应的工具栏即可，如图 1-9 所示。

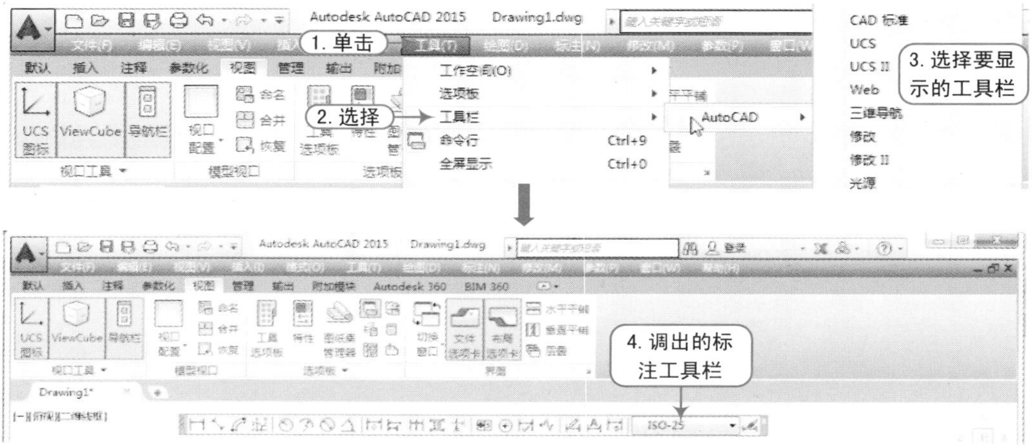

图 1-9

技巧：工具按钮名称的显示

如果用户忘记了某个按钮的名称，只需要将鼠标光标移动到该按钮上面停留几秒钟，就会在其下方出现该按钮所代表的命令名称，看见名称就可快速地确定其功能。

5. AutoCAD 2015 的绘图区域

绘图区也称为视图窗口，即屏幕中央空白区域，是进行绘图操作的主要工作区域，所有的绘图结果都反映在这个窗口中。用户可以根据需要关闭一些“工具栏”，以扩大绘图的空间。如果图纸比较大，需要查看未显示的部分时，可以单击窗口右边和下边滚动条上的箭头，或拖动滚动条上的滑块来移动图纸。在绘图窗口中除了显示当前的绘图结果外，还显示了当前使用的坐标系类型及坐标原点，X 轴、Y 轴、Z 轴的方向等。

默认情况下，坐标系为世界坐标系(WCS)，绘图窗口的下方有“模型”和“布局”选项卡，单击其选项卡可以在模型空间和图纸空间之间切换，如图 1-10 所示。

6. AutoCAD 2015 的命令行

命令行是 AutoCAD 与用户对话的一个平台，AutoCAD 通过命令反馈各种信息，用户应密切关注命令行中出现的信息，根据信息提示进行相应的操作。

使用 AutoCAD 绘图时，命令行一般有以下两种显示状态。

（1）等待命令输入状态：表示系统等待用户输入命令，以绘制或编辑图形，如图 1-11 所示。

（2）正在执行命令状态：在执行命令的过程中，命令行中将显示该命令的操作提示，以方便用户快速确定下一步操作，如图 1-12 所示。

7. AutoCAD 2015 的状态栏

状态栏位于 AutoCAD 2015 窗口的最下方，主要由当前光标的坐标、辅助工具按钮、布局空间、注释比例、切换空间、状态栏菜单、全屏按钮等各个部分组成，如图 1-13 所示。

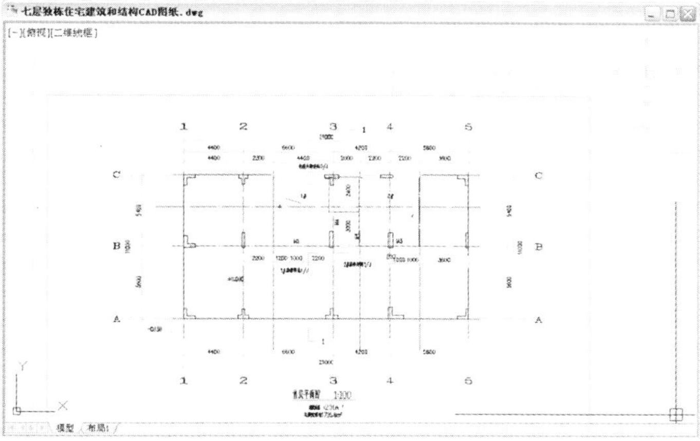

图 1-10

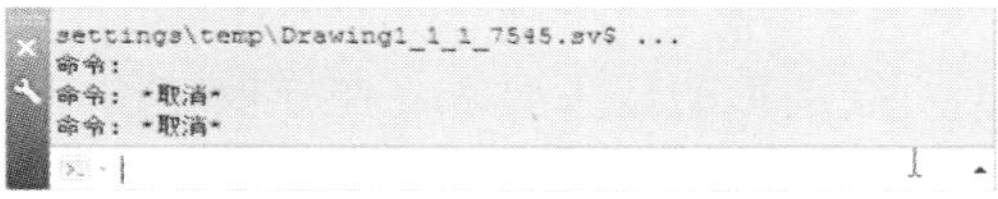

图 1-11

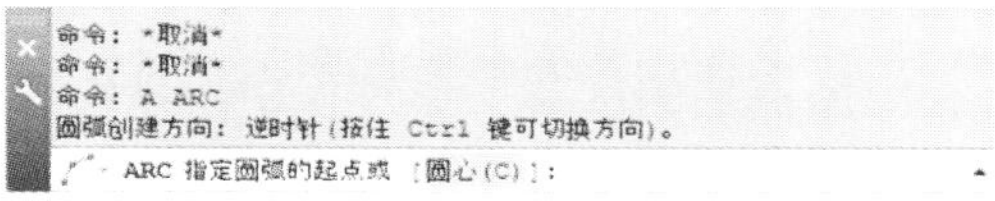

图 1-12

图 1-13

1.2 ACAD 图形文件的管理

在 AutoCAD 2015 中，图形文件的管理包括创建新的图形文件、打开已有的图形文件、保存图形文件、加密图形文件、输入图形文件和关闭图形文件等操作。

1.2.1 图形文件的新建

案例	无	视频	图形文件的新建.avi	时长	02'27"

在 AutoCAD 2015 中新建图形文件，用户可通过以下四种方法之一来实现。

方法 01 在 AutoCAD 2015 界面中，单击左上角快速访问工具栏的“新建”按钮。

方法 02 在键盘上按<Ctrl+N>组合键。

方法 03 单击 AutoCAD 界面标题栏左端的图标，在弹出的下拉菜单中单击“新建”按钮。

方法 04 在命令行输入 NEW 命令并按<Enter>键。

通过以上任意一种方法，可对图形文件进行新建操作。执行命令后，系统会自动弹出“选择样板”对话框，在文件下拉列表中一般有 dwt、dwg、dws 三种格式图形样板，根据用户需求，选择打开样板文件，如图 1-14 所示。

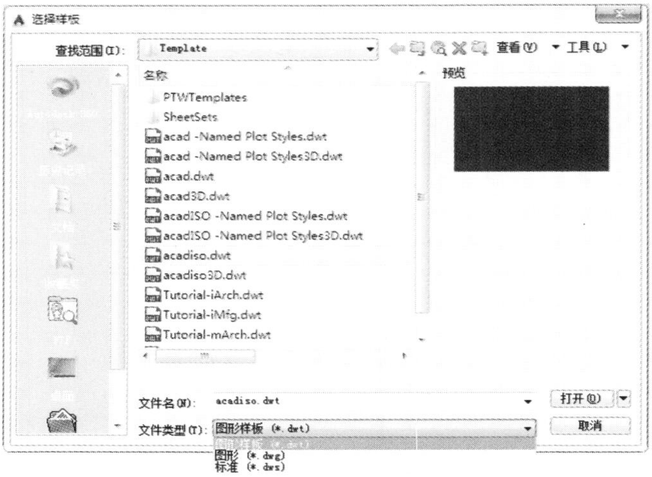

图 1-14

在绘图前期的准备工作过程中，系统会根据所绘图形的任务要求，在样板文件中进行统一图形设置，其中包括绘图的单位、精度、捕捉、栅格、图层和图框等。

注意：样板文件的使用

使用样板文件可以让绘制的图形设置统一，大大提高工作效率，用户也可以根据需求，自行创建新的样板文件。

1.2.2 图形文件的打开

案例	无	视频	图形文件的打开.avi	时长	05'04"

在 AutoCAD 2015 中打开已存在的图形文件，用户可通过以下四种方法之一来实现。

方法 01 在 AutoCAD 2015 界面中，单击左上角快速访问工具栏的“打开”按钮。

方法 02 在键盘上按<Ctrl+O>组合键。

方法 03 单击 AutoCAD 界面标题栏左端的图标，在弹出的下拉菜单中单击“打开”按钮。

方法 04 在命令行输入 Open 命令并按<Enter>键。

通过以上几种方法，系统将弹出“选择文件”对话框，用户根据需求在给出的几种格式中进行选择，打开文件，如图 1-15 所示。

注意：文件格式的了解

在系统给出的图形文件格式中，dwt 格式文件为标准图形文件，dws 格式文件是包含标准图层、标准样式、线性和文字样式的图形文件，dwg 格式文件是普通图形文件，dxf 格式的文件是以文本形式储存的图形文件，能够被其他程序读取。

在 AutoCAD 2015 中，用户可以根据需要，选择局部文件的打开，首先在 AutoCAD 2015 界面标题栏单击左上角的“打开”按钮，在弹出的“选择文本”对话框中，选择需要打开的文件后，单击“打开”按钮右侧的倒三角按钮，在下拉菜单中会出现包括“局部打开”在内的 4 种打开方式，如图 1-16 所示。

图 1-15

在 AutoCAD 2015 中，用户也可以同时打开多个相同类型的文件，通过各种平铺的方式来展示所打开的文件。单击菜单栏中的“窗口”菜单命令，在下拉菜单列表中，有“层叠”、“水平平铺”和“垂直平铺”三种常用的排列方式，用户可根据需求选择使用，如图 1-17 所示。

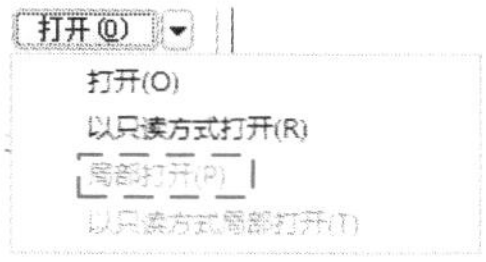

图 1-16

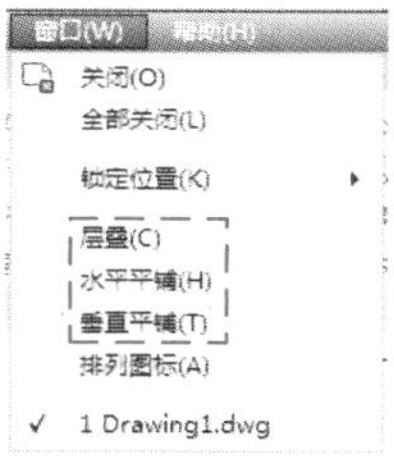

图 1-17

1.2.3 图形文件的保存

案例	无	视频	图形文件的保存.avi	时长	04'05"

在 AutoCAD 2015 中，要想对当前图形文件进行保存，用户可通过以下四种方法之一来实现。

方法 01 在 AutoCAD 2015 界面中，单击左上角快速访问工具栏的“保存”按钮。

方法 02 在键盘上按<Ctrl+S>组合键。

方法 03 单击 AutoCAD 界面标题栏左端的图标，在弹出的下拉菜单中单击“保存”按钮。

方法 04 在命令行输入 Save 命令并按<Enter>键。

通过以上几种方法，系统将弹出“图形另存为”对话框，用户可以命名中进行保存，一般情况下，系统默认的保存格式为.dwg 格式，如图 1-18 所示。

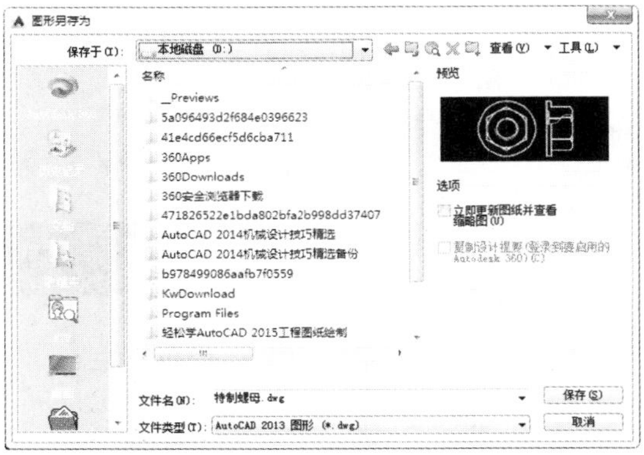

图 1-18

提示：文件的自动保存

在绘图过程中，用户可以选择“工具 | 选项”菜单项，在弹出的“选项”对话框中选择“打开和保存”选项卡，然后在“自动保存”复选框中设置间隔保存的时间，从而实现系统自动保存，如图 1-19 所示。

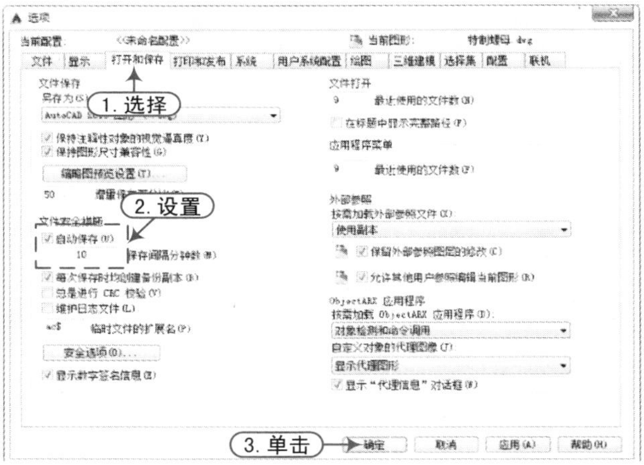

图 1-19

1.2.4 图形文件的加密

案例	无	视频	图形文件的加密.avi	时长	02'05"

在 AutoCAD 2015 中，用户想要对图形文件进行加密，使得别人无法打开该图形文件，可以通过以下步骤进行设置。

Step 01 执行“文件 | 保存”菜单命令，在弹出的“图形另存为”对话框中，单击右上侧的“工具”按钮，在弹出的下拉菜单中选择“安全选项”命令，系统将弹出“安全选项”对话框，如图 1-20 所示。

Step 02 在弹出的“安全选项”中填写想要设置的密码，并单击“确定”按钮后，系统将弹出“确认密码”对话框，再次输入密码后单击“确定”按钮，即已对图形文件加密，如图 1-21 所示。

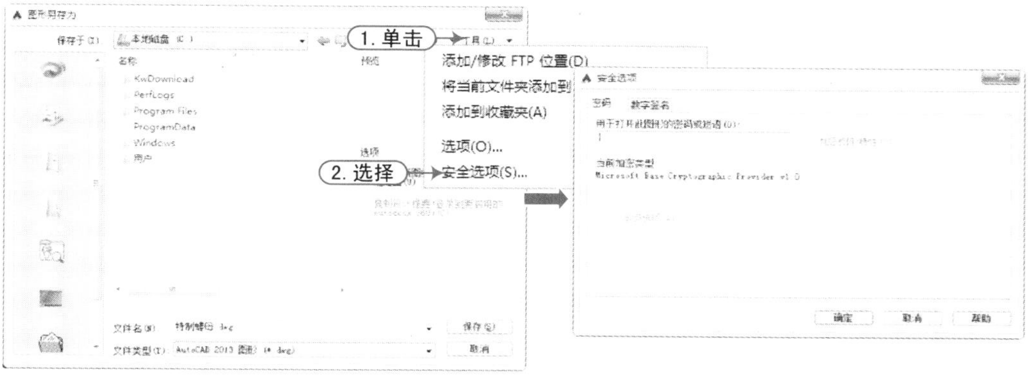

图 1-20

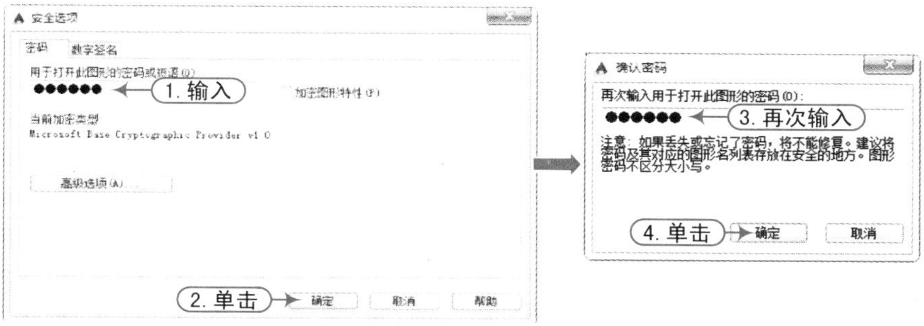

图 1-21

1.2.5 图形文件的关闭

案例	无	视频	图形文件的关闭.avi	时长	03'59"

在 AutoCAD 2015 中，要将当前视图中的文件关闭，可使用如下四种方法之一。

方法 01 在 AutoCAD 2015 软件环境中单击右上角的“关闭”按钮 ✕。

方法 02 在键盘上按<Alt+F4>或<Ctrl+Q>组合键。

方法 03 单击 AutoCAD 界面标题栏左端的 A 图标，在弹出的下拉菜单中单击“关闭”按钮。

方法 04 在命令行输入 Quit 命令或 Exit 命令并按<Enter>键。

通过以上任意一种方法，可对当前图形文件进行关闭操作。如果当前图形有修改而没有存盘，系统将出现 AutoCAD 警告对话框，询问是否保存图形文件，如图 1-22 所示。

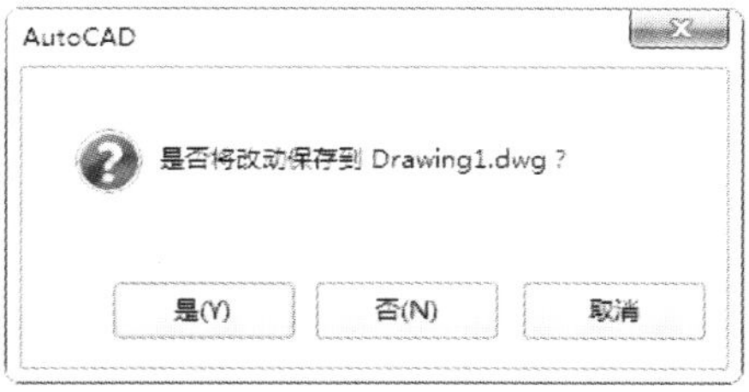

图 1-22

读书破万卷

注意：ACAD 文件退出时是否保存

在警告对话框中，单击“是（Y）”按钮或直接按〈Enter〉键，可以保存当前图形文件并将对话框关闭；单击“否（N）”按钮，可以关闭当前图形文件但不存盘；单击“取消”按钮，取消关闭当前图形文件操作，既不保存也不关闭。如果当前所编辑的图形文件没命名，那么单击“是（Y）”按钮后，AutoCAD 会打开“图形另存为”的对话框，要求用户确定图形文件存放的位置和名称。

1.2.6 图形文件的输入与输出

案例	无	视频	图形文件的输入与输出.avi	时长	04'06"

在 AutoCAD 2015 中，绘制图形对象时，除了可以保存为 .dwg 格式的文件外，还可以将其输出为其他格式的文档，以便其他软件调用；同时，用户也可以在 AutoCAD 中调用其他软件绘制的文件。

1. 图形文件的输入

在 AutoCAD 2015 中，图形文件的输入可通过执行“文件｜输入”菜单命令，或者在“插入面板”中选择“输入”命令来完成，随后系统会弹出“输入文件”对话框，用户根据需要，在系统允许的文件格式中，选择打开图像文件，如图 1-23 所示。

图 1-23

提示：图形文件的显示

在“输入文件”对话框中，只能在首先选择了需要打开的图形文件格式后，图形文件才会显示出来，供用户单击选择。

2. 图形文件的输出

在 AutoCAD 2015 中，图形文件的输出可通过执行“文件｜输出”菜单命令，系统会弹出“输出数据”对话框，用户根据需要，在“输出数据”对话框中设置好图形的“保存路径”、“文件名称”和“文件类型”，设置好后，单击对话框中的“保存”按钮，将切换到绘图窗口中，可以选择需要保存的对象，如图 1-24 所示。

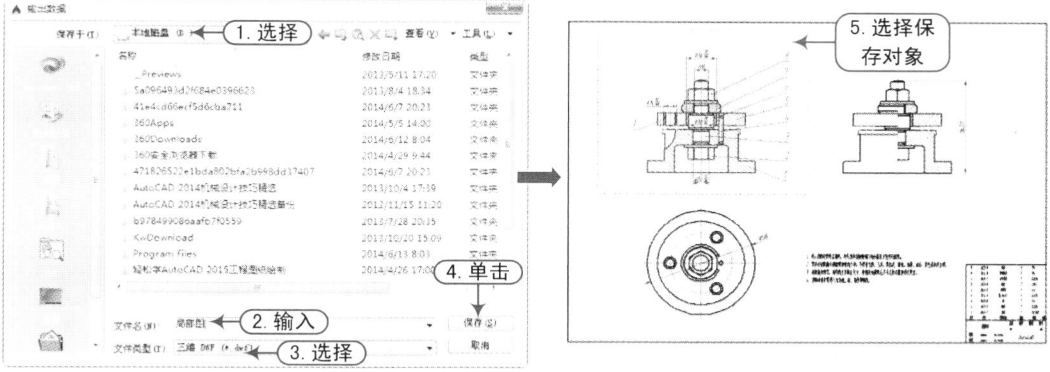

图 1-24

注意："输出数据"对话框

"输出数据"对话框记录并存储上一次使用的文件格式，以便在当前绘图任务中或绘图任务之间使用。

1.3 ACAD 绘图环境的设置

在 AutoCAD 2015 中，可以方便地设置绘图环境，根据绘图环境的不同要求，在绘图之前，用户根据绘制的图形对象对绘图环境进行设置。

1.3.1 ACAD"选项"对话框的打开

案例	无	视频	ACAD"选项"对话框的打开.avi	时长	01'33"

在 AutoCAD 2015 中，ACAD"选项"对话框包括"文件"、"显示"、"打开和保存"、"系统"等选项卡。用户可以根据需求对各选项卡进行设置。

用户可通过以下四种方法之一来打开"选项"对话框。

方法 01 在 AutoCAD 绘图区右击鼠标，从弹出的快捷菜单中选择"选项"命令。

方法 02 在 AutoCAD 界面执行"工具 | 选项"菜单命令。

方法 03 单击 AutoCAD 界面标题栏左端的图标，在弹出的下拉菜单中单击"选项"按钮。

方法 04 在命令行输入 OPTIONS 命令并按<Enter>键。

通过以上任意一种方法，可对 ACAD"选项"对话框进行打开操作。执行命令后，系统都将会自动弹出"选项"对话框，如图 1-25 所示。

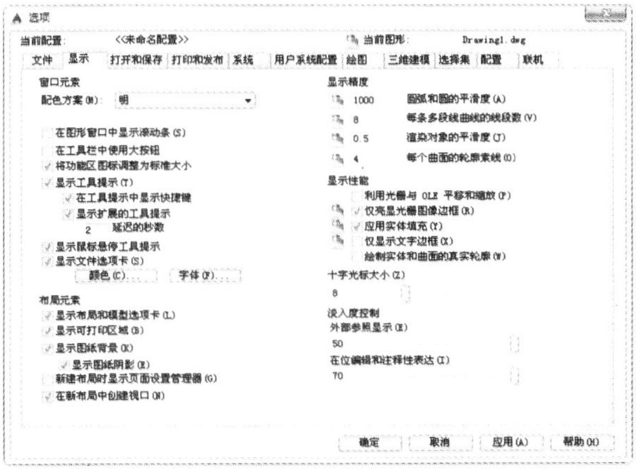

图 1-25

技巧：快速打开

在打开“选项”对话框时，用户可直接在命令行或动态提示输入快捷键命令“OP”，即可打开“选项”对话框。

1.3.2 窗口与图形的显示设置

案例	无	视频	窗口与图形的显示设置.avi	时长	06'45"

在 AutoCAD 2015 的“选项”对话框中，“显示”选项卡用来设置窗口元素、显示性能、十字光标大小、布局元素、淡入度控制等，用户可以根据需要，在相应的位置进行设置。

1. 窗口元素

在“显示”选项卡的“窗口元素”选项区域中，可以对 AutoCAD 绘图环境中基本元素的显示方式进行设置，用户在绘图时，窗口颜色与底色的颜色对设计师的眼睛保护有很大关系，可以通过设置窗口元素来调节，其中背景颜色的调节如图 1-26 所示。

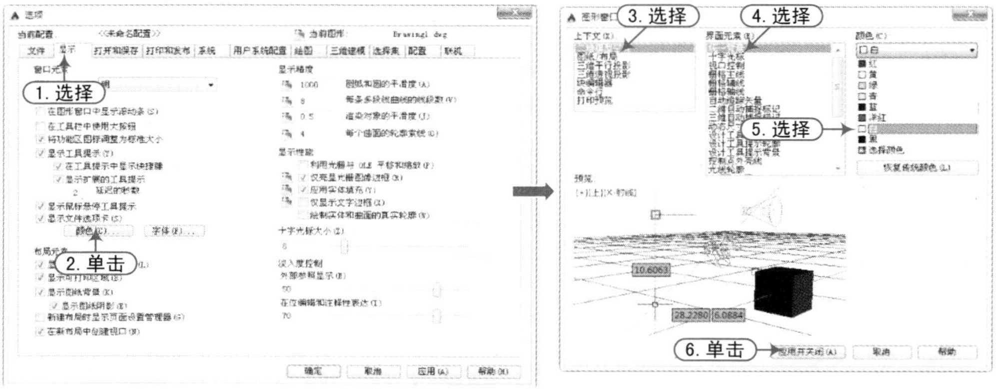

图 1-26

2. 十字光标大小

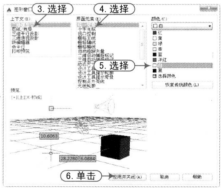

在绘图时，调整十字光标的大小，能使图形的绘制更方便，十字光标大小的设置如图 1-27 所示。

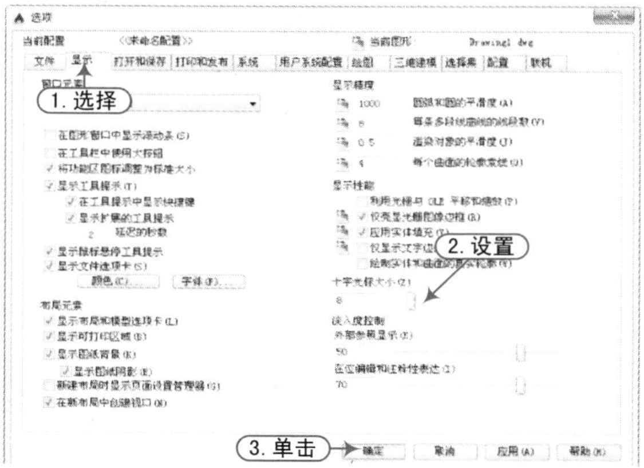

图 1-27

1.3.3 用户系统配置的设置

案例	无	视频	用户系统配置的设置.avi	时长	05'20"

在 AutoCAD 2015 的“选项”对话框中，“用户系统配置”选项卡可用来优化 AutoCAD 的工作方式，如图 1-28 所示。

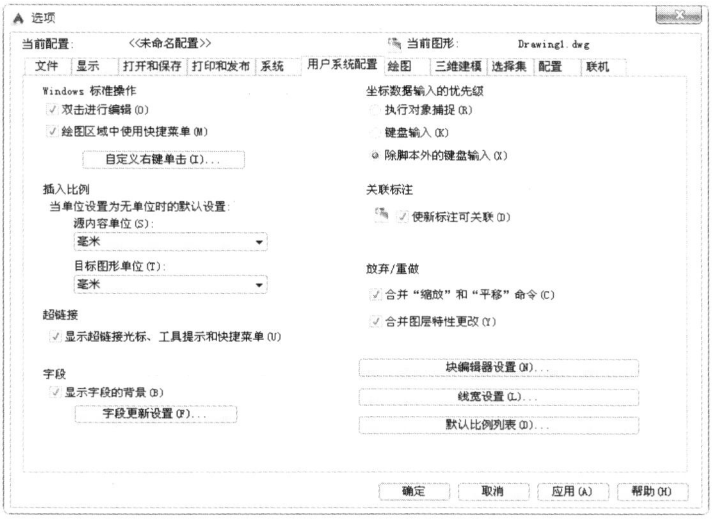

图 1-28

在“用户系统配置”选项卡中有几个设置按钮，可以进行“块编辑器设置”、“线宽设置”和“默认比例列表设置”，依次弹出的对话框为“块编辑器设置”对话框、“线宽设置”对话框和“默认比例列表设置”对话框，如图 1-29 所示。

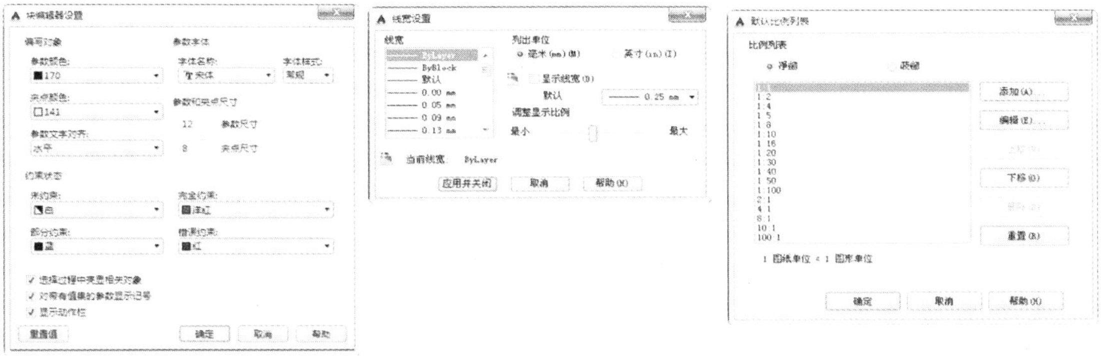

图 1-29

1.4 ACAD 命令与变量的操作

在 AutoCAD 2015 中，命令是绘制与编辑图形的核心，菜单命令、工具按钮、命令和系统变量大都是相互对应的，可在命令行中输入命令和系统变量，或选择某一菜单命令，或单击某个工具按钮来执行相应命令。

1.4.1 ACAD 中鼠标的操作

案例	无	视频	ACAD 中鼠标的操作.avi	时长	06'19"

在绘图区，鼠标显示为“十”字线形式的光标，在菜单选项区、工具或对话框内时，鼠标会变成一个箭头，当单击或者按动鼠标键时，都会执行相应的命令或动作，鼠标功能定义如下。

（1）拾取键：指鼠标左键，用来选择 AutoCAD 对象、工具按钮和菜单命令等，用于指定屏幕上的点。

（2）回车键：指鼠标右键，相当于 Enter 键，用来结束当前使用的命令，系统此时会根据不同的情况弹出不同的快捷菜单。

（3）弹出菜单：使用 Shift 键和鼠标右键的组合时，系统将弹出一个快捷菜单，用于设置捕捉点的方法，三键鼠标的中间按钮通常为弹出按钮。

1.4.2 ACAD 命令的执行

案例	无	视频	ACAD 命令的执行.avi	时长	04'48"

在 AutoCAD 2015 中，有以下几种命令的执行方式。

1. 使用键盘输入命令

通过键盘可以输入命令和系统变量，键盘还是输入文本对象、数值参数、点的坐标或进行参数选择的唯一方法，大部分的绘图、编辑功能都需要通过键盘输入来完成。

2. 使用“命令行”

在 AutoCAD 中默认的情况下，“命令行”是一个可固定的窗口，可以在当前命令行提示下输入命令和对象参数等内容。

右击“命令行”窗口打开快捷菜单，如图 1-30 所示，通过它可以选择最近使用的命令、输入设置、复制历史记录，以及打开“输入搜索选项”和“选项”对话框等。

3. 使用“AutoCAD 文本窗口”

在 AutoCAD 中，“AutoCAD 文本窗口”是一个浮动窗口，可以在其中输入命令或查看命令的提示信息，便于查看执行的命令历史。如图 1-31 所示，其窗口中的命令为只读，不能对其进行修改，但可以复制并粘贴到命令行中重复执行前面的操作，也可以粘贴到其他应用程序，如 Word 等。

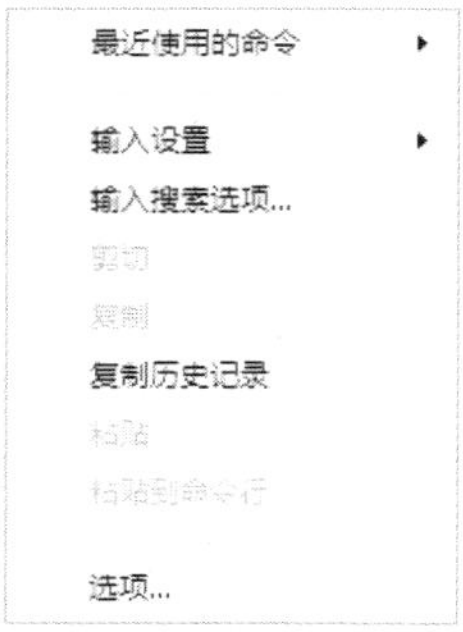

图 1-30

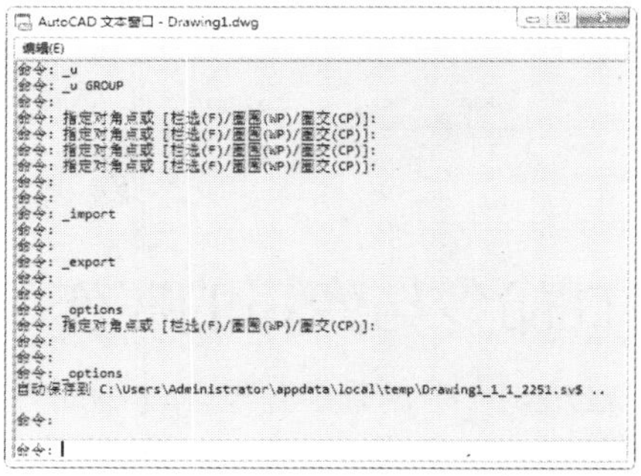

图 1-31

提示："AutoCAD 文本窗口"的打开

在 AutoCAD 2015 中，可以选择"视图 | 显示 | 文本窗口"命令打开"AutoCAD 文本窗口"，也可以按下 F2 键来显示或隐藏它。

1.4.3 ACAD 透明命令的应用

案例	无	视频	ACAD 透明命令的应用.avi	时长	03'29"

在 AutoCAD 中，执行其他命令的过程中，可以执行的命令为透明命令，常使用的透明命令多为修改图形设置的命令、绘图辅助工具命令等。

使用透明命令时，应在输入命令之前输入单引号（'），命令行中，透明命令的提示前有一个双折号（》），完成透明命令后，将继续执行原命令。例如在图 1-32 中，使用直线命令绘制连接矩形端点 A 和 D 的直线，操作如下。

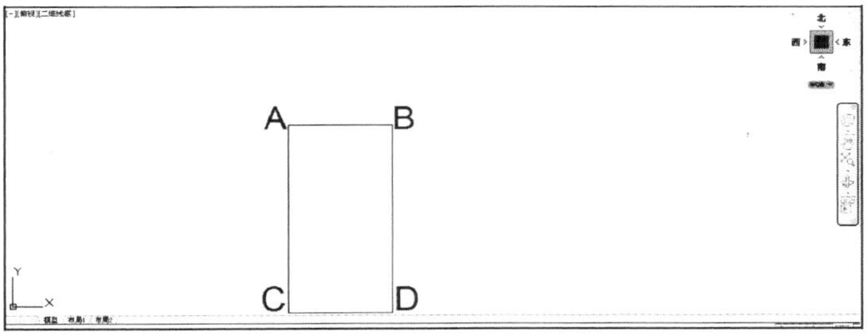

图 1-32

Step 01 在命令行中输入直线（L）命令。

Step 02 在命令行的"指定第一点："提示下单击 A 点。

Step 03 在命令行的"指定下一点或〔放弃（U）〕："提示下，输入'PAN，执行透明命令实时平移。

Step 04 按住并拖动鼠标执行实时平移命令，以将矩形全部显示出来，然后按 Enter 键，结束透明命令，此时原图形被平移，可以很方便地观察确定直线另一个端点 D，如图 1-33 所示。

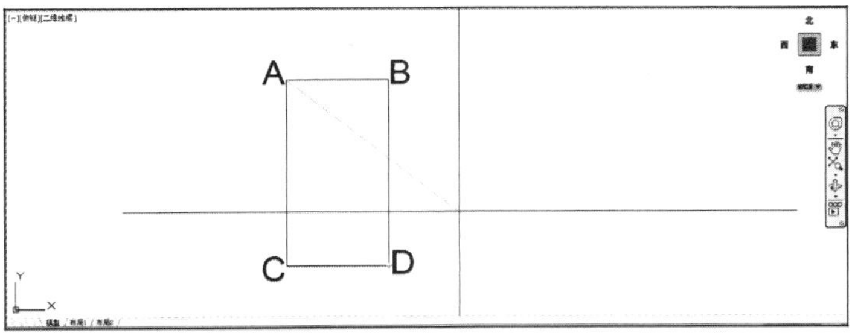

图 1-33

Step 05 在命令行的"指定下一点或〔放弃（U）〕："提示下，单击 D 点，然后按 Enter 键，完成直线的绘制。

读书破万卷

1.4.4 ACAD 系统变量的应用

案例	无	视频	ACAD 系统变量的应用.avi	时长	04'23"

在 AutoCAD 中，系统变量可以打开或关闭捕捉、栅格或正交等绘图模式，设置默认的填充图案，或存储当前图形和 AutoCAD 配置的有关信息，系统变量用于控制某些功能和设计环境、命令的工作方式。

系统变量常为 6～10 个字符长的缩写名称，许多系统变量有简单的开关设置。例如 GRIDMODE 系统变量用来显示或关闭栅格，有些系统变量则用来存储数值或文字，例如 DATE 系统变量用来存储当前日期，可以在对话框中修改系统变量，也可直接在命令行中修改系统变量。

1.5 ACAD 辅助功能的设置

在 AutoCAD 2015 绘制或修改图形对象时，为了使绘图精度高，绘制的图形界限精确，可以使用系统提供的绘图辅助功能进行设置，从而提高绘制图形的精确度与工作效率。

1.5.1 ACAD 正交模式的设置

案例	无	视频	ACAD 正交模式的设置.avi	时长	03'19"

在绘制图形时，当指定第一点后，连接光标和起点的直线总是平行于 x 轴和 y 轴的，这种模式称为“正交模式”，用户可通过以下三种方法之一来启动。

方法 01 在命令行中输入 Ortho，按 Enter 键。

方法 02 单击状态栏中的“正交模式”按钮。

方法 03 按 F8 键。

打开“正交模式”后，不管光标在屏幕上的位置，只能在垂直或者水平方向画线，画线的方向取决于光标在 x 轴和 y 轴方向上的移动距离变化。

注意：正交模式的使用

> “正交”模式和极轴追踪不能同时打开。打开“正交”将关闭极轴追踪。

1.5.2 ACAD “草图设置”对话框的打开

案例	无	视频	ACAD “草图设置”对话框的打开.avi	时长	02'12"

在 AutoCAD 2015 中，“草图设置”对话框是指为绘图辅助工具整理的草图设置，这些工具包括捕捉和栅格、追踪、对象捕捉、动态输入、快捷特性和选择循环等。

对于“草图设置”对话框的打开方式，用户可通过以下四种方式之一来打开。

方法 01 在 AutoCAD 2015 “辅助工具区”右击鼠标，在弹出的快捷菜单中选择“设置”命令。

方法 02 执行“工具 | 绘图设置”菜单项。

方法 03 在命令行输入 Dsettings 命令并按<Enter>键。

方法 04 在 AutoCAD 2015 “绘图区”按住 Shift 键或 Ctrl 键的同时右击鼠标，在弹出的快捷菜单中选择“对象捕捉设置”命令。

通过以上任意一种方法，都可以打开“草图设置”对话框。

1.5.3 捕捉和栅格的设置

案例	无	视频	捕捉和栅格的设置.avi	时长	05'15"

在 AutoCAD 2015 中，“捕捉”用于设置鼠标光标按照用户定义的间距移动。“栅格”是点或线的矩阵，是一些标定位置的小点，可以提供直观的距离和位置参照。“草图设置”对话框的“捕捉和栅格”选项卡中，可以启用或关闭“捕捉”和“栅格”功能，并设置“捕捉”和“栅格”的间距与类型，如图 1-34 所示。

在“草图设置”对话框的“捕捉和栅格”选项卡中，其主要选项如下。

（1）启用捕捉：用于打开或者关闭捕捉方式，可单击 按钮，或者按 F9 键进行切换。

（2）启用栅格：用于打开或关闭栅格显示，可单击 按钮，或者按 F7 键进行切换。

（3）捕捉间距：用于设置 x 轴和 y 轴的捕捉间距。

（4）栅格间距：用于设置 x 轴和 y 轴的栅格间距，还可以设置每条主轴的栅格数。

（5）捕捉类型：用于设置捕捉样式。

（6）栅格行为：用于设置“视觉样式”下栅格线的显示样式（三维线框除外）。

注意：捕捉和栅格的使用

> 可以使用其他几个控件来启用和禁用栅格捕捉，包括 F9 键和状态栏中的“捕捉”按钮。通过在创建或修改对象时按住 F9 键可以临时禁用捕捉。

1.5.4 极轴追踪的设置

案例	无	视频	极轴追踪的设置.avi	时长	03'28"

在 AutoCAD 2015 中，使用极轴追踪，可以让光标按指定角度进行移动。

“草图设置”对话框的“极轴追踪”选项卡中，可以启用“极轴追踪”功能，并且用户可以根据需要，对“极轴追踪”进行设置，如图 1-35 所示。

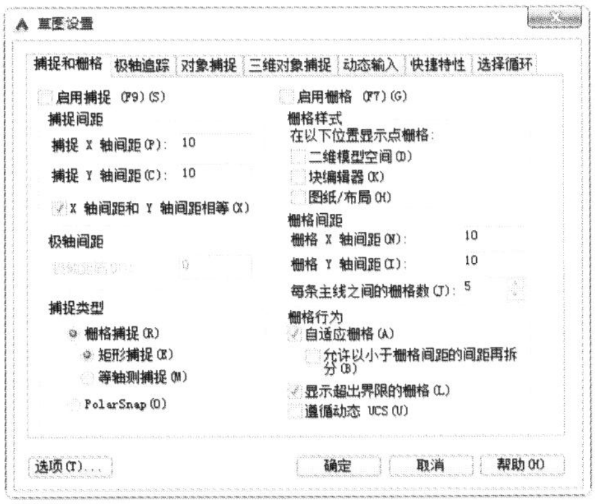

图 1-34

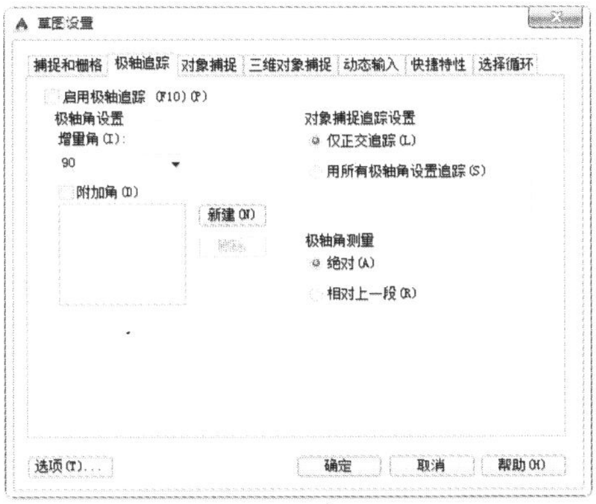

图 1-35

在“草图设置”对话框的“极轴追踪”选项卡中，其主要选项如下。

（1）启用极轴追踪：打开或关闭极轴追踪。也可以通过按 F10 键或使用 AUTOSNAP 系统变量，来打开或关闭极轴追踪。

读书破万卷

（2）极轴角设置：用于设置极轴追踪的角度。默认角度为 90°，用户可以进行更改，当“增量角”下拉列表中不能满足用户需求时，用户可以单击“新建”按钮并输入角度值，将其添加到“附加角”的列表中。如图 1-36 所示分别为 90°、60° 和 30° 极轴角的显示。

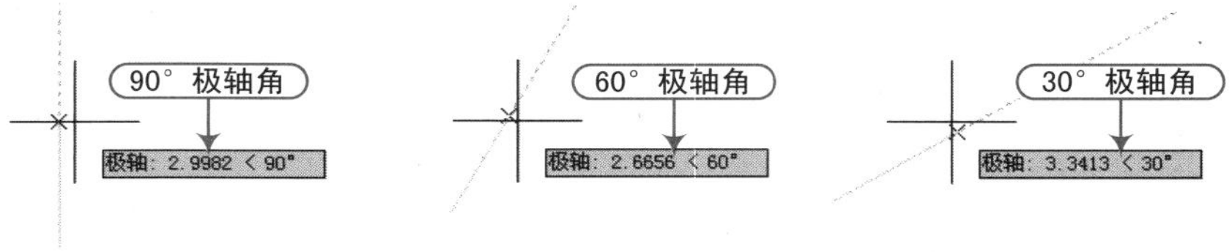

图 1-36

（3）对象捕捉追踪设置：包括“仅正交追踪”和“用所有极轴角设置追踪”两种选择，前者可在启用对象捕捉追踪的同时，显示获取的对象捕捉的正交对象捕捉追踪路径，后者在命令执行期间，将光标停于该点上，当移动光标时，会出现关闭矢量；若要停止追踪，再次将光标停于该点上即可。

（4）极轴角测量：用于设置极轴追踪对其角度的测量基准。有“绝对”和“相对上一段”两种选择。

注意：极轴追踪模式的使用

“极轴追踪”模式和正交模式不能同时打开。打开“正交”将关闭极轴追踪。

1.5.5 对象捕捉的设置

案例	无	视频	对象捕捉的设置.avi	时长	05'06"

在 AutoCAD 2015 中，“对象捕捉”是指在对象上某一位置指定精确点。

“草图设置”对话框的“对象捕捉”选项卡，可以启用“对象捕捉”功能，并且用户可以根据需要，对“对象捕捉”模式进行设置，如图 1-37 所示。

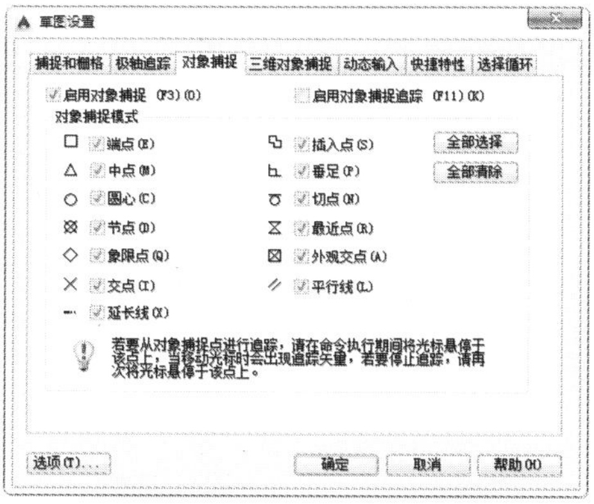

图 1-37

在“草图设置”对话框的“对象捕捉”选项卡中，其主要选项如下。

（1）启用对象捕捉：打开或关闭执行对象捕捉，也可以通过按 F3 键来打开或者关闭。使用执行对象捕捉，在命令执行期间在对象上指定点时，在“对象捕捉模式”下选定的对象捕捉处于活动状态（OSMODE 系统变量）。

（2）启用对象捕捉追踪：打开或关闭对象捕捉追踪。也可以通过按 F11 键来打开或者关闭。使用对象捕捉追踪命令指定点时，光标可以沿基于当前对象捕捉模式的对齐路径进行追踪（AUTOSNAP 系统变量）。

（3）全部选择：打开所有执行对象捕捉模式。

（4）全部清除：关闭所有执行对象捕捉模式。

提示：快速选择对象捕捉模式

在绘图中，用户可以通过右击状态栏中的“对象捕捉”按钮，在弹出的快捷菜单中快速选择所需的对象捕捉模式。

1.6 ACAD 图形对象的选择

在 AutoCAD 2015 中，对图形进行编辑操作前，首先需选择要编辑的对象，正确合理地选择对象，可以提高工作效率，系统用虚线亮显表示所选择的对象。

1.6.1 设置对象选择模式

案例	无	视频	设置对象选择模式.avi	时长	07'53"

在 AutoCAD 中，执行目标选择前可以设置选择集模式、拾取框大小和夹点功能，用户可以通过“选项”对话框来进行设置，执行方式如下。

Step 01 在 AutoCAD 绘图区右击鼠标，从弹出的快捷菜单中选择“选项”命令。

Step 02 执行“工具 | 选项”菜单命令。

Step 03 单击 AutoCAD 界面标题栏左端的图标，在弹出的下拉菜单中单击“选项”按钮 选项 。

Step 04 在命令行输入 OPTIONS 命令并按<Enter>键。

通过以上任意一种方法，可以打开“选项”对话框，将对话框切换到“选择集”选项卡，如图 1-38 所示，就可以通过各选项对“选择集”进行设置。

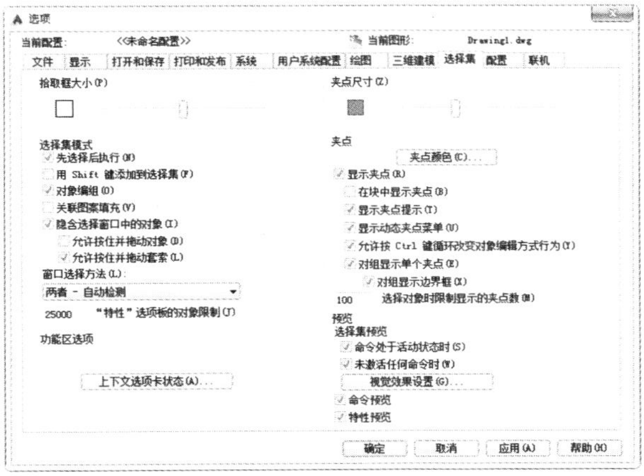

图 1-38

1. 拾取框大小和夹点大小

在“选择集”选项卡的“拾取框大小”和“夹点尺寸”选项区域中，拖动滑块，可以设置默认拾取方式选择对象时拾取框的大小和设置对象夹点标记的大小。

2. 选择集模式

在“选择集”选项卡的“选择集模式”选项区域中，可以设置构造选择集的模式，其功能包括“先选择后执行”、“用 Shift 键添加到选择集”、“对象编组”、“关联图案填充”、“隐含选择窗口中的对象”、“允许按住并拖动对象”和“窗口选择方法”。

3. 夹点

在“选择集”选项卡的“夹点”选项区域中，可以设置是否使用夹点编辑功能，是否在块中使用夹点编辑功能以及夹点颜色等。单击“夹点颜色”按钮，弹出“夹点颜色”对话框，在对话框中设置夹点颜色，如图 1-39 所示。

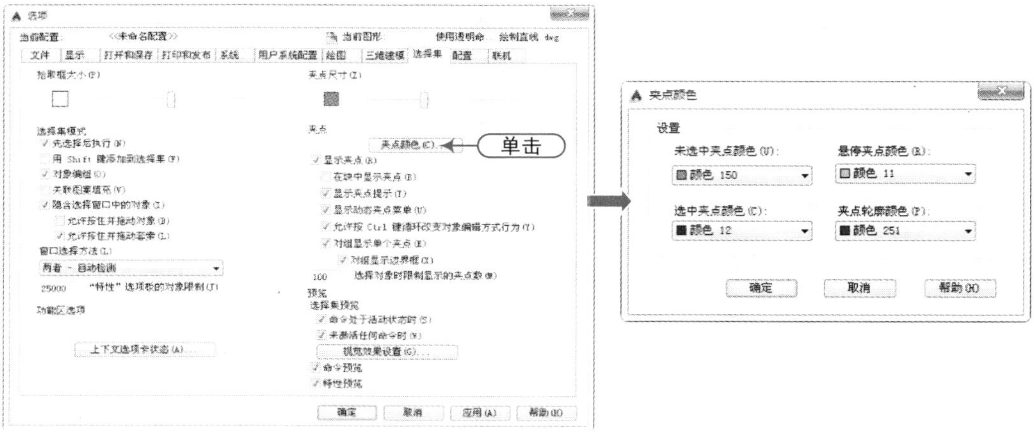

图 1-39

4. 预览

在“选择集”选项卡的“预览”选项区域中，可以设置“命令处于活动状态时”和“未激活任何命令时”是否显示选择预览，单击“视觉效果设置”按钮将打开“视觉效果设置”对话框，可以设置选择区域效果等，如图 1-40 所示。

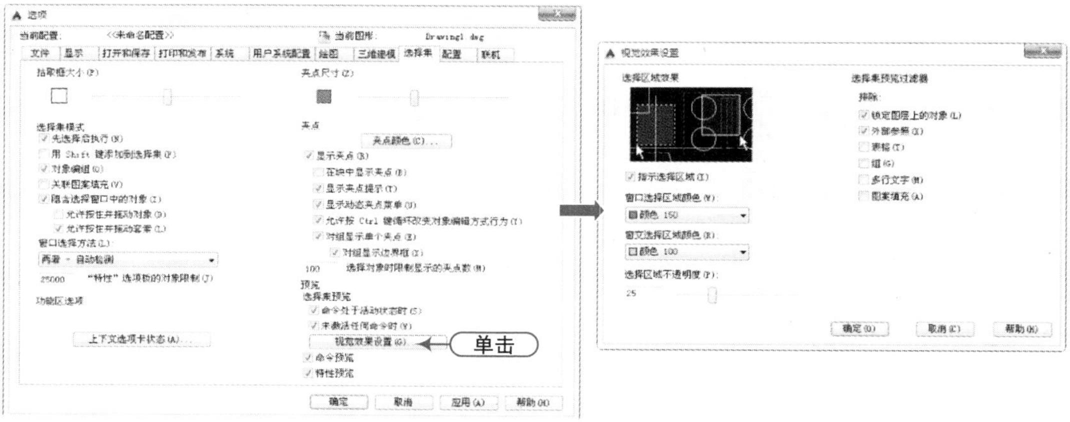

图 1-40

“特性预览”复选框用来控制在将鼠标悬停在控制特性的下拉列表和库上时，是否可以预览对当前选定对象的更改。

注意：“特性预览”的显示

特性预览仅在功能区和“特性”选项板中显示，在其他选项板中不可用。

5. 功能区选项

在“选择集”选项卡的“功能区选项”选项区域中，可以设置“上下文选项卡状态”。

1.6.2 选择对象的方法

案例	无	视频	选择对象的方法.avi	时长	18'46"

在 AutoCAD 中，选择对象的方法有很多，可以通过单击对象逐个选取对象，也可通过矩形窗口或交叉窗口选择对象，还可以选择最近创建对象，前面的选择集或图形中的所有对象，也可向选择集中添加对象或从中删除对象。

在命令行输入 SELECT，命令行提示如下。

```
选择对象: ?
需要点或 窗口(W)/上一个(L)/窗交(C)/框(BOX)/全部(ALL)/栏选(F)/圈围(WP)/圈交(CP)/编组(G)/添加(A)/删除(R)/多个(M)/前一个(P)/放弃(U)/自动(AU)/单个(SI)/子对象(SU)/对象(O)
选择对象:
```

在选择对象的命令行中，各个主要选项的具体说明如下。

（1）需要点：默认情况下，可以直接选取对象，此时的光标为一个小方框（拾取框）。可以利用该方框逐个拾取对象。

（2）窗口：选择矩形（由两点定义）中的所有对象。从左到右指定 A、B 角点创建窗口选择（从右到左指定角点，则创建窗交选择），如图 1-41 所示。

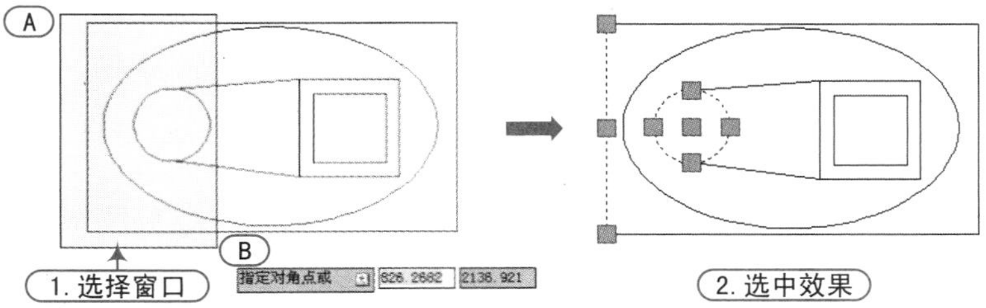

图 1-41

注意：矩形框选的对象

使用“矩形窗口”选择的对象为完全落在矩形窗口以内的图形对象。

（3）上一个：选择最近一次创建的可见对象。对象必须在当前空间（模型空间或图纸空间）中，并且一定不要将对象的图层设定为冻结或关闭状态。

（4）窗交：选择区域（由两点确定）内部或与之相交的所有对象。窗交显示的方框为虚线或高亮度方框，这与窗口选择框不同，如图 1-42 所示。

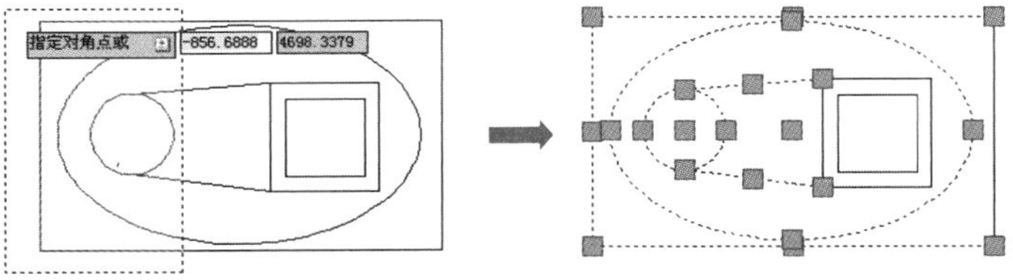

图 1-42

（5）框选：选择矩形（由两点确定）内部或与之相交的所有对象。如果矩形的点是从右至左指定的，则框选与窗交等效。否则，框选与窗选等效。

（6）全部：选择模型空间或当前布局中除冻结图层或锁定图层上的对象之外的所有对象。

（7）栏选：选择与选择栏相交的所有对象。栏选方法与圈交方法相似，只是栏选不闭合，并且栏选可以自交，如图 1-43 所示，栏选不受 PICKADD 系统变量的影响。

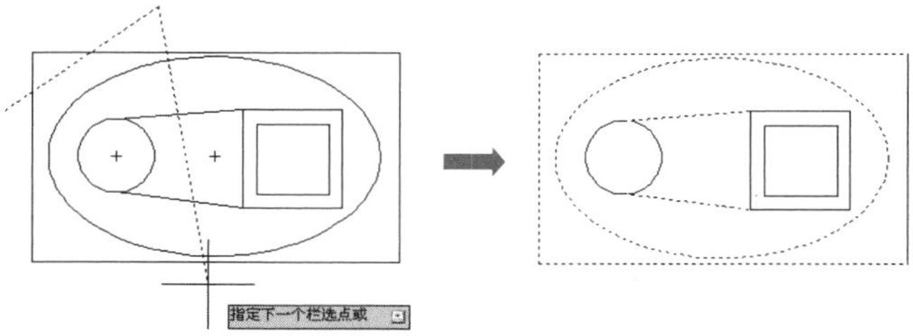

图 1-43

（8）圈围：选择多边形（通过待选对象周围的点定义）中的所有对象。该多边形可以为任意形状，但不能与自身相交或相切。将绘制多边形的最后一条线段，所以该多边形在任何时候都是闭合的，如图 1-44 所示。圈围不受 PICKADD 系统变量的影响。

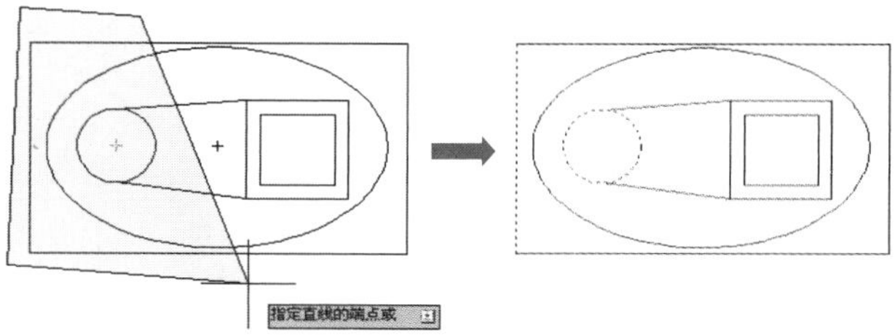

图 1-44

（9）圈交：选择多边形（通过在待选对象周围指定点来定义）内部或与之相交的所有对象。该多边形可以为任意形状，但不能与自身相交或相切。将绘制多边形的最后一条线段，所以该多边形在任何时候都是闭合的，如图 1-45 所示。圈交不受 PICKADD 系统变量的影响。

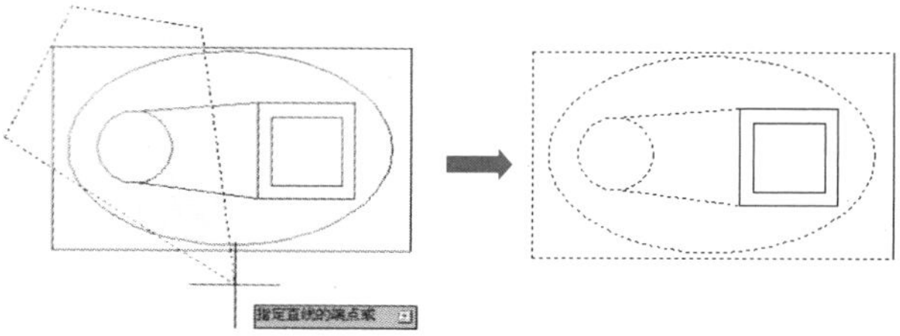

图 1-45

（10）编组：在一个或多个命名或未命名的编组中选择所有对象。

（11）添加：切换到添加模式，可以使用任何对象选择方法将选定对象添加到选择集。自动和添加为默认模式。

（12）删除：切换到删除模式，可以使用任何对象选择方法从当前选择集中删除对象。删除模式的替换模式是在选择单个对象时按下 Shift 键，或者是使用“自动”选项。

（13）多个：在对象选择过程中单独选择对象，而不亮显它们。这样会加速高度复杂对象的选择。

（14）上一个：选择最近创建的选择集。从图形中删除对象将清除“上一个”选项设置。

注意：在两个空间中切换

如果在两个空间中切换将忽略“上一个”选择集。

（15）放弃：放弃选择最近加到选择集中的对象。

（16）自动：切换到自动选择。指向一个对象即可选择该对象。指向对象内部或外部的空白区，将形成框选方法定义的选择框的第一个角点。自动和添加为默认模式。

提示：在两个空间中切换

在“选项”对话框中，若在“选择”选项卡的“选择集模式”选项区域中选中“隐含窗口”复选框，则“自动”模式永远有效。

（17）单选：切换到单选模式。选择指定的第一个或第一组对象而不继续提示进一步选择。

（18）子对象：使用户可以逐个选择原始形状，这些形状是复合实体的一部分或三维实体上的顶点、边和面。可以选择这些子对象的其中之一，也可以创建多个子对象的选择集。选择集可以包含多种类型的子对象。按住 Ctrl 键操作与选择 SELECT 命令的“子对象”选项相同，如图 1-46 所示。

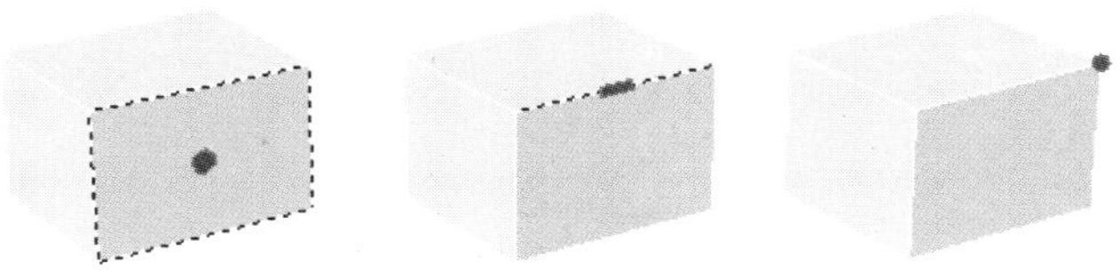

图 1-46

（19）对象：结束选择子对象的功能。使用户可以使用对象选择方法。

1.6.3 快速选择对象

案例	无	视频	快速选择对象.avi	时长	05'06"

在 AutoCAD 中，提供了快速选择功能，当需要选择一些共同特性的对象时，可以利用打开“快速选择”对话框创建选择集来启动“快速选择”命令。

打开“快速选择”对话框的三种方法如下。

方法 01 在 AutoCAD 绘图区右击鼠标，从弹出的快捷菜单中选择“快速选择”命令。

方法 02 执行“工具 | 快速选择”菜单命令。

方法 03 在命令行输入 QSELECT 命令并按<Enter>键。

执行“快速选择”命令后，将弹出“快速选择”对话框，如图 1-47 所示。

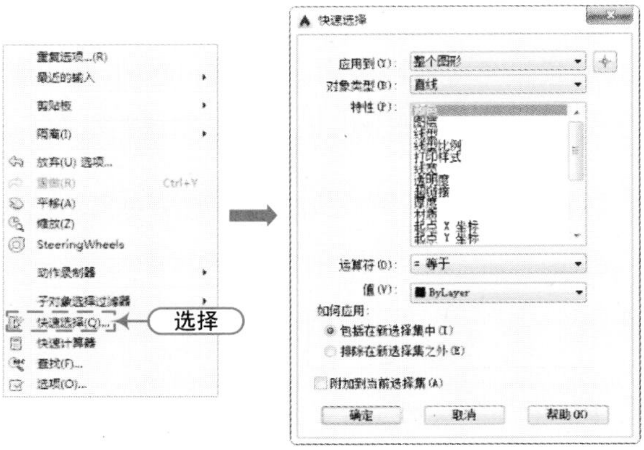

图 1-47

例如，如图 1-48 所示为原图，下面利用“快速选择”命令来删除图形中所有的中心线。

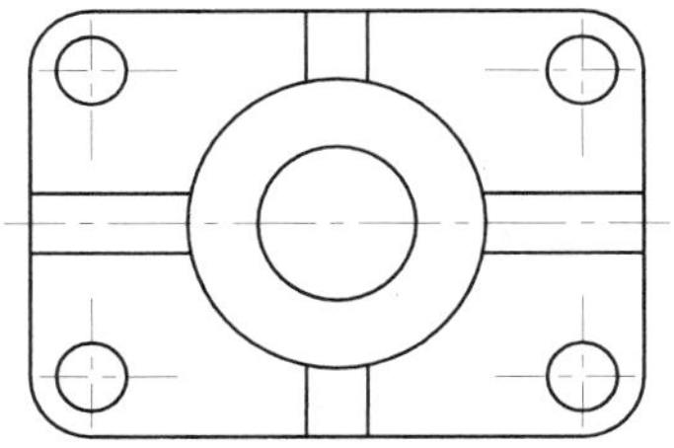

图 1-48

Step 01 执行“工具丨快速选择”菜单命令则打开“快速选择”对话框，在对话框的“特性”列表中选择“图层”，然后在“值”下拉列表中选择“中心线”，然后单击“确定”按钮，这样图形中所有的“中心线”对象就会被选中，如图 1-49 所示。

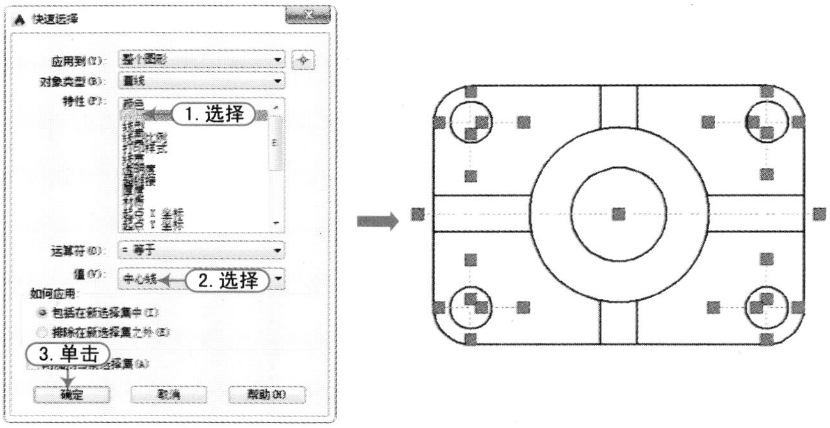

图 1-49

Step 02 执行“删除”命令（E）将选中的对象删除，效果如图 1-50 所示。

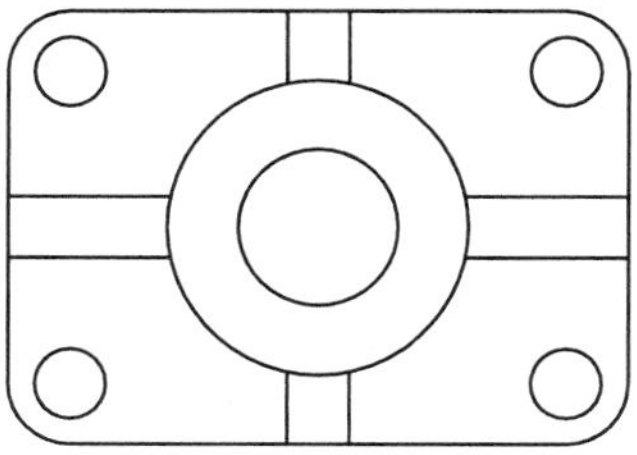

图 1-50

1.6.4 对象编组

案例	无	视频	对象编组.avi	时长	03'28"

在 AutoCAD 中，可以将图形对象进行编组以创建一种选择集，一旦组中任何一个对象被选中，那么组中的全部对象都会被选中，从而使编辑对象操作变得更为有效。

执行编组命令的方法有以下三种。

方法 01 单击“默认”标签下“组”面板中的“组”按钮。

方法 02 执行“工具 | 组”菜单命令。

方法 03 在命令行输入 GROUP 命令并按<Enter>键。

执行该命令后，命令行提示如下。

```
命令: GROUP                                              \\ 执行“组”命令
选择对象或 [名称(N)/说明(D)]:                            \\ 选择“名称”选项
输入编组名或 [?]: 1                                      \\ 输入名称
选择对象或 [名称(N)/说明(D)]: 指定对角点: 找到 7 个      \\ 选择对象
组“1”已创建。                                           \\ 创建组对象
```

如图 1-51 所示为执行编组命令前和执行编组命令后选择对象的区别。

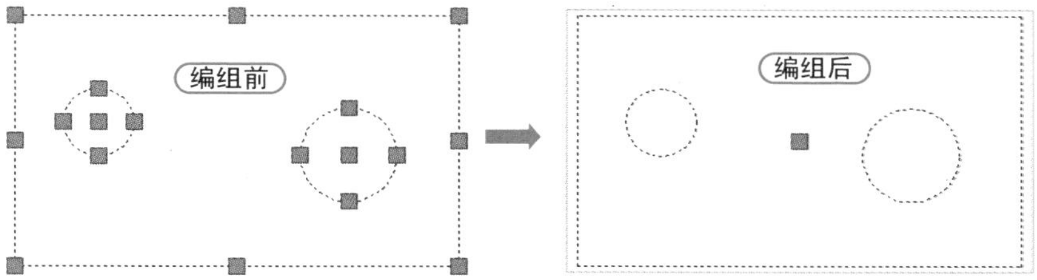

图 1-51

1.7 ACAD 视图的显示控制

在 AutoCAD 中，图形显示控制功能在工程设计和绘图领域的应用极其广泛，灵活、熟练地掌握对图形的控制，可以更加精确、快速地绘制所需要的图形。

1.7.1 视图的缩放和平移

案例	无	视频	视图的缩放和平移.avi	时长	10'08"

在 AutoCAD 中，通过多种方法可以对图形进行缩放和平移视图操作，从而提高工作效率。

1. 平移视图

用户可以通过多种方法来平移视图重新确定图形在绘图区域的位置，平移视图的方法如下。

方法 01 执行“视图 | 平移 | 实时”命令。

方法 02 在命令行输入 PAN 命令或 P 命令并按<Enter>键。

在执行平移命令时，只会改变图形在绘图区域的位置，不会改变图形对象的大小。

技巧：平移视图的快捷方法

在绘图过程中，通过按住鼠标滑轮拖动鼠标，这样也能对图形对象进行短暂的平移。

2. 缩放视图

在绘制图形时，可以将局部视图放大或缩放视图全局效果，从而提高绘图精度和效率。缩放视图的方法如下。

方法 01　执行“视图｜缩放｜实时”命令。

方法 02　在命令行输入 ZOOM 命令或 Z 命令并按<Enter>键。

在使用命令行输入命令方法时，命令信息中给出了多个选项，如图 1-52 所示。

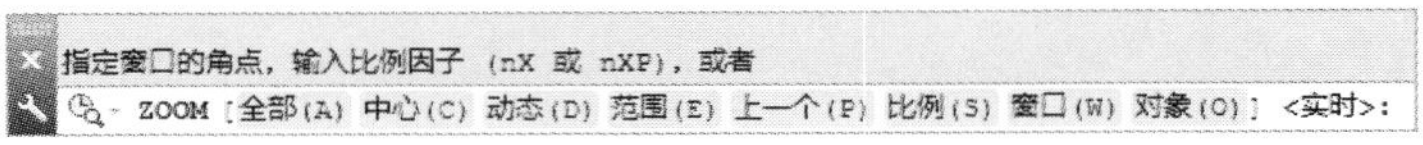

图 1-52

（1）全部（A）：用于在当前视口显示整个图形，其大小取决于图限设置或者有效绘图区域，这是因为用户可能没有设置图限或有些图形超出了绘图区域。

（2）中心（C）：必须确定一个中心，然后绘出缩放系数或一个高度值，所选的中心点将成为视口的中心点。

（3）动态（D）：该选项集成了“平移”命令或“缩放”命令中的“全部”和“窗口”选项的功能。

（4）范围（E）：用于将图形的视口最大限度地显示出来。

（5）上一个（P）：用于恢复当前视口中上一次显示的图形，最多可以恢复 10 次。

（6）窗口（W）：用于缩放一个由两个角点所确定的矩形区域。

（7）比例（S）：该选项将当前窗口中心作为中心点，依据输入的相关数据值进行缩放。

在绘制图形过程中，常常使用“缩放视图”命令。例如，在命令行输入 ZOOM 命令并按<Enter>键，在给出的多个选项中选择“比例（S）”，并输入比例因子 3，随后按<Enter>键就能缩放视图的显示，如图 1-53 所示。

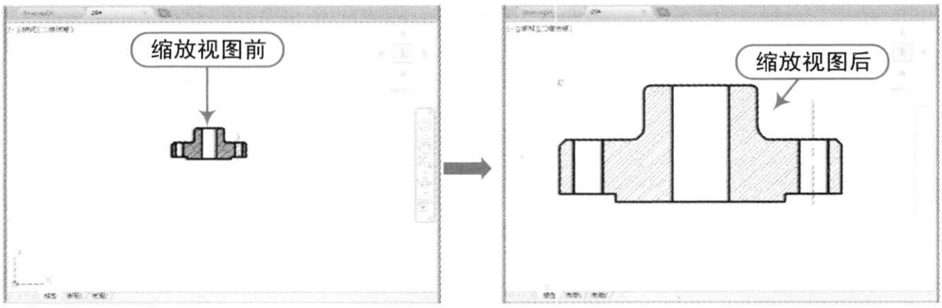

图 1-53

注意：缩放视图的变化

使用缩放不会更改图形中对象的绝对大小。它仅更改视图的显示比例。

1.7.2 平铺视口的应用

案例	无	视频	平铺视口的应用.avi	时长	08'11"

在 AutoCAD 中，为了满足用户需求，把绘图窗口分成多个矩形区域，创建不同的绘图区域，这种称为“平铺视口”。

1. 创建平铺视口

平铺视口是指将绘图窗口分成多个矩形区域，从而可得到多个相邻又不同的绘图区域，其中的每一个区域都可以用来查看图形对象的不同部分。

在 AutoCAD 2015 中创建“平铺视口”的方法有以下三种。

方法 01　执行“视图｜视口｜新建视口”命令。

方法 02　在命令行输入 VPOINTS 命令并按<Enter>键。

方法 03　在“视图”标签下的“模型视口”面板中单击“视口配置”按钮。

在打开的“视口”对话框中，选择“新建视口”选项卡，可以显示标准视口配置列表，而且还可以创建并设置新平铺视口，如图 1-54 所示。

“视口”对话框中“新建视口”选项卡的主要内容如下。

（1）应用于：有“显示”和“当前视口”两种设置，前者用于设置所选视口配置，用于模型空间的整个显示区域的默认选项；后者用于设置将所选的视口配置，用于当前的视口。

（2）设置：选择二维或三维设置，前者使用视口中的当前视口来初始化视口配置，后者使用正交的视图来配置视口。

（3）修改视图：选择一个视口配置代替已选择的视口配置。

（4）视觉样式：可以从中选择一种视口配置代替已选择的视口配置。

在打开的“视口”对话框中，选择“命名视口”选项卡，可以显示图形中已命名的视口配置，当选择一个视口配置后，配置的布局将显示在预览窗口中，如图 1-55 所示。

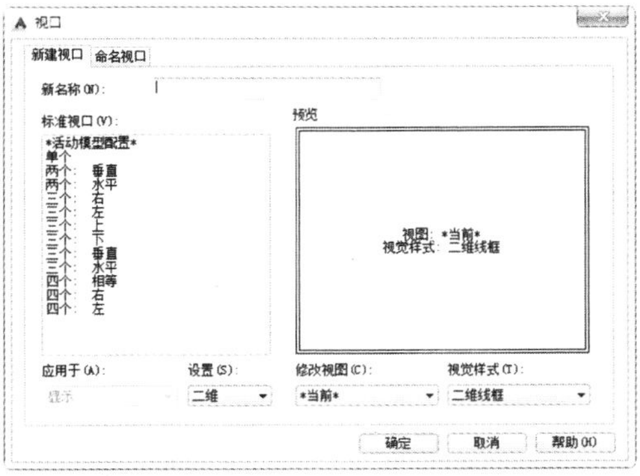

图 1-54

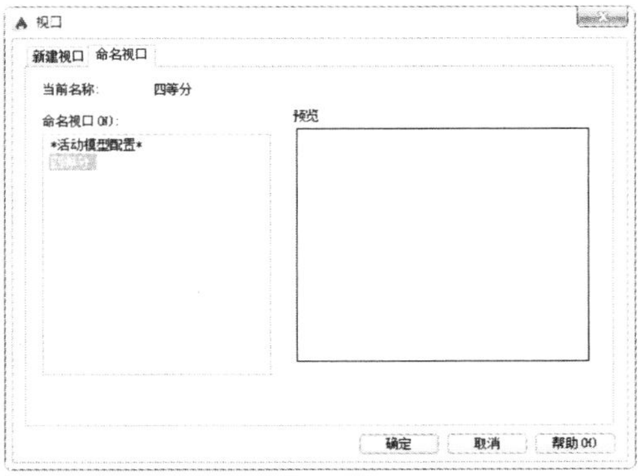

图 1-55

2. 平铺视口的特点

当打开一个新的图形时，默认情况下将用一个单独的视口填满模型空间的整个绘图区域。而当系统变量 TILEMODE 被设置为 1 后（即在模型空间模型下），就可以将屏幕的绘图区域分割成多个平铺视口，平铺视口的特点如下。

（1）每个视口都可以平移和缩放，并设置捕捉、栅格和用户坐标系等，且每个视口都可以有独立的坐标系统。

（2）在执行命令期间，可以切换视口以便在不同的视口中绘图。

（3）可以命名视口中的配置，以便在模型空间中恢复视口或者应用于布局。

（4）只有在当前视口中鼠标才显示为“+”字形状，将鼠标指针移动出当前视口后将变成为箭头形状。

（5）当在平铺视口中工作时，可全局控制所有视口图层的可见性，当在某一个视口中关闭了某一图层，系统将关闭所有视口中的相应图层。

3．视口的分割与合并

在 AutoCAD 2015 中，执行“视图｜视口”子菜单中的命令，可以进行分割或合并视口操作，执行“视图｜视口｜三个视口”菜单命令，在配置选项中选择“右”，即可将打开的图形文件分成三个窗口进行操作，如图 1-56 所示。若执行“视图｜视口｜合并”菜单命令，系统将要求选择一个视口作为主视口，再选择相邻的视口，即可合并两个选择的视口，如图 1-57 所示。

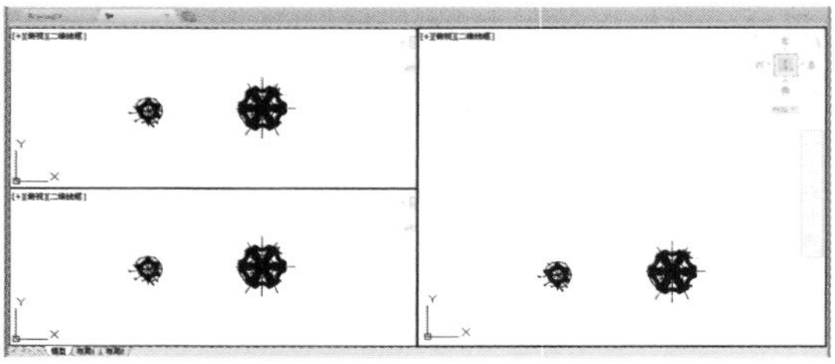

图 1-56

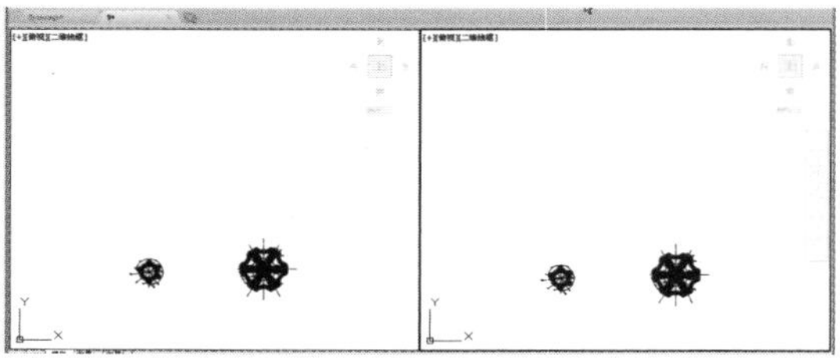

图 1-57

1.7.3 视图的转换操作

案例	无	视频	视图的转换操作.avi	时长	06'25"

在 AutoCAD2015 中，视图样式分为前视、后视、左视、右视、仰视、俯视、西南等轴测视和东南等轴测视等，视图样式转换的选择很多，用户根据不同的需求进行“视图的转换操作”，其主要方法有以下 3 种。

方法 01　单击“绘图区”左上角的“视图控件”按钮[俯视]，在下拉对话框中进行选择。

方法 02　执行“视图｜三维视图”命令，在弹出的下拉列表中进行选择。

方法 03　在“视图”标签中的“视图”面板中进行选择。

通过以上方法，用户根据需求选择后，可以完成视图的转换操作，如图 1-58 所示为“俯视”转换为“仰视”。

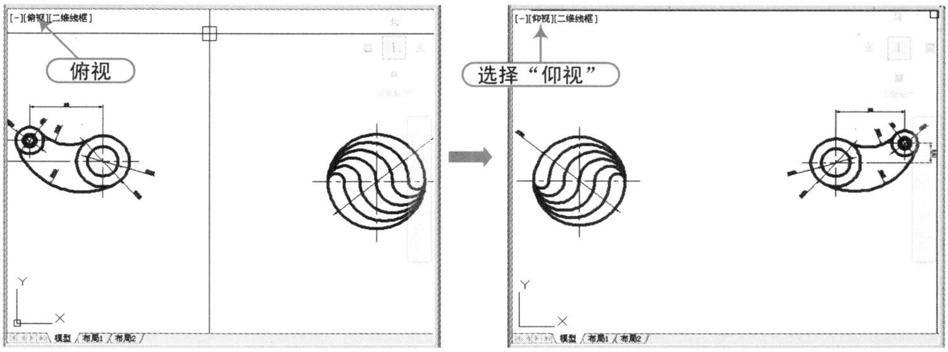

图 1-58

1.7.4 视觉的转换操作

案例	无	视频	视觉的转换操作.avi	时长	06'18"

在 AutoCAD2015 中，视觉样式分为概念、隐藏、真实、着色等，视觉样式转换的选择很多，用户根据不同的需求进行“视觉的转换操作”，其主要方法有以下 3 种。

方法 01 单击“绘图区”左上角的“视觉样式控件”按钮[二维线框]，在下拉对话框中进行选择。

方法 02 执行“视图 | 视觉样式”命令，在弹出的下拉列表中进行选择。

方法 03 在“视图”标签中的“视觉样式”面板中进行选择。

通过以上方法，用户根据需求选择后，可以完成视觉的转换操作，如图 1-59 所示为“二维线框”转换为“勾画”。

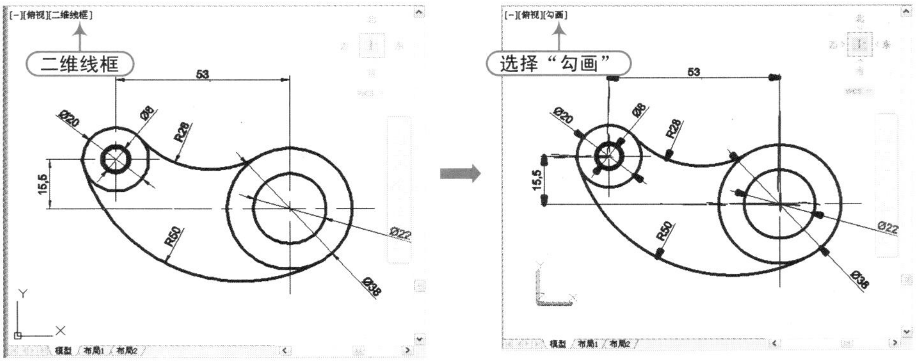

图 1-59

1.8 ACAD 图层与对象的控制

在 AutoCAD 2015 中，用户可以通过图层来编辑和调整图形对象，通过在不同的图层中来绘制不同的对象。

1.8.1 图层的概述

案例	无	视频	图层的特点.avi	时长	04'33"

在 AutoCAD 中，一个复杂的图形由许多不同类型的图形对象组成，而这些对象又都具有图层、颜色、线宽和线型四个基本属性，为了方便区分和管理，通过创建多个图层来控制对象的显示和编辑，从而提高绘制复杂图形的效率和准确性。

利用“图层特性管理器”选项板，不仅可以创建图层，设置图层的颜色、线型和宽度，还可以对图层进行更多的设置与管理，如切换图层、过滤图层、修改和删除图层等。打开“图层特性管理器”选项板的方法有以下 3 种。

方法 01 在命令行中输入 Layer，按<Enter>键。

方法 02 执行“格式 | 图层”菜单命令。

方法 03 在“默认”标签中的“图层”面板中单击“图层特性”按钮。

通过以上方法，可以打开“图层特性管理器”选项板，如图 1-60 所示。

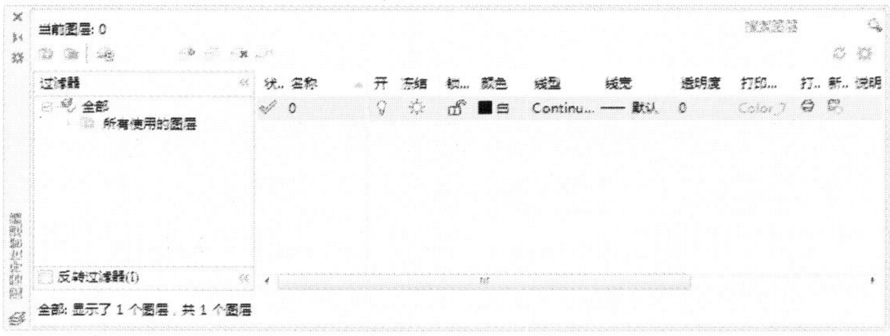

图 1-60

通过“图层特性管理器”选项板，可以添加、删除和重命名图层，更改它们的特性，设置布局视口中的特性替代以及添加图层说明。图层特性管理器包括“过滤器”面板和图层列表面板。图层过滤器可以控制在图层列表中显示的图层，也可以用于同时更改多个图层。

图层特性管理器将始终进行更新，并且将显示当前空间中（模型空间、图纸空间布局或在布局视口中的模型空间内）的图层特性和过滤器选择的当前状态。

注意：图层 0

> 每个图形均包含一个名为 0 的图层。图层 0（零）无法删除或重命名，以确保每个图形至少包括一个图层。

1.8.2 图层的控制

案例	无	视频	图层的控制.avi	时长	07'23"

控制图层，可以很好地组织不同类型的图形信息，使得这些信息便于管理，从而大大提高工作效率。

1. 新建图层

在 AutoCAD 中，单击“图层特性管理器”选项板中的“新建图层”按钮，可以新建图层。在新建图层中，如果用户更改图层名字，用鼠标单击该图层并按 F2 键，然后重新输入图层名即可，图层名最长可达 255 个字符，但不允许有 >、<、\、:、= 等字符，否则系统会弹出如图 1-61 所示的警告框。

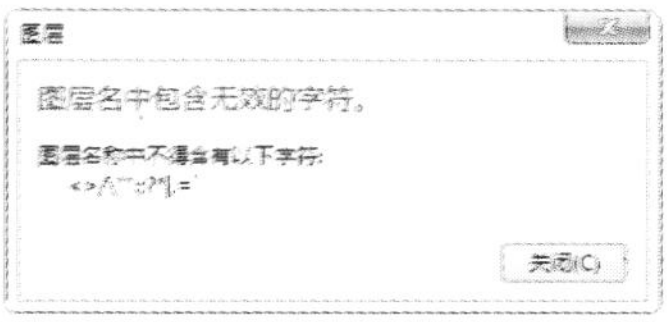

图 1-61

新建的图层继承了“图层 0”的颜色、线型等，如果需要对新建图层进行颜色、线型等重新设置，则选中当前图层的特性（颜色、线型等），单击鼠标左键进行重新设置。如果要使用默认设置创建图层，则不要选择列表中的任何一个图层，或在创建新图层前选择一个具有默认设置的图层。

注意：图层的描述

对于具有多个图层的复杂图形，可以在“说明”列中输入描述性文字。

2. 删除图层

在 AutoCAD 中，图层的状态栏是灰色的图层为空白图层，如果要删除没有用过的图层，在“图层特性管理器”选项板中选择好要删除的图层，然后单击“删除图层”按钮 或者按<Alt+D>组合键，就可删除该图层。

图 1-62

在 AutoCAD 中，如果该图层不为空白图层，那么就不能删除，系统会弹出“图层—未删除”提示框，如图 1-62 所示。

根据“图层—未删除”提示框可以看出，无法删除的图层有“图层 0 和图层 Defpoints”、“当前图层”、“包含对象的图层”和“依赖外部参照的图层”。

注意：删除图层时

如果绘制的是共享工程中的图形，或是基于一组图层标准的图形，删除图层时要小心。

3. 切换到当前图层

在 AutoCAD 中，“当前图层”是指正在使用的图层，用户绘制的图形对象将保存在当前图层，在默认情况下，“对象特性”工具栏中显示了当前图层的状态信息。设置当前图层的方法有以下 3 种。

方法 01　在“图层特性管理器”选项板中，选择需要设置为当前层的图层，然后单击“置为当前”按钮，被设置为当前图层的图层前面有标记。

方法 02　在“默认”标签下“图层”面板的“图层控制”下拉列表中，选择需要设置为当前的图层即可。

方法 03　单击“图层”面板中的“将对象的图层置为当前”按钮，然后使用鼠标在绘图区中选择某个图形对象，则该图形对象所在图层即可被设置为当前图层。

读书破万卷

4. 设置图层颜色

在 AutoCAD 中，可以用不同的颜色表示不同的组件、功能和区域。设置图层颜色实际就是设置图层中图形对象的颜色。不同图层可以设置不同的颜色，方便用户区别复杂的图形，默认情况下，系统创建的图层颜色是 7 号颜色，设置图层的颜色命令调用的方法有以下两种。

方法 01　在命令行中输入 COLOR，按<Enter>键。

方法 02　执行“格式 | 颜色”菜单命令。

执行图层颜色的设置命令后，系统将会弹出“选择颜色”对话框，此对话框包括“索引颜色”、“真彩色”和“配色系统”三个选项卡，如图 1-63 所示。

5. 设置图层线型

在 AutoCAD 中，为了满足用户的各种不同要求，系统提供了 45 种线型，所有的对象都是用当前的线型来创建的，设置图层线型命令的执行方式如下。

方法 01　在命令行中输入 LINETYPE，按<Enter>键。

方法 02　执行“格式 | 线型”菜单命令。

执行图层线型的设置命令后，系统将会弹出“线型管理器”对话框，如图 1-64 所示。

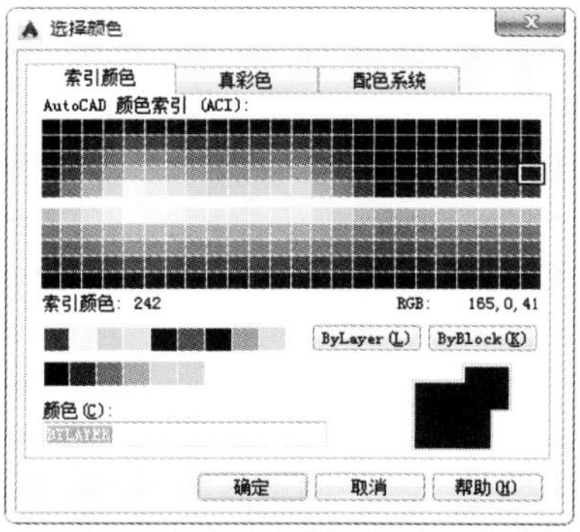

图 1-63

图 1-64

在“线型管理器”对话框中，其主要选项说明如下。

（1）线型过滤器：用于指定线型列表框中要显示的线型，勾选右侧的“反向过滤器”复选框，就会以相反的过滤条件显示线型。

（2）“加载”按钮：单击此按钮，将弹出“加载或重载线型”对话框，用户在“可用线型”列表中选择所需要的线型，也可以单击“文件”按钮，从其他文件中调出所要加载的线型。

（3）“删除”按钮：用此按钮来删除选定的线型。只能删除未使用的线型，不能删除 BYLAYER、BYBLOCK 和 CONTINUOUS 线型。

注意：删除线型时

> 如果处理的是共享工程中的图形，或是基于一系列图层标准的图形，则删除线型时要特别小心。已删除的线型定义仍存储在 acad.lin 或 acadlt.lin 文件(AutoCAD)或 acadiso.linacadltiso.lin 文件(AutoCAD LT)中，可以对其进行重载。

（4）“当前”按钮：此按钮可以将选择的图层或对象设置当前线型，如果是新创建的对象时，系统默认线型是当前线型（包括 Bylayer 和 ByBlock 线型值）。

（5）“显示\隐藏细节”按钮：此按钮用于显示“线型管理器”对话框中的“详细信息”选项区。

6. 设置图层线宽

在 AutoCAD 中，改变线条的宽度，使用不同宽度的线条表现对象的大小或类型，从而提高图形的表达能力和可读性，设置线宽的方法如下。

方法 01 在“图层特性管理器”对话框的“线宽”列表中单击该图层对应的线宽“—默认”，打开“线宽”对话框，选择所需要的线宽。

方法 02 执行“格式 | 线宽”菜单命令，打开“线宽设置”对话框，通过调整线宽比例，使图形中的线宽显示得更宽或更窄。

注意：线宽的显示

> 图层设置的线宽特性是否能显示在显示器上，还需要通过“线宽设置”对话框来设置。

7. 改变对象所在图层

在 AutoCAD 实际绘图中，如果绘制完某一图形元素后，发现该元素并没有绘制在预先设置的图层上，可选中该图形元素，并在“面板”选项板的“图层”选项区域的“应用的过滤器”下拉列表中选择预设图层名，即可改变对象所在图层。

例如，如图 1-65 所示，将直线所在图层改变为虚线所在图层。

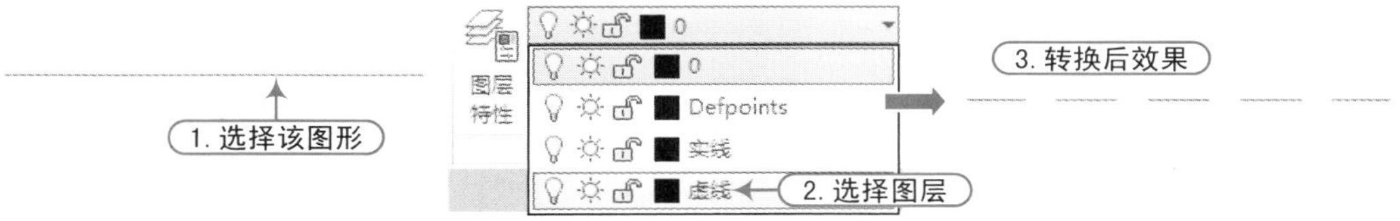

图 1-65

1.9 ACAD 文字和标注的设置

在 AutoCAD 2015 中，可以设置多种文字样式，以方便各种工程图的注释及标注的需要，要创建文字对象，有单行文字和多行文字两种方式。同时 AutoCAD 2015 包含了一套完整的尺寸标注命令和使用程序，可以轻松地完成图形中要求的尺寸标注。

1.9.1 文字样式的设置

案例	无	视频	文字样式的设置.avi	时长	06'47"

在 AutoCAD 2015 中，图形中的所有文字都具有与之相关联的文字样式。输入文字时，系统使用当前的文字样式来创建文字，该样式可设置字体、大小、倾斜角度、方向和文字特征。如果需要使用其他文字样式来创建文字，可以将其他文字样式置于当前。

创建文字样式的方法如下。

方法 01 在命令行输入 STYLE 命令并按<Enter>键。

方法 02 执行“格式 | 文字样式”菜单命令。

方法 03 单击“默认”标签里“注释”面板下拉列表中的“文字样式”按钮，如图 1-66 所示。

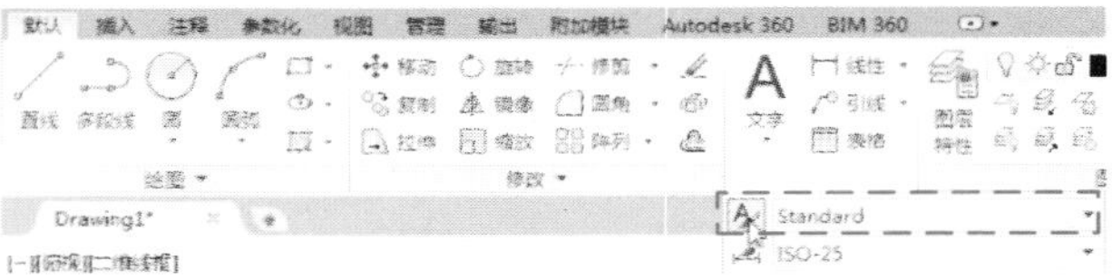

图 1-66

执行上述命令后，将弹出“文字样式”对话框，单击“新建”按钮，会弹出“新建文字样式”对话框，在“样式名”文本框中输入样式的名称，然后单击“确定”按钮，即可新建文字样式，如图 1-67 所示。

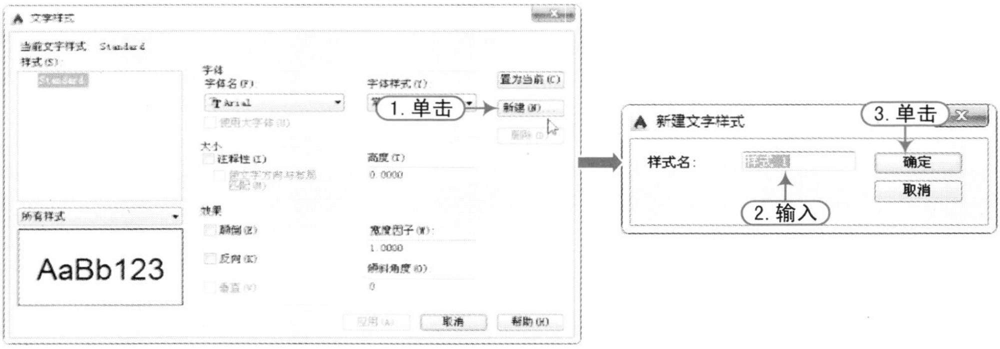

图 1-67

在“文字样式”对话框中，系统提供了一种默认文字样式是 Standard 文字样式，用户可以创建一个新的文字样式或修改文字样式，以满足绘图要求。

在“文字样式”对话框中，各主要选项具体说明如下。

（1）样式（S）：显示图形中的样式列表。样式名前的图标指示样式为注释性。

（2）字体：用来设置样式的字体。

注意：样式字体的设置

如果更改现有文字样式的方向或字体文件，当图形重新生成时，所有具有该样式的文字对象都将使用新值。

（3）大小：用来设置字体的大小。

（4）效果：修改字体的特性，例如高度、宽度因子、倾斜角以及是否颠倒显示、反向或垂直对齐。

（5）颠倒（E）：颠倒显示字符。

（6）反向（K）：反向显示字符。

（7）垂直（V）：显示垂直对齐的字符。只有在选定字体支持双向时“垂直”才可用。TrueType 字体的垂直定位不可用。

（8）宽度因子（W）：设置字符间距。系统默认“宽度因子”为 1，输入小于 1 的值将压缩文字。输入大于 1 的值则扩大文字。

（9）倾斜角度（O）：设置文字的倾斜角。输入一个 –85 和 85 之间的值将使文字倾斜。

文字的各种效果如图 1-68 所示。

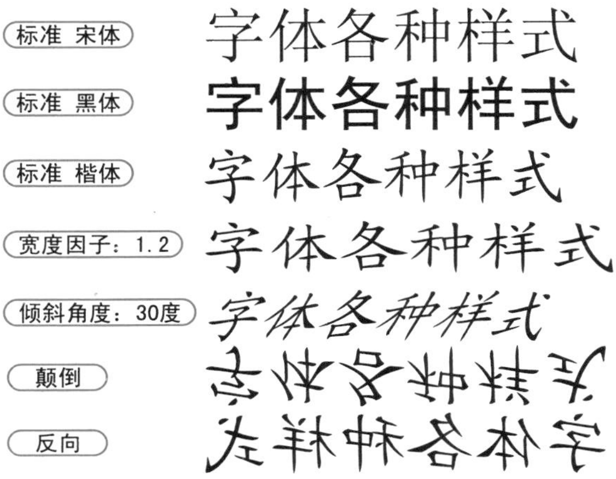

图 1-68

1.9.2 标注样式的设置

案例	无	视频	标注样式的设置.avi	时长	23'11"

在 AutoCAD 中，用户在标注尺寸之前，第一步要建立标注样式，如果不建立标注样式而直接进行标注，系统会使用默认的 Standard 样式。如果用户认为使用的标注样式某些设置不合适，也可以通过“标注样式管理器”对话框进行设置来修改标注样式。

打开“标注样式管理器”对话框的方法如下。

方法 01 在命令行输入 DIMSTYLE 命令并按<Enter>键。

方法 02 执行“格式 | 标注样式”菜单命令。

方法 03 单击“注释”标签下“标注”面板中右下角的“标注样式”按钮↘。

执行上述命令后，将打开“标注样式管理器”对话框，如图 1-69 所示。

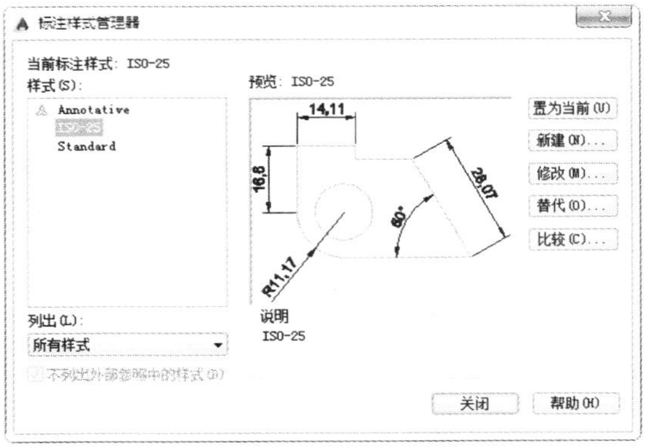

图 1-69

在“标注样式管理器”对话框中，单击“新建”按钮，将打开“创建新标注样式”对话框，在该对话框中可以创建新的标注样式，单击该对话框中的“继续”按

读书破万卷

钮，将打开“新建标注样式：XXX”对话框，从而设置和修改标注样式的相关参数，如图 1-70 所示。

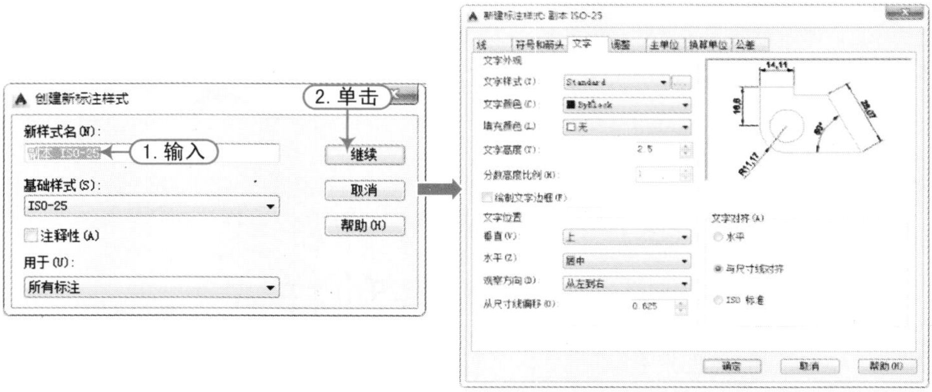

图 1-70

当标注样式创建完成后，在“标注样式管理器”对话框中，单击“修改”按钮，将打开“修改标注样式：XXX”对话框，从中可以修改标注样式。对话框选项与“新建标注样式：XXX”对话框中的选项相同。

1.10 绘制第一个 ACAD 图形

案例	平开门符号.dwg	视频	绘制第一个 ACAD 图形.avi	时长	05'17"

为了使用户对 AutoCAD 建筑工程图的绘制有一个初步的了解，下面以“平开门符号”的绘制来进行讲解，其操作步骤如下。

Step 01 在桌面上双击 AutoCAD 2015 图标，启动 AutoCAD 2015 软件，系统自动创建一个空白文档。

Step 02 在“快速访问”工具栏单击“另存为”按钮，将弹出“图形另存为”对话框，按照如图 1-71 所示将该文件保存为“案例\01\平开门符号.dwg”文件。

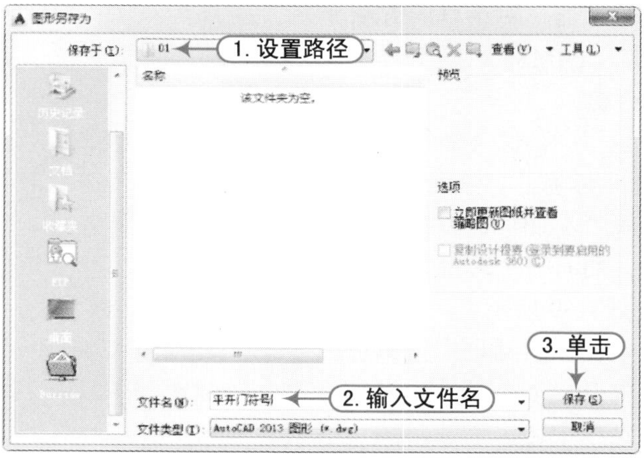

图 1-71

技巧：保存文件为低版本

在“图形另存为”对话框中，其“文件类型”下拉组合框中，用户可以将其保存为低版本的 .dwg 文件。

Step 03 在“常用”选项卡的“绘图”面板中单击“圆”按钮，按照如下命令行提示绘制一个半径为 1000mm 的圆，其效果如图 1-72 所示。

```
命令: _circle                                                \\ 执行“圆”命令
指定圆的圆心或 [三点(3P)/两点(2P)/切点、切点、半径(T)]: @0,0  \\ 以原点(0.0)作为圆心点
指定圆的半径或 [直径(D)]: 1000                                \\ 输入圆的半径为 1000
```

Step 04 在“常用”选项卡的“绘图”面板中单击“直线”按钮，根据如下命令行提示，绘制好两条线段，其效果如图 1-73 所示。

```
命令: _line                          \\ 执行“直线”命令
指定第一个点:                        \\ 捕捉圆上侧象限点
指定下一点或 [放弃(U)]:              \\ 捕捉圆心点，绘制线段 1
指定下一点或 [放弃(U)]:              \\ 捕捉右侧象限点，绘制线段 2
指定下一点或 [闭合(C)/放弃(U)]:      \\ 按回车键结束直线的绘制
```

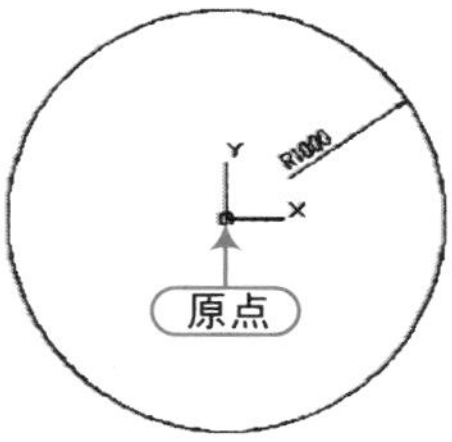

图 1-72

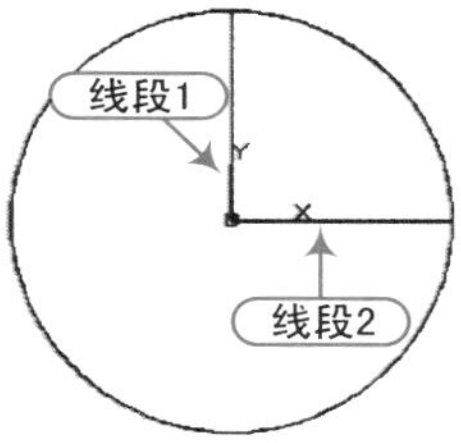

图 1-73

注意：“对象捕捉”的启用

用户在绘制图形过程中，用户可按 F3 键来启用或取消其“对象捕捉”模式。但就是启用了“对象捕捉”模式，也必须勾选相应的捕捉点才行。

Step 05 在“常用”选项卡的“修改”面板中单击“偏移”按钮，根据如下命令行提示，将上一步所绘制垂直线段向右侧偏移 60mm，其效果如图 1-74 所示。

```
命令: _offset                                              \\ 执行“偏移”命令
当前设置: 删除源=否  图层=源  OFFSETGAPTYPE=0              \\ 当前设置状态
指定偏移距离或 [通过(T)/删除(E)/图层(L)] <通过>: 60         \\ 输入偏移距离为 60mm
选择要偏移的对象，或 [退出(E)/放弃(U)] <退出>:              \\ 选择垂线段为偏移对象
指定要偏移的那一侧上的点，或 [退出(E)/多个(M)/放弃(U)] <退出>:  \\ 在垂线段右侧单击
选择要偏移的对象，或 [退出(E)/放弃(U)] <退出>:              \\ 按回车键结束偏移操作
```

Step 06 在“常用”选项卡的“修改”面板中单击“修剪”按钮，根据如下命令行提示，将多余的线段及圆弧进行修剪，其效果如图 1-75 所示。

读书破万卷

```
命令: _trim                                                  \\ 执行“修剪”命令
当前设置:投影=UCS，边=无                                      \\ 显示当前设置
选择剪切边...
选择对象或 <全部选择>:                                        \\ 按回车键表示修剪全部
选择要修剪的对象，或按住 Shift 键选择要延伸的对象，或
[栏选(F)/窗交(C)/投影(P)/边(E)/删除(R)/放弃(U)]:              \\ 单击圆弧修剪
选择要修剪的对象，或按住 Shift 键选择要延伸的对象，或
[栏选(F)/窗交(C)/投影(P)/边(E)/删除(R)/放弃(U)]:              \\ 单击水平线段右侧进行修剪
选择要修剪的对象，或按住 Shift 键选择要延伸的对象，或
[栏选(F)/窗交(C)/投影(P)/边(E)/删除(R)/放弃(U)]:              \\ 按回车键结束修剪操作
```

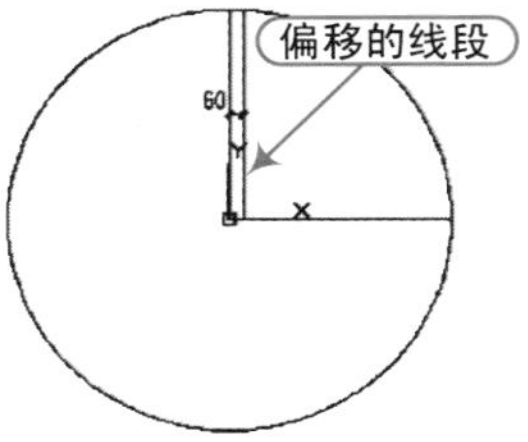

图 1-74

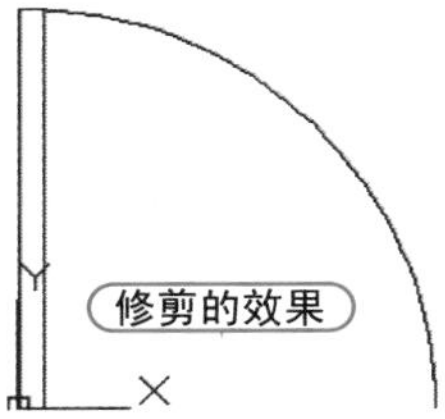

图 1-75

Step 07 在“快速访问”工具栏单击“保存”按钮，将所绘制的平开门符号进行保存。

Step 08 在键盘上按<Alt+F4>或<Ctrl+Q>组合键，退出所绘制的文件对象。

2

建筑工程符号与图例的绘制

本章导读

在建筑工程制图中，经常会使用大量的家用设施、绿色植物、建筑符号等图块进行设计，本章介绍建筑相关符号的绘制，并结合门、窗等设施平面图与立面图的绘制，详细介绍建筑工程图中各图块的绘制方法与技巧。

本章内容

- 建筑相关符号的绘制
- 建筑平面图例的绘制
- 建筑立面图例的绘制

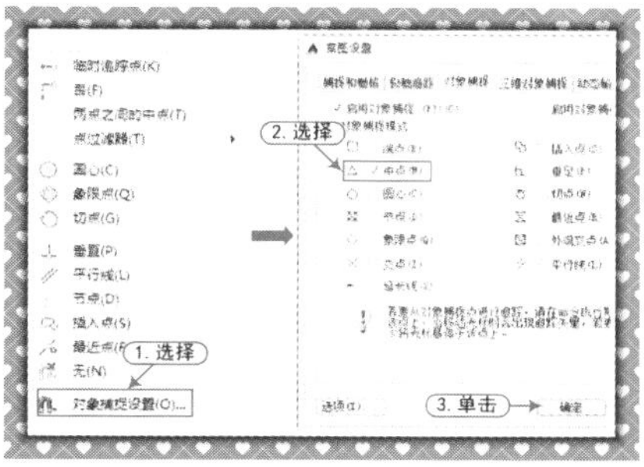

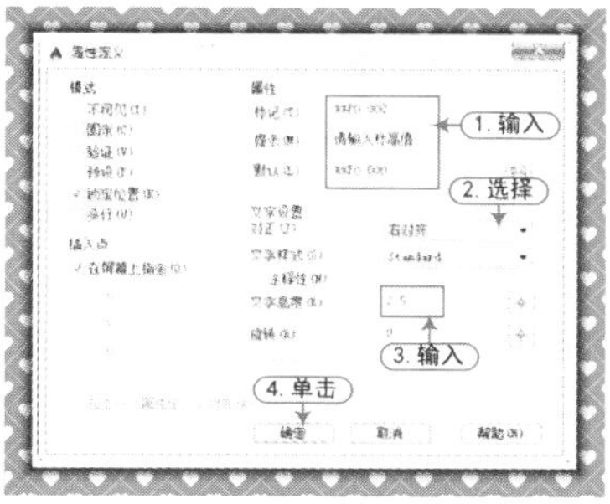

2.1 建筑相关符号的绘制

在进行各种建筑和室内装饰设计时，为了更清楚的表明图中的相关信息，将以不同的符号来表示，本节介绍一些常用建筑符号的绘制。

2.1.1 标高符号的绘制

案例	标高符号.dwg	视频	标高符号的绘制.avi	时长	08'18"

标高用来表示建筑物各部位高度的一种尺寸形式。标高符号用细实线画出，短横线是需注高度的界线，长横线之上或之下注出标高数字，不论哪种形式的标高符号，均为等腰直角三角形，高为 3。最终效果如图 2-1 所示。

Step 01 在桌面上双击 AutoCAD 2015 图标，启动 AutoCAD 2015 软件，系统自动创建一个空白文档。

Step 02 在“快速访问”工具栏单击“另存为”按钮，将弹出“图形另存为”对话框，将该文件保存为“案例\02\标高符号.dwg”文件。

Step 03 执行“直线”命令（L），按“F8”快捷键以开启“正交”模式，使用鼠标单击一点，然后水平拖动，输入 8，以绘制一条长度为 8 的直线，如图 2-2 所示。

提示：正交模式设置

> 打开“正交模式”后，不管光标在屏幕上的位置，只能在垂直或者水平方向画线，画线的方向取决于光标在 x 轴和 y 轴方向上的移动距离变化。

Step 04 继续执行“直线”命令（L），根据如下命令行提示，绘制一条以水平线的中点为起点，长度为 7，且与水平线夹角为 45° 的斜线段，如图 2-3 所示。

```
命令: _LINE                          \\ 执行“直线”命令
指定第一个点:                        \\ 用鼠标单击水平线段的中点
指定下一点或 [放弃(U)]: <45          \\ 输入<45，按 Enter 键
指定下一点或 [放弃(U)]: 7            \\ 输入 7，按 Enter 键
```

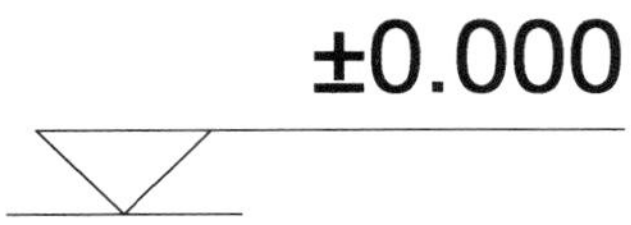

图 2-1

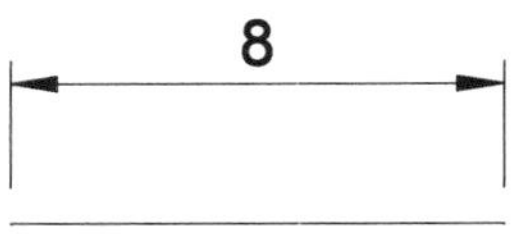

图 2-2

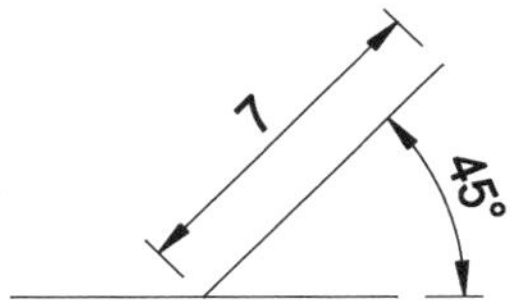

图 2-3

提示：极轴坐标的输入

> 此步骤是以极轴坐标的方式来绘制的直线，极轴坐标是由一个极轴角度和长度组成，其格式为（<0,0），而这里的<45，7，代表绘制一个角度为 45°，长度为 7 的线段。

Step 05 执行“镜像”命令（MI），将上一步所绘制的斜线段进行镜像复制操作，其镜像线的第一点为下侧水平线段与斜线段的交点，第二点与下侧水平线段垂直，如图 2-4 所示。

```
命令: _MIRROR                        \\ 执行“镜像”命令
选择对象: 找到 1 个                  \\ 选择斜线段，按 Enter 键
```

```
指定镜像线的第二点: <正交 开>                          \\ 开启正交模数，垂直向上指定一点
要删除源对象吗？[是(Y)/否(N)] <N>: N                  \\ 输入 N，按 Enter 键
```

Step 06 执行“偏移”命令（O），将水平线段向上偏移 3，如图 2-5 所示。

```
命令: _OFFSET                                                        \\ 执行“偏移”命令
指定偏移距离或 [通过(T)/删除(E)/图层(L)] <3.0000>: 3                   \\ 输入 3，按 Enter 键
选择要偏移的对象，或 [退出(E)/放弃(U)] <退出>:                          \\ 选择水平线段
指定要偏移的那一侧上的点，或 [退出(E)/多个(M)/放弃(U)] <退出>:           \\ 单击水平线上侧任意点
选择要偏移的对象，或 [退出(E)/放弃(U)] <退出>:                          \\ 按 Enter 键
```

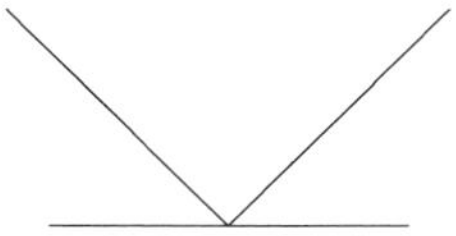

图 2-4

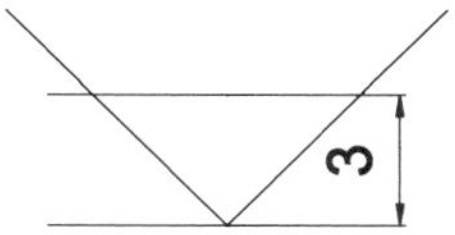

图 2-5

Step 07 执行“修剪”命令（TR），修剪掉多余的线段，得到效果如图 2-6 所示。

```
命令: _TRIM                                          \\ 执行“修剪”命令
选择对象或 <全部选择>:                                \\ 按空格键
选择要修剪的对象，或按住 Shift 键选择要延伸的对象，或
[栏选(F)/窗交(C)/投影(P)/边(E)/删除(R)/放弃(U)]:      \\ 选择要修剪的线段，修剪完后按 Enter 键
```

Step 08 选择上侧水平线段，则显示出线段的三个夹点，单击右夹点向右水平拖动，输入 14，将该线段向右方向拉伸出 14，效果如图 2-7 所示。

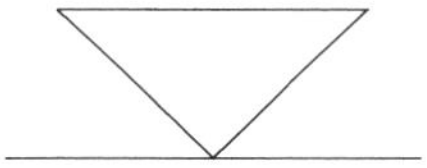

图 2-6

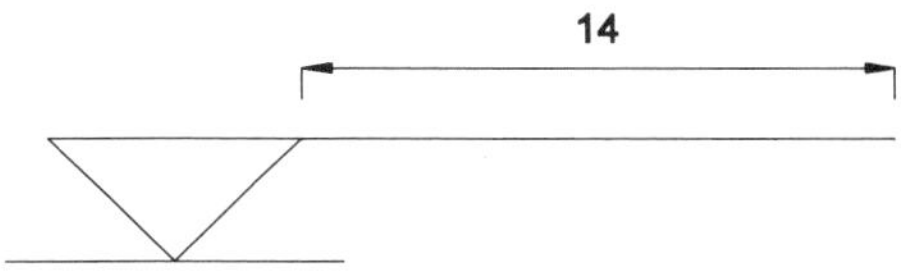

图 2-7

Step 09 在“插入”标签下的“块定义”面板中，单击“定义属性”按钮，则弹出“属性定义”对话框，按照如图 2-8 所示步骤在该对话框中进行设置，然后单击“确定”按钮回到图形处，单击水平线右端点为插入点，以插入一个属性值。

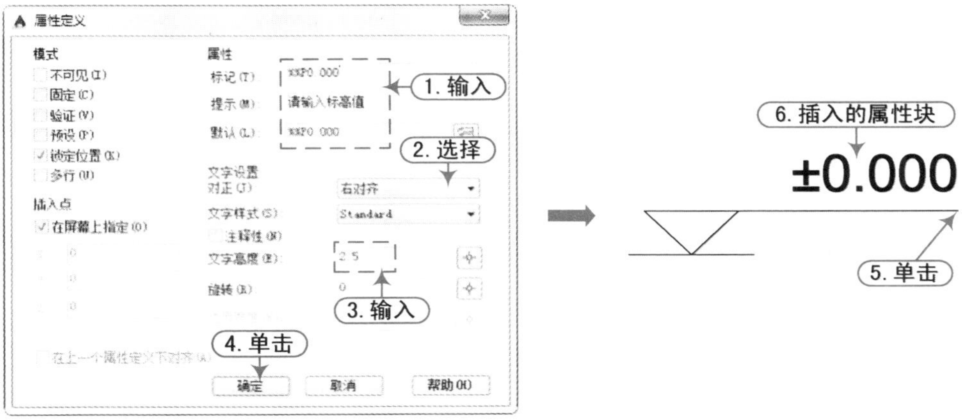

图 2-8

提示：标高数字的字高设置

在建筑设计的标高中，其标高的数字字高为 2.5mm（在 A0、A1、A2 图纸）或字高为 2mm（在 A3、A4 图纸）。

Step 10 至此，标高符号绘制完毕，在“快速访问”工具栏单击“保存”按钮，将所绘制图形进行保存。

Step 11 在键盘上按<Alt+F4>或<Ctrl+Q>组合键，退出所绘制的文件对象。

技巧：标高值的调整

如前面的标高符号，在定义了属性块以后，若要对默认的标高值进行修改，可双击该标高文字，则会弹出“编辑属性定义”对话框，在“标记”栏可根据需要输入新的标高数值，如图 2-9 所示。

若以后要使用到该标高符号，可使用“插入（I）”命令，在插入该图块时将会弹出“编辑属性”对话框，提醒用户“输入标高值”，如图 2-10 所示。

图 2-9

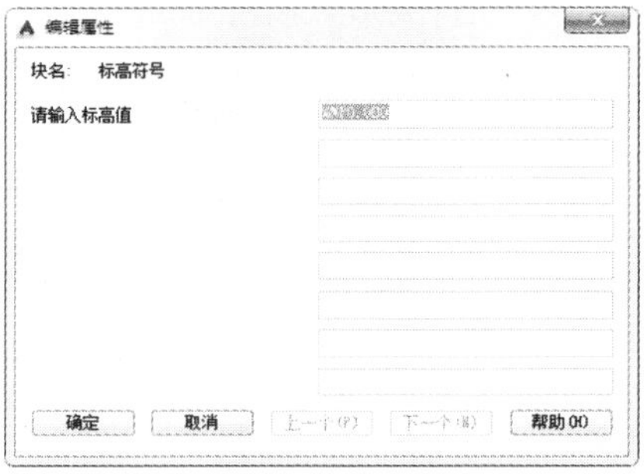

图 2-10

2.1.2 详图符号的绘制

案例	详图符号.dwg	视频	详图符号的绘制.avi	时长	05'31"

本实例中主要针对建筑工程图中经常用到的详图符号进行绘制。在绘制本实例时，根据要求分别使用圆、偏移、文字等命令，最终效果如图 2-11 所示。

Step 01 在桌面上双击 AutoCAD 2015 图标，启动 AutoCAD 2015 软件，系统自动创建一个空白文档。

Step 02 在“快速访问”工具栏单击“另存为”按钮，将弹出“图形另存为”对话框，将该文件保存为“案例\02\详图符号.dwg”文件。

Step 03 执行“圆”命令（C），根据如下命令提示，任意单击一点作为圆心，绘制一个直径为 14 的圆，如图 2-12 所示。

```
命令: CIRCLE                                              \\ 执行“圆”命令（C）
指定圆的圆心或 [三点(3P)/两点(2P)/切点、切点、半径(T)]:  \\ 在绘图区单击一点
指定圆的半径或 [直径(D)]: d                               \\ 输入 d，以选择“直径”方式
指定圆的直径: 14                                          \\ 输入直径值 14
```

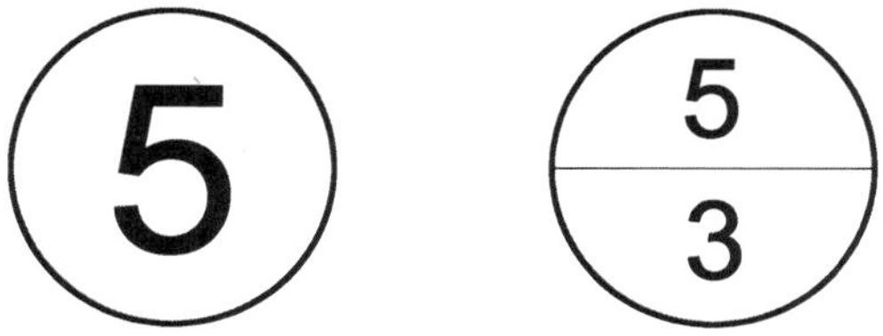

图 2-11

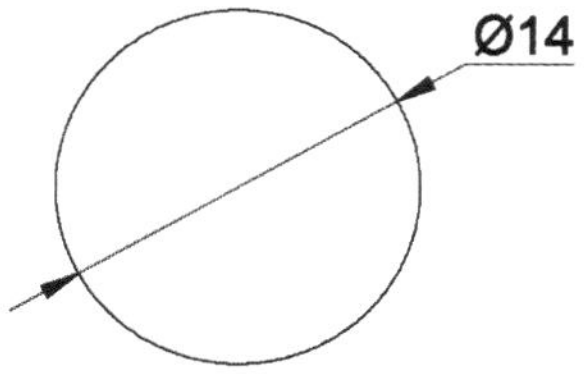

图 2-12

提示：详图符号的规定

> 在建筑制图中，详图符号应以粗实线绘制，直径应为 14mm。详图应按下列规定编号：
>
> ① 详图与被索引的图样同在一张图纸内时，应在详图符号内用阿拉伯数字注明详图的编号，如图 2-11（左）所示。
>
> ② 详图与被索引的图样如不在同一张图纸内，可用细实线在详图符号内画一水平直径，在上半圆中注明详图的编号，在下半圆中注明被索引图纸的图纸号，如图 2-11（右）所示。

Step 04 选择绘制的圆对象，单击“默认”标签下的“特性”面板，设置内圆的线宽为 0.30，以显示出粗实线效果如图 2-13 所示。

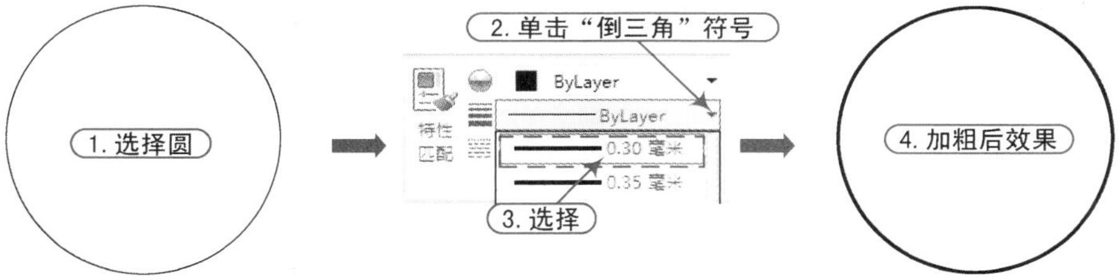

图 2-13

提示：显示线宽效果

> 当用户设置了线宽后，应激活状态栏的“线宽”按钮，这样才能在视图中显示出所设置的线宽效果。

Step 05 执行“单行文字”命令（DT），根据如下命令提示在圆内输入文字，得到效果如图 2-14 所示。

```
命令: TEXT（DT）                                        \\ 单行文字命令
当前文字样式: “Standard” 文字高度: 2.5000 注释性: 否 对正: 左
指定文字的起点 或 [对正(J)/样式(S)]: J                   \\ 选择“对正”项
输入选项 [左(L)/居中(C)/右(R)/对齐(A)/中间(M)/布满(F)/左上(TL)/中上(TC)/右上(TR)/左中
(ML)/正中(MC)/右中(MR)/左下(BL)/中下(BC)/右下(BR)]: MC    \\ 选择“正中”项
指定文字的中间点:                                        \\ 单击圆心
指定高度 <2.5000>:7.5                                   \\ 输入文字高度为 7.5
指定文字的旋转角度 <0>:                                  \\ 空格键以默认的“0”度
                                                        \\ 输入文字 5
```

读书破万卷

Step 06 执行“复制”命令（CO），将绘制好的详图符号复制出一份；再执行“删除”命令（E），将文字删除掉，如图 2-15 所示。

图 2-14

图 2-15

Step 07 执行“直线”命令（L），绘制后面圆的水平直径线，如图 2-16 所示。

Step 08 再执行“单行文字”命令（DT），设置字高为 3.5，在上、下半圆内输入相应文字内容，如图 2-17 所示。

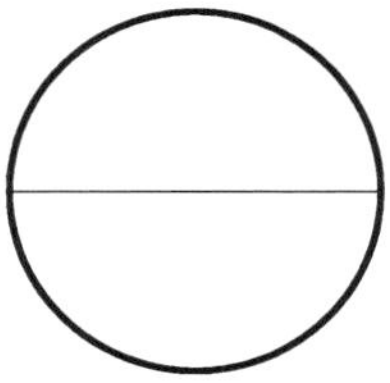

图 2-16

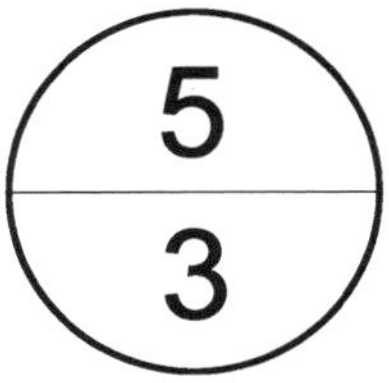

图 2-17

Step 09 至此，两种详图符号绘制完毕，在“快速访问”工具栏单击“保存”按钮，将所绘制图形进行保存。

提示：单行文字的输入

使用“单行文字”命令（DT），可以不间断地输入多个单独的文字，直至完成输入后按“Esc”键退出为止。其具体操作步骤如图 2-18 所示。

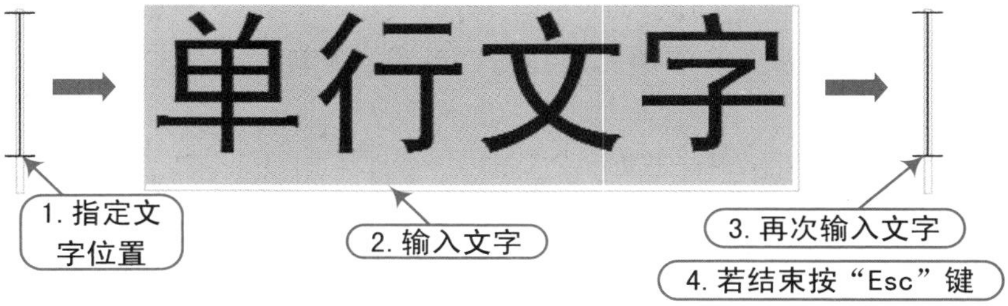

图 2-18

2.1.3 指北针的绘制

案例	指北针符号.dwg	视频	指北针符号的绘制.avi	时长	02'55"

本实例中主要针对建筑工程图中经常用到的指北针符号进行绘制。用户在绘制本实例时，根据要求分别使用圆、多段线、文字等命令，最终效果如图 2-19 所示。

Step 01 在桌面上双击 AutoCAD 2015 图标，启动 AutoCAD 2015 软件，系统自动创建一个空白文档。

Step 02 在“快速访问”工具栏单击“另存为”按钮，将弹出“图形另存为”对话框，将该文件保存为“案例\02\指北针符号.dwg”文件。

Step 03 执行“圆”命令（C），任意捕捉一点，绘制一个半径为 12 的圆，如图 2-20 所示。

Step 04 执行“多段线”命令（PL），根据如下命令行提示，捕捉圆的上侧象限点为起点，设置起点宽度为 0，端点宽度为 3，绘制好箭头符号，如图 2-21 所示。

```
命令: _PLINE                                                    \\ 执行“多段线”命令
指定起点:                                                       \\ 选择圆的上侧象限点
指定下一个点或 [圆弧(A)/半宽(H)/长度(L)/放弃(U)/宽度(W)]: W       \\ 输入 W，按 Enter 键
指定起点宽度 <0.0000>: 0                                         \\ 输入 0，按 Enter 键
指定端点宽度 <0.0000>: 3                                         \\ 输入 3，按 Enter 键
指定下一个点或 [圆弧(A)/半宽(H)/长度(L)/放弃(U)/宽度(W)]:         \\ 选择圆的下侧象限点
指定下一点或 [圆弧(A)/闭合(C)/半宽(H)/长度(L)/放弃(U)/宽度(W)]:    \\ 按 Enter 键
```

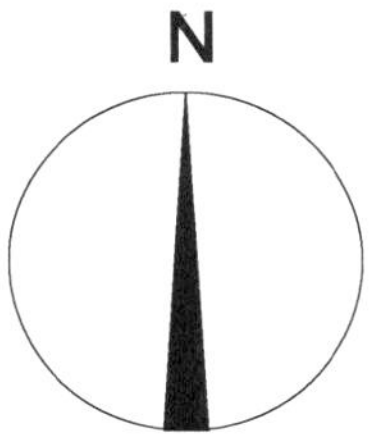

图 2-19

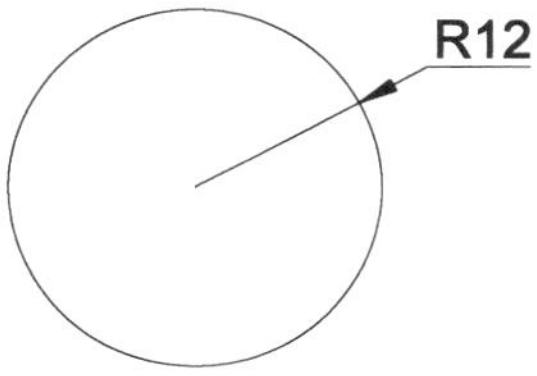

图 2-20

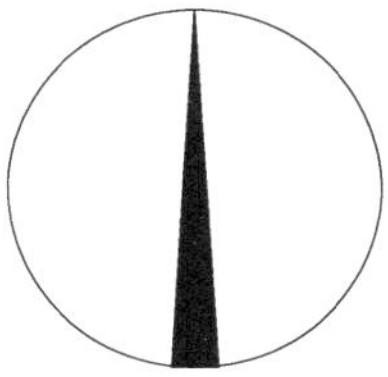
图 2-21

技巧：“特性”选项板的利用

如果用户在绘制多段线的过程中，忘记设置多段线的线宽，此时可以按<Ctrl+1>组合键，将打开“特性”选项板，选中需要设置线宽的多段线对象，在“几何图形”区域中，设置“起始线段宽度”和“终止线段宽度”值分别为 0、3，同样也可绘制箭头的效果。

Step 05 执行“单行文字”命令（DT），根据提示在圆上侧位置单击，设置文字高度为 3.5，输入大写的“N”，效果如图 2-18 所示。

Step 06 执行“基点”命令（base），指定圆的下侧象限点作为基点。

Step 07 至此，指北针符号绘制完毕，在“快速访问”工具栏单击“保存”按钮，将所绘制图形进行保存。

技巧：“基点”命令的应用

基点是用当前 UCS 中的坐标来表示的。向其他图形插入当前图形或将当前图形作为其他图形的外部参照时，设置的基点将被用作插入基点。

2.2 建筑平面图例的绘制

在建筑工程图的绘制中，经常会使用大量图块插入，本小节介绍了一些常用建筑平面图块的绘制，使读者对建筑平面图的绘制有一个初步的了解。

2.2.1 四扇推拉门的绘制方法

案例	四扇扒拉门.dwg	视频	四扇推拉门的绘制方法.avi	时长	04'18"

在绘制四扇推拉门图块时，首先应设置绘图环境，然后根据绘制步骤绘制其图形元素并创建图块，其效果如图 2-22 所示。

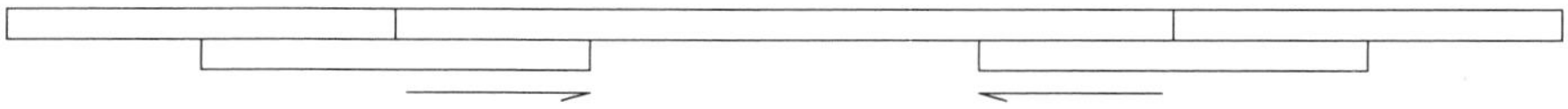

图 2-22

1. 设置绘图环境

Step 01 在桌面上双击 AutoCAD 2015 图标，启动 AutoCAD 2015 软件，系统自动创建一个空白文档。

Step 02 在“快速访问”工具栏单击“另存为”按钮，将弹出“图形另存为”对话框，将该文件保存为“案例\02\四扇推拉门.dwg”文件。

Step 03 执行“格式｜单位”菜单命令（UN），打开“图形单位”对话框，将长度单位类型设定为“小数”，精度为“0.000”，角度单位类型设为“十进制度数”，精度精确到“0.00”，如图 2-23 所示。

Step 04 执行“格式｜图形界限”菜单命令，依照提示，设定图形界限的左下角坐标为（0,0），右上角坐标为（5000,5000）。

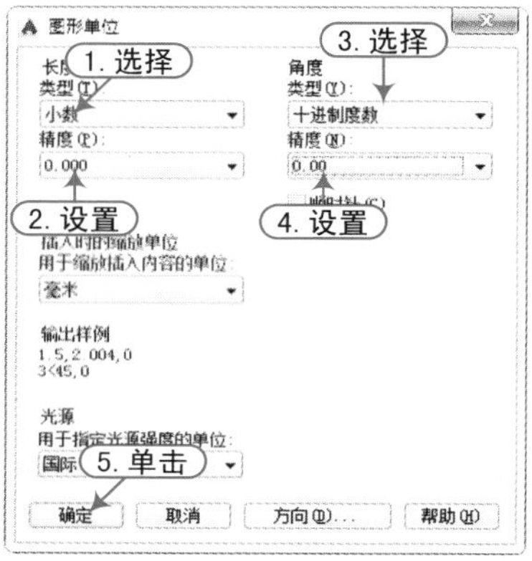

图 2-23

提示：图形界限的选择

由于门平面尺寸相对较小，可以设置绘图极限为 5000 × 5000 的矩形范围。

Step 05 再在命令行中输入“Z｜空格｜A”，使输入的图形界限区域全部显示在图形窗口内。

2. 图层规划

在命令行输入“LA”，打开“图层特性管理器”选项板，新建如图 2-24 所示的“门块”图层，并将该图层置为当前图层。

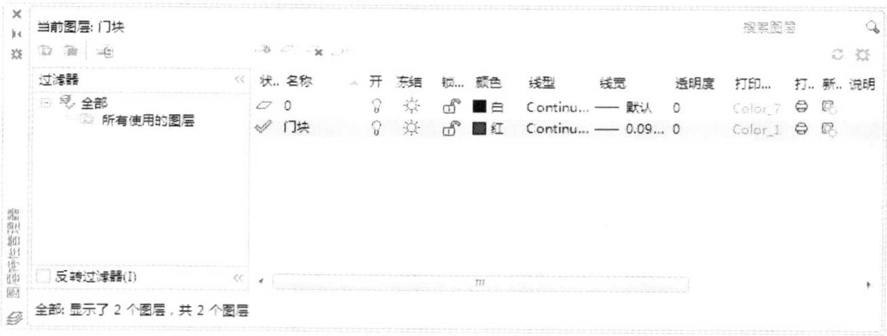

图 2-24

注意：图层的颜色和线宽

单击图层状态行的颜色项，打开“选择颜色”对话框，可以对图层颜色进行选择设置；单击图层状态行的线宽项，打开“线宽”对话框，可以对图层线宽进行选择设置。

3. 绘制四扇推拉门对象

Step 01 单击图形区下方的“正交”按钮，采用正交绘图模式，执行“矩形”命令（REC），绘制 750×60 的矩形。

Step 02 执行“复制”命令（CO），把矩形依次向右侧连续复制 3 次，如图 2-25 所示。

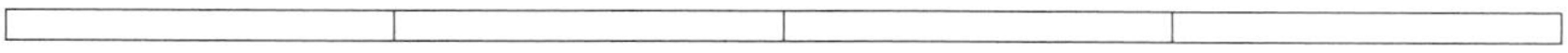

图 2-25

Step 03 在绘图区按住 Ctrl 键右击鼠标，在快捷菜单中选择“对象捕捉设置”选项，系统将弹出“草图设置”对话框，勾选“启用对象捕捉”复选框，在“对象捕捉模式”选项下，勾选“中点”捕捉方式，然后单击“确定”按钮，如图 2-26 所示。

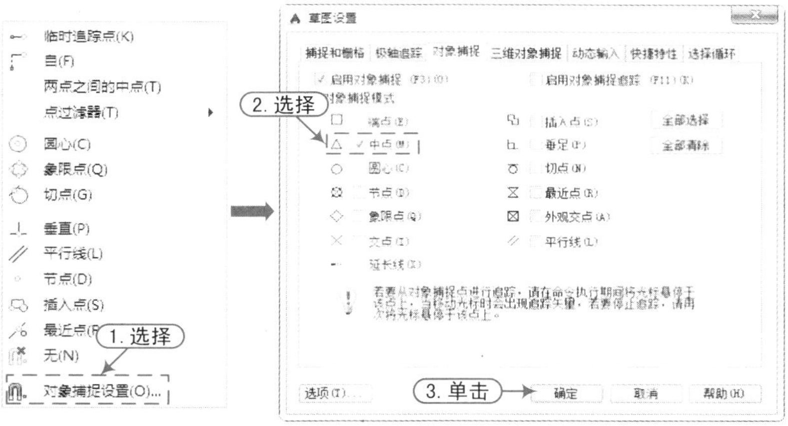

图 2-26

Step 04 执行“移动”命令（M），选择第二个矩形后按“空格”键结束选择，然后按照如图 2-27 所示分别给出的移动基点和目的点，把矩形向左下方移动。

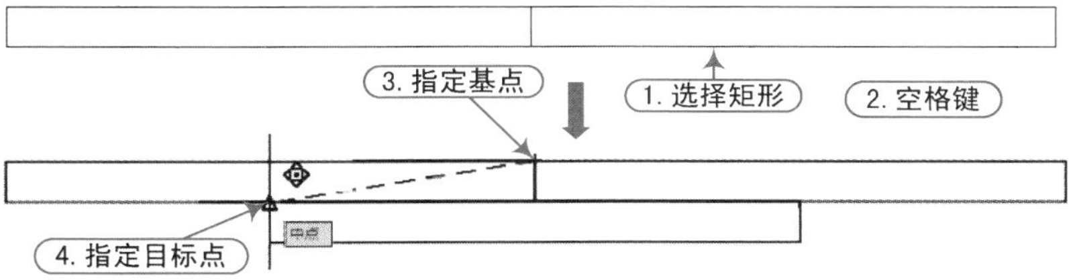

图 2-27

Step 05 执行同样的移动命令，将中间另一个矩形向右下方移动，如图 2-28 所示。

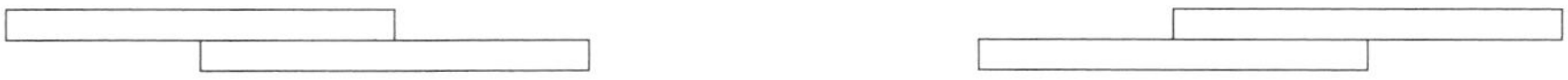

图 2-28

读书破万卷

Step 06 执行“直线”命令（L），分别在上侧两边矩形之间绘制两条直线；随后继续执行“直线”命令（L），在门图形的下方适当位置绘制开启指示箭头，其效果如图 2-29 所示。

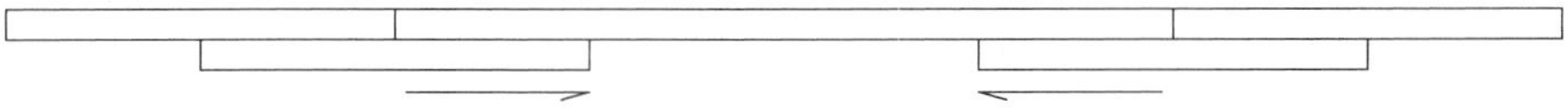

图 2-29

Step 07 执行“基点”命令（base），指定门框左下角点作为基点；然后在“快速访问”工具栏单击“保存”按钮，将所绘制图形进行保存。

Step 08 在键盘上按<Alt+F4>或<Ctrl+Q>组合键，退出所绘制的文件对象。

2.2.2 绘制楼梯对象

案例	楼梯.dwg	视频	绘制楼梯对象.avi	时长	17'27"

楼梯是高层建筑中必不可少的建筑部件，在建筑制图中楼梯的绘制是一个需要经常进行的重要工作。为了加快图纸的绘制速度，通常需要把楼梯绘制成内部或外部图块，以便在不同的建筑或建筑的不同楼层中重复使用，其效果如图 2-30 所示。

1. 设置绘图环境

Step 01 在桌面上双击 AutoCAD 2015 图标，启动 AutoCAD 2015 软件，系统自动创建一个空白文档。

Step 02 在“快速访问”工具栏单击“另存为”按钮，将弹出“图形另存为”对话框，将该文件保存为“案例\02\楼梯.dwg”文件。

Step 03 执行“格式｜单位”菜单命令（UN），打开“图形单位”对话框，将长度单位类型设定为“小数”，精度为“0.000”，角度单位类型设为“十进制度数”，精度精确到“0.00”，如图 2-31 所示。

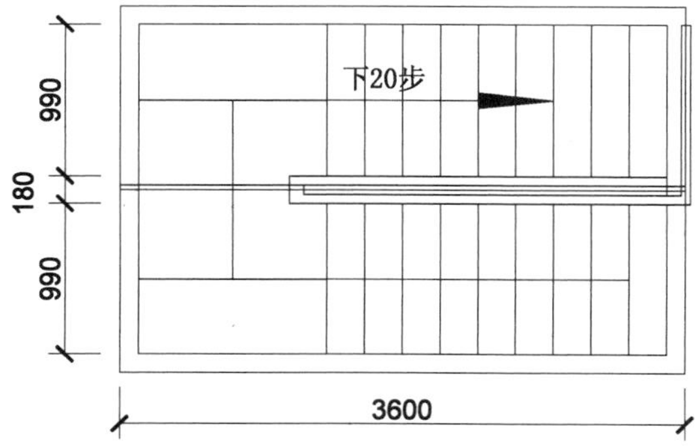

图 2-30

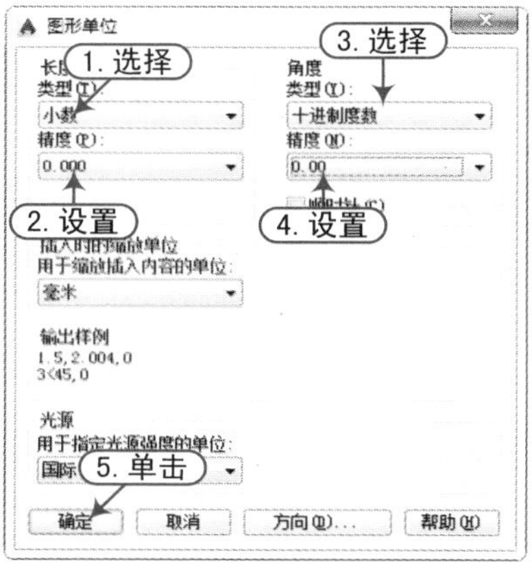

图 2-31

Step 04 执行“格式｜图形界限”菜单命令，依照提示，设定图形界限的左下角坐标为（0,0），右上角坐标为（420000,297000）。

Step 05 再在命令行中输入“Z｜空格｜A”，使输入的图形界限区域全部显示在图形窗口内。

提示：视图的缩放

"Z" 是 "Zoom" 视图缩放命令的缩写，选择 "A（全部）" 选项后，则可以将全部的图形对象显示在已设置的图形界限区内。

2. 图层规划

在命令行输入"LA"，打开"图层特性管理器"选项板，新建如图 2-32 所示的 3 个图层。

图 2-32

3. 绘制辅助线及楼梯内轮廓

Step 01　在"图层特性管理器"选项板上选择"辅助线"图层，单击"置为当前"按钮 ，将该图层置为当前图层。

Step 02　执行"矩形"命令（REC），绘制一个 3600×2400 的矩形，然后执行"偏移"命令（O），输入偏移距离为 120，选中前面绘制的矩形并把它向内偏移，然后选中偏移后的矩形，单击"默认"标签下"图层"面板中的"图层控制"下拉按钮，把该矩形修改到"楼梯细线"图层，其操作过程如图 2-33 所示。

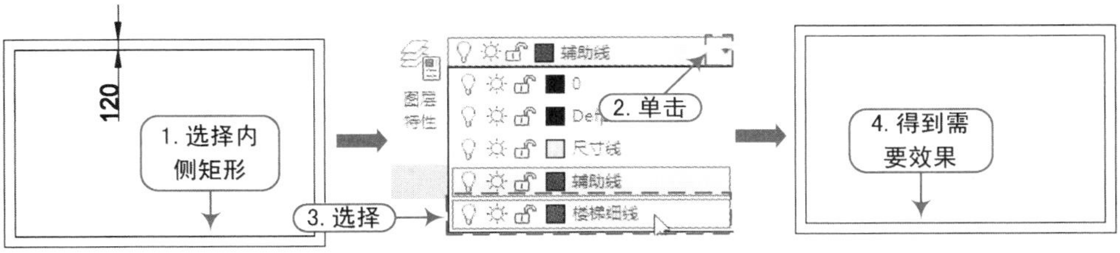

图 2-33

注意：不同对象的偏移

在 AutoCAD 2015 中，利用"偏移"命令可以将选定的图形对象以一定的距离增量值单方向复制一次。

在 AutoCAD 中，偏移命令可以偏移直线、圆弧、圆、椭圆和椭圆弧、二维多段线、构造线、射线和样条曲线等对象，但是点、图块、属性和文本不能被偏移。

使用"偏移"命令复制对象时，复制结果不一定与原对象大小相同。例如，对圆或椭圆作偏移后，新圆、新椭圆与旧圆、旧椭圆有同样的圆心，但新圆的半径大小和新椭圆的轴长要发生变化，如图 2-34 所示。

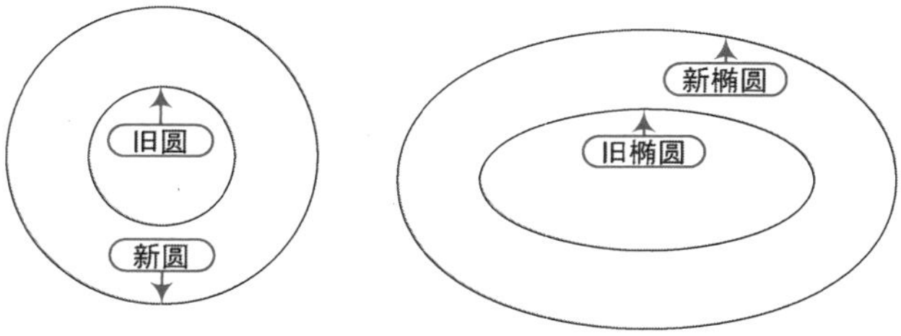

图 2-34

4. 绘制楼梯平面右侧栏杆

Step 01 把“辅助线”图层置为当前图层，单击图形窗口下方的“对象捕捉”按钮后，绘制外矩形的水平中线。然后执行“偏移”命令（O），把绘制的水平中线分别按 30 和 60 的距离向上和向下偏移，并把偏移后得到的线改为“楼梯细线”图层，得到如图 2-35 所示图形。

Step 02 执行“分解”命令（X），把外矩形分解；然后执行“偏移”命令（O），按 30 距离把分解矩形右垂直边分别向左、右各进行偏移，且调整偏移得到线段的上侧长度，然后执行“直线”命令（L），连接调整后的两垂线上侧端点，得到如图 2-36 所示图形。

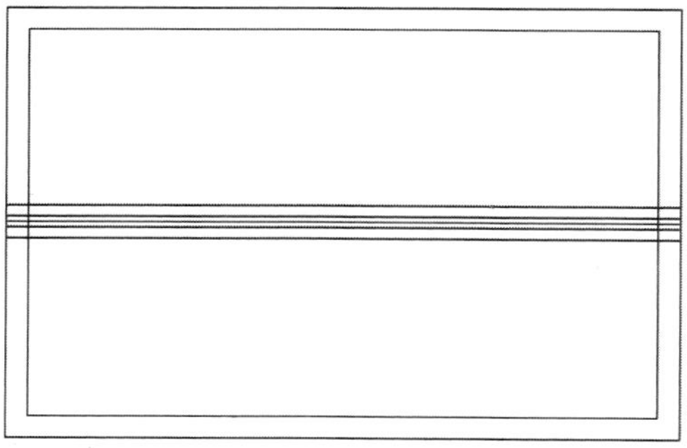

图 2-35

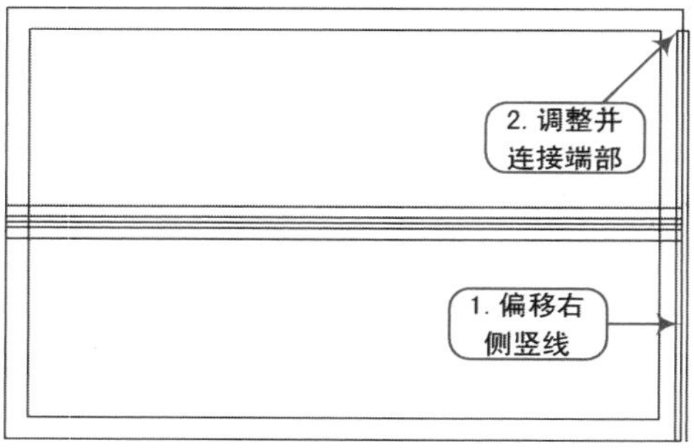

图 2-36

Step 03 用鼠标选择中间部分最下侧水平线，利用“夹点编辑”选中最右侧夹点向右移动鼠标，根据要求拉伸水平线段与最右侧垂直线段垂直相交，如图 2-37 所示。

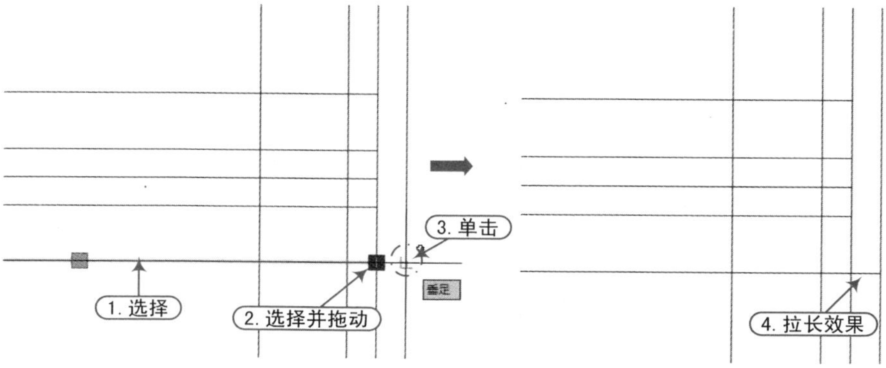

图 2-37

Step 04 执行“修剪”命令（TR），修剪掉多余的线段，如图 2-38 所示。

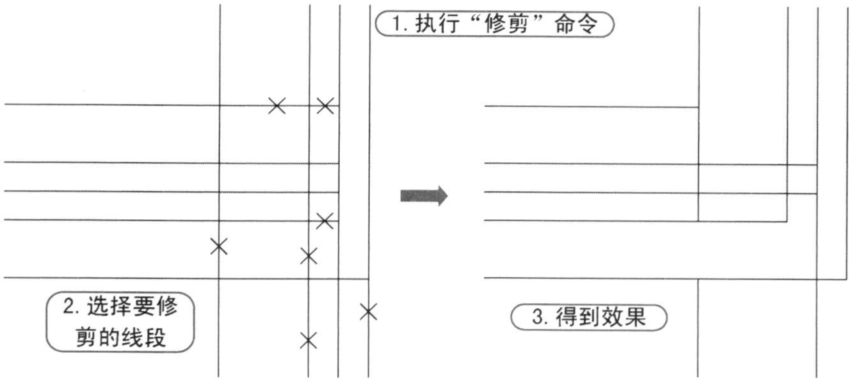

图 2-38

提示：夹点编辑模式

在 AutoCAD 中，使用不同类型的夹点模式以其他方式重新塑造、移动或操纵对象，相对于其他编辑对象而言，使用夹点功能修改图形更方便、快捷。利用夹点可以对对象进行拉伸、旋转、移动及镜像等一系列操作。

不执行任何命令时选择对象，显示其夹点，然后单击其中任意一个夹点作为拉伸的基点，其命令提示“指定拉伸点或[基点(B)/复制(C)/放弃(U)/退出(X)]:”，默认情况“拉伸”操作，即鼠标拖动以指定新的目标点，以进行拉伸（拉长\缩短、放大\缩小）操作。

若对象是直线则是拉长或者缩短，若是圆、椭圆对象则被放大或缩小，如图 2-39 所示为椭圆的夹点拉伸操作。

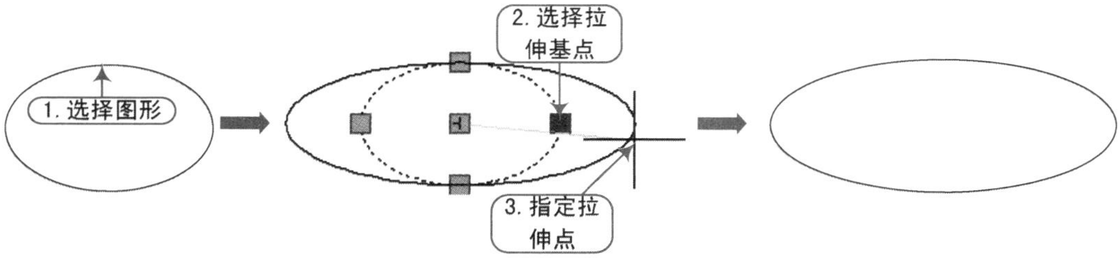

图 2-39

注意：特殊对象的拉伸

对于某些对象夹点（例如，块参照夹点），拉伸将移动对象而不是拉伸它。

5. 绘制楼梯踏步

Step 01 执行“分解”命令（X），将内侧矩形分解，然后执行“偏移”命令（O），选择如图 2-40 所示中标记的直线，将其向左偏移 9 次，偏移距离均为 240。

Step 02 执行“镜像”命令（MI），选择偏移得到的楼梯踏步线段，以最中间的红色辅助线端点为镜像对称轴，复制镜像出如图 2-41 所示图形。

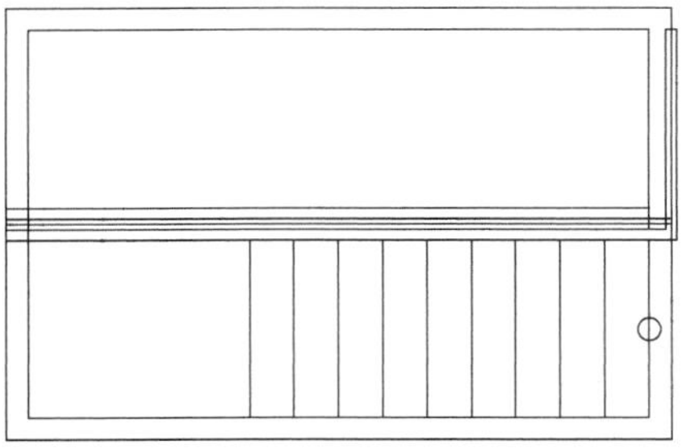

图 2-40

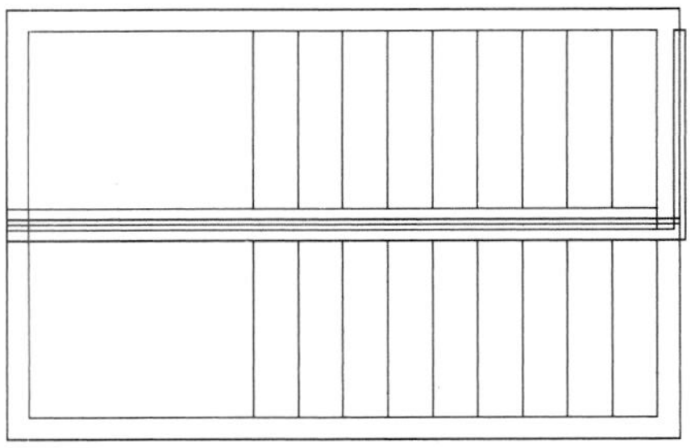

图 2-41

提示：窗口捕捉方式

在用窗口捕捉方式进行对象捕捉时，从右向左画出的虚线窗为叉窗，与叉窗相交以及被叉窗围住的图形对象被选中。从左向右画出的实线窗为围窗，被围窗围住的图形对象才会被选中。

Step 03 执行“直线”命令（L），在楼梯踏步转角处位置绘制直线，并分别把直线向左偏移 150 和 90，最后执行“修剪”命令（TR），修剪掉多余的线段，得到如图 2-42 所示最后图形。

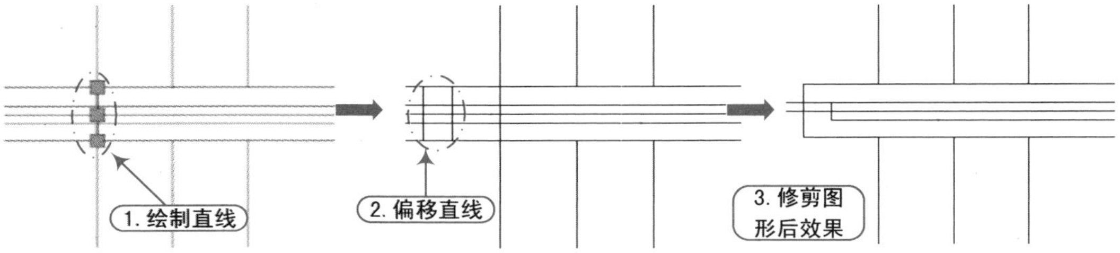

图 2-42

6. 标注踏步步数

“门窗名称”文字用来通过单行文字命令在图形内书写门窗名称，若踏步步数标注文字打印到图纸上的高度是 2.5mm，此时图形的打印比例预设为 1:50，所以文字样式内文字高度为 2.5×50=125。

Step 01 在“注释”标签下的“文字”面板中，单击右下角的↘按钮，将弹出“文字样式”对话框，单击“新建”按钮，打开“新建文字样式”对话框，将样式名定义为“楼梯步数”，再单击“确定”按钮，如图 2-43 所示。

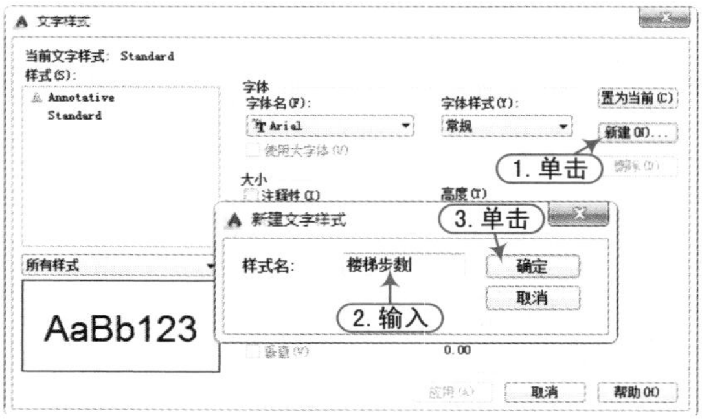

图 2-43

Step 02 创建“楼梯步数”文字样式，并设置文字字体和文字高度，如图 2-44 所示，并把“楼梯步数”文字样式设置为当前样式。

Step 03 按 F8 键开启“正交模式”，进入正交绘图模式，并确认处于“对象捕捉”状态。

Step 04 把“辅助线”图层置为当前图层，执行“直线”命令（L），分别由踏步中点向左绘制水平辅助线，如图 2-45 所示。

图 2-44

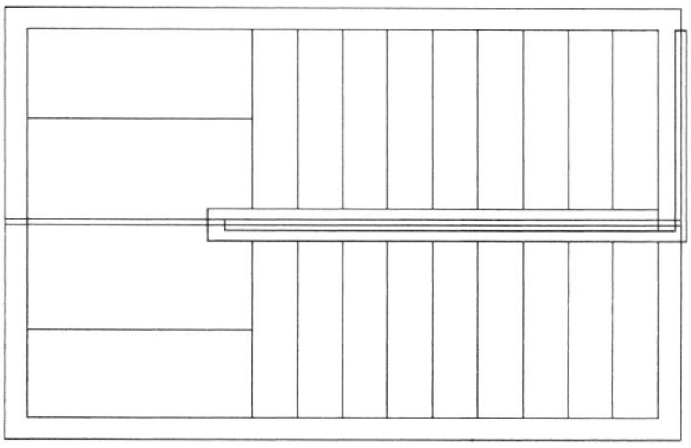

图 2-45

Step 05 把“楼梯细线”图层置为当前图层，执行“多段线”命令（PL），以如图 2-46 所示指定的中点位置为起点，然后依次向左、向上和向右绘制出第一段转折线；再设置起始宽度为 100，终止宽度为 0，再捕捉两个踏步线绘制箭头。

提示：多段线箭头的打印

多段线箭头线宽按图形打印比例与打印到图纸上箭头宽度的乘积，若打印到图纸上箭头宽度为 2mm，打印比例为 1: 50，则线宽为 100。

Step 06 执行“单行文字”命令（DT），设置文字样式为“楼梯步数”，在楼梯平面上标注文字“下 20 步”，最终效果如图 2-47 所示。

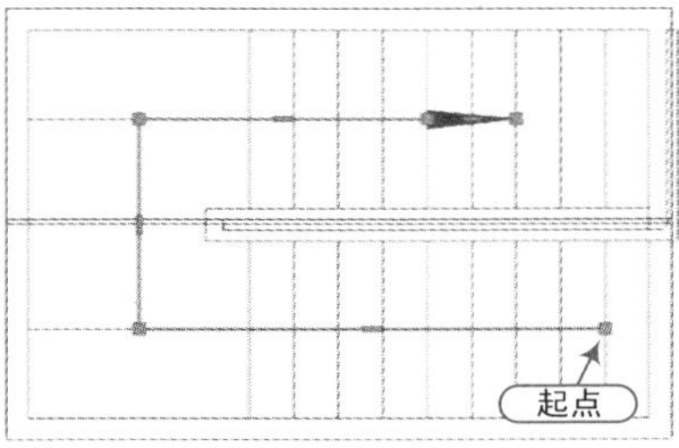

图 2-46

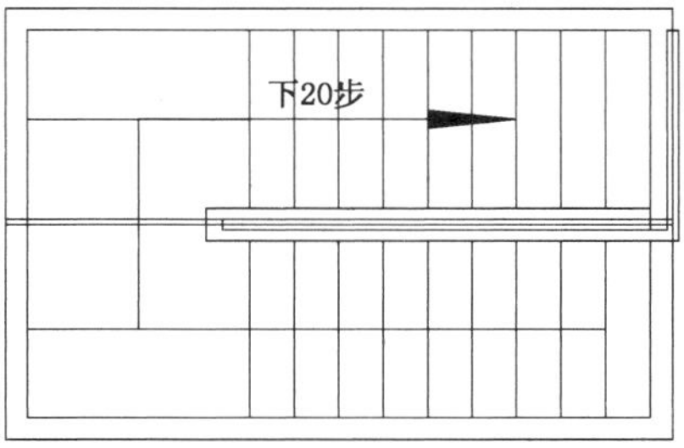

图 2-47

注意：多段线的特性

在绘制多段线中，执行“半宽（H）”选项与“宽度（W）”选项输入数据相同时，在绘图区显示效果的区别如图 2-48 所示。

多段线是各种复杂的直线与圆弧的组合图形，绘制的图形是一个整体并非断开。

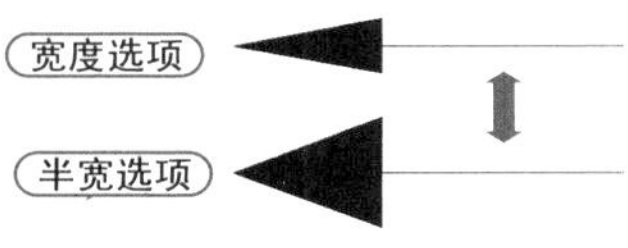

图 2-48

7. 楼梯的尺寸标注

Step 01 在“注释”标签下的“标注”面板中，单击右下角的↘按钮，将弹出“标注样式管理器”对话框，单击“新建”按钮，打开“创建新标注样式”对话框，将新样式名定义为“楼梯标注”，再单击“继续”按钮，则进入到“新建标注样式：楼梯标注”对话框，然后分别在各选项卡中设置相应的参数，如图 2-49 所示。

图 2-49

Step 02 将“尺寸线”图层置为当前图层，设置好合适的“标注样式”后，执行“线性标注”命令（DLI），按照如下命令提示，标注出第一个尺寸，如图 2-50 所示。

```
命令: _DIMLINEAR                                    \\ 执行“线性”标注命令
指定第一个尺寸界线原点或 <选择对象>:                  \\ 单击第一点
指定第二条尺寸界线原点:                               \\ 单击第二点
指定尺寸线位置或
[多行文字(M)/文字(T)/角度(A)/水平(H)/垂直(V)/旋转(R)]:  \\ 单击指定尺寸线位置
标注文字 = 3600                                      \\ 显示当前标注尺寸
```

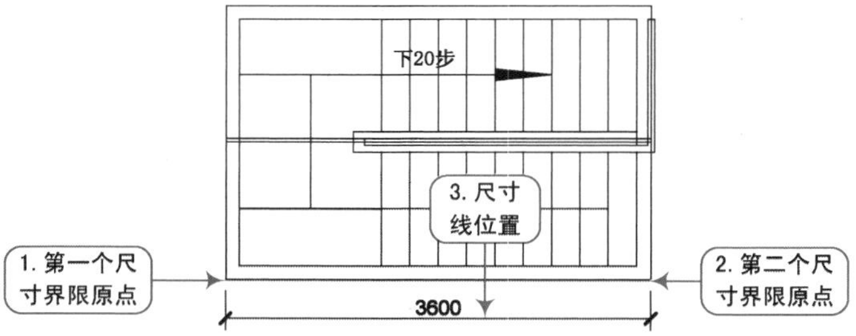

图 2-50

注意：选择对象进行线性标注

在 AutoCAD 中，线性标注用于标注图形对象的线性距离或长度，包括水平标注、垂直标注和旋转标注三种类型，线性标注可以水平、垂直或对齐放置。可创建用于坐标系 XY 平面中的两个点之间的水平或垂直距离测量值，并通过指定点或选择一个对象来实现。

当执行“线性”标注对象后，可在按 Enter 键后选择要进行标注的对象，从而不需要指定第一点和第二点即可进行线性标注操作。如果选择的对象为斜线段，这时根据确定的尺寸线位置来确定是标注水平距离还是标注垂直距离。

Step 03 根据同样的方法，重复执行“线性标注”命令（DLI）命令，对绘制的楼梯对象进行其他位置的标注，得到如图 2-30 所示的最终效果。

Step 04 执行“基点”命令（base），指定楼梯左上角辅助线交点作为基点；然后在“快速访问”工具栏单击“保存”按钮，将所绘制图形进行保存。

Step 05 在键盘上按<Alt+F4>或<Ctrl+Q>组合键，退出所绘制的文件对象。

提示：尺寸标注的类型

在 AutoCAD 2015 中，系统提供了十余种标注工具以标注图形对象，分别位于“标注”菜单或“标注”工具栏中，使用它们可以进行角度、半径、直径、线性、对齐、连续、圆心及基线等标注，如图 2-51 所示。

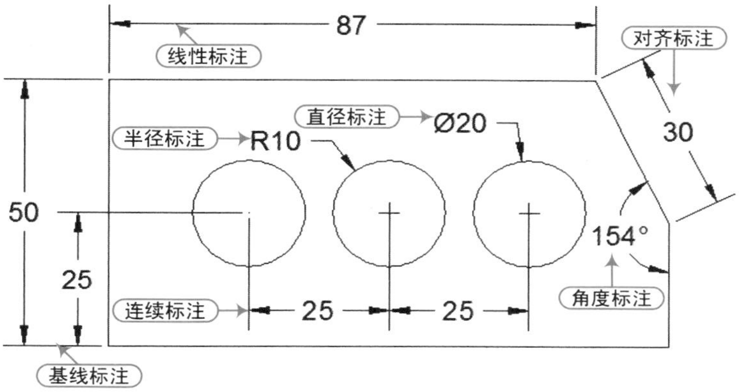

图 2-51

2.3 建筑立面图例的绘制

案例 立面门.dwg　　视频 立面门的绘制.avi　　时长 10'28"

在建筑工程图的绘制中，经常会使用大量图块插入，本小节对“立面门”对象的绘制方法进行具体的操作讲解，使读者对建筑立面图的绘制有一个初步的了解。其绘制得到的最终效果如图 2-52 所示。

图 2-52

1. 设置绘图环境

Step 01 在桌面上双击 AutoCAD 2015 图标，启动 AutoCAD 2015 软件，系统自动创建一个空白文档。

Step 02 在“快速访问”工具栏单击“另存为”按钮，将弹出“图形另存为”对话框，将该文件保存为“案例\02\立面门.dwg”文件。

Step 03 执行“格式｜单位”菜单命令（UN），打开“图形单位”对话框，将长度单位类型设定为“小数”，精度为“0.000”，角度单位类型设为“十进制度数”，精度精确到“0.00”。

Step 04 执行“格式｜图形界限”菜单命令，依照提示，设定图形界限的左下角坐标为（0,0），右上角坐标为（5000,5000）。

Step 05 再在命令行中输入“Z | 空格 | A”，使输入的图形界限区域全部显示在图形窗口内。

提示：单位精度的含义

> 单位精度是绘图时确定坐标点的精度，不是尺寸标注的单位精度，通常把长度单位精度取小数点后三位（0.000），角度单位精度取小数点后两位（0.00）。

2. 图层规划

在命令行输入“LA”，打开“图层特性管理器”选项板，新建如图 2-53 所示的“门块”图层，并将该图层置为当前图层。

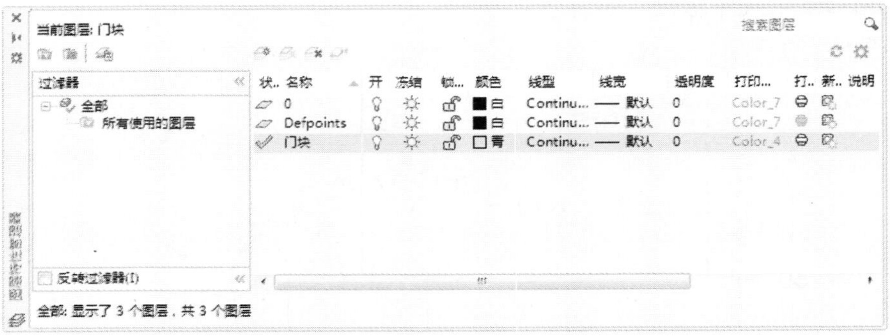

图 2-53

3. 绘制立面门对象

Step 01 执行“矩形”命令（REC），绘制 1000×2500 的矩形，如图 2-54 所示。

Step 02 执行“偏移”命令（O），将矩形向内偏移 50，如图 2-55 所示。

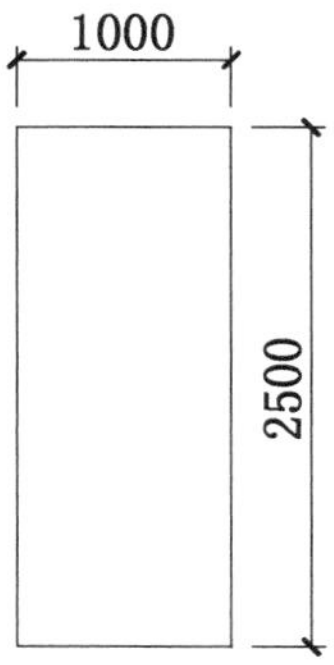

图 2-54

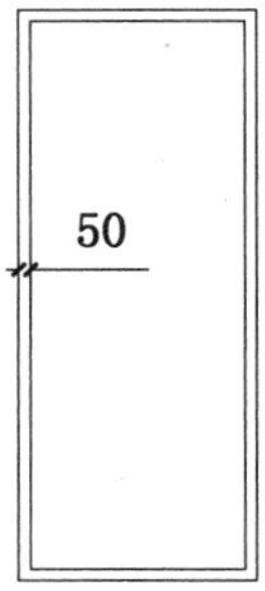

图 2-55

Step 03 执行“分解”命令（X），将内侧矩形分解，然后执行“偏移”命令（O），将分解后矩形的上侧边依次向下偏移，其偏移的距离分别为 450、50、250、25、1350 和 25，最终效果如图 2-56 所示。

Step 04 继续执行“偏移”命令（O），将分解后矩形的左侧边依次向右偏移，其偏移的距离分别为 260、25、330 和 25，最终效果如图 2-57 所示。

Step 05 执行“修剪”命令（TR），修剪掉多余的线段，得到如图 2-58 所示图形。

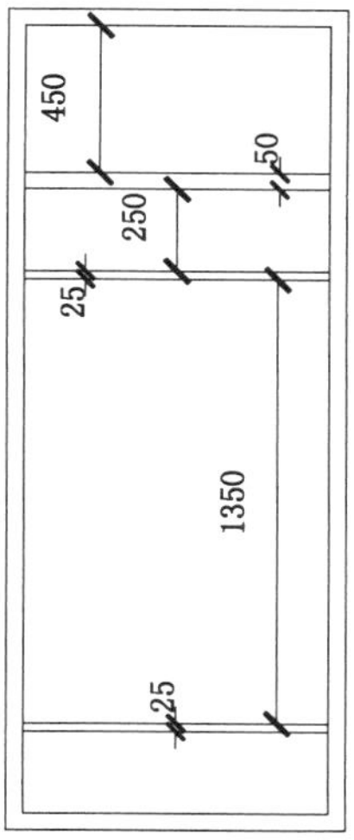

图 2-56

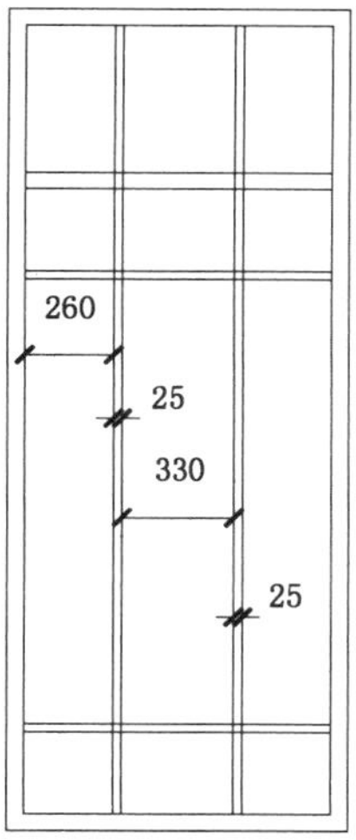

图 2-57

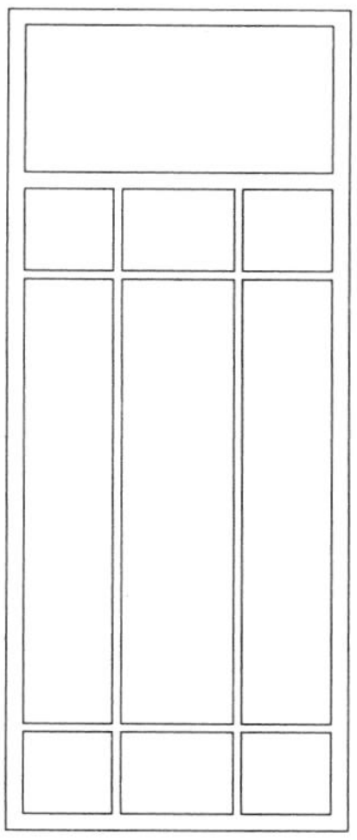

图 2-58

注意：偏移的拾取方式和距离值

偏移命令是一个单对象编辑命令，只能以直接拾取方式选取对象，通过指定偏移距离的方式来复制对象时，距离值必须大于 0。

Step 06 下面来绘制窗花，执行“矩形”命令（REC），绘制 310×290 的矩形，如图 2-59 所示。

Step 07 执行“偏移”命令（O），将矩形向内侧偏移两次，偏移的距离分别为 70 和 10，得到如图 2-60 所示图形。

Step 08 执行“直线”命令（L），分别连接外侧大矩形两条垂直边和两条水平边的中点，绘制两条垂直相交的中心线，如图 2-61 所示。

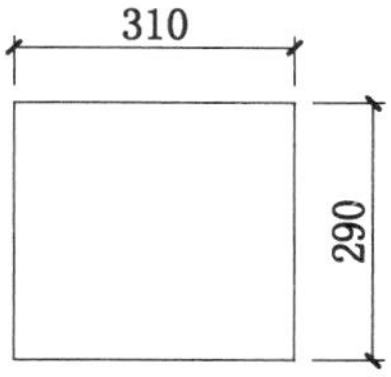

图 2-59

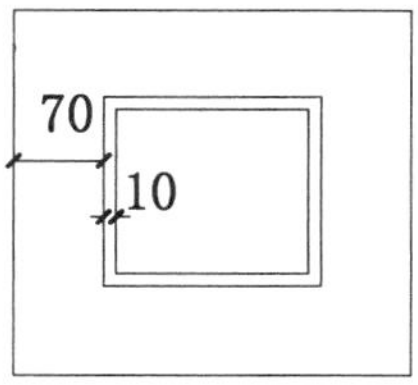

图 2-60

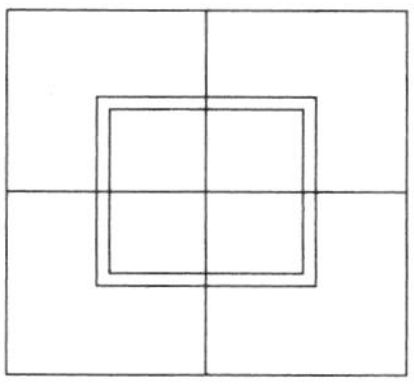

图 2-61

Step 09 执行“偏移”命令（O），将水平中心线向上下各偏移 35 和 10；将垂直中心线向左右两侧各偏移 5，其效果如图 2-62 所示。

Step 10 执行“修剪”（TR）和“删除”（E）等命令，修剪掉多余的线段，得到如图 2-63 所示的窗花图形。

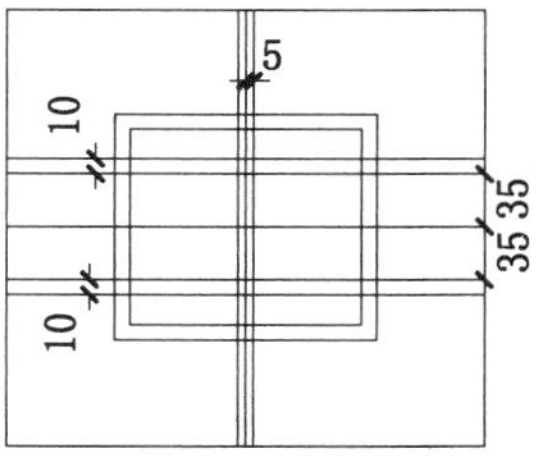

图 2-62

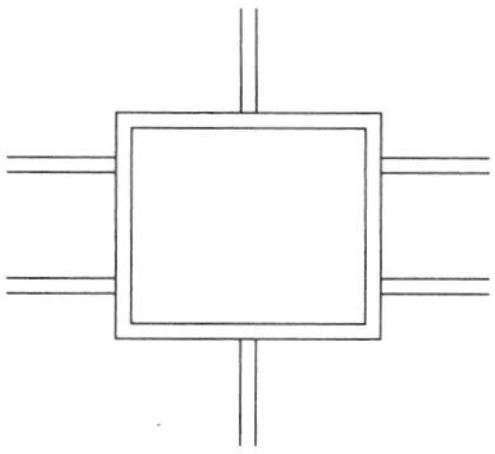

图 2-63

提示："修剪"命令的转换

在执行"修剪"命令或者"延伸"命令过程中，按住 Shift 键可在这两种命令中进行切换。

Step 11 执行"偏移"（O）、"修剪"（TR）和"直线"（L）等命令，在窗体中间绘制安装窗花的门框，其效果如图 2-64 所示图形。

Step 12 执行"复制"（CO）和"移动"（M）等命令，将窗花按一定的距离复制到门框内，如图 2-65 所示。

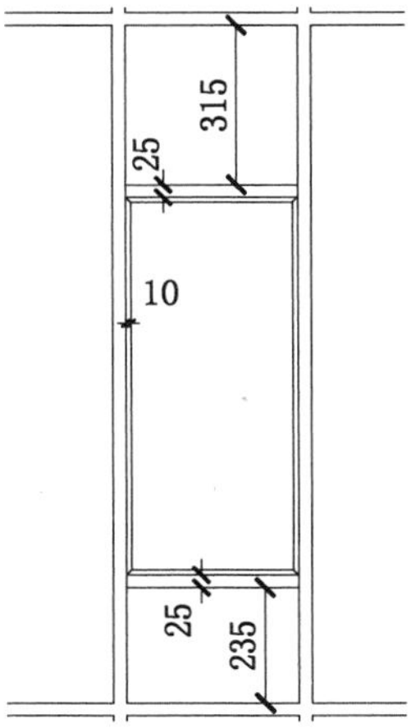

图 2-64

图 2-65

Step 13 执行"基点"命令（base），指定立面门左下角点作为基点；然后在"快速访问"工具栏单击"保存"按钮，将所绘制图形进行保存。

Step 14 在键盘上按<Alt+F4>或<Ctrl+Q>组合键，退出所绘制的文件对象。

3

建筑设计基础及CAD制图规范

本章导读

建筑工程，指通过对各类房屋建筑及其附属设施的建造和与其配套的线路、管道、设备的安装活动所形成的工程实体；为了使建筑专业、室内设计专业制图规范，做到符合设计、施工、存档的要求，在原有《建筑制图标准》GB/T50104—2001的基础上修订而成最新《建筑制图标准》GB/T50104—2010。

本章内容

- 建筑规划基础
- 建筑设计基础
- 建筑设计的基本数据
- 建筑物结构的作用及分类
- 建筑施工图的内容及形成
- 建筑工程图的图纸幅面与标题栏
- 建筑工程图的比例、线型与线宽
- 建筑工程图的相关符号
- 建筑工程图的尺寸标注
- CAD建筑工程图样板文件的创建

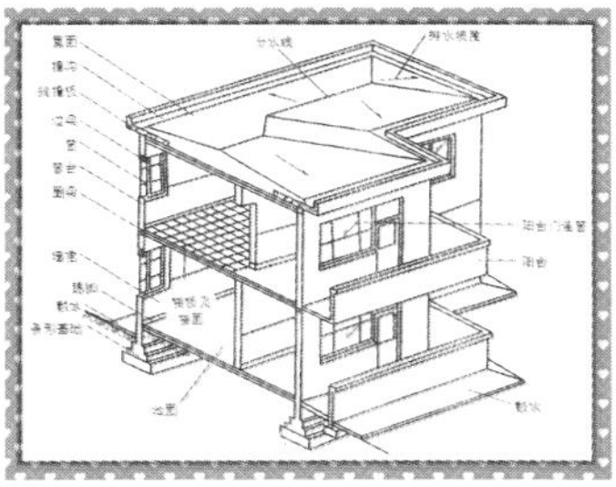

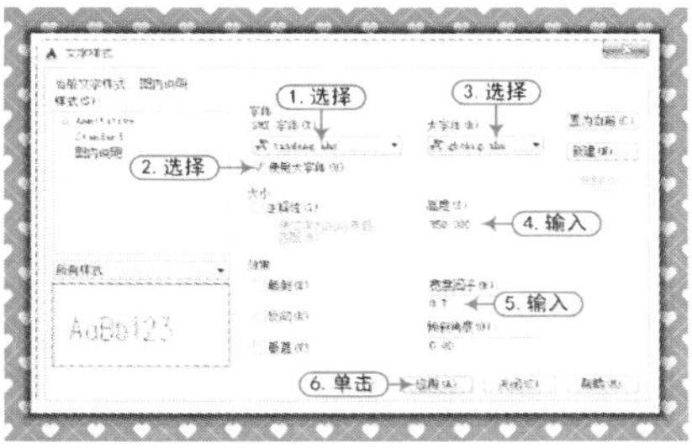

3.1 建筑规划基础

建筑工程为新建、改建或扩建房屋建筑物和附属构筑物设施所进行的规划、勘擦、设计和施工、竣工等各项技术工作和完成的工程实体及现代大厦建筑工程与其配套的线路、管道、设备的安装工程。

3.1.1 建筑规划的一般规定

建筑规划的一般规定有以下几种。

（1）基地总平面设计应以所在城市总体规划、分区规划、控制性详细规划及当地主管部门提供的规划条件为依据。

（2）基地总平面设计应结合工程特点、使用要求，注重节地、节能、节水、节材、保护环境和减少污染，为人们提供健康舒适的空间，以适应建设发展的要求。

（3）基地总平面设计应结合当地气候条件自然、地形、周围环境、地域文化和建筑环境，因地制宜地确定规划指导思想。

（4）基地总平面设计应保护自然植被、自然水域、水系，保护生态环境。

（5）基地内建筑物应按其不同功能争取最好朝向和自然通风，满足防火、卫生、安全等规范要求。

（6）设计应考虑防灾（如防洪、防震、防海潮、防滑坡、防泥石流等）要求，并考虑相应措施。

（7）规划总平面考虑远期发展时，应做到远近期结合，达到技术经济的合理性。

3.1.2 规划中的各种线与建筑、建筑突出物

规划中的各种线、建筑和建筑突出物有下面几种，其主要作用说明如下。

（1）用地红线，规划主管部门批准的各类工程项目的用地界限。

（2）道路红线，规划主管部门确定的各类城市道路路幅（含居住区级道路）用地界限。

（3）绿线，规划主管部门确定的各类绿地范围的控制线。

（4）蓝线，规划主管部门确定的江、河、湖、水库、水渠、湿地等地表水体保护的控制的界限。

（5）紫线，国家和各级政府确定的历史建筑、历史文物保护范围界限。

（6）黄线，规划主管部门确定的必须控制的基础设施的用地界限。

（7）建筑控制线，是建筑物基底退后用地红线、道路红线、绿线、蓝线、紫线、黄线一定距离后的建筑基底位置不能超过的界限，退让距离及各类控制线管理规定应按当地规划部门的规定执行。

（8）临街地上建筑物及附属设施（包括门廊、连廊、阳台、室外楼梯、台阶坡道、花池、围墙、平台、散水明沟、地下室排风口、出入口、集水井、采光井等）、地下建筑物及附属设施（包括挡土桩、挡土墙、地下室底板及其基础、化粪池等），不允许突出道路红线和用地红线。

（9）地下建筑物距离用地红线宜不小于地下建筑物深度（自室外地坪至地下建筑物底板）的 0.7 倍，为保证施工技术安全措施的实施，其距离最小不得小于 5m。旧区域用地紧张的特殊地区需考虑开挖时的施工设备用地及地下管网铺设最小不得小于 3m。

3.1.3 建筑高度与间距计算

按国家有关建筑高度与间距计算计划计算。

（1）在重点文物保护单位、重要风景区，及净空高度限制的机场、航线、电台、电信、微波通信、气象台、卫星地面站等地区内，建筑高度系指建筑物最高点，包括楼梯间、电梯间、水箱间、天线、避雷针等。

（2）在上条所指地区以外的一般地区，计算建筑高度时，平顶房屋按建筑外墙散水处至屋面面层计算，如有女儿墙，按女儿墙顶点高度计算；坡屋顶房屋建筑按外墙散水处至建筑屋檐和屋脊平均高度计算；坡屋顶不同坡度计算按当地规定执行；屋顶上的附属物如电梯间、楼梯间、水箱、烟囱等其面积不超过屋顶面积的 25%，不计入建筑高度内。

（3）特殊体形、屋顶有特殊变化的建筑及构筑物，或建筑物地面四角高度不同时，其建筑高度计算应由当地主管部门确定。

（4）总平面设计中心，建筑间距应符合防火、日照、采光、通风、卫生、防视线干扰、防噪声等有关规定。

（5）除一般住宅外，有日照要求的公共建筑有如下几种。

① 托儿所、幼儿园：生活用房应满足底层冬至日满窗日照不小于 3h 的标准。

② 小学、中学：教学建筑中普通教室应满足冬至日满窗日照不小于 2h 的日照标准。

③ 医院、疗养院：病房楼应满足冬至日不小于 2h 的日照标准。

④ 老年人居住建筑：不应低于冬至日 2h 的日照标准。

3.2 建筑设计基础

建筑设计是指建筑工程设计，包括建筑设计、结构设计、设备设计等，一般由建筑师根据建设单位提供的设计任务书，综合分析建筑功能、建筑规模、基地环境、结构施工、材料设备、建筑经济、建筑美观等因素，完成全部建筑施工图设计。

3.2.1 建筑设计的一般规定

建筑设计除应执行国家有关工程建设使用、经济、美观的方针、政策外，还应遵循下列基本原则。

（1）设计应符合现行国家有关建筑设计规范、标准的规定。

（2）设计应符合当地城市建设规划管理部门的有关法规和规划条件的要求，并应满足消防、人防、市政、交通、环保、卫生、电信、邮政等政府相关部门的要求。

（3）建筑设计应满足使用功能要求，并结合地理位置、气候条件、经济发展水平、生活习俗等因素，合理确定建筑平、立、剖面及结构选型。

（4）建筑设计应考虑建筑构件的标准化，同时要兼顾建筑形式的多样化。

（5）建筑设计应综合考虑抗震防灾、防火、防空、卫生防疫等各项安全措施，并满足安全使用和安全防范的基本要求。

（6）民用建筑应进行无障碍设计，为残疾人、老年人及生活不便者提供无障碍的生活、工作环境。

（7）建筑风格应与周围环境相协调，保持历史文脉与景观的连续性。

（8）在建筑全寿命周期内，最大限度地节约资源（节能、节地、节水、节材）、保护环境和减少污染，为人们提供健康、舒适和高效的使用空间，创造与自然和谐共生的绿色建筑。

（9）提倡建筑智能化设计，将信息设施系统、信息化应用系统、建筑设备管理系统、公共安全系统等优化组合为一体。

（10）根据建筑地域情况和使用性质，合理开发利用地下空间。

（11）根据地理位置、气候和自然资源条件，在建筑上合理利用再生能源。

3.2.2 建筑物的基本结构

建筑物是由基础、墙或柱、楼地层、屋顶、楼梯等主要部分组成，此外还有门窗、采光井、散水、勒脚、窗帘盒等附属部分组成，如图 3-1、3-2、3-3 和 3-4 所示。

建筑施工图就是把这些组成的构造、形状及尺寸等表示清楚。要想表示清楚这些建筑内容，就需要少则几张，多则几十张或几百张的施工图纸。阅读这些图纸要先粗看后细看，要先从建筑平面图看起，再看立面图、剖面图和详图。在看图的过程中，要将这些图纸反复对照，了解图中的内容，并将其牢记在心中。

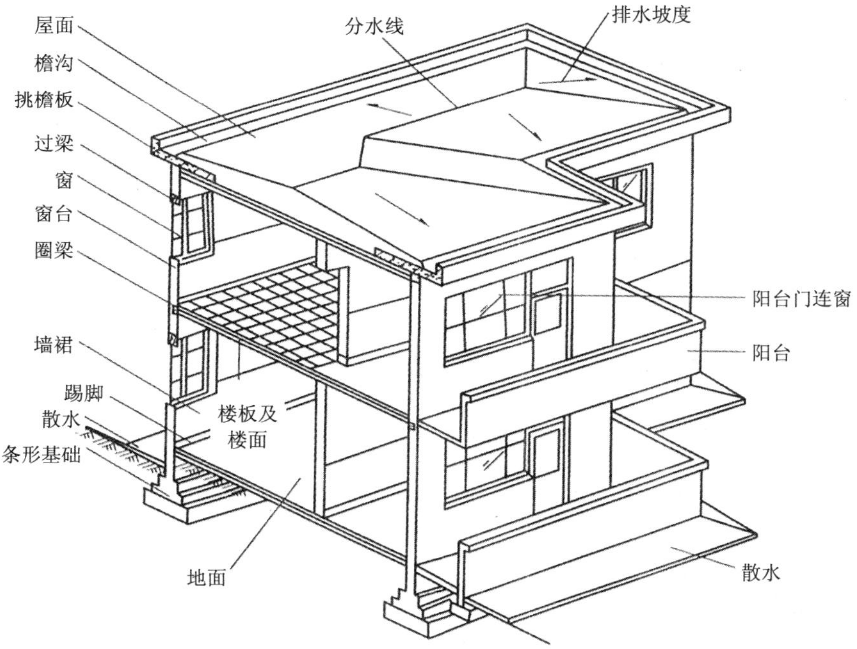

图 3-1

提示：什么是散水

为了保护墙基不受雨水侵蚀，常在外墙四周将地面做成向外倾斜的坡面，以便将屋面的雨水排至远处，称之为散水。这是保护房屋基础的有效措施之一。

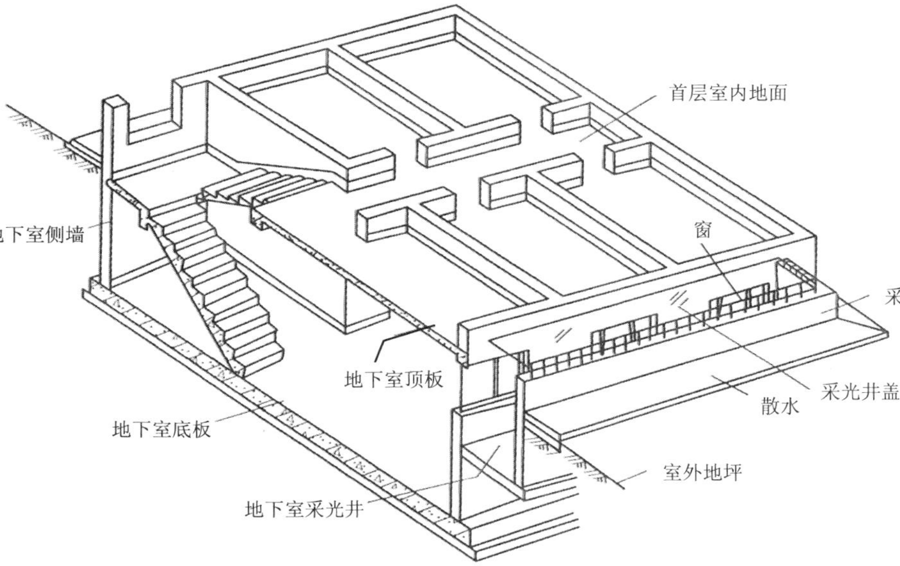

图 3-2

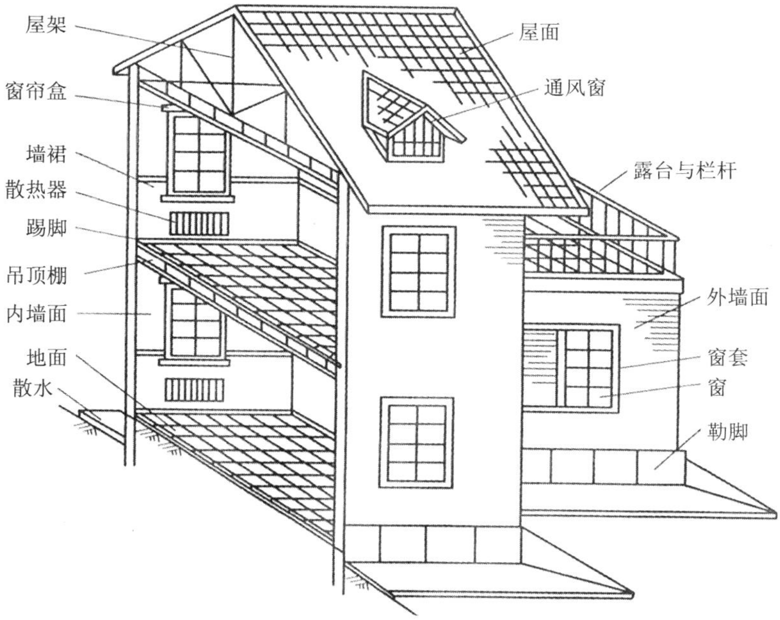

图 3-3

提示：什么是勒脚

为了防止雨水反溅到墙面，对墙面造成腐蚀破坏，结构设计中对窗台以下一定高度范围内进行外墙加厚，这段加厚部分称为勒脚，一般来说，勒脚的高度不应低于700mm。勒脚应与散水、墙身水平防潮层形成闭合的防潮系统。

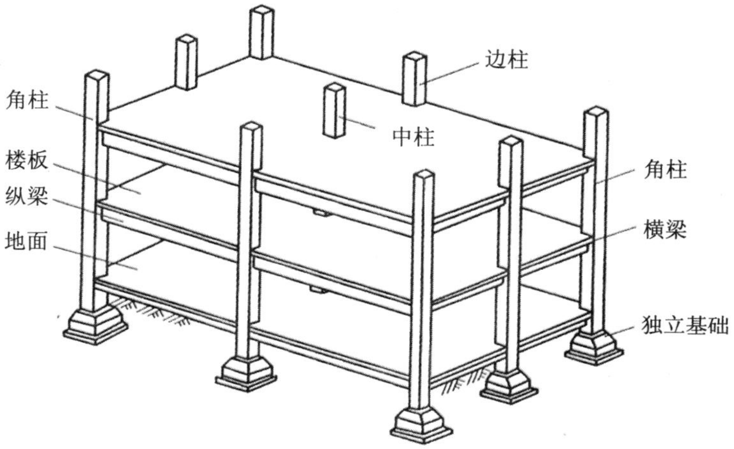

图 3-4

提示：什么是独立基础

当建筑物上部结构采用框架结构或单层排架结构承重时，基础常采用方形、圆柱形和多边形等形式的独立式基础，这类基础称为独立基础，也称单独基础，是整个或局部结构物下的无筋或配筋基础。

3.2.3 建筑常用专业术语

在房屋建筑中，除前面所讲解的房屋结构外，还涉及到以下一些常用术语。

（1）横墙：沿建筑宽度方向的墙。

（2）纵墙：沿建筑长度方向的墙。

（3）进深：纵墙之间的距离，以轴线为基准。

（4）开间：横墙之间的距离，轴线为基准。

（5）山墙：外横墙。

（6）女儿墙：外墙从屋顶上高出屋面的部分。

（7）层高：相邻两层的地坪高度差。

（8）净高：构件下表面与地坪（楼地板）的高度差。

（9）建筑面积：建筑所占面积×层数。

（10）使用面积：房间内的净面积。

（11）交通面积：建筑物中用于通行的面积。

（12）构件面积：建筑构件所占用的面积。

（13）绝对标高：青岛市外黄海海平面年平均高度为+0.000 标高。

（14）相对标高：建筑物底层室内地坪为+0.000 标高。

3.2.4 民用建筑的分类

（1）民用建筑按使用功能可分为居住建筑和公共建筑两大类，如表 3-1 所示。

表 3-1 民用建筑按功能分类

分类	建筑类别	建筑物兴趣例
居住建筑	住宅建筑	住宅、公寓、别墅、老年人住宅等
	宿舍建筑	集体宿舍、职工宿舍、学生宿舍、学生公寓等
公共建筑	办公建筑	各级党政、团体、企事业单位办公楼、商务写字楼等
	商业建筑	商场、购物中心、超市等
	饮食建筑	餐馆、饮食店、食堂等
	休闲、娱乐建筑	洗浴中心、歌舞厅、休闲会馆等
	金融建筑	银行、证券等
	旅馆建筑	旅馆、宾馆、饭店、度假树等
	科研建筑	实验楼、科研楼、研发基地等
	教育建筑	托幼、中小学校、高等院校、职业学校、特殊教育学校等
	观演建筑	剧院、电影院、音乐厅等
	博物馆建筑	博物馆、美术馆等
	文化建筑	文化馆、图书馆、档案馆、文化中心等
	纪念建筑	纪念馆、名人故居等
	会展建筑	展览中心、会议中心、科技展览馆等
	体育建筑	各类体育场（馆）、游泳馆、健身场馆等
	医疗建筑	各类医院、疗养院、急救中心等
	卫生、防疫建筑	动植物检疫、卫生防疫站等
	邮电、通讯建筑	邮电局、通讯站等
	广播、电视建筑	电视台、广播电台、广播电视中心等
	商业综合体	商业、办公、酒店或公寓等为一体的建筑
	宗教建筑	道观、寺庙、教堂等
	殡葬建筑	殡仪馆、墓地建筑等
	惩戒建筑	劳教所、监狱等
	园林建筑	各类公园、绿地中的亭、台、楼、树等
	市政建筑	变电站、热力站、锅炉房、垃圾站等
	临时建筑	售楼处、临时展览、世博会建筑

注：本表的分类仅供设计时参考。

（2）民用建筑按地上层数或高度可分为低层、多层、中高层、高层、超高层等，如表 3-2 所示。

表 3-2 民用建筑按层数或高度分类

建筑类别	名称	层高或高度	备注
住宅建筑	低层住宅	1～3 层	包括首层设置商业服务网点的住宅
	多层住宅	4～6 层	
	中高层住宅	7～9 层	
	高层住宅	10 层及以上	
	超高层住宅	>100m	
公共建筑	单层和多层建筑	≤24m	
	高层建筑	>24m	不包括建筑高度大于 24m 的单层公共建筑
	超高层建筑	>100m	

（3）民用建筑按工程规模可分为小型、中型、大型和特大型，如表 3-3 所示。

表 3-3　民用建筑按工程规模分类

分类 建筑分类	特大型	大型	中型	小型
展览建筑（总展览面积 S）	S＞100000m^2	3000m^2＜S≤100000m^2	1000m^2＜S≤30000m^2	S≤10000m^2
博物馆（建筑面积）		＞10000m^2	4000～10000m^2	＜4000m^2
剧场（座席数）	＞1601 座	1201～1600 座	801～1200 座	300～800 座
电影院（座席数）	＞1800 座	1201～1800 座	701～1200 座	＜700 座
体育馆（座席数）	＞10000 座	6001～10000 座	3001～6000 座	＜3000 座
体育场（座席数）	＞60000 座	40000～600000 座	20000～40000 座	＜20000 座
游泳馆（座席数）	＞6000 座	3000～6000 座	1500～3000 座	＜1500 座
汽车库（车位数）	＞500 辆	301～500 辆	51～300 辆	＜50 辆
幼儿园（班数）	—	10～12 班	6～9 班	＜5 班
商场（建筑面积）	—	＞15000m^2	3000～15000m^2	＜3000m^2
专业商店（建筑面积）	—	＞5000m^2	1000～5000m^2	＜1000m^2
菜市场（场地面积）	—	＞6000m^2	1200～6000m^2	＜1200m^2

注：本表依据各相关建筑设计规范编制。

（4）民用建筑按设计使用年限，可分为 5、25、50 和 100 几个等级，如表 3-4 所示。

表 3-4　民用建筑按使用年限分类

类别	设计使用年限	示例
1	5	临时性建筑
2	25	易于替换结构构件的建筑
3	50	普通建筑和构筑物
4	100	纪念性建筑和特别重要的建筑

3.2.5　建筑面积的计算方法

（1）单层建筑物的建筑面积，应按其外墙勒脚以上结构外围水平面积计算，并应符合下列规定。

① 单层建筑物高度在 2.20m 及以上者应计算全面积；高度不足 2.20m 者应计算 1/2 面积。

② 利用坡屋顶内空间时净高超过 2.10m 的部位应计算全积：净高在 1.20～2.10m 的部位应计算 1/2 面积；净高不足 1.20m 的部位不应计算面积。

（2）单层建筑物内设有局部楼层者，局部楼层的二层及以上楼层，有围护结构的应按其围护结构外围水平面积计算，无围护结构的应按其结构底板水平面积计算。层高在 2.20m 及以上者应计算全面积；层高不足 2.20m 者应计算 1/2 面积。

（3）多层建筑物首层应按其外墙勒脚以上结构外围水平面积计算；二层及以上楼层应按其外墙结构外围水平面积计算。层高在 2.20m 及以上者应计算全面积；层高不足 2.20m 者应计算 1/2 面积。

（4）多层建筑坡屋顶内和场馆看台下，当设计加以利用时净高超过 2.10m 的部位应计算全面积；净高在 1.20m 至 2.10m 的部位应计算 1/2 面积；当设计不利用或室内净高不足 1.20m 时不应计算面积。

（5）地下室、半地下室（车间、商店、车站、车库、仓库等），包括相应的有永久性顶盖的出入口，应按其外墙上口（不包括采光井、外墙防潮层及其保护墙）外边线所围水平面积计算。层高在2.20m及以上者应计算全面积；层高不足2.20m者应计算1/2面积。

（6）坡地的建筑物吊脚架空层、深基础架空层，设计加以利用并有围护结构的，层高在2.20m及以上的部位应计算全面积；层高不足2.20m的部位应计算1/2面积。设计加以利用、无围护结构的建筑吊脚架空层，应按其利用部位水平面积的1/2计算；设计不利用的深基础架空层、坡地吊脚架空层、多层建筑坡屋顶内、场馆看台下的空间不应计算面积。

（7）建筑物的门厅、大厅按一层计算建筑面积。门厅、大厅内设有回廊时，应按其结构底板水平面积计算。层高在2.20m及以上者应计算全面积；层高不足2.20m者应计算1/2面积。

（8）建筑物间有围护结构的架空走廊，应按其围护结构外围水平面积计算。层高在2.20m及以上者应计算全面积；层高不足2.20m者应计算1/2面积。有永久性顶盖无围护结构的应按其结构底板水平面积的1/2计算。

（9）立体书库、立体仓库、立体车库，无结构层的应按一层计算，有结构层的应按其结构层面积分别计算。层高在2.20m及以上者应计算全面积；层高不足2.20m者应计算1/2面积。

（10）有围护结构的舞台灯光控制室，应按其围护结构外围水平面积计算。层高在2.20m及以上者应计算全面积；层高不足2.20m者应计算1/2面积。

（11）建筑物外有围护结构的落地橱窗、门斗、挑廊、走廊、檐廊，应按其围护结构外围水平面积计算。层高在2.20m及以上者应计算全面积；层高不足2.20m者应计算1/2面积。有永久性顶盖无围护结构的应按其结构底板水平面积的1/2计算。

（12）有永久性顶盖无围护结构的场馆看台（指各类室外体育场、露天剧场的看台）应按其顶盖水平投影面积的1/2计算。

（13）建筑物顶部有围护结构的楼梯间、水箱间、电梯机房等，层高在2.20m及以上者应计算全面积；层高不足2.20m者应计算1/2面积。

（14）设有围护结构不垂直于水平面而超出底板外沿的建筑物，应按其底板面的外围水平面积计算。层高在2.20m及以上者应计算全面积；层高不足2.20m者应计算1/2面积（本条指向建筑物外倾斜的墙体，若遇有向建筑物内倾斜的墙体，应视为坡屋顶，应按坡屋顶有关条文计算面积）。

（15）建筑物内的室内楼梯间、电梯井、观光电梯井、提物井、管道井、通风排气竖井、垃圾道、附墙烟囱应按建筑物的自然层计算。

（16）雨篷结构的外边线至外墙结构外边线的宽度超过2.10m者，应按雨篷结构板的水平投影面积的1/2计算（有柱雨篷和无柱雨篷均按此规定计算）。

（17）有永久性顶盖的室外楼梯，应按建筑物自然层的水平投影面积的1/2计算（室外楼梯，最上层楼梯无永久性顶盖，或不能完全遮盖楼梯的雨篷，上层楼梯不计算面积，上层楼梯可视为下层楼梯的永久性顶盖，下层楼梯应计算面积）。

（18）建筑物的阳台均应按其水平投影面积的1/2计算（不论是凹阳台、挑阳台、封闭阳台、不封闭阳台均按其水平投影面积的一半计算）。

（19）有永久性顶盖无围护结构的车棚、货棚、站台、加油站、收费站等，应按其顶盖水平投影面积的1/2计算（不以柱来确定面积的计算，而依据顶盖的水平投影面积计算）。

（20）高低联跨的建筑物，应以高跨结构外边线为界分别计算建筑面积；其高低跨内部连通时，其变形缝应计算在低跨面积内。

（21）以幕墙作为围护结构的建筑物，应按幕墙外边线计算建筑面积（有结构主墙，在其外起装饰作用的幕墙不计算建筑面积）。

（22）建筑物外墙外侧有保温隔热层的，应按保温隔热层外边线计算建筑面积。

（23）建筑物内的变形缝，应按其自然层合并在建筑物面积内计算（指室内变形缝）。

（24）下列项目不应计算面积。

① 建筑物通道（骑楼、过街楼的底层）

② 建筑物内的设备管道夹层。

③ 建筑物内分隔的单层房间，舞台及后台悬挂幕布、布景的天桥、挑台等。

④ 屋顶水箱、花架、凉棚、露台、露天游泳池。

⑤ 建筑物内的操作平台、上料平台、安装箱和罐体的平台。

⑥ 勒脚、附墙柱、垛、台阶、墙面抹灰、装饰面、镶贴块料面层、装饰性幕墙、空调机室外机搁板（箱）、飘窗、构件、配件、宽度在 2.10m 及以内的雨篷以及与建筑物内不相通的装饰性阳台、挑廊。

⑦ 无永久性顶盖的架空走廊、室外楼梯和用于检修、消防等的室外钢楼梯、爬梯。

⑧ 自动扶梯、自动人行道（属于设备不计算建筑面积）。

⑨ 独立烟囱、烟道、地沟、油（水）罐、气柜、水塔、贮油（水）池、贮仓、栈桥、地下人防通道、地铁隧道。

3.2.6 建筑设计的依据

在进行建筑设计过程中，主要应遵循以下的一些依据。

（1）人体尺度及人体活动的空间尺度是确定民用建筑内部各种空间尺度的主要依据，如图 3-5 所示。

（2）家具、设备尺寸和使用它们所需的必要空间是确定房间内部使用面积的重要依据，如图 3-6 所示。

（3）要适时根据当地的温度、湿度、日照、雨雪、风向、风速等气候条件来进行设计。

（4）要进行综合的地形、地质条件和地震烈度进行设计。

（5）要遵循我国的建筑模数和模数制。

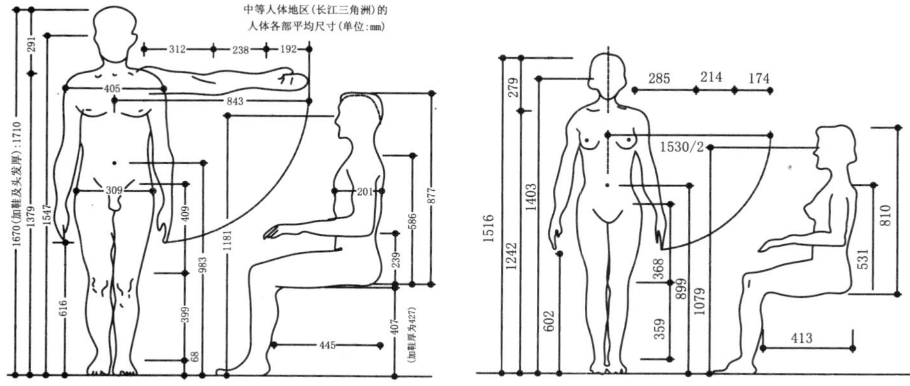

成年男子　　人体基本尺寸（男）　　成年女子　　人体基本尺寸（女）

图 3-5

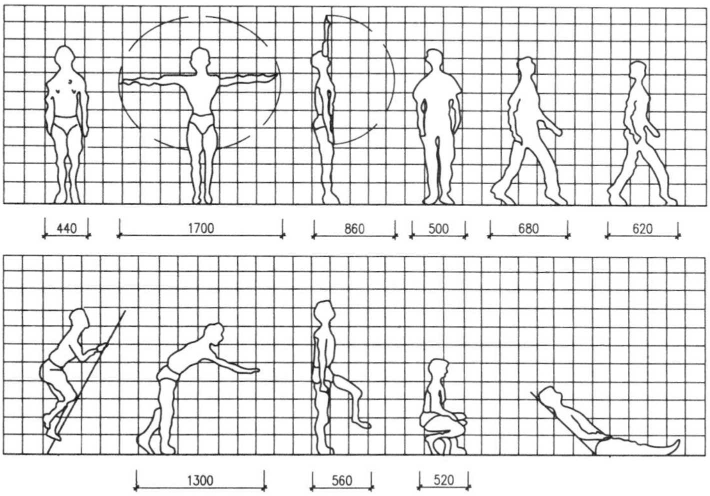

440
1700
860
500
680
620
1300
560
520

图 3-5（续）

400~450
260~320
400~450
320~380
230~300
800~870
350~380
400~430
400~450
920~1100
400~500
600~700
380~420
340~460
800~870
350~380
400~430
800~870
500~560
420~480
780~850
500~550
600~640
850~900
580~850
950~1100
850~950
520~600
560~650
750~820
680~860
650~880
750~820
1600~1850
650~880
850~950
1900~2100
780~880
800~980
650~750
1050~1200
750~780
800~1250
550~650
1100~1300
1400~1600
600~650
760~800
700~900
700~900
760~800
ϕ700~1500
750~780
800~1250
550~650
750~780
1000~1300
600~700
780~800
1300~1600
750~900
1050~1200
700~1000
250~300
650~720
2000~2200
400~460
800~1000
1100~1500
430~450
1800~1900
950~1200
550~600
1800~1900
1300~1500
550~600
1800~2400
2400~3600
450~550
800~950
2000
850~1000
800~950
2000
1350~1500

图 3-6

提示：什么是建筑模数

建筑模数指建筑设计中选定的标准尺寸单位，它是建筑设计、建筑施工、建筑材料与制品、建筑设备、建筑组合件等各部门进行尺度协调的基础。目前我国采用的基本模数数值规定为 100mm，以 M 表示，即 1M=100mm。

3.3 建筑设计的基本数据

在进行建筑设计过程中，主要考虑一些诸如门窗、过道、阳台、楼梯等基本数据，还要考虑如停车场之类与建筑物有关的数据。

3.3.1 门的高和宽

1. 门高

供人通行的门，高度一般不低于 2m，再高也以不宜超过 2.4m，否则有空洞感，门扇制作也需特别加强。供车辆或设备通过的门，要根据具体情况决定，其高度宜比车辆或设备高出 0.3～0.5m。

2. 门宽

一般住宅分户门 0.9～1m，分室门 0.8～0.9m，厨房门 0.8m 左右，卫生间门 0.7～0.8m。公共建筑的门宽一般单扇门 1m，双扇门 1.2～1.8m，再宽就要考虑门扇的制作，双扇门或多扇门的门扇宽以 0.6～1.0m 为宜。

3.3.2 窗的高和宽

1. 窗高

一般住宅建筑中，窗的高度为 1.5m，加上窗台高 0.9m，则窗顶距楼面 2.4m，还留有 0.4m 的结构高度。在公共建筑中，窗台高度由 1.0～1.8m 不等，开向公共走道的窗扇，其底面高度不应低于 2.0m。

2. 窗宽

窗宽一般由 0.6m 开始，宽到构成“带窗”，但要注意采用通宽的带窗时，左右隔壁房间的隔音问题以及推拉窗扇的滑动范围问题，也要注意全开间的宽窗会造成横墙面上的炫光，对教室、展览室都是不合适的。

3.3.3 过道的高和宽

1. 过道高

过道的净高原本随建筑层高而定，设计中通常未予专门的考虑。我们把过道的总高分成下面三个部分：

（1）结构高度。

（2）设备管线高度，一般在 0.6m 左右，视通风管的截面、布置方式以及冷凝水管、自动喷淋水管的安排而定。

（3）净高，这是设计者要认真把握的尺度，它是决定层高的重要因素之一。按常规，这个净高应在2.2m以上为妥。

2. 过道宽

最窄的走道应该是住宅中通往辅助房间的过道，其净宽不应小于0.8m，这是“单行线”，一般只允许一个人通过。规范规定住宅中通往卧室、起居室的过道净宽不宜小于1.0m的宽度，也只是一人正行，另一人侧身让行的尺寸。

3.3.4 阳台数据

阳台的栏杆高度在多层建筑中不应底于1.05m，在高层建筑中，则不应低于1.2m。

3.3.5 女儿墙数据

一般多层建筑的女儿墙高1.05～1.20m，但高层建筑则至少1.30m，通常高过胸肩甚至高过头部，达1.50～1.80m。

3.3.6 楼梯数据

楼梯设计的尺寸数据很多，除大家熟知的踏步的踏面、踢面尺寸之外，梯段的宽度、歇台的宽度、平台下缘的净高等也都在规范上有明确规定。容易被忽视的是以下几点。

（1）楼梯扶手的高度（自踏步前缘线量起）不宜小于0.90m；室外楼梯扶手高不应小于1.05m。

（2）楼梯井宽度大于0.20m时，扶手栏杆的垂直杆件净空不应大于0.11m，以防儿童坠落。

（3）楼梯平台净宽不应小于梯段宽度，同时不得小于1.10m。

（4）梯段宽度在住宅设计规范中有明确规定，在其他建筑中，必须满足消防疏散的要求。

（5）室外台阶踏步宽度不宜小于0.30m，踏步高度不宜大于0.15m，通常采用0.35m和0.125m这两个参数。

（6）当利用旋转楼梯作疏散梯时，必须满足踏步在距内圈扶手或筒壁0.25m处，其踏面宽不应小于0.22m的要求，这点在防火规范上有明确规定。

3.3.7 浴厕数据

有关浴厕的数据很多，主要有：

（1）厕所蹲位隔板的最小宽（m）*深（m）分别为外开门时0.9*1.2；内开门时为0.9*1.4。

（2）厕所间隔高度应为1.50～1.80m。

（3）淋浴间隔高度应为1.80m。

（4）并列洗脸盆中心距不应少于0.70m。

（5）单侧洗脸盆外沿至对面墙的净距不应小于1.25m。

（6）双侧洗脸盆外沿之间的净距不应小于1.80m。

（7）浴盆长边至对面墙面的净距不应小于0.65m。

（8）并列小便的中心距不应小于0.65m。

（9）单侧隔间至对面墙面的净距，当采用内开门时不应小于 1.10m，当采用外开门时，不应小于 1.30m。

（10）单侧厕所隔间至对面小便器外沿之净距，当采用内开门时不应小于 1.10m，当采用外开门时不应小于 1.30m。

3.3.8 停车场数据

有关停车场设计的数据很多，必要掌握的大体有以下几种：

（1）车位基本尺寸各国不尽一致，大小略有出入。例如垂直式停放时，起车位的长、宽和中间通道宽的尺寸分别为 5.3m、2.5m 和 6.0m。

（2）通道的最小平曲线半径（m）：按“文件”规定，小型汽车为 7.0m，中型汽车为 10.5m，大型汽车为 13.0m，铰接车也是 13.0m。

（3）最大纵坡（%）：分为直线纵坡和曲线纵坡，一般小型汽车分别为 15%和 12%，中型汽车为 12%和 10%，大型汽车问 10%和 8%，铰接车为 8%和 6%。同时，为了保证车辆行驶在变坡处不致与地面碰接，在该处往往设有“缓坡段”，我国规定缓坡长一般为 3.6～6.0m，坡度为坡道纵坡之半。

提示：纵坡的区分

这里所讲的纵坡系停车库使用，不能与城市道路的纵坡限制混为一谈。

3.4 建筑物结构的作用及分类

用户在阅读建筑施工图时，首先应掌握建筑物各部分结构的作用及类型。

3.4.1 墙体

1. 墙体的分类

按其在平面中的位置可分为内墙和外墙。凡位于房屋四周的墙称为外墙，其中位于房屋两端的墙称为山墙。凡位于房屋内部的墙称为内墙。外墙主要起围护作用，内墙主要分隔房间作用。另外沿建筑物短轴布置的墙称为横墙，沿建筑物长轴布置的称为纵墙。

（1）按其受力情况可分为：承重墙和非承重墙。直接承受上部传来荷载的墙称为承重墙，而不承受外荷载的墙称为非承重墙。

（2）按其使用的材料分为：砖墙、石墙、土墙及砌块和大型板材墙等。

（3）按其构造又分为：实体墙、空体墙和复合墙。实体墙由普通黏土砖或其他实心砖砌筑而成；空体墙是由实心砖砌成中空的墙体或空心砖砌筑的墙体；复合墙是指由砖与其他材料组合成的墙体。

（4）对墙面进行装修的墙称为混水墙；墙面只做勾缝不进行其它装饰的墙称为清水墙。

2. 墙体结构的布置方案

一般民用建筑有两种承重方式，一种是框架承重，另一种是墙体承重。墙体承重又可分为横墙承重、纵墙承重、纵横墙混合承重、墙与内柱混合承重等结构布置方案，如图 3-7 所示。

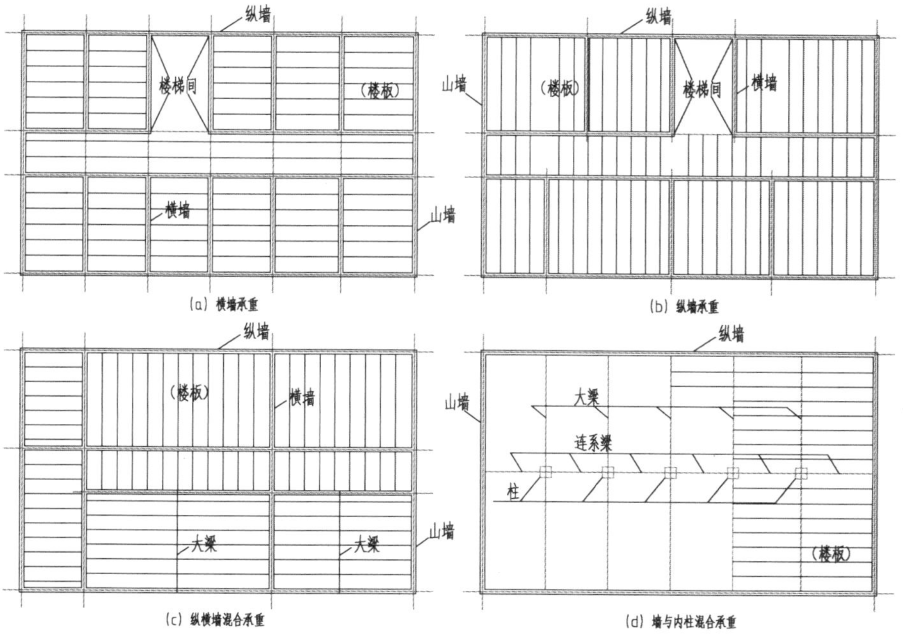

图 3-7

3．砖墙的厚度

砖墙的厚度符合砖的规格。砖墙的厚度一般以砖长表示，例如半砖墙、3/4 砖墙、1 砖墙、2 砖墙等。其相应厚度为：115mm（称 12 墙）、178mm（称 18 墙）、240mm（称 24 墙）、365mm（称 37 墙）、490mm（称 50 墙），如图 3-8 所示。

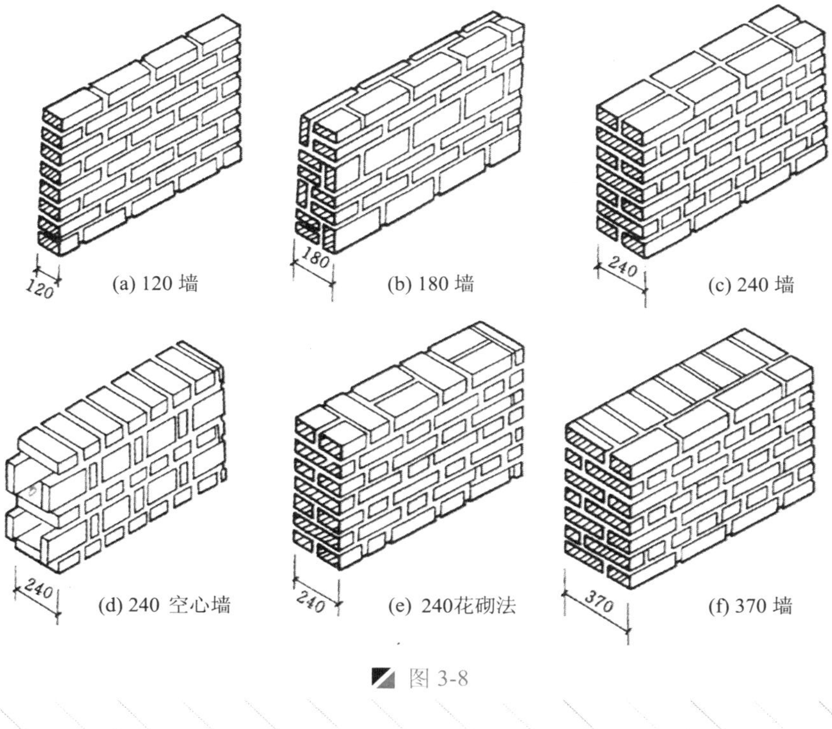

图 3-8

提示：墙厚的选择

墙厚应满足砖墙的承载能力，一般来说，墙体越厚承载能力越大，稳定性越好。砖墙的厚度应满足一定的保温、隔热、隔声、防火要求。一般讲，砖墙越厚，保温隔热效果越好。

3.4.2 过梁与圈梁

1. 过梁

过梁的作用是承担门窗洞口上部荷载，并把荷载传递到洞口两侧的墙上。按使用的材料可分为以下 3 种：

（1）钢筋混凝土过梁：当洞口较宽（大于 1.5m），上部荷载较大时，宜采用钢筋混凝土过梁，两端深入墙内长度不应小于 240mm。

（2）砖砌过梁：常见的有平拱砖过梁和弧拱砖过梁。

（3）钢筋砖过梁：钢筋砖过梁是在门窗洞口上方的砌体中，配置适量的钢筋，形成能够承受弯矩的加筋砖砌体。

2. 圈梁

为了增强房屋的整体刚度，防止由于地基不均匀沉降或较大的震动荷载对房屋引起的不利影响，常在房屋外墙和部分内墙中设置钢筋混凝土或钢筋砖圈梁。其一般设在外墙、内纵墙和主要内横墙上，并在平面内形成封闭系统。圈梁的位置和数量根据楼层高度、层数、地基等状况确定。

3.4.3 地面与楼板

1. 地面

地面，是指建筑物底层的地坪。其基本组成有面层、垫层和基层三部分。对于有特殊要求的地面，还设有防潮层、保温层、找平层等构造层次。每层楼板上的面层通常叫楼面，楼板所起的作用类似地面中的垫层和基层。

（1）面层：是人们日常生活、工作、生产直接接触的地方，是直接承受各种物理和化学作用的地面与楼面表层。

（2）垫层：在面层之下、基层之上，承受由面层传来的荷载，并将荷载均匀地传至基层。

（3）基层：垫层下面的土层就是基层。

地面的种类有以下两类：

（1）整体地面，其面层是一个整体。它包括水泥沙浆地面、混凝土地面、水磨石地面、沥青砂浆地面等

（2）块料地面，其面层不是一个整体，它是借助结合层将面层块料粘贴或铺砌在结构层上。常见的块料种类有：陶瓷锦砖、大理石、碎块大理石、水泥花砖、混凝土和水磨石预制的板块等。

2. 楼板

楼板，是分隔承重构件，它将房屋垂直方向分隔为若干层，并把人和家具等竖向荷载及

楼板自重通过墙体、梁或柱传给基础。按其使用的材料可分为：砖楼板、木楼板和钢筋混凝土楼板等。砖楼板的施工麻烦，抗震性能较差，楼板层过高，现很少采用。木楼板自重轻，构造简单，保温性能好，但耐久和耐火性差，一般也较少采用。钢筋混凝土楼板具有强度高，刚性好，耐久、防火、防水性能好，又便于工业化生产等优点，是现在广为使用的楼板类型。

钢筋混凝土楼板按照施工方法可分为现浇和预制两种。

（1）现浇钢筋混凝土楼板：其楼板整体性、耐久性、抗震性好，刚度大，能适应各种形状的建筑平面，设备留洞或设置预埋件都较方便，但模板消耗量大，施工周期长。按照构造不同又可分为如下三种现浇楼板：

① 钢筋混凝土现浇楼板：当承重墙的间距不大时，如住宅的厨房间、厕所间，钢筋混凝土楼板可直接搁置在墙上，不设梁和柱，板的跨度一般为2—3米，板厚度约为70—80mm。

② 钢筋混凝土肋型楼板：也称梁板式楼板，是现浇式楼板中最常见的一种形式。它由主板、次梁和主梁组成。主梁可以由柱和墙来支撑。所有的板、肋、主梁和柱都是在支模以后，整体现浇而成。其一般跨度为1.7—2.5m，厚度为60—80mm。

③ 无梁楼板：其为等厚的平板直接支撑在带有柱帽的柱上，不设主梁和次梁。它的构造有利于采光和通风，便于安装管道和布置电线，在同样的净空条件下，可减小建筑物的高度。其缺点是刚度小，不利于承受大的集中荷载。

（2）预制钢筋混凝土楼板：采用此类楼板是将楼板分为梁、板若干构件，在预制厂或施工现场预先制作好，然后进行安装。它的优点是可以节省模板，改善制作时的劳动条件，加快施工进度；但整体性较差，并需要一定的起重安装设备。随着建筑工业化提高，特别是大量采用预应力混凝土工艺，其应用将越来越广泛，按照其构造可分为如下几种：

① 实心平板：实心平板制作简单，节约模板，适用于跨度较小的部位，如走廊板、平台板等。

② 槽形板：它是一种梁板结合的构件，由面板和纵肋构成。作用在槽形板上的荷载，由面板传给纵肋，再由纵肋传到板两端的墙或梁上。为了增加槽形板的刚度，需在两纵肋之间增加横肋，在板的两端以端肋封闭。

③ 空心板：它上下表面平整，隔音和隔热效果好，大量应用于民用建筑的楼盖和屋盖中。按其孔的形状有方孔、椭圆孔和圆孔等。

3.4.4 门和窗

1. 门的作用

门是建筑物中不可缺少的部分。主要用于交通和疏散，同时也起采光和通风作用。门的尺寸、位置、开启方式和立面形式，应考虑人流疏散、安全防火、家具设备的搬运安装以及建筑艺术等方面的要求综合确定。

门的宽度按使用要求可做成单扇、双扇及四扇等多种。当宽度在1M以内时为单扇门，1.2—1.8M时为双扇门，宽度大于2.4M时为四扇门。

2. 门的类型

门的种类很多，按使用材料分：有木门、钢门、钢筋混凝土门、铝合金门、塑料门等。各种木门使用仍然比较广泛，钢门在工业建筑中普遍应用。

按用途可分为：普通门、纱门、百叶门以及特殊用途的保温门、隔声门、防火门、防盗门、防爆门、防射线门等。

按开启方式分为：平开门、弹簧门、折叠门、推拉门、转门、卷帘门等。

（1）平开门：有单扇门与双扇门之分，又有内开及外开之分，用普通铰链装于门扇侧面与门框连接，开启方便灵活，是工业与民用建筑中应用最广泛的一种，如图 3-9 所示。

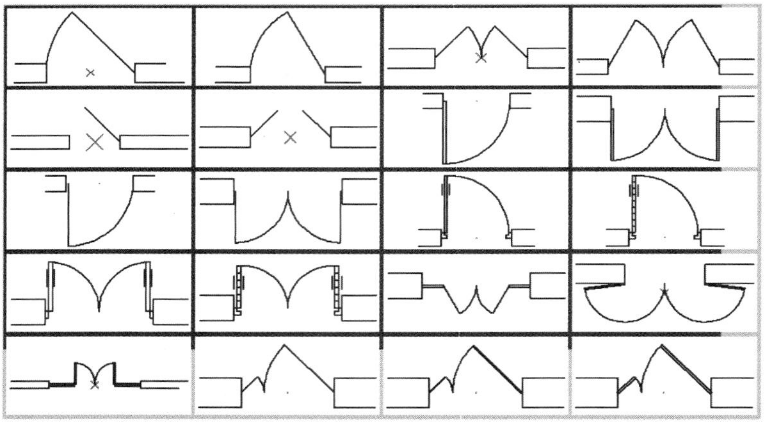

图 3-9

（2）弹簧门：是平开门的一种。特点是用弹簧铰链代替普通铰链，有单向开启和双向开启两种。铰链有单管式、双管式和地弹簧等数种。单管式弹簧铰链适用于向内或向外一个方向开启的门上；双管式适用于内外两个方向都能开启的门上，如图 3-10 所示。

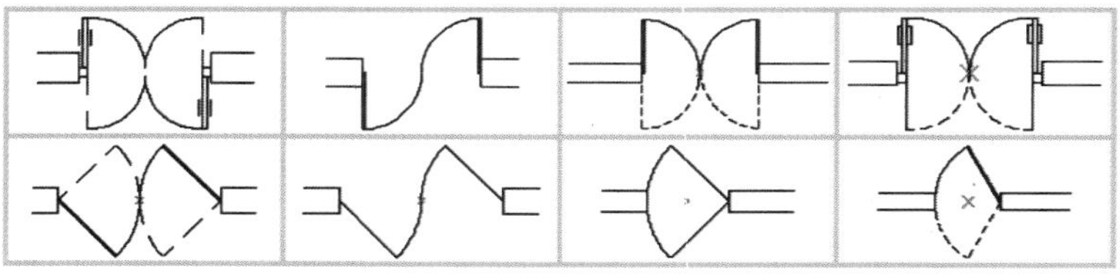

图 3-10

（3）推拉门：门的开启方式是左右推拉滑行，门可悬于墙外，也可隐藏在夹墙内。可分为上挂式和下滑式两种。此门开启时不占空间，受力合理，但构造较为复杂，常用于工业建筑中的车库、车间大门及壁橱门等，如图 3-11 所示。

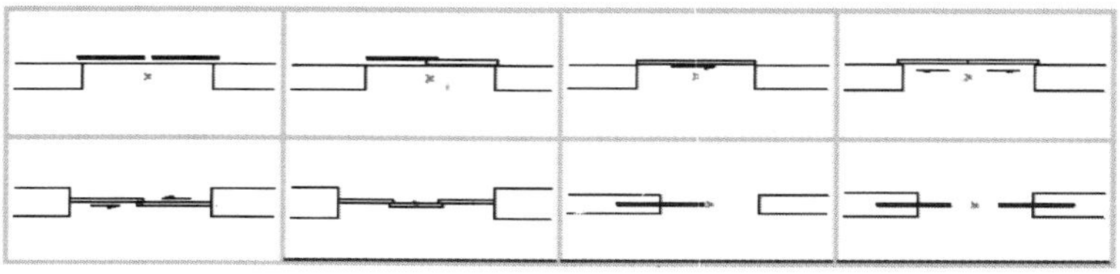

图 3-11

（4）转门：由两个固定的弧形门套，内装设三扇或四扇绕竖轴转动的门扇。转门对隔绝室内外空气对流有一定作用，常用于寒冷地区和有空调的外门。但构造复杂，造价较高，不宜大量采用，如图 3-12 所示。

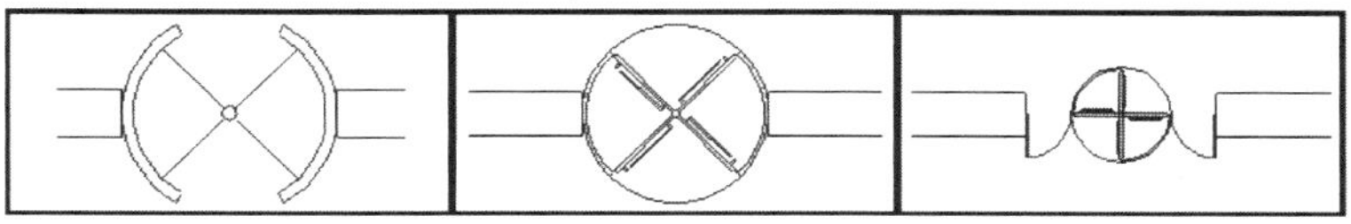

图 3-12

（5）卷帘门：由帘板、导轨及传动装置组成。帘板是由铝合金轧制成型的条形页板连接而成。开启时，由门洞上部的转动轴旋转将页板卷起，将帘板卷在筒上。卷帘门美观、牢固、开关方便，适用于商店、车库等，如图 3-13 所示。

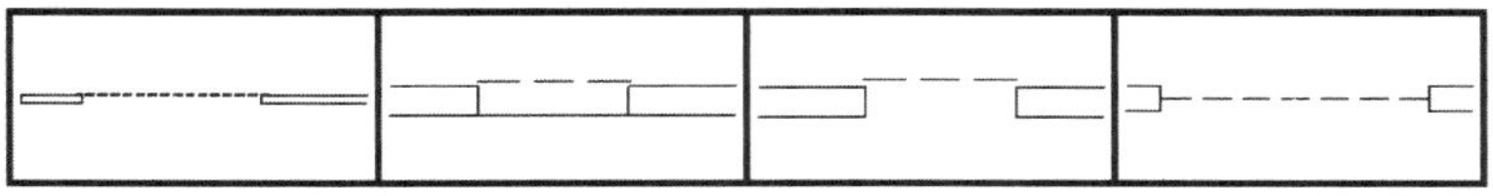

图 3-13

3. 门的构造

平开木门是当前民用建筑中应用最广的一种形式，它是由门框、门扇、亮子及五金零件所组成，常见的门扇有下列几种。

（1）镶板门扇：是最常用的一种门扇形式，内门、外门均可选用。它由边框和上、中、下冒头组成框架，在框架内镶入玻璃，下部镶入门芯板，称为玻璃镶板门。门芯板可用木版、胶合板、纤维板等板材制作。门扇与地面之间保持 5mm 空隙。

（2）夹板门扇：它是用较小方木组成骨架，两面贴以三合板，四周用小木条镶边制成的。夹板门扇构造简单，表面平整，开关轻便，能利用小料、短料，节约木材，但不耐潮湿与日晒。因此，浴室、厕所、厨房等房间不宜采用，且多用于内门。

（3）拼版门扇：做法与镶板门扇近似，先做木框，门芯板是由许多木条拼合而成。窄板做成企口，使每块窄板自由胀缩，以适应室外气候的变化。拼版门扇多用于工业厂房的大门。

4. 窗的作用

窗的作用主要是采光与通风，并可作围护和眺望之用，对建筑物的外观也有一定的影响。

窗的采光作用主要取决于窗的面积。窗洞口面积与该房间地面面积之比称为窗地比。此比值越大，采光性能越好。一般居住房间的窗地比为 1/7 左右。

作为围护结构的一部分，窗应有适当的保温性，在寒冷地区做成双层窗，以利于冬季防寒。

5. 窗的类型

窗的类型很多，按使用的材料可分为木窗、钢窗、铝合金窗、玻璃钢窗等。其中以木窗和钢窗应用最广。

按窗所处的位置分为侧窗和天窗。侧窗是安装在墙上的窗，开在屋顶上的窗称为天窗，在工业建筑中应用较多。

按窗的层数可分为：单层窗和双层窗。

按窗的开启方式可分为：固定窗、平开窗、悬窗、立转窗、推拉窗等。

3.4.5 楼梯

1. 楼梯的种类

楼梯是房屋各层之间交通连接的设施，一般设置在建筑物的出入口附近。也有一些楼梯设置在室外。室外楼梯的优点是不占室内使用面积，但在寒冷地区易积雪结冰，不宜采用。

楼梯按位置可分为：室内楼梯和室外楼梯。

按使用性质分为：室内有主要楼梯和辅助楼梯，室外有安全楼梯和防火楼梯。

按使用材料分：木楼梯、钢筋混凝土楼梯和钢楼梯。

按楼梯的布置方式可分为：单跑楼梯、双跑楼梯、三跑楼梯和双分、双合式楼梯。

（1）单跑楼梯：当层高较低时，常采用单跑楼梯，从楼下起步一个方向直达楼上。它只有一个梯段，中间不设休息平台，因此踏步不宜过多，不适用于层高较大的房屋，如图 3-14 所示。

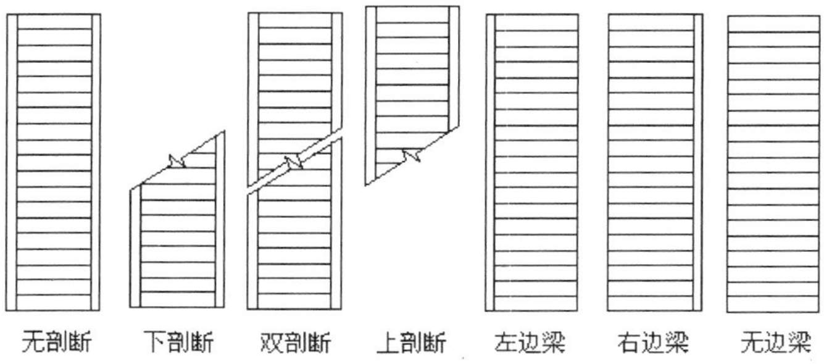

图 3-14

（2）双跑楼梯：是应用最为广泛的一种形式。在两个楼板层之间，包括两个平行而方向相反的梯段和一个中间休息平台。经常两个梯段做成等长，节约面积，如图 3-15 所示。

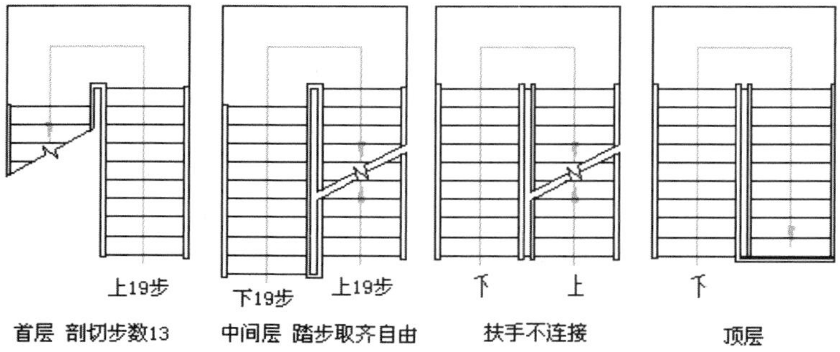

图 3-15

（3）三跑楼梯：在两个楼板层之间，由三个梯段和两个休息平台组成，常用于层高较大的建筑物中，其中央可设置电梯井，如图 3-16 所示。

（4）双分、双合式楼梯：双分式就是由一个较宽的楼梯段上至休息平台，再分成两个较窄的梯段上至楼层。双合式相反，先由两个较窄的梯段上至休息平台，再合成一个较宽的梯段上至楼层，如图 3-17 所示。

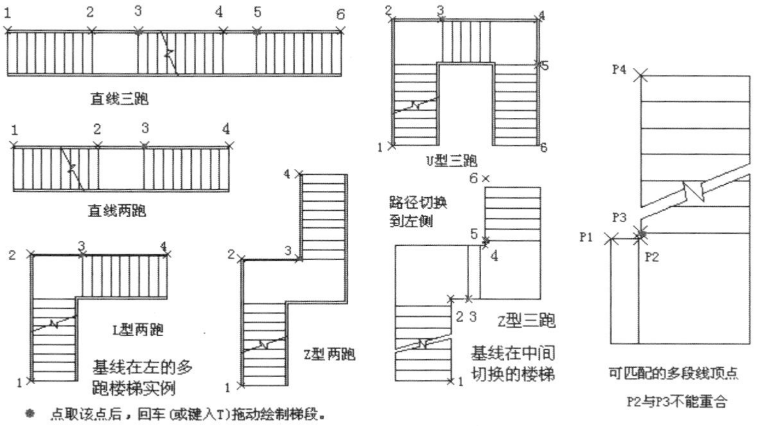

图 3-16

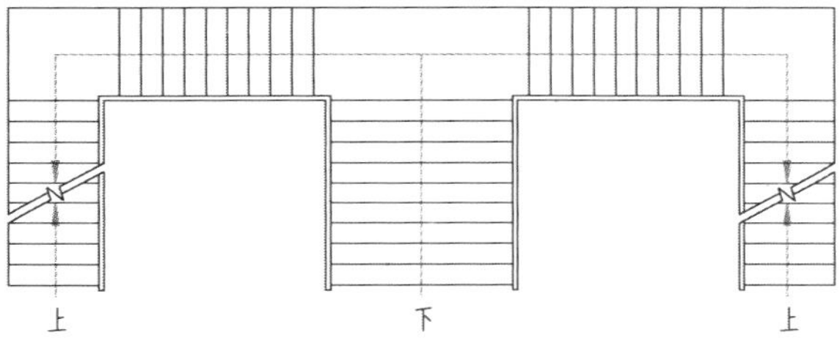

图 3-17

2. 楼梯的组成

楼梯是由楼梯段、休息平台、栏杆和扶手等部分组成。

（1）楼梯段：是联系两个不同标高平台的倾斜构件，由连续的一组踏步所构成。其宽度应根据人流量的大小、家具和设备的搬运以及安全疏散的原则确定。其最大坡度不宜超过 38 度，以 26—33 度较为适宜。

（2）休息平台：也称中间平台，是两层楼面之间的平台。当楼梯踏步超过 18 步时，应在中间设置休息平台，起缓冲休息的作用。休息平台有台梁和台板组成。平台的深度应使在安装暖气片以后的净宽度不小于楼梯段的宽度，以便于人流通行和搬运家具。

（3）栏杆、栏板和扶手：栏杆和栏板是布置在楼梯段和平台边缘有一定刚度和安全度的拦隔设施。通常楼梯段一侧靠墙一侧临空。在栏板上面安置扶手，扶手的高度应高出踏步 900mm 左右。

3. 楼梯的构造

钢筋混凝土楼梯是目前应用最广泛的一种楼梯，它有较高的强度和耐久性、防火性。按施工方法可分为现浇和装配式两种。

现浇钢筋混凝土楼梯是将楼梯段、平台和平台梁现场浇筑成一个整体，其整体性好，抗震性强。其按构造的不同又分为板式楼梯和梁式楼梯两种。

（1）板式楼梯：是一块斜置的板，其两端支承在平台梁上，平台梁支承在砖墙上。

（2）梁式楼梯：是指在楼梯段两侧设有斜梁，斜梁搭置在平台梁上。荷载由踏步板传给斜梁，再由斜梁传给平台梁。

装配式钢筋混凝土楼梯的使用有利于提高建筑工业化程度，改善施工条件，加快施工进度。根据预制构件的形式，可分为小型构件装配式和大型构件装配式两种。

（1）小型构件装配式楼梯：这种楼梯是将踏步、斜梁、平台梁和平台板分别预制，然后进行装配。这种形式的踏步板是由砖墙来支承而不用斜梁，随砌砖随安装，可不用起重设备。

（2）大型构件装配式楼梯：这种楼梯是将预制的楼梯段、平台梁和平台板组成。斜梁和踏步板可组成一块整体，平台板和平台梁也可组成一块整板，在工地上用起重设备吊装。

3.4.6 屋顶

1. 屋顶的作用和要求

屋顶是房屋最上层的覆盖物，由屋面和支撑结构组成。屋顶的围护作用是防止自然界雨、雪和风沙的侵袭及太阳辐射的影响。另一方面还要承受屋顶上部的荷载，包括风雪荷载、屋顶自重及可能出现的构件和人群的重量，并把它传给墙体。因此，对屋顶的要求是坚固耐久，自重要轻，具有防水、防火、保温及隔热的性能。同时要求构件简单、施工方便、并能与建筑物整体配合，具有良好的外观。

2. 屋顶的类型

按屋面形式大体可分为四类：平屋顶、坡屋顶、曲面屋顶及多波式折板屋顶。

（1）平屋顶：屋面的最大坡度不超过 10%，民用建筑常用坡度为 1%～3%。一般是用现浇和预制的钢筋混凝土梁板做承重结构，屋面上做防水及保温处理。

（2）坡屋顶：屋面坡度较大，在 10%以上。有单坡、双坡、四坡和歇山等多种形式。单坡用于小跨度的房屋，双坡和四坡用于跨度较大的房屋。常用屋架做承重结构，用瓦材做屋面。

（3）曲面屋顶：屋面形状为各种曲面，如球面、双曲抛物面等。承重结构有网架、钢筋混凝土整体薄壳、悬索结构等。

（4）多波式折板屋顶：是由钢筋混凝土薄板制成的一种多波式屋顶。折板厚约 60mm，折板的波长为 2～3m，跨度 9～15m，折板的倾角为 30 度～38 度之间。按每个波的截面形状又有三角形及梯形两种。

3.5 建筑施工图的内容及形成

对一般建筑工程来讲，建筑专业施工图一般包括以下图纸内容。

1. 建筑平面图

建筑平面图（反映长和宽尺寸）包括总平面图、设备层平面图、首层平面图、标准层平面图、顶层平面图、屋顶平面图和顶棚平面图。

（1）总平面图：是从空中向下对新建筑物及其周围建筑、道路和绿化等的俯视图。

（2）屋顶平面图：是从屋面以上向下俯视到顶层的水平剖切面以上的内容。

（3）顶棚平面图：是用镜像投影法绘制，即假想从本层门窗洞口略高处作水平剖切面，此剖切面能起到镜子的作用，将顶棚的内容都如实反映在镜子里，再将镜子里的图像表现在图纸上（注：顶棚平面图用直接正投影法不易表达清楚）。

（4）设备层平面图、首层平面图、标准层平面图和顶层平面图：是从本层门窗洞口略高处水平剖切，俯视到下一层的水平剖切面以上的内容。建筑平面图的形成，如图 3-18 所示。

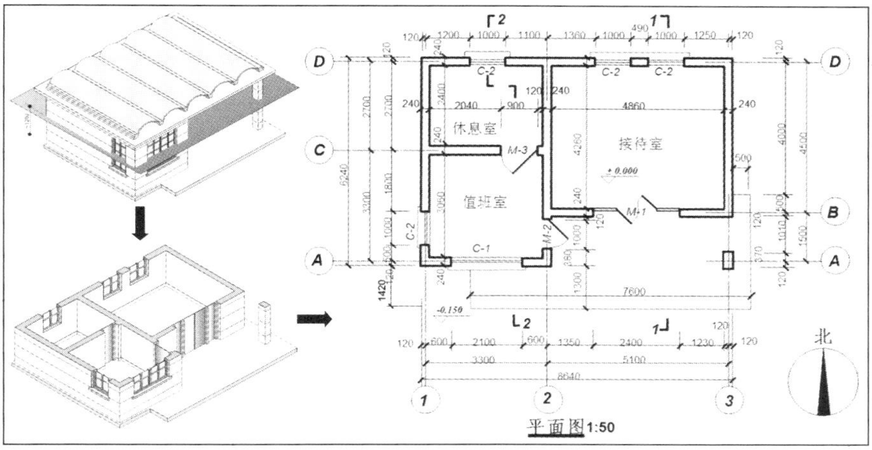

图 3-18

2. 建筑立面图

建筑立面图（反映长和高或宽和高尺寸）包括东立面图、南立面图、西立面图和北立面图，用于表示建筑的外形轮廓及外装修做法。建筑立面图的形成如图 3-19 所示。当建筑物不是正北方向建造时，其图名也可用首尾轴线号来确定。如❶～❿轴立面图、❿～❶轴立面图

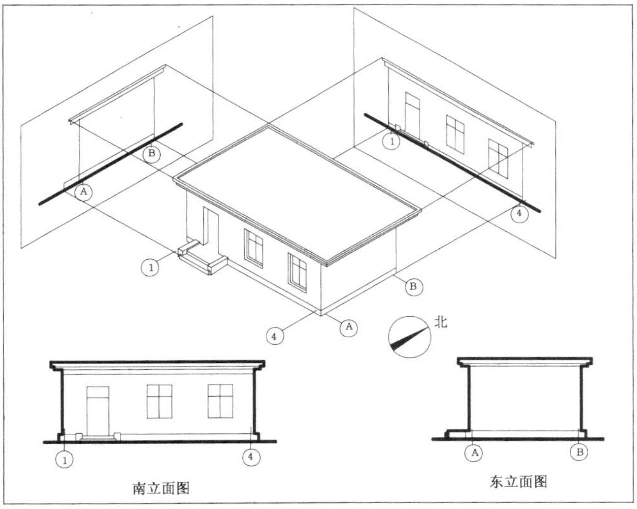

图 3-19

3. 建筑剖面图

建筑剖面图（反映长和高或宽和高尺寸）包括 1-1 剖面图和 2-2 剖面图，是对建筑做垂直剖切后，做剩余部分的正投影图。用于表示建筑物内部的上下分层、梁板柱与墙之间的关系和屋顶形式等。建筑剖面图的剖切位置及剖视方向，见标注在建筑首层平面图上的剖切符号。其建筑剖面图的形成，如图 3-20 所示。

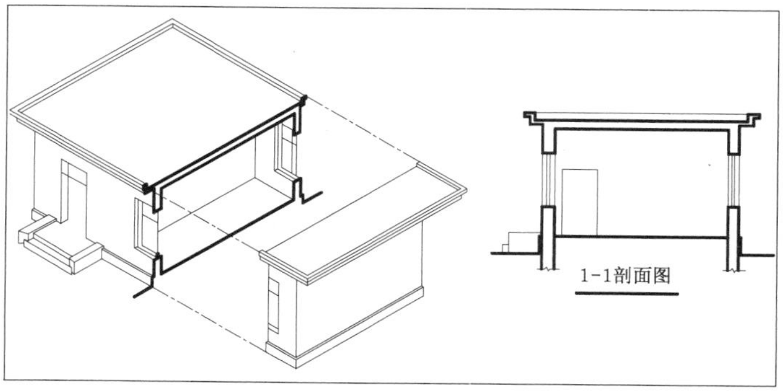

图 3-20

4. 建筑详图

建筑详图包括外墙详图和楼梯详图，是对建筑平面、立面、剖面图中的内容做局部放大的图。

3.6 建筑工程图的图纸幅面与标题栏

在进行建筑工程制图时，图纸的幅面规格、标题栏、签字栏以及图样的编排顺序，都是有一定规定的。

3.6.1 图纸幅面

图纸幅面是指图纸本身大小规格。图框是图纸上所供画图的范围的边线，为了合理使用图纸并便于管理装订，所有图纸大小必须符合如表 3-5 所示的规定。

表 3-5 幅面及图框尺寸 单位：mm

图纸幅面 / 尺寸代号	A0	A1	A2	A3	A4
B×L	841×1189	594×841	420×594	297×420	210×297
c	10			5	
a	25				

同一项工程的图纸不宜多于两种幅面。表中代号的意义，如图 3-21 所示，其图纸分横式幅面和竖式幅面。

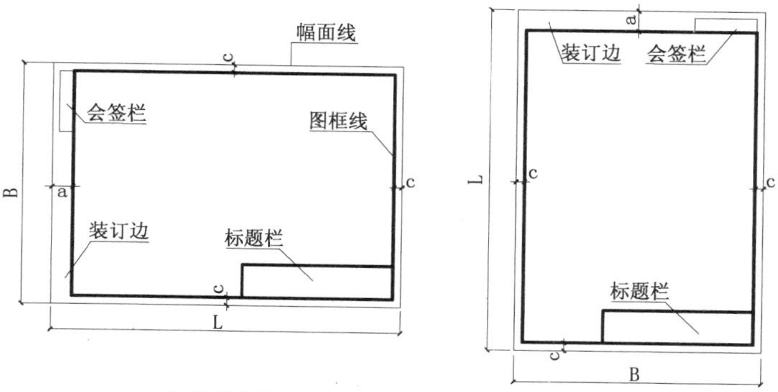

a) 横式图面 b) 竖式图面

图 3-21

图样空间由图框线和幅面线框组成，无论图样是否装订，图框线必须用粗实线表示，图纸的短边一般不应加长，长边可以加长，但加长的尺寸应符合国标规定。

提示：图样的尺寸

需要微缩复制的图样，其一边上应附有一段准确米制尺度，四个边上均附有对中标志，米制尺寸的总长应为100mm，分格应为10mm。对中标志应画在图样各边长的中点处，线宽应为0.35mm，伸入框内应为5mm。图样以短边作为垂直边称为横式，以短边作为水平边称为竖式。一般A0～A3图纸宜横式使用；必要时，也可竖式使用。

3.6.2 标题栏

工程图样应有工程名称、图名、图号、设计号，设计人、绘图人、审批人的签名和日期等，把这些集中放在图样的右下角，称为图样标题栏，简称图标，如图3-22所示为某设计单位专用图样标题栏。

提示：标题栏的内容

每张图样都应有标题栏。标题栏中应注明图样名称、设计人及工程或项目负责人名称、图样设计的日期及图号。

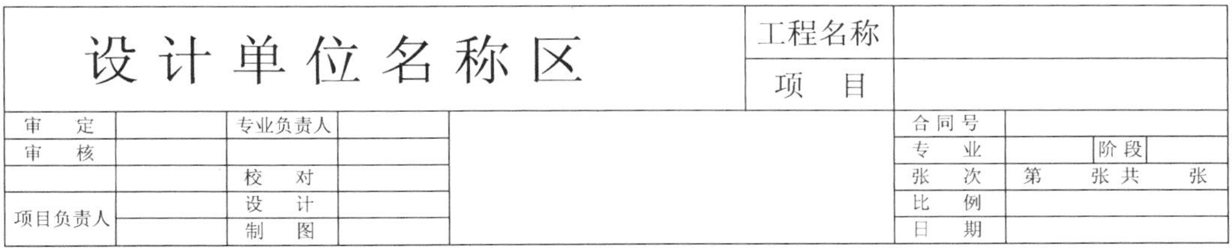

图3-22

提示：涉外工程标题栏内容

对于涉外工程的标题栏内，各项主要内容的中文下方应附有译文，设计单位的上方或左方，应加“中华人民共和国”字样。在计算机制图文件中当使用电子签名与认证时，应符合国家有关电子签名法的规定。

3.7 建筑工程图的比例、线型与线宽

在进行建筑工程制图时，图线的线型与线宽以及工程图的比例，都是有一定规定的。

3.7.1 图线

画在图纸上的线条统称图线。工程图中，为了表示图中不同的内容，并且能够主次分明，通常采用不同粗细的图线，即图线要有不同的线型跟图线的宽度之分。在工程建设制图中，应选用如表3-6所示的图线。

表 3-6 图线的线型、宽度及用途

名称		线型	线宽	一般用途
实线	粗		b	主要可见轮廓线 剖面图中被剖着部分的主要结构构件轮廓线、结构图中的钢筋线、建筑或构筑物的外轮廓线、剖切符号、地面线、详图标志的圆圈、图纸的图框线、新设计的各种给水管线、总平面图及运输中的公路或铁路线等
	中		0.5b	可见轮廓线 剖面图中被剖着部分的次要结构构件轮廓线、未被剖面但仍能看到而需要画出的轮廓线、标注尺寸的尺寸起止 45° 短画线、原有的各种水管线或循环水管线等
	细		0.25b	可见轮廓线、图例线 尺寸界线、尺寸线、材料的图例线、索引标志的圆圈及引出线、标高符号线、重合断面的轮廓线、较小图形中的中心线
虚线	粗		b	新设计的各种排水管线、总平面图及运输图中的地下建筑物或构筑物等
	中		0.5b	不可见轮廓线 建筑平面图运输装置（例如桥式吊车）的外轮廓线、原有的各种排水管线、拟扩建的建筑工程轮廓线等
	细		0.25b	不可见轮廓线、图例线
单点长画线	粗		b	结构图中梁或框架的位置线、建筑图中的吊车轨道线、其他特殊构件的位置指示线
	中		0.5b	见各有关专业制图标准
	细		0.25b	中心线、对称线、定位轴线 管道纵断面图或管系轴测图中的设计地面线等
双点长画线	粗		b	预应力钢筋线
	中		0.5b	见各有关专业制图标准
	细		0.25b	假想轮廓线、成型前原始轮廓线
折断线			0.25b	断开界线
波浪线			0.25b	断开界线
加粗线			1.4b	地坪线、立面图的外框线等

注意：图线的画法

图线的画法有以下几点注意事项：

（1）除非另有规定，两条平行线之间的最小间隙不得小于 0.7mm。

（2）虚线以及各种点画线相交时应恰当地相交于短画线，而不应相交于点或间隔。

（3）当两种或两种以上图线重叠时，应按以下顺序优先画出所需的图线：粗实线、细虚线、点画线、双点画线。

3.7.2 比例

工程图样中图形与实物相对应的线性尺寸之比，称为比例。比例的大小，是指其比值的大小，如 1:50 大于 1:100。

（1）比例的符号为“:”，比例应以阿拉伯数字表示，如 1:1、1:2、1:100 等。

（2）比例宜注写在图名的右侧，字的基准线应取平；比例的字高宜比图名的字高小一号或二号，如图 3-23 所示。

办公楼一层平面图 1:100

图 3-23

（3）绘图所用的比例，应根据图样的用途与被绘对象的复杂程度，从如表3-7所示中选用，并优先用表中常用比例。

表3-7 绘图所用的比例

常用比例	1:1、1:2、1:5、1:10、1:20、1:50、1:100、1:150、1:200、1:500、1:1000、1:2000、1:5000、1:10000、1:20000、1:50000、1:100000、1:200000
可用比例	1: 3、1:4、1:6、1:15、1:25、1:30、1:40、1:60、1:80、1:250、1:300、1:400、1:600

提示：比例的两种情况

一般情况下，一个图样应选用一种比例。根据专业制图需要，同一图样可选用两种比例。

特殊情况下，也可自选比例，这时除应注出绘图比例外，还必须在适当位置绘制出相应的比例尺寸。

3.8 建筑工程图的相关符号

在进行各种建筑和室内装饰设计时，为了更明清楚明确的表明图中的相关信息，将以不同的符合来表示。

3.8.1 剖切符号

剖视的剖切符号应符合下列规定。

（1）剖视的剖切符号应由剖切位置线及投射方向线组成，均应以粗实线绘制。剖切位置线的长度宜为6～10mm；投射方向线应垂直于剖切位置线，长度应短于剖切位置线，宜为4～6mm，如图3-24所示。绘制时，剖视的剖切符号不应与其他图线相接触。

（2）剖视剖切符号的编号宜采用阿拉伯数字，按顺序由左至右、由下至上连续编排，并应注写在剖视方向线的端部。

（3）需要转折的剖切位置线，应在转角的外侧加注与该符号相同的编号。

（4）建（构）筑物剖面图的剖切符号宜注在±0.00标高的平面图上。

断面的剖切符号应符合下列规定。

（1）断面的剖切符号应只用剖切位置线表示，并应以粗实线绘制，长度宜为6～10mm。

（2）断面剖切符号的编号宜采用阿拉伯数字，按顺序连续编排，并应注写在剖切位置线的一侧；编号所在的一侧应为该断面的剖视方向，如图3-25所示。

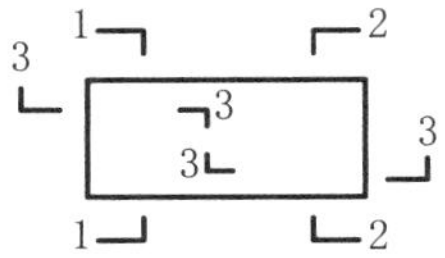

图3-24

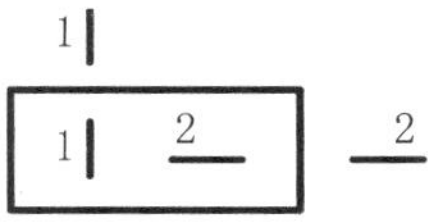

图3-25

提示：不在同一张纸内的剖切图

剖切图或断面图，如与被剖切图样不在同一张纸内，可在剖切位置线的另一侧注明其所在图样的编号，也可以在图上集中说明。

3.8.2 索引符号与详图符号

施工图中某一部位或某一构件如另有详图，则可画在同一张图纸内，也可画在其他有关的图纸上。为了便于查找，可通过索引符号和详图符号来反映该部位或构件与详图及有关专业图纸之间的关系。

1. 索引符号

索引符号如表 3-8 所示，是用细实线画出来的，圆的直径为 10mm。如详图与被索引的图在同一张图纸内时，在上半圆中用阿拉伯数字注出该详图的编号，在下半圆中间画一段水平细实线；如详图与被索引的图不在同一张图纸内时，下半圆中用阿拉伯数字注出该详图所在的图纸编号；如索引出的详图采用标准图时，在圆的水平直径延长线上加注该标准图册编号；如索引的详图是剖面（或断面）详图时，索引符号在引出线的一侧加画一剖切位置线，引出线的一侧，就表示投射方向。

表 3-8 索引符号

名称	符号	说明
详图的索引符号	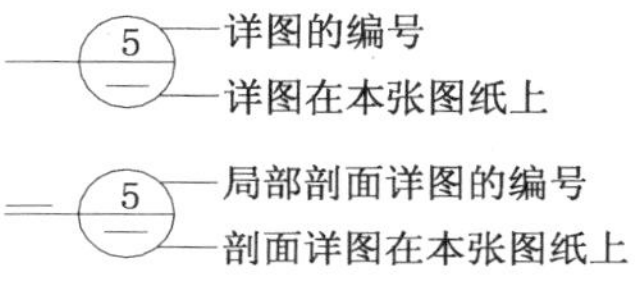 5 详图的编号 详图在本张图纸上 5 局部剖面详图的编号 剖面详图在本张图纸上	详图在本张图纸上
	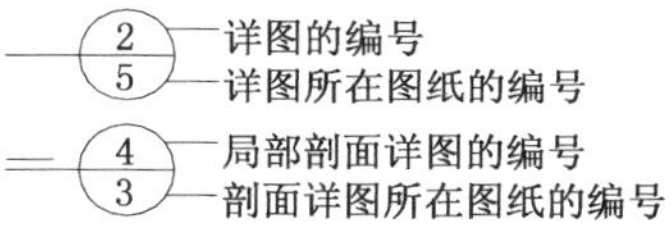 2 详图的编号 5 详图所在图纸的编号 4 局部剖面详图的编号 3 剖面详图所在图纸的编号	详图不在本张图纸上
	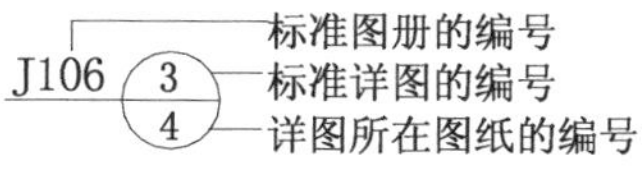 标准图册的编号 J106 3 标准详图的编号 4 详图所在图纸的编号	标准详图

2. 详图符号

详图符号如表 3-9 所示，是用粗实线绘制，圆的直径为 14mm。如圆内只用阿拉伯数字注明详图的编号时，说明该详图与被索引图样在同一张图纸内；如详图与被索引的图样不在同一张图纸内，可用细实线在详图符号内画一水平直径，在上半圆内注明详图编号，在下半圆中注明被索引图样的图纸编号。

表 3-9 详图符号

名称	符号	说明
详图符号	 5 详图的编号	被索引的在本张图纸上
	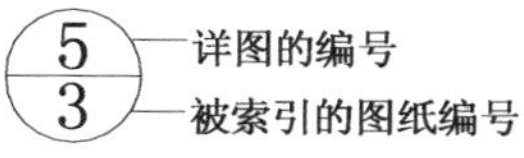 5 详图的编号 3 被索引的图纸编号	被索引的不在本张图纸上

3.8.3 引出线

引出线应以细实线绘制，宜采用水平方向的直线、与水平方向成30°、45°、60°、90°的直线，或经上述角度再折为水平线。文字说明宜注写在水平线的上方，也可注写在水平线的端部，索引详图的引出线，应与水平直径线相连接，如图3-26所示。

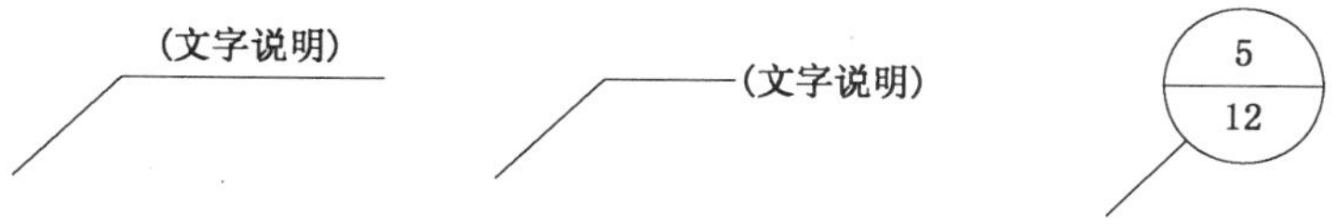

(a) (b) (c)

图 3-26

注意：引出线的文字

> 文字说明宜注写在水平线的上方，也可注写在水平线的端部，索引详图的引出线，应与水平直径线相连。

同时引出几个相同部分的引出线，宜互相平行，也可画成集中于一点的放射线，如图3-27所示。

多层构造或多层管道共用引出线，应通过被引出的各层。文字说明宜注写在水平线的上方，或注写在水平线的端部，说明的顺序应由上至下，并应与被说明的层次相互一致；如层次为横向排序，则由上至下的说明顺序应与左至右的层次相互一致，如图3-28所示。

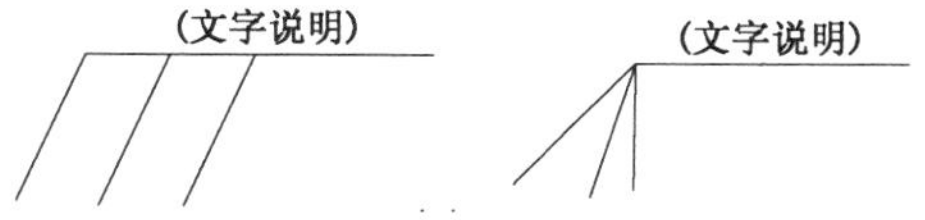

图 3-27

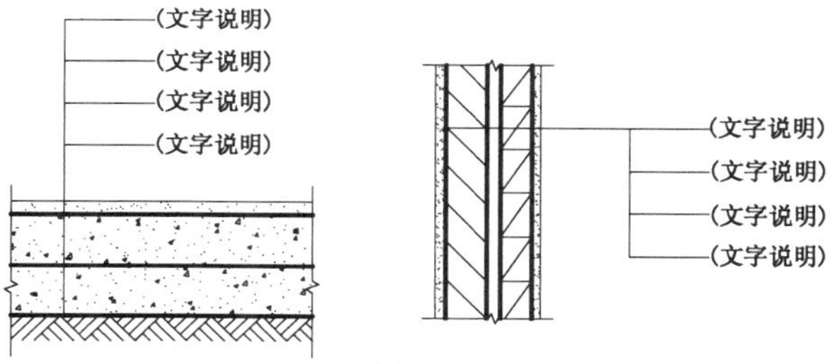

(b)

图 3-28

注意：多层引出线及文字规范

> 文字说明宜注写在水平线的上方，或注写在水平线的端部，说明的顺序应由上至下，并应与被说明的层次一致；如层次为横向排序，则由上至下的说明顺序应与左至右的层次一样。

3.8.4 标高符号

标高是用来表示建筑物各部位高度的一种尺寸形式。标高符号用细实线画出，短横线是需注高度的界线，长横线之上或之下注出标高数字（如图3-29（a））。总平面图上的标高符号，宜用涂黑的三角形表示（如图3-29（d）），标高数字可注明在黑三角形的右上方，也可注写在黑三角形的上方或右面。如图 3-29（b）、（c）所示用以标注其他部位的标高，短横线为需要标注高度的界限，标高数字注写在长横线的上方或下方。

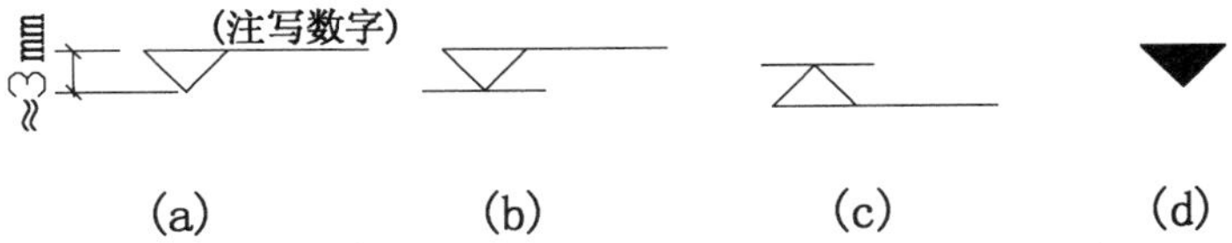

图 3-29

注意：标高符号的大小

不论哪种形式的标高符号，均为等腰直角三角形，高为 3mm。

标高数字以米为单位，注写到小数点以后第三位（在总平面图中可注写到小数点后第二位）。零点标高应注写成“±0.000”，正数标高不注“+”，负数标高应注“–”，例如 3.000、–0.600。如图 3-30 所示为标高注写的几种格式。

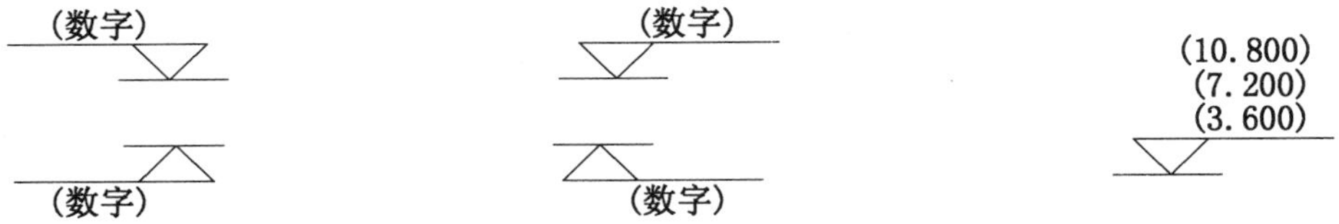

图 3-30

提示：不同的字高

在 AutoCAD 室内装饰设计标高中，标高的数字字高为 2.5mm（在 A0、A1、A2 图纸上）或字高 2mm（在 A3、A4 图纸上）。

标高有绝对标高和相对标高两种。绝对标高是指把青岛附近黄海的平均海平面定为绝对标高的零点，其他各地标高都以它作为基准。如在总平面图中的室外整平标高即为绝对标高。

相对标高是指在建筑物的施工图上要注明的标高，用相对标高来标注，容易直接得出各部分的高差。因此除总平面图外，一般都采用相对标高，即把底层室内主要的地坪标高定为相对标高的零点，标注为“±0.000”，而在建筑工程图的总说明中说明相对标高和绝对标高的关系，再根据当地附近的水准点（绝对标高）测定拟建工程的底层地面标高。

3.8.5 其他符号

对称符号由对称线和两端的两对平行线组成。对称线用细点画线绘制；平行线用细实线绘制，其长度宜为 6～10mm，每对的间距宜为 2～3mm；对称线垂直平分于两对平行线，两端超出平行线宜为 2～3mm，如图 3-31 所示。

指北针的形状宜如图 3-32 所示，指针头部应注“北”或“N”字。需用较大直径绘制指北针时，指针尾部宽度宜为直径的 1/8。

连接符号应以折断线表示需连接的部位。两部位相距过远时，折断线两端靠图样一侧应标注大写拉丁字母表示连接编号。两个被连接的图样必须用相同的字母编号，如图 3-33 所示。

图 3-31

图 3-32

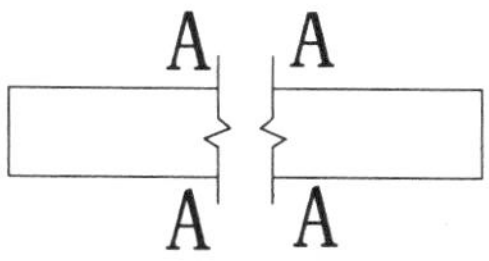

图 3-33

提示：指北针直径及指针大小

一般情况下，指北针的直径宜为 24mm，指针尾部宽度宜为 3mm。

3.9 建筑工程图的尺寸标注

图样只能表示物体各部分的外部形状，表达不出各个部分之间的联系及变化。所以必须准确、详尽、清晰地表达出其尺寸，以确定大小，作为施工的依据。绘制图形并不仅仅只是为了反映对象的形状，对图形对象的真实大小和位置关系描述更加重要，而只有尺寸标注能反映这些大小和关系。AutoCAD 包含了整套的尺寸标注命令和实用程序，用户使用它们足以完成图纸中尺寸标注的所有工作。

3.9.1 尺寸的组成

图样上的尺寸，包括尺寸界线、尺寸线、尺寸起止符号和尺寸数字，如图 3-34 所示。

（1）尺寸界线：尺寸界线应用细实线绘制，一般应与被注长度垂直，其一端应离开图样轮廓线不小于 2mm，另一端宜超出尺寸线 2～3mm。图样轮廓线可用作尺寸界线，如图 3-35 所示。

（2）尺寸线：尺寸线应用细实线绘制，应与被注长度平行。图样本身的任何图线均不得用作尺寸线。

（3）尺寸起止符号：尺寸起止符号一般用中粗斜短线绘制，而半径、直径、角度与弧长的尺寸起止符号，宜用箭头表示，如图 3-36 所示。

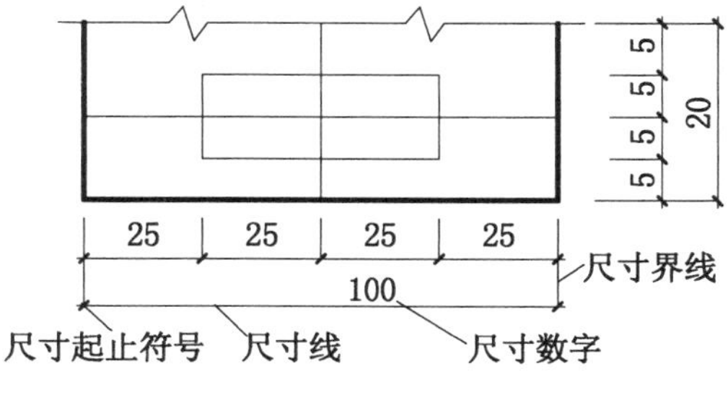

图 3-34

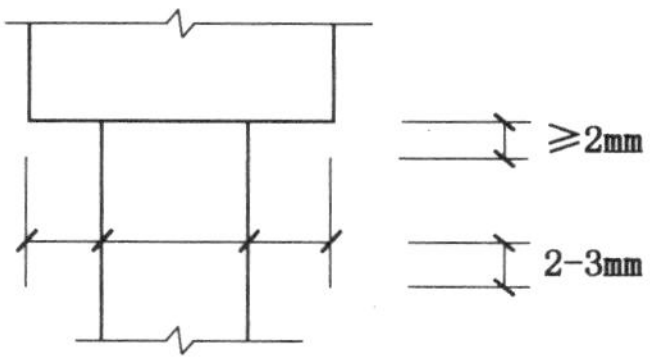

图 3-35

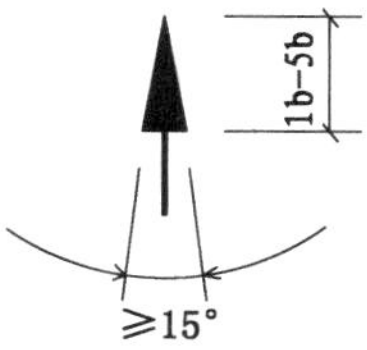

图 3-36

提示：尺寸起止符号的长度

尺寸起止符号倾斜方向应与尺寸界线成顺时针 45°角，长度宜为 2～3mm。

3.9.2 尺寸数字

图样上的尺寸，应以尺寸数字为准，不得从图上直接量取。

尺寸数字的方向，应按如图 3-37(a)所示的规定注写。若尺寸数字在 30°斜线区内，宜按如图 3-37(b)的形式注写。

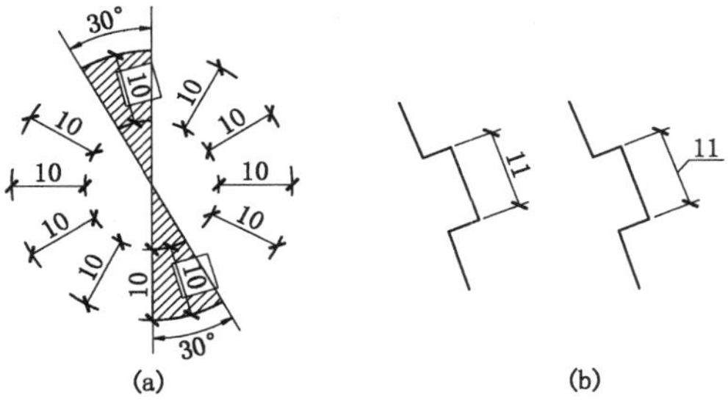

图 3-37

尺寸数字一般应依据其方向注写在靠近尺寸线的上方中部。如没有足够的注写位置，最外边的尺寸数字可注写在尺寸界线的外侧，中间相邻的尺寸数字可错开注写，如图 3-38 所示。

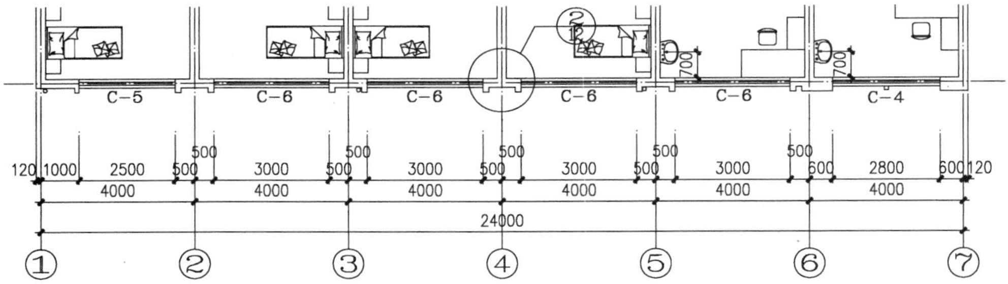

图 3-38

提示：尺寸数字的单位

图样上的尺寸单位，除标高及总平面以米为单位外，其他必须以毫米(mm)为单位。

3.9.3 尺寸的排列与布置

尺寸宜标注在图样轮廓以外，不宜与图线、文字及符号等相交。图样轮廓线以外的尺寸界线，距图样最外轮廓之间的距离，不宜小于 10mm，如图 3-39 所示。

提示：尺寸平行排列规定

平行排列的尺寸线的间距，宜为 7～10mm，并应保持一致。

互相平行的尺寸线，应从被注写的图样轮廓线由近向远整齐排列，较小尺寸应离轮廓线较近，较大尺寸应离轮廓线较远，如图 3-40 所示。总尺寸的尺寸界线应靠近所指部位，中间的分尺寸的尺寸界线可稍短，但其长度应相等。

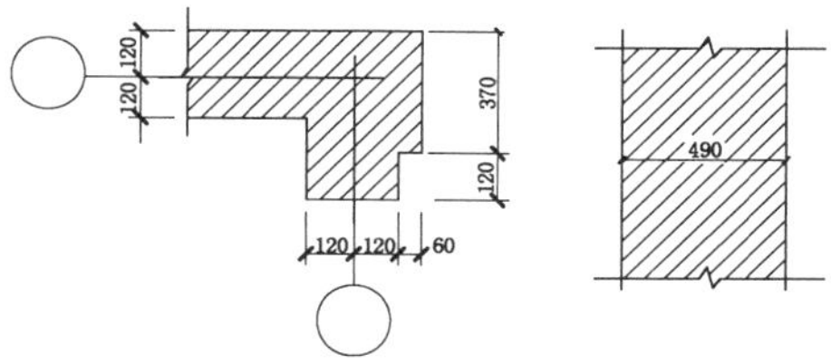

图 3-39

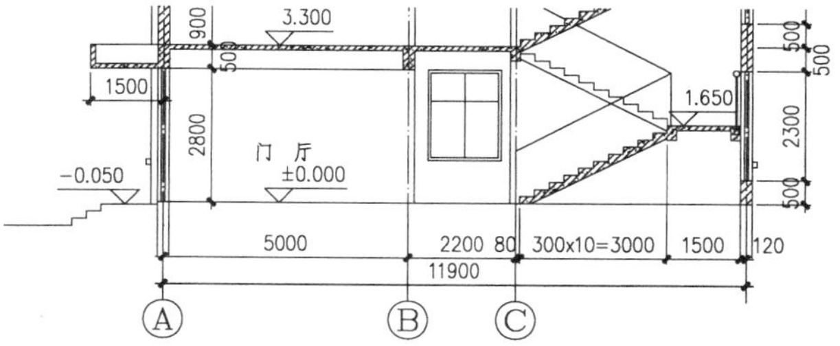

图 3-40

3.9.4 半径、直径、球的尺寸标注

标注半径、直径和球，尺寸起止符号不用 45° 斜短线，而用箭头表示。半径的尺寸线一端从圆心开始，另一端画箭头，指向圆弧。半径数字前应加半径符号“R”。标注直径时，应在直径数字前加符号“ ϕ”。在圆内标注的直径尺寸线应通过圆心，两端画箭头指至圆弧。当圆的直径较小时，直径数字可以用引出线标注在圆外。直径标注也可以用尺寸起止短线 45° 斜短线的形式标注在圆外，如图 3-41 所示。

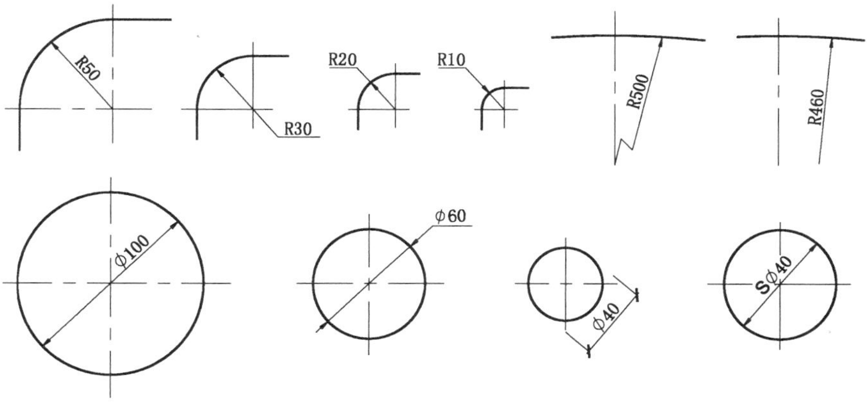

图 3-41

提示：尺寸平行排列规定

标注球的半径跟直径时，应在尺寸数字前面加注符号“SR”或是“S ϕ”。注写方法与圆弧半径和圆直径的尺寸标注方法相同。

3.9.5 角度、弧长、弦长的标注

角度的尺寸线以圆弧线表示，以角的顶点为圆心，角度的两边为尺寸界线，尺寸起止符号用箭头表示，如果没有足够的位置画箭头，也可以用圆点代替，角度数字一律水平方向书写，如图 3-42 所示。

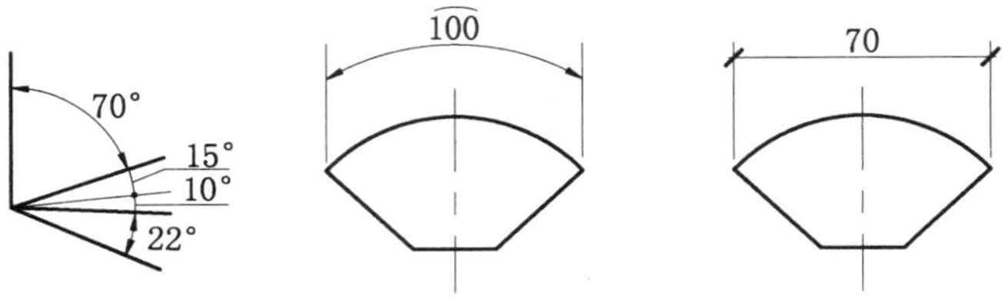

图 3-42

标注圆弧的弧长时，尺寸线应以圆弧线表示，该圆弧与被标注圆弧为同心圆，尺寸界线应垂直于该圆弧的弦，尺寸起止符号应用箭头表示，弧长数字的上方应加注圆弧符号“⌒”。如上图所示。

提示：尺寸平行排列规定

标注圆弧的弦长时，尺寸线应以平行于该弦的直线表示，尺寸界线垂直于该弦，尺寸起止符号用中粗斜短线表示。

3.9.6 薄板厚度、正方形、坡度等尺寸

在薄板板面标注板厚尺寸时，应在厚度数字前加厚度符号“t”，如图 3-43 所示。

标注正方形的尺寸，可用“边长×边长”的形式，也可在边长数字前加正方形符号“□”，如图 3-44 所示。

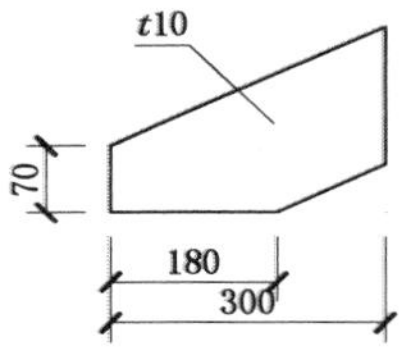

图 3-43

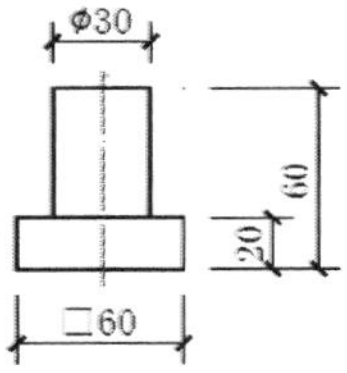

图 3-44

提示：薄板的概述

薄板厚度为 0.2～4mm，是以单张定尺供应的板材。生产方法主要分为热轧和冷轧两类。现代热连轧机生产的薄板最小厚度为 1.2mm。以叠轧方式热轧则能生产最小厚度为 0.28mm 的叠轧薄板，现代冷轧机生产的薄板，厚度更薄（0.2mm 以下）且尺寸公差更为严格。

标注坡度时，应加注坡度箭头符号，如图 3-45 所示，该符号为单面箭头，箭头应指向下坡方向。坡度也可用直角三角形形式标注，如图 3-46 所示。

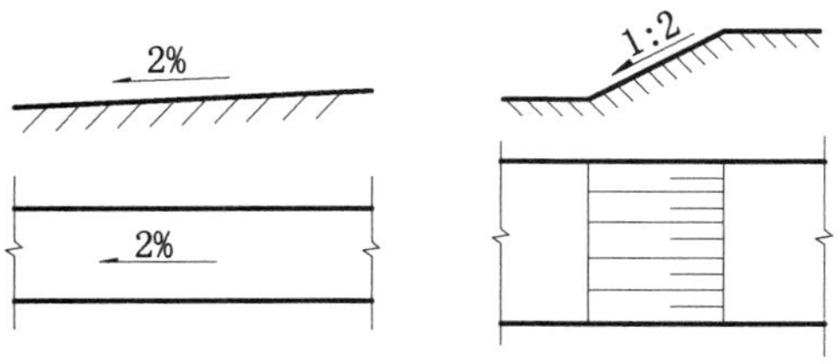

图 3-45

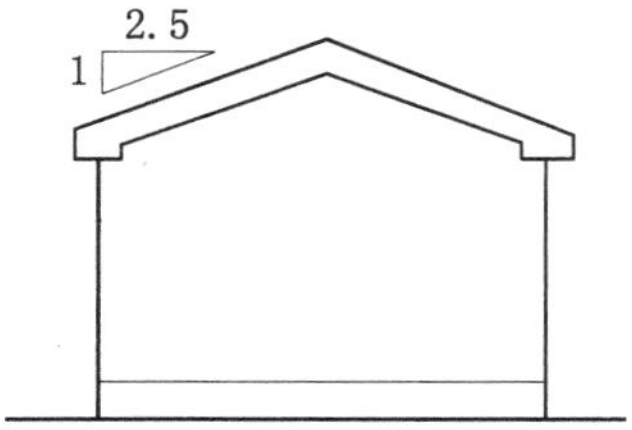

图 3-46

外形为非圆曲线的构件，可用坐标形式标注尺寸，如图3-47所示。复杂的图形，可用网格形式标注尺寸，如图3-48所示。

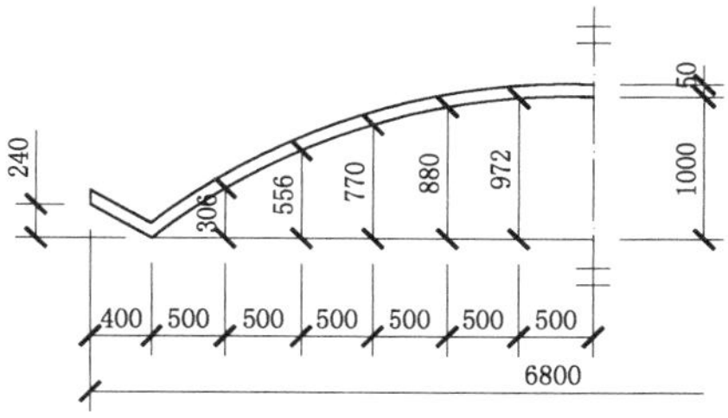

图 3-47

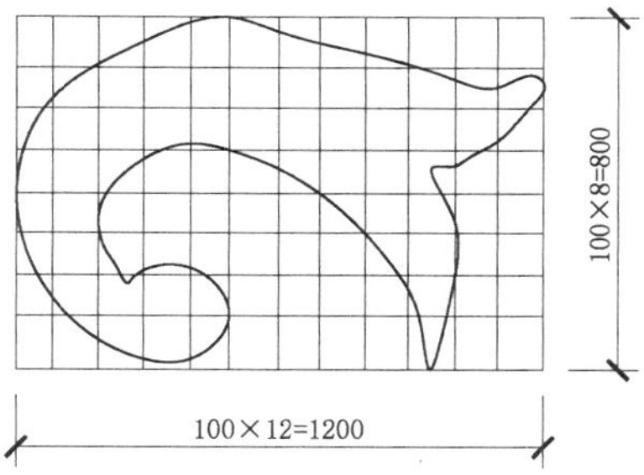

图 3-48

3.9.7 尺寸的简化标注

杆件或管线的长度，在单线图（桁架简图、钢筋简图、管线简图）上，可直接将尺寸数字沿杆件或管线的一侧注写，如图3-49所示。

连续排列的等长尺寸，可用“个数×等长尺寸=总长”的形式标注，如图3-50所示。

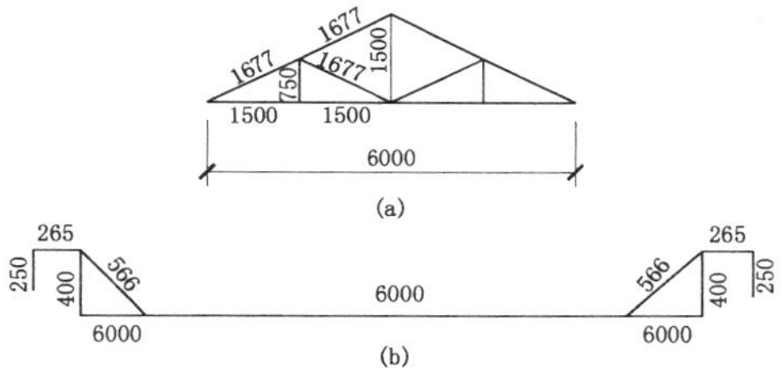

图 3-49

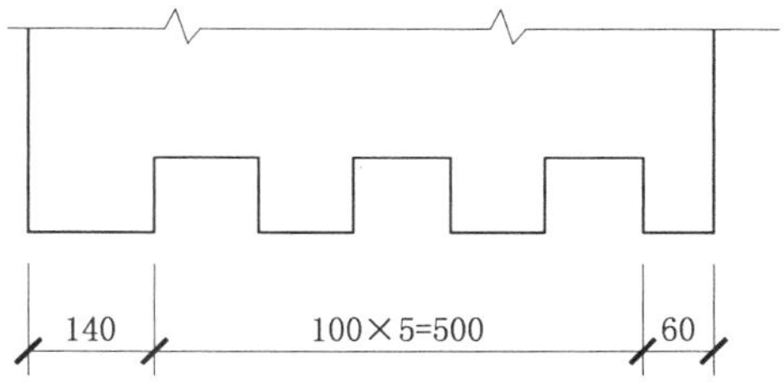

图 3-50

构配件内的构造因素（如孔、槽等）如相同，可仅标注其中一个要素的尺寸，如图3-51所示。

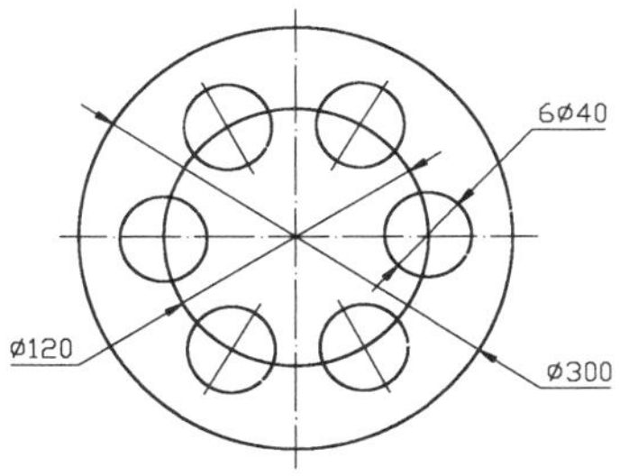

图 3-51

对称构配件采用对称省略画法时，该对称构配件的尺寸线应略超过对称符号，仅在尺寸线的一端画尺寸起止符号，尺寸数字应按整体全尺寸注写，其注写位置宜与对称符号对齐，如图3-52所示。

两个构配件，如个别尺寸数字不同，可在同一图样中将其中一个构配件的不同尺寸数字注写在括号内，该构配件的名称也应注写在相应的括号内，如图3-53所示。

图 3-52

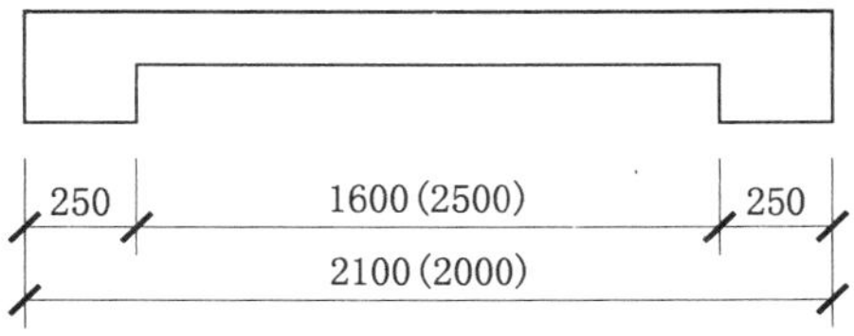

图 3-53

提示：以表格方式来标注

数个构配件，如仅某些尺寸不同，这些有变化的尺寸数字，可用拉丁字母注写在同一图样中，另列表格写明其具体尺寸，如图 3-54 所示。

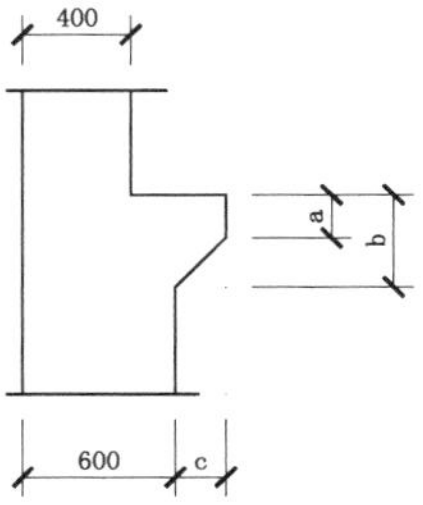

构件编号	a	b	c
Z-1	200	200	200
Z-2	250	250	200
Z-3	200	250	250

图 3-54

3.10 CAD 建筑工程图样板文件的创建

案例 建筑工程图样板.dwt 视频 CAD 建筑工程图样板文件的创建.avi 时长 13'38"

在绘制建筑工程图之前，同样也需要设置匹配的绘图环境，包括图层的规划、文字及标注样式等，在本案例中，以 A3 纸为例，具体讲解建筑工程图形模板文件的创建。

1. 设置绘图区域

Step 01 在桌面上双击 AutoCAD 2015 图标，启动 AutoCAD 2015 软件，系统自动创建一个空白文档。

Step 02 单击标题栏上的“新建”按钮，打开“选择样板”对话框，单击“打开”按钮右侧的倒三角按钮，以“无样板打开 － 公制（M）”方式建立新文件。

Step 03 执行“格式｜单位”菜单命令（UN），打开“图形单位”对话框，将长度单位类型设定为“小数”，精度为“0.000”，角度单位类型设为“十进制度数”，精度精确到“0.00”，如图 3-55 所示。

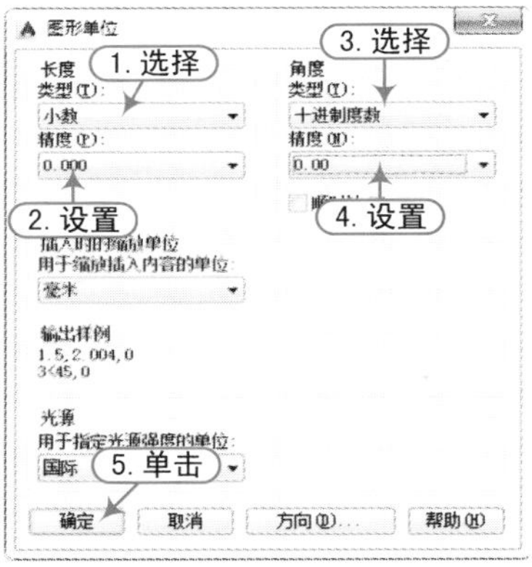

图 3-55

Step 04 执行“图形界限”命令（Limits），依照命令行的提示，设定图形界限的左下角为（0，0），右上角为（42000，29700）。

提示：图形界限的设置

图形界限的设置不必拘泥于与图形大小相同的值，在实际绘图过程中，可以设置一个大致区域。

Step 05 再在命令行中输入“Z｜空格｜A”，使输入的图形界限区域全部显示在图形窗口内。

2. 设置图层和线型比例

建筑工程图，主要由轴线、柱子、门窗、墙体、散水、楼梯、设施、文本标注、尺寸标注、轴线编号等元素组成，因此在绘制建筑工程图形时，应建立如表 3-10 所示的图层。

表 3-10 图层设置

序号	图层名	线宽	线型	颜色	打印属性
1	轴线	默认	点划线(ACAD_ISO04W100)	红色	不打印
2	墙体	0.30mm	实线(CONTINUOUS)	黑色	打印
3	柱子	默认	实线(CONTINUOUS)	黑色	打印
4	门窗	默认	实线(CONTINUOUS)	青色	打印
5	设施	默认	实线(CONTINUOUS)	200 色	打印
6	楼梯	默认	实线(CONTINUOUS)	140 色	打印
7	标高	默认	实线(CONTINUOUS)	14 色	打印
8	轴线编号	默认	实线(CONTINUOUS)	绿色	打印
9	尺寸标注	默认	实线(CONTINUOUS)	蓝色	打印
10	文字标注	默认	实线(CONTINUOUS)	黑色	打印
11	其它	默认	实线(CONTINUOUS)	8 色	打印

Step 01 执行“图层”命令（LA），将打开“图层特性管理器”面板，根据前面如表 3- 10 所示来设置图层的名称、线宽、线型和颜色等，如图 3-56 所示。

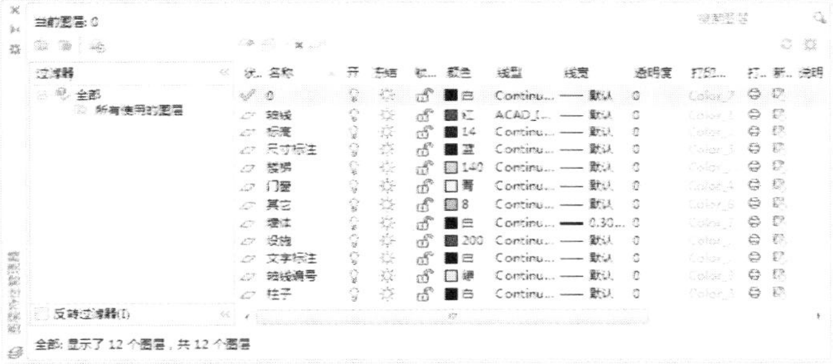

图 3-56

提示：图层的设置

因为建筑图形较大，图形对象较多，需要表示的含义也较多，所以需要建立不同的图层，设置不同的图层名称、线型、线宽、颜色等特性，使施工人员在观察图形时能够清晰明了。也使设计人员后期观察和修改图样时，能够快速阅图和再次编辑。

Step 02 执行“格式 | 线型”菜单命令，打开“线型管理器”对话框，单击“显示细节”按钮，打开“详细信息”选项组，设置“全局比例因子”为 100，然后单击“确定”按钮，如图 3-57 所示。

图 3-57

读书破万卷

提示：设置比例因子

用户在绘图时，通常全局比例因子和打印比例的设置相一致。

3. 设置建筑文字样式

建筑工程图上的文字有尺寸文字、标高文字、图内文字说明、剖切符号文字、图名文字和轴线符号等，打印比例为 1:100，文字样式中的高度为打印到图纸上的文字高度与打印比例倒数的乘积。根据建筑制图标准，该工程图文字样式的规划如表 3-11 所示。

表 3-11　文字样式

文字样式名	打印到图纸上的文字高度	图形文字高度（文字样式高度）	宽度因子	字体 | 大字体
尺寸文字	3.5	（由尺寸样式控制）	0.7	Tssdeng/gbcbig
图内说明	3.5	350		
图　名	7	700		
轴号文字	5	500	1	complex

Step 01　在“注释”标签下的“文字”面板中，单击右下角的↘按钮，将弹出“文字样式”对话框，单击“新建”按钮，打开“新建文字样式”对话框，将样式名定义为“图内说明”，再单击“确定”按钮，如图 3-58 所示。

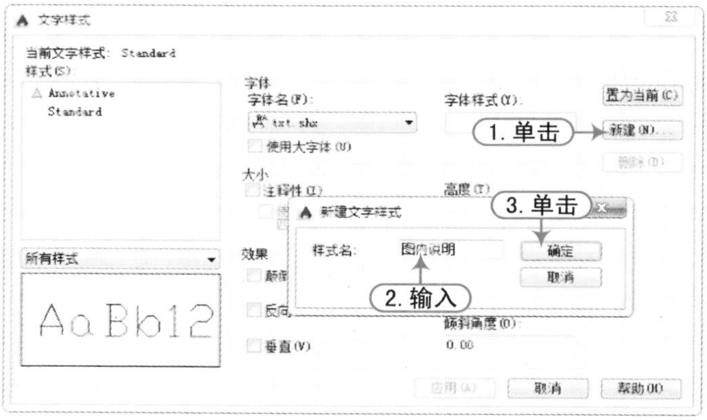

图 3-58

注意：中西文字体的选择

在选择字体时，汉字优先考虑 hztxt.shx 和 hzst.shx；西文优先考虑 romans.shx、simples 和 txt.shx。

Step 02　此时，在“字体”下拉列表中选择字体“tssdeng.shx”，选择“使用大字体”复选框，并在“大字体”下拉列表中选择字体“gbcib.shx”，在“高度”文本框中输入“350.000”，在“宽度因子”文本框中输入“0.7”，单击“应用”按钮，完成该文字样式的设置，如图 3-59 所示。

Step 03　重复前面的步骤，建立如表 3-11 所示中其他各种文字样式，如图 3-60 所示。

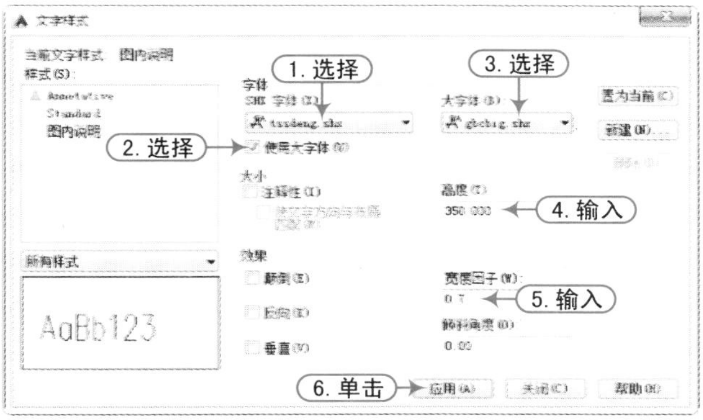

图 3-59

提示：文字样式

文字样式，是在图形中添加文字的标准，是文字输入都要参照的准则。

通过文字样式可以设置文字的字体、字号、倾斜角度、方向以及其他一些特性。默认样式为 Standard。

4. 设置建筑尺寸标注样式

根据建筑工程图的尺寸标注要求，应设置其延伸线的“起点偏移量”为 2mm，“超出尺寸线”为 1.5mm，尺寸起止符号为“建筑标记”，其“箭头大小”为 2mm，“文字样式”选择“尺寸文字”样式，“文字高度”为 3.5，其全局比例因子为 100。

Step 01 在“注释”标签下的“标注”面板中，单击右下角的 ↘ 按钮，将弹出“标注样式管理器”对话框，单击“新建”按钮，打开“创建新标注样式”对话框，将新样式名定义为“建筑平面标注 - 100”，再单击“继续”按钮，如图 3-61 所示。

图 3-60

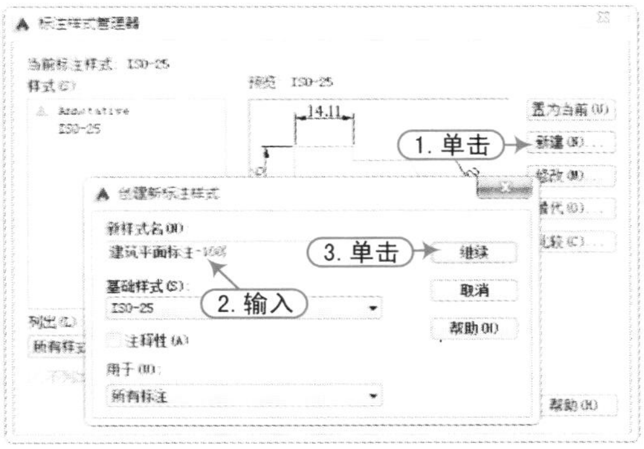

图 3-61

提示：标注样式的命名

对尺寸标注样式进行命名时，最好能直接反映出一些特性，如“建筑平面标注 - 100”，表示建筑平面图的全局比例为 100。

Step 02 当单击“继续”按钮后，则进入到“新建标注样式：建筑平面标注 - 100”对话框，然后分别在各选项卡中设置相应的参数，如图 3-62 所示。

图 3-62

5. 保存为建筑样板文件

通过前面的操作，已经将建筑工程图样板文件中所涉及的单位、界限、图层、文字和标注样式等设置完成，接下来将其保存为样板文件（.dwt）。

在“快速访问”工具栏单击“另存为”按钮，将弹出“图形另存为”对话框，在“文件类型”下拉列表中选择“AutoCAD 图形样板（*.dwt）”选项，在“保存于”下拉列表中选择“案例\03”路径，然后在“文件名”文本框中输入文件名“建筑工程图样板”，最后单击“保存”按钮，将弹出“样板选项”对话框，在“说明”文本框中输入相应的文字说明，然后单击“确定”按钮即可，如图 3-63 所示。

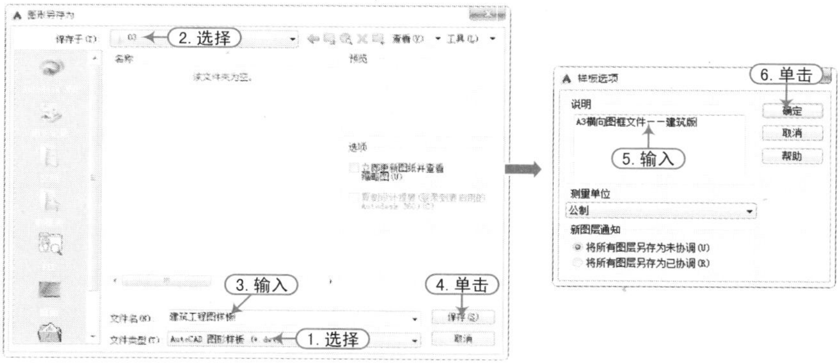

图 3-63

技巧：样板文件的作用

建筑物一般都有两层以上，所以绘制这类建筑平面图时，首先要创建好“样板文件”，这样可以在绘制其他平面图时，调用该绘图环境，从而加快绘图的速度。

4

建筑总平面工程图纸的绘制

本章导读

本章讲解某小区总平面图的绘制。建筑总平面图是表明一项建设工程总体布置情况的图样，主要表明新建建筑物的平面形状、层数、室内外的标高新建道路、绿化带、场地排水和管线的布置情况等。建筑总平面图必须详细、准确、清楚的表达出设计思想。

本章内容

- 总平面图的概况与工程预览
- 总平面图绘图环境的设置
- 绘制总平面图轮廓
- 绘制新建建筑物轮廓
- 绘制四周绿化及辅助设施
- 总平面图的注释说明
- 幼儿园总平面图的绘制练习

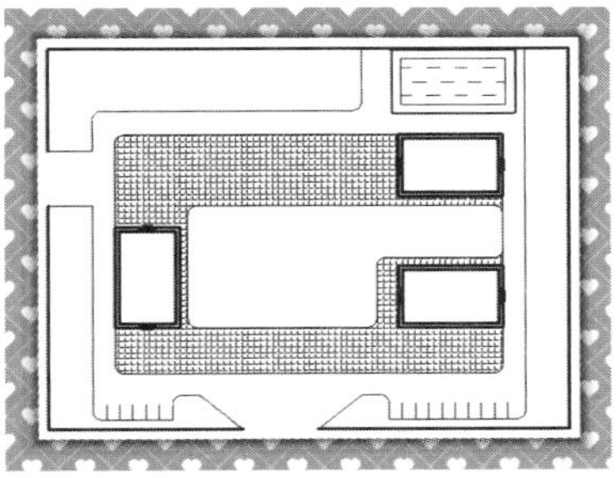

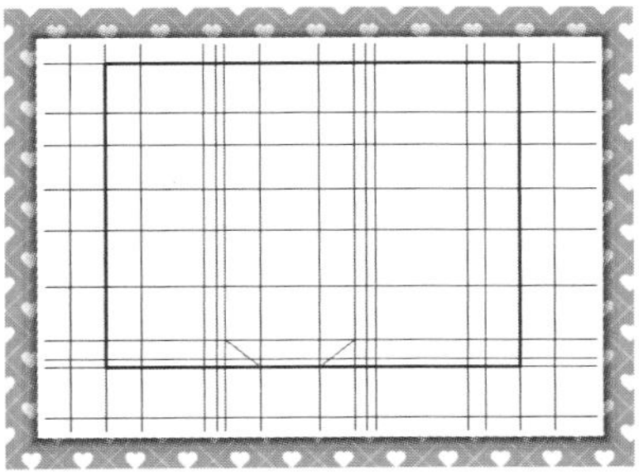

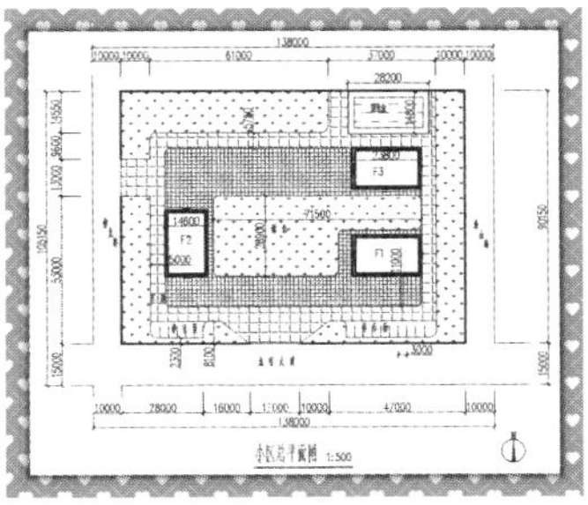

4.1 小区总平面图的概况和工程预览

在绘制该小区总平面图时，首先根据要求设置绘图环境，包括图形界限、图层规划、文字和标注样式的设置等；再根据要求绘制辅助线和主要道路对象，接着绘制建筑平面的轮廓；再将绘制的建筑物对象移动、镜像、复制到总平面图的相应位置，然后规划绿化带；再绘制总平面图的图例和插入指北针等；最后进行尺寸、文字的标注，绘制的小区总平面图效果，如图 4-1 所示。

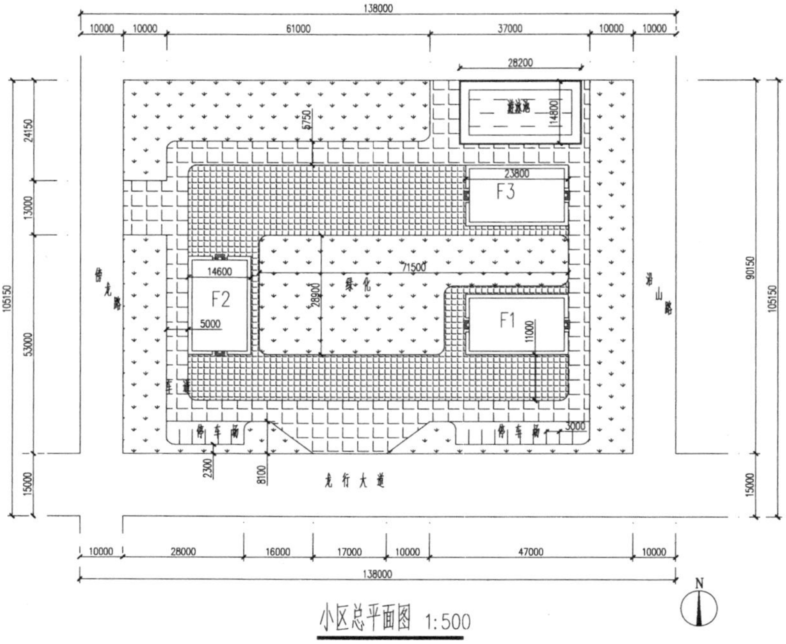

图 4-1

4.2 小区总平面图绘图环境的设置

在正式绘制小区总平面图之前，首先要设置与所绘图形相匹配的绘图环境，主要包括绘图单位、界限、图层、文字样式和标注样式的设置。

4.2.1 绘图单位及界限的设置

案例	小区总平面图.dwg	视频	绘图单位及界限的设置.avi	时长	02'38"

根据建筑标准的规定制图，建筑总平面图的使用单位为“米”，角度单位为度、分、秒。图形界限是指绘图对象所在的范围，在 AutoCAD 2015 中的默认图形界限为 A3 图纸的大小，如果不修改默认值，可能会使按实际尺寸绘制的图形不能全部显示在窗口内。

Step 01 在桌面上双击 AutoCAD 2015 图标，启动 AutoCAD 2015 软件，系统自动创建一个空白文档。

Step 02 单击标题栏上的“新建”按钮，打开“选择样板”对话框，单击“打开”按钮右侧的倒三角按钮，以“无样板打开-公制（M）”方式建立新文件。

提示：公制和英制的区别

在 AutoCAD 中英制采用“寸”为单位；而公制采用“mm”为单位（我国的标准是以“公制”为计量单位，绘图时以 m、mm 等长度为单位）。如图 4-2 所示为使用“公制”和“英制”单位标注对比效果。

Step 03 在“快速访问”工具栏单击“另存为”按钮，将弹出“图形另存为”对话框，将该文件保存为“案例\04\小区总平面图.dwg”文件。

Step 04 执行“格式｜单位”菜单命令（UN），打开“图形单位”对话框，将长度单位类型设定为“小数”，精度为“0.000”，角度单位类型设为“十进制度数”，精度精确到“0.00”，如图 4-3 所示。

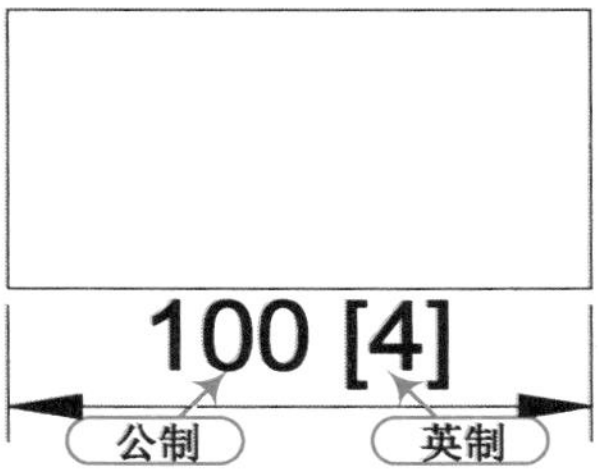

图 4-2

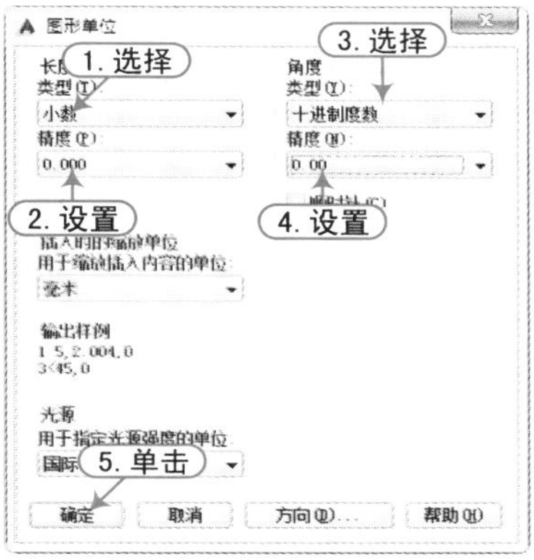

图 4-3

Step 05 执行“图形界限”命令（Limits），依照命令行的提示，设定图形界限的左下角为（0，0），右上角为（420000，297000）。

Step 06 再在命令行中输入“Z｜空格｜A”，使输入的图形界限区域全部显示在图形窗口内。

4.2.2 总平面图图层的设置

案例 小区总平面图.dwg 视频 总平面图图层的设置.avi 时长 04'26"

图层设置主要考虑图形元素的组成及各元素的特征。由表 4-1 所示可知建筑总平面图主要由围墙、绿化、新建建筑、尺寸标注、文字标注、道路、其他等元素组成。

表 4-1 图层设置

序 号	图 层 名	线 宽	线 型	颜 色	打印属性
1	辅助线	默认	实线(CONTINUOUS)	黑色	不打印
2	围墙	0.30mm	实线(CONTINUOUS)	洋红色	打印
3	绿化	默认	实线(CONTINUOUS)	绿色	打印
4	新建建筑	0.30mm	实线(CONTINUOUS)	红色	打印
5	道路	默认	实线(CONTINUOUS)	45 色	打印
6	尺寸标注	默认	实线(CONTINUOUS)	蓝色	打印
7	文字标注	默认	实线(CONTINUOUS)	黑色	打印
8	其他	默认	实线(CONTINUOUS)	8 色	打印

Step 01 接上一实例，执行“图层”命令（LA），将打开“图层特性管理器”面板，根据前面如表 4-1 所示来设置图层的名称、线宽、线型和颜色等，如图 4-4 所示。

图 4-4

Step 02 执行“格式 | 线型”菜单命令，打开“线型管理器”对话框，单击“显示细节”按钮，打开“详细信息”选项组，设置“全局比例因子”为 500，然后单击“确定”按钮，如图 4-5 所示。

图 4-5

提示：设置比例因子

通常，全局比例因子的设置应和打印比例相协调，该建筑的总平面的打印比例为 1:500，则全局比例因子大约设置为 500。

4.2.3 文字样式的设置

案例	小区总平面图.dwg	视频	文字样式的设置.avi	时长	02'37"

建筑总平面图上的文字有尺寸文字、图内说明、图名文字，而打印比例为 1:500，文字样式中的高度为打印到图纸上的文字高度与打印比例倒数的乘积。根据建筑制图标准，该总平面图文字样式的规定如表 4-2 所示。

表 4-2 文字样式

文字样式名	打印到图纸上的文字高度	图形文字高度（文字样式高度）	宽度因子	字体 | 大字体
尺寸文字	3.5	0	0.7	Tssdeng/gbcbig
图内说明	5	2500		
图　名	7	3500		

Step 01 在“注释”标签下的“文字”面板中，单击右下角的↘按钮，将弹出“文字样式”对话框，单击“新建”按钮，打开“新建文字样式”对话框，将样式名定义为“图内说明”，再单击“确定”按钮，如图 4-6 所示。

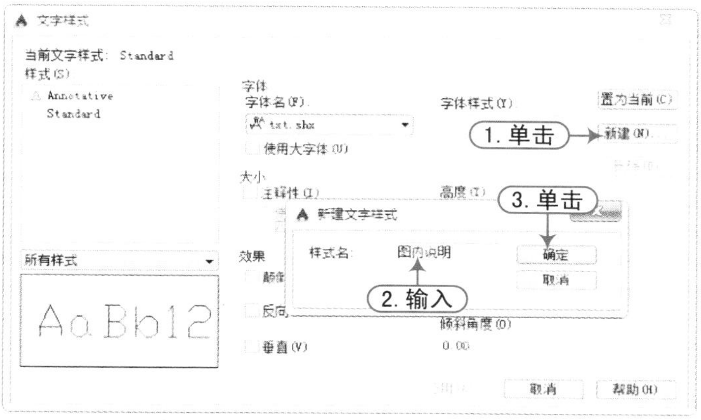

图 4-6

Step 02 此时，在“字体”下拉列表中选择字体“tssdeng.shx”，选择“使用大字体”复选框，并在“大字体”下拉列表中选择字体“gbcib.shx”，在“高度”文本框中输入“2500”，在“宽度因子”文本框中输入“0.7”，单击“应用”按钮，完成该文字样式的设置，如图 4-7 所示。

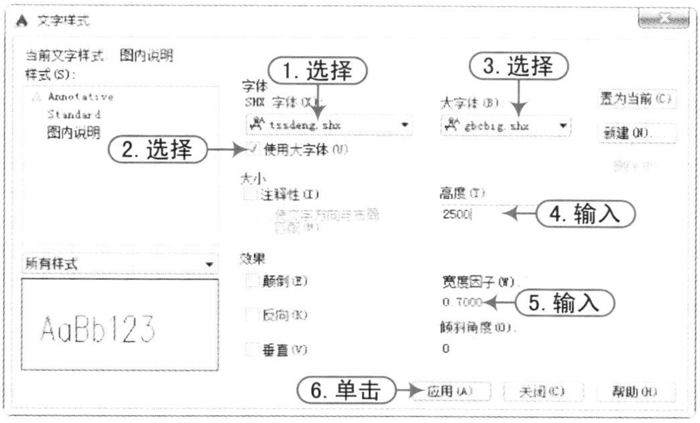

图 4-7

Step 03 重复前面的步骤，建立如表 4- 2 所示中其他各种文字样式，如图 4-8 所示。

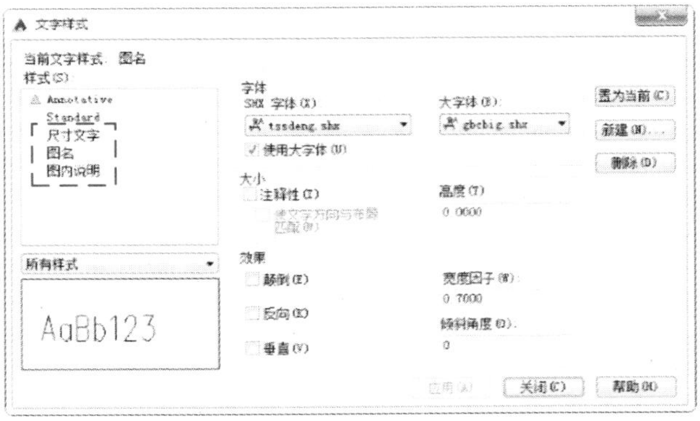

图 4-8

提示：文字样式

其中“尺寸文字”文字样式的高度可以设置为 0，因为在后面设置的标注样式中，直接输入尺寸文字的大小。

4.2.4 标注样式的设置

案例	小区总平面图.dwg	视频	标注样式的设置.avi	时长	02'11"

尺寸标注样式的设置是依据建筑制图标准的有关规定，对尺寸标注各组成部分的尺寸进行设置，主要包括尺寸线、尺寸界限参数的设定，尺寸文字的设定，全局比例因子、测量单位比例因子的设定。

Step 01 在“注释”标签下的“标注”面板中，单击右下角的↘按钮，将弹出“标注样式管理器”对话框，单击“新建”按钮，打开“创建新标注样式”对话框，将新样式名定义为“建筑总平面图-500”，再单击“继续”按钮，如图 4-9 所示。

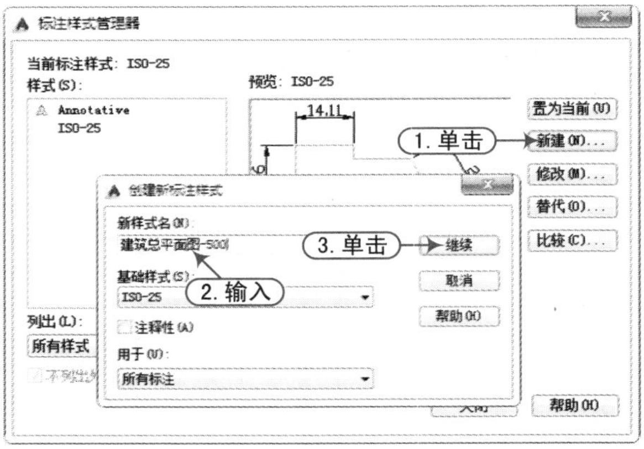

图 4-9

Step 02 当单击“继续”按钮后，则进入“新建标注样式：建筑总平面图-500”对话框，然后分别在各选项卡中设置相应的参数，如图 4-10 所示。

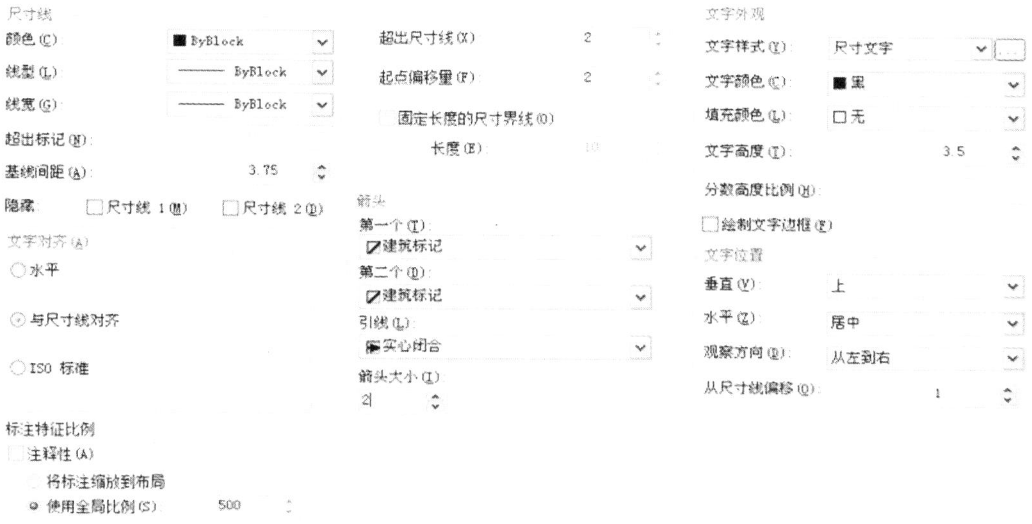

图 4-10

提示：建筑标注样式的设置

（1）在“箭头”选项组中，可以设置尺寸箭头的形式。在建筑制图中，标注图形需要设置箭头符号为建筑标记；还可以设置箭头的大小，不同箭头大小的效果对比如图 4-11 所示。

（2）“标注特征比例”：在此选项组中，可以设置注释性文本及全局比例因子。例如，不同全局比例的效果对比如图 4-12 所示。

（3）在“文字对齐”选项组中，有“水平”、“与尺寸线对齐”和“ISO 标注”3 个单选按钮，选择其中任意一个单选按钮来设置标注文字的对齐方式，不同文字对齐方式的效果对比如图 4-13 所示。

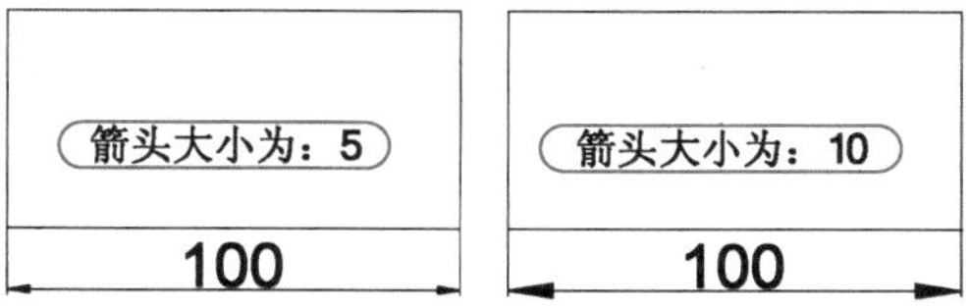

图 4-11

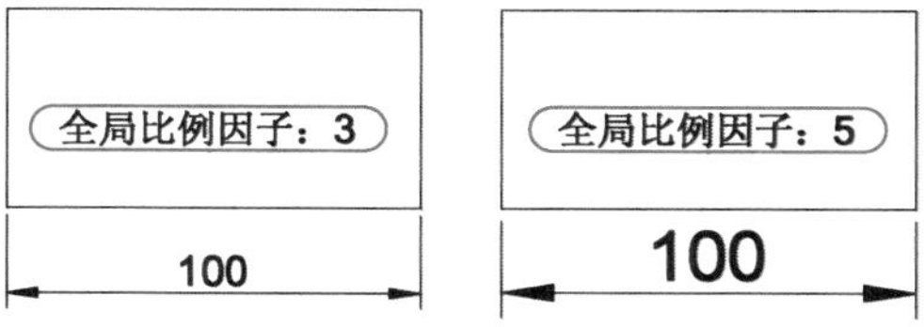

图 4-12

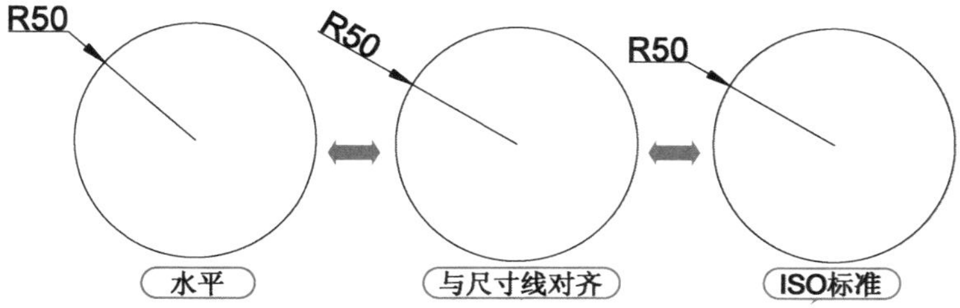

图 4-13

4.3 绘制总平面图轮廓

在绘制总平面图中主要轮廓时，应首先绘制总平面图的地形轮廓，再绘制新建建筑的轮廓，以及其他附属对象的轮廓。

4.3.1 绘制辅助网线

案例	小区总平面图.dwg	视频	绘图辅助网线.avi	时长	04'06"

绘制建筑总平面图时，为了便于道路及建筑物的定位，首先需要绘制相应的辅助线。辅助线主要是根据道路的边界线、已有和新建建筑物的定位线绘制。

Step 01 单击“图层”面板中的“图层控制”下拉列表，将“辅助线”图层置为当前图层。

Step 02 执行“构造线”命令（XL），绘制一条水平的构造线；再执行“偏移”命令（O），将水平构造线向上依次偏移 15000、2300、5800、16000、16600、12300、13000、9600 和 14550，如图 4-14 所示。

Step 03 同样执行“构造线”命令（XL），绘制一条垂直的构造线；再执行“偏移”命令（O），将垂直构造线向右依次偏移 10000、10000、18000、3500、2500、10000、17000、10000、3300、2700、26000、5000、10000 和 10000，如图 4-15 所示。

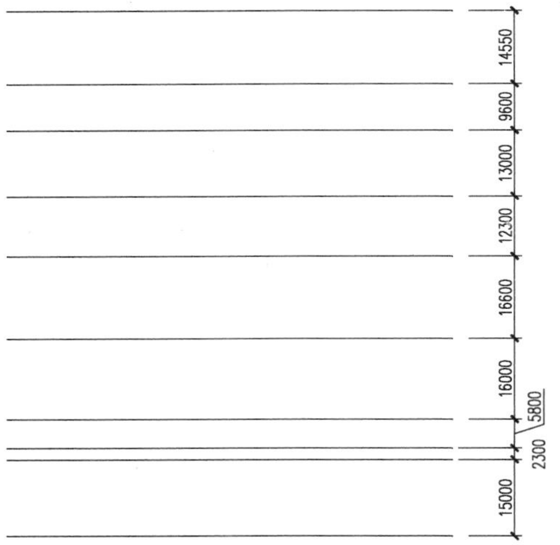

图 4-14

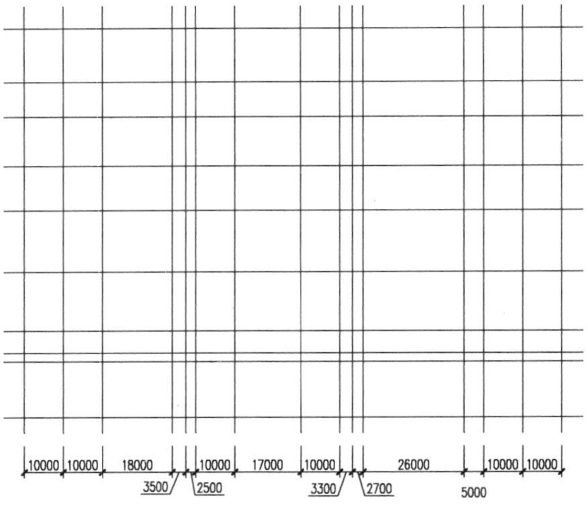

图 4-15

提示：构造线的讲解

在 AutoCAD 中，“构造线”命令主要用于绘制辅助线，在建筑绘图中常用做图形绘制过程中的中轴线，没有起点和终点，两端可以无限延伸。

执行该命令后，命令行将提示“指定点或[水平(H)/垂直(V)/角度(A)/二等分(B)/偏移(O)]:”，各选项说明如下。

（1）指定点：用于指定构造线通过的一点，通过两点来确定一条构造线。

（2）水平（H）：用于创建水平的构造线。

（3）垂直（V）：用于创建垂直的构造线。

（4）角度（A）：创建与 x 轴成指定角度的构造线，也可以选择一条参照线，再指定构造线与该线之间的角度。

（5）二等分（B）：用于创建二等分指定角的构造线，此时必须指定等分角度的定点、起点和端点。

（6）偏移（O）：可创建平行于指定线的构造线，此时必须指定偏移距离，基线和构造线位于基线的哪一侧。

通过选择不同的选项可以绘制不同类型的构造线，如图 4-16 所示。

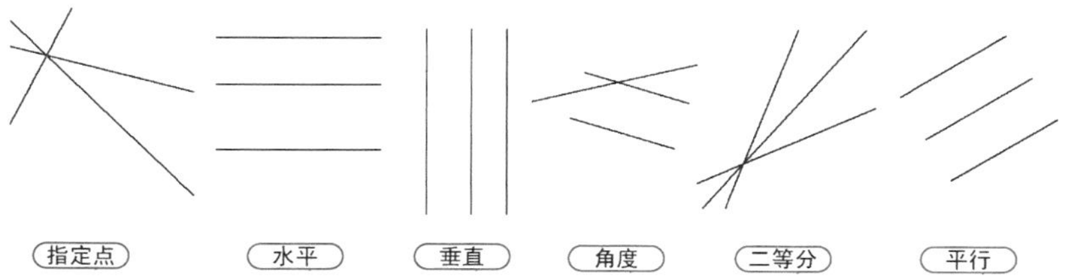

图 4-16

4.3.2 绘制平面图轮廓

案例	小区总平面图.dwg	视频	绘制平面图轮廓.avi	时长	05'33"

Step 01 单击“图层”面板中的“图层控制”下拉列表，将“围墙”图层置为当前图层。

Step 02 执行“多段线”命令（PL），借助辅助线绘制小区的围墙轮廓，如图 4-17 所示。

Step 03 将“道路”图层置为当前图层，继续执行“多段线”命令（PL），借助辅助线绘制小区平面图轮廓，如图 4-18 所示。

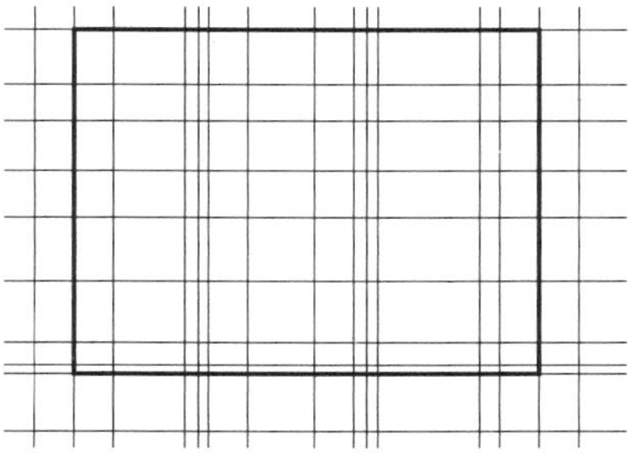

图 4-17

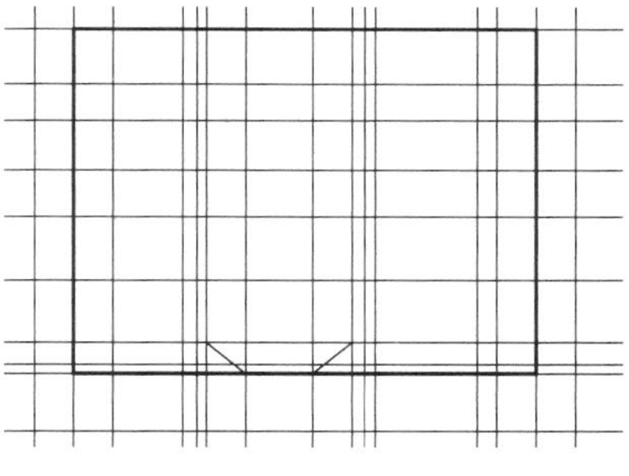

图 4-18

Step 04 在“图层”面板中的“图层控制”下拉列表，将“辅助线”图层关闭使之隐藏，显示出上一步绘制的轮廓图形，如图 4-19 所示。

Step 05 执行“修剪”命令（TR），修剪掉多余的线段，得到如图 4-20 所示的图形。

提示：修剪的讲解

修剪，是用指定的切割边去剪裁所选定的图形，切割边和被裁剪的图形可以是直线、多边形、圆、圆弧、多段线、构造线和样条曲线等，被选中的图形即可作为切割边，也可作为被裁剪的图形。

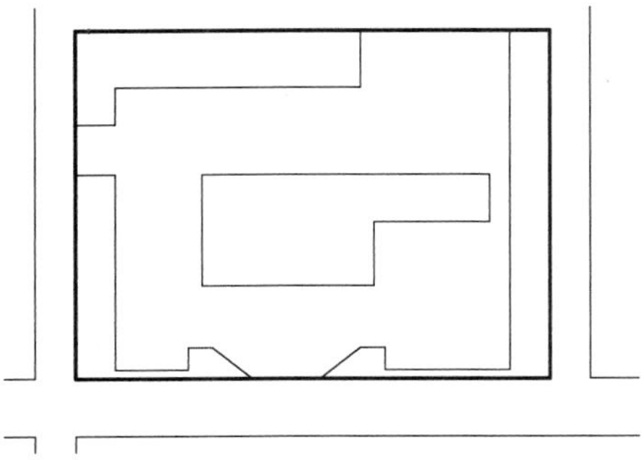

图 4-19

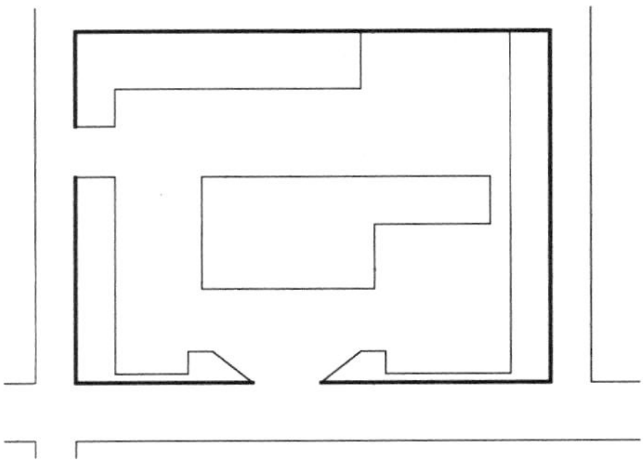

图 4-20

Step 06 执行“圆角”命令（F），根据如下命令行提示，设置圆角半径为 2000，然后对图形进行半径为 2000 的圆角修剪，即完成小区平面图轮廓的绘制，如图 4-21 所示。

命令: _FILLET	\\ 执行“圆角”命令
选择第一个对象或 [放弃(U)/多段线(P)/半径(R)/修剪(T)/多个(M)]:R	\\ 输入 R，按 Enter 键
指定圆角半径 <10.0000>:2000	\\ 输入 2000，按 Enter 键
选择第一个对象或 [放弃(U)/多段线(P)/半径(R)/修剪(T)/多个(M)]:	\\ 选择直角边 1
选择第二个对象，或按住 Shift 键选择对象以应用角点或 [半径(R)]:	\\ 选择直角边 2

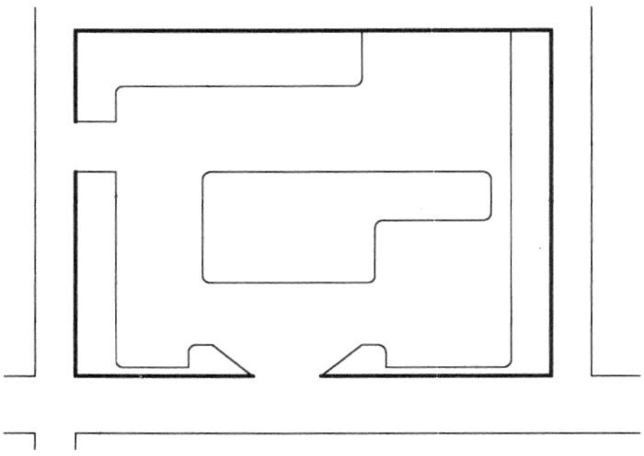

图 4-21

提示：圆角的讲解

在 AutoCAD 中，执行“圆角”命令可以按指定半径的圆弧并与对象相切来连接两个对象，这两个对象可以是圆弧、圆、椭圆、直线、多段线等。

例如，利用“圆角”命令完成如图 4-22 所示图形的绘制，操作步骤如下。

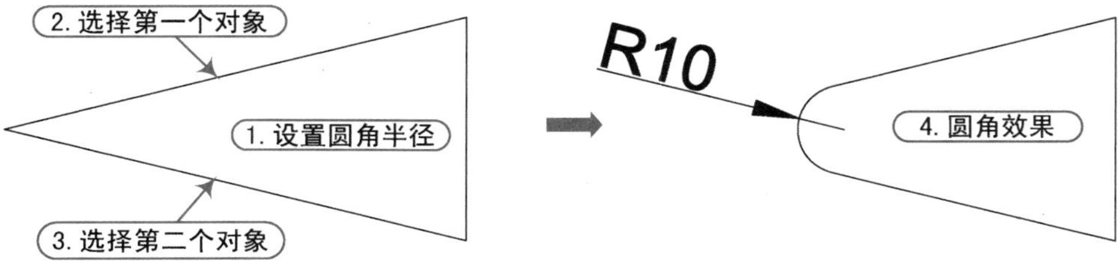

图 4-22

4.4　绘制新建建筑物轮廓

案例	小区总平面图.dwg	视频	绘制新建建筑物轮廓.avi	时长	05'42"

建筑物的绘制过程主要分为两步，首先绘制建筑物的平面形状，然后将其插入建筑总平面图中。

Step 01　单击“图层”面板中的“图层控制”下拉列表，将“新建建筑”图层置为当前图层。

Step 02　执行“矩形”命令（REC），绘制一个 23800×14600 的矩形，如图 4-23 所示。

Step 03　执行“偏移”命令（O），将矩形向内侧偏移 900，如图 4-24 所示。

Step 04　执行“直线”命令（L），连接矩形两条垂直边中点，绘制直线，如图 4-25 所示。

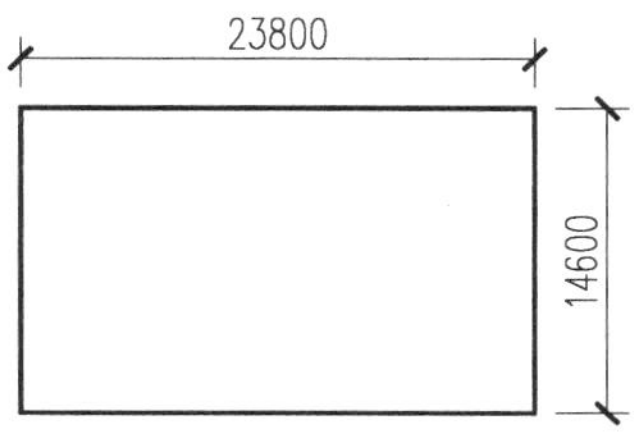

图 4-23

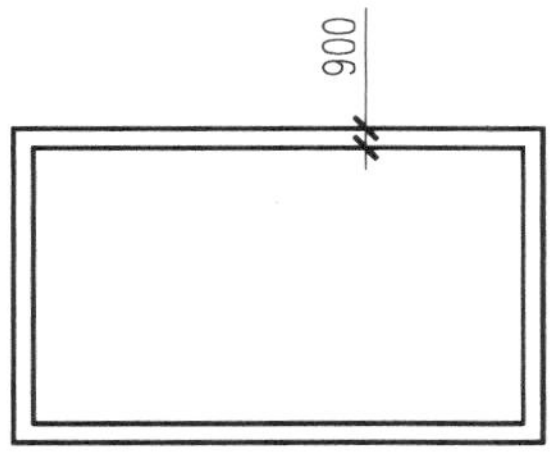

图 4-24

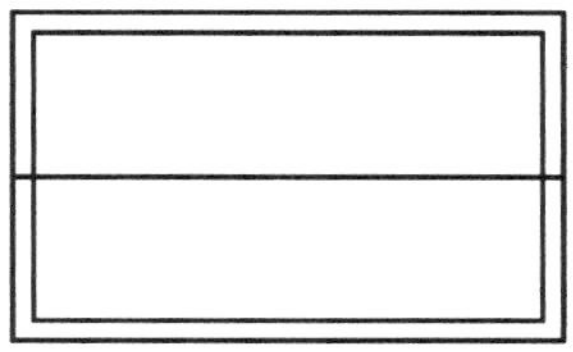

图 4-25

提示：偏移的讲解

偏移是指通过指定距离或指定点在选择对象的一侧生成新的对象，偏移可以等距离复制图形。

Step 05　执行“偏移”命令（O），将上一步绘制的直线分别向上下两侧各偏移 1700，如图 4-26 所示。

Step 06　执行“修剪”命令（TR），将多余的线段修剪，得到如图 4-27 所示图形。

Step 07　执行“多段线”命令（PL），绘制如图 4-28 所示的图形。

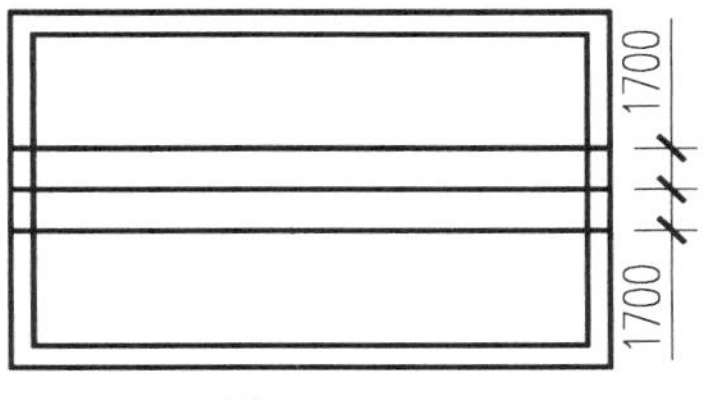

图 4-26

图 4-27

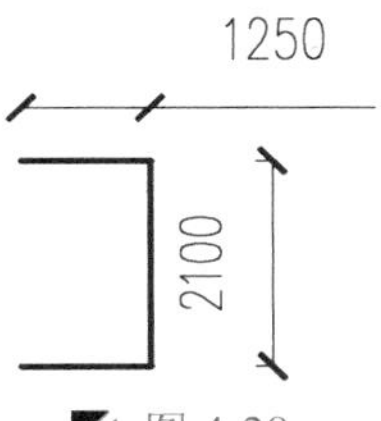

图 4-28

Step 08　执行“偏移”命令（O），将上一步绘制的图形向内侧偏移两次，其偏移的距离分别为 300，如图 4-29 所示。

提示：多段线的讲解

多段线就是由多个单独对象相互接触而形成的线段序列，可直可曲、可宽可窄，并且所绘制的多个对象是一个整体。

Step 09　执行“移动”和“镜像”命令，将前面绘制的图形组合分别放置到相应位置，得到如图 4-30 所示的新建建筑物轮廓。

Step 10 通过“复制”、“旋转”和“移动”等命令，将新建建筑物轮廓移动到总平面图轮廓中如图 4-31 所示位置，完成新建建筑物的布置。

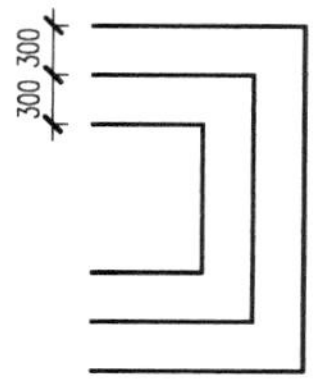

图 4-29

图 4-30

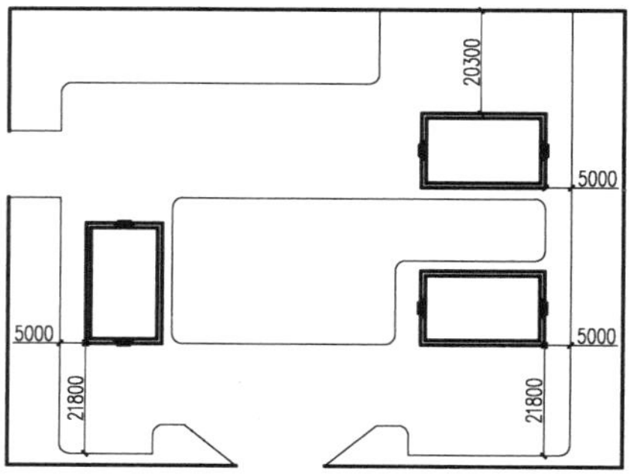

图 4-31

提示：旋转的讲解

使用“旋转”命令（RO），将选择的对象沿着指定的基点进行一定角度的旋转。在“图形单位”对话框中，默认情况下，未勾选“顺时针”复选框，即按逆时针为正角旋转，顺时针为负角旋转；反之亦然。

4.5 绘制四周绿化及辅助设施

接下来绘制小区四周的绿化及辅助设施，绘制内容包括停车场、游泳池、内道路和区内绿化。

4.5.1 绘制停车场

案例	小区总平面图.dwg	视频	绘制停车场.avi	时长	01'37"

Step 01 执行“偏移”命令（O），将小区左下侧，如图 4-32 所示中标记的线段向左连续偏移 5 次，其偏移的距离为 3000。

Step 02 继续执行“偏移”命令（O），将小区右下侧，如图 4-33 所示中标记的线段向右连续偏移 9 次，其偏移的距离为 3000，至此，停车场绘制完毕。

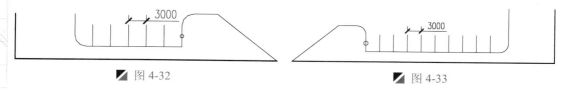

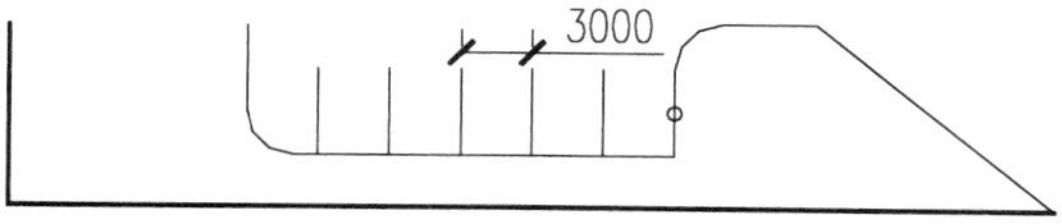

图 4-32

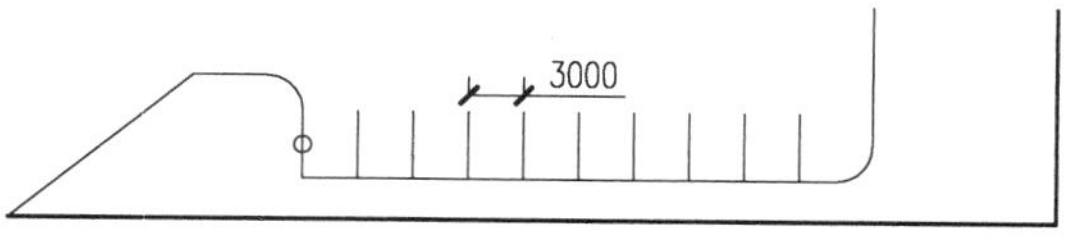

图 4-33

4.5.2 绘制游泳池

案例	小区总平面图.dwg	视频	绘制游泳池.avi	时长	02'16"

利用“矩形”、“偏移”、“移动”和“图案填充”等命令绘制游泳池。

Step 01 单击“图层”面板中的“图层控制”下拉列表，将“其他”图层置为当前图层。

Step 02 执行“矩形”命令（REC），绘制一个 28200×15200 的矩形，如图 4-34 所示。

Step 03 执行“偏移”命令（O），将矩形向内侧偏移2次，其偏移的距离分别为200和2000，如图4-35所示。

Step 04 执行“图案填充”命令（H），选择相应的样例为“DASH”，比例为1000，对游泳池进行填充，如图4-36所示。

图4-34

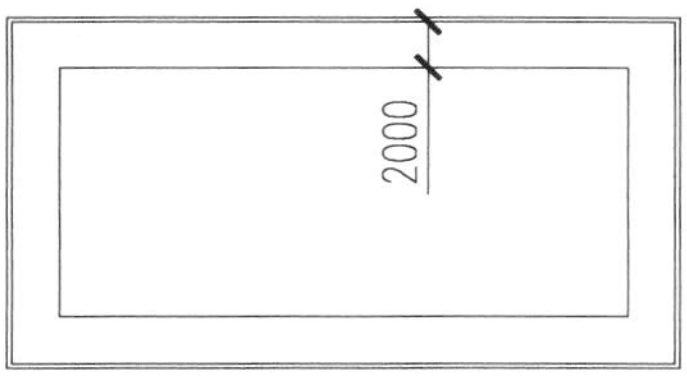

图4-35

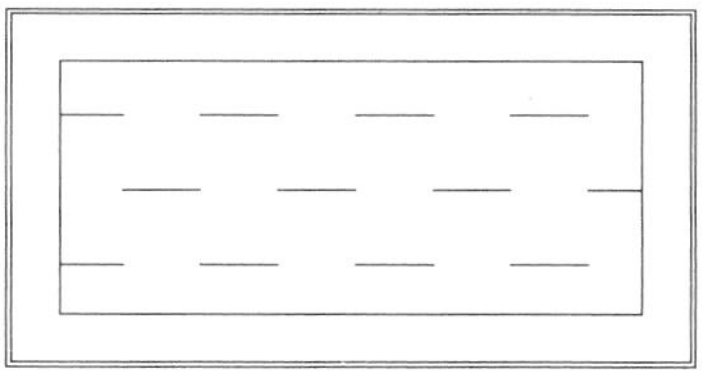
图4-36

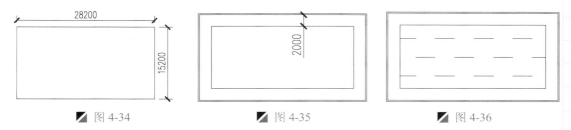

Step 05 执行“移动”命令（M），将绘制的游泳池移动到总平面图轮廓中如图4-37所示位置，完成游泳池的绘制。

提示：图形的编组

当游泳池对象绘制完毕后，可选择“编组”命令（G），将绘制的用泳池对象进行编组操作，使繁锁的多个图元组成为一个整体，来方面后面的移动操作。

4.5.3 绘制内道路

案例	小区总平面图.dwg	视频	绘制内道路.avi	时长	03'17"

利用“直线”、“圆角”和“图案填充”等命令绘制小区内道路。

Step 01 单击“图层”面板中的“图层控制”下拉列表，将“道路”图层置为当前图层。

Step 02 执行“直线”命令（L），如图4-38所示在小区绘制内道路情况。

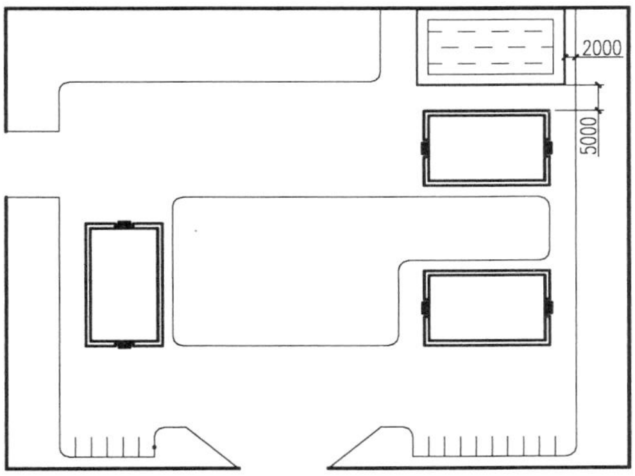

图4-37

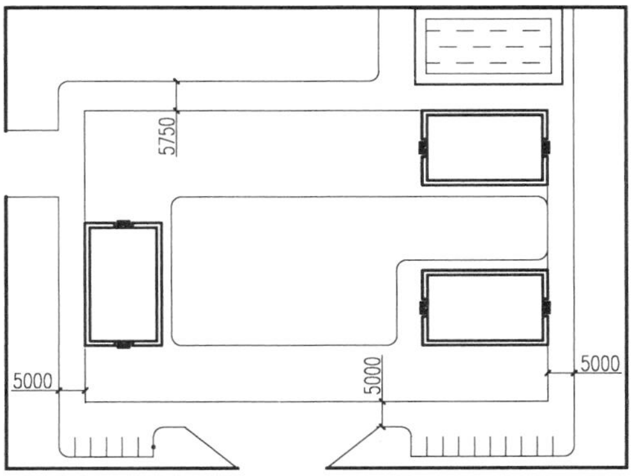

图4-38

Step 03 执行“圆角”命令（F），对上一步绘制的小区内道路进行半径为2000的圆角修剪，如图4-39所示。

Step 04 执行“图案填充”命令（H），选择相应的样例为“ANGLE”，比例为200，对小区内道路围住的楼前空地进行图案填充，如图4-40所示。

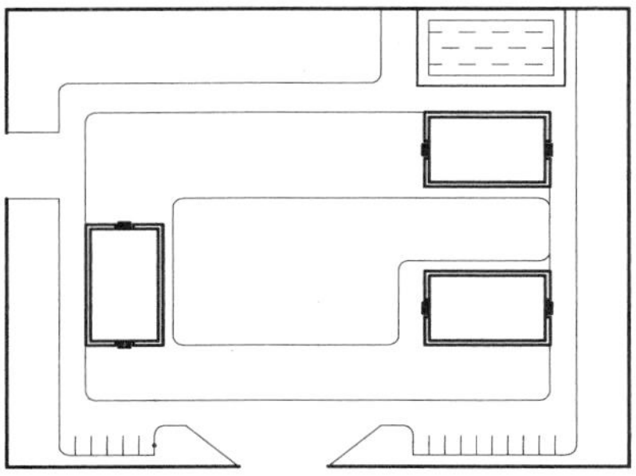

图 4-39

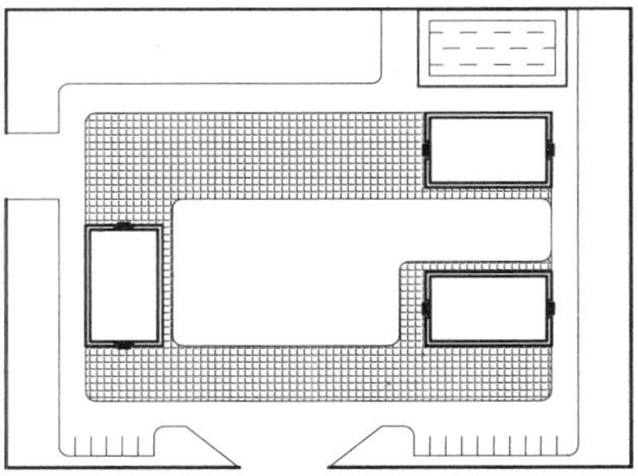

图 4-40

Step 05 执行“图案填充”命令（H），选择相应的样例为“ANGLE”，比例为 500，对小区内道路进行图案填充，即完成小区内道路的绘制，如图 4-41 所示。

提示：未封闭区域的填充

在对小区内道路进行填充时，由于左侧和下侧开启了入口，未封闭区域是不能被填充上的。

那么在执行“填充”命令之前，可使用“直线”将两个入口封闭起来，然后在来填充该封闭区域，填充完成后将入口直线删除即可。

4.5.4 绘制区内绿化

案例	小区总平面图.dwg	视频	绘制区内绿化.avi	时长	01'05"

Step 01 单击“图层”面板中的“图层控制”下拉列表，将“绿化”图层置为当前图层。

Step 02 执行“图案填充”命令（H），选择相应的样例为“GRASS”，比例为 150，对小区内绿化区进行填充，如图 4-42 所示。

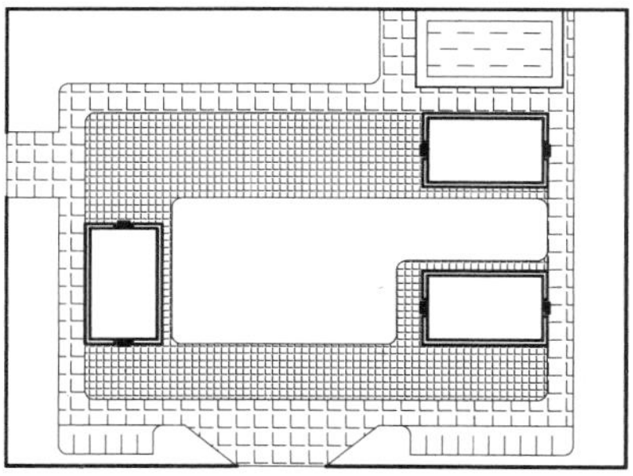

图 4-41

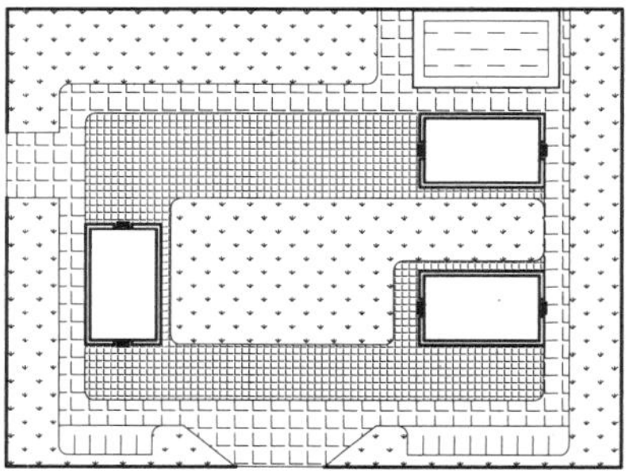

图 4-42

提示：填充图案的设置

在 AutoCAD 2015 中，要重复绘制某些图案以填充图形中的一个区域，来表达该区域的特征，这种填充操作称为图案填充，可以使用填充图案、纯色或渐变色来填充，还可以创建新的图案填充对象，其中各设置含义如下。

（1）“角度（G）”：指定填充图案的角度（相对当前 UCS 坐标系的 X 轴）。在其下拉列表中可以设置图案填充时的角度，如图 4-43 所示。为不同填充角度的效果。

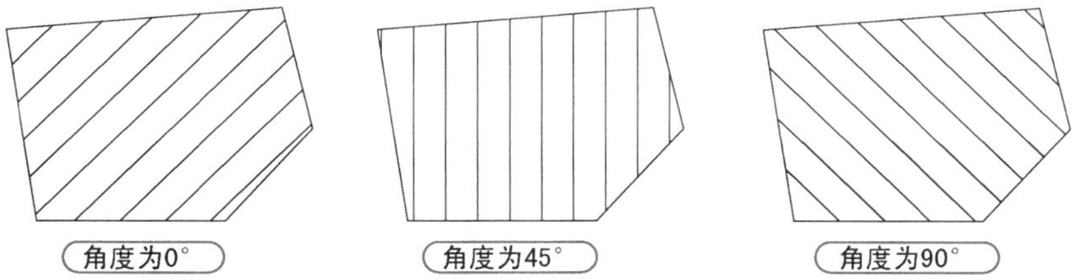

图 4-43

（2）“比例（S）”：放大或缩小预定义或自定义图案。只有将“类型”设定为“预定义”或“自定义”，此选项才可用，如图 4-44 所示。为不同填充比例的效果。

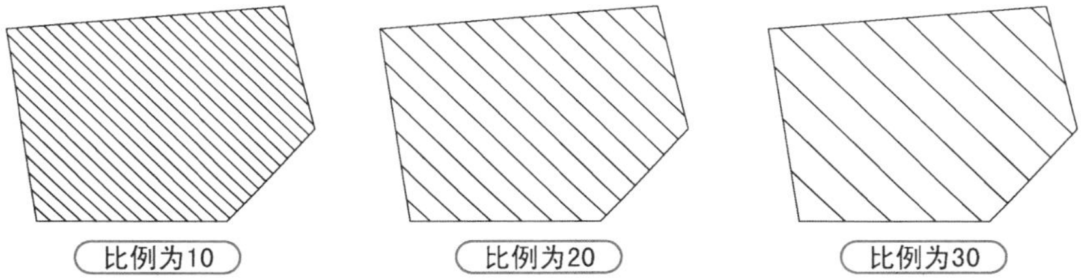

图 4-44

（3）“间距（C）”：指定用户定义图案中的直线间距。只有将“类型”设定为“用户定义”，此选项才可用，填充出带间距的线条图形，如图 4-45 所示为填充 800 × 800 的地砖。

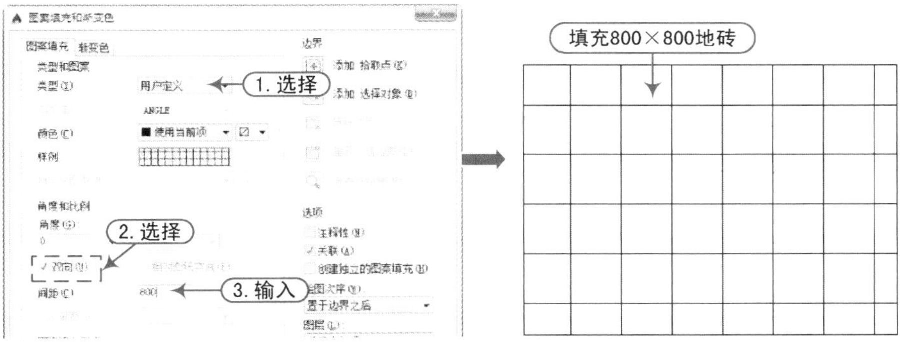

图 4-45

（4）“添加：拾取点（K）”：通过选择由一个或多个对象形成的封闭区域内的点，确定图案填充边界。单击按钮，系统自动切换至绘图区，在需要填充的区域内任意指定一点，出现的虚线区域被选中，再按空格键，得到填充的效果如图 4-46 所示。

（5）“添加：选择对象（B）”：单击按钮，系统自动切换至绘图区，在需要填充的对象上单击，得到填充的效果如图 4-47 所示。

（6）“删除边界（D）”：单击该按钮可以取消系统自动计算或用户指定的边界，如图 4-48 所示。

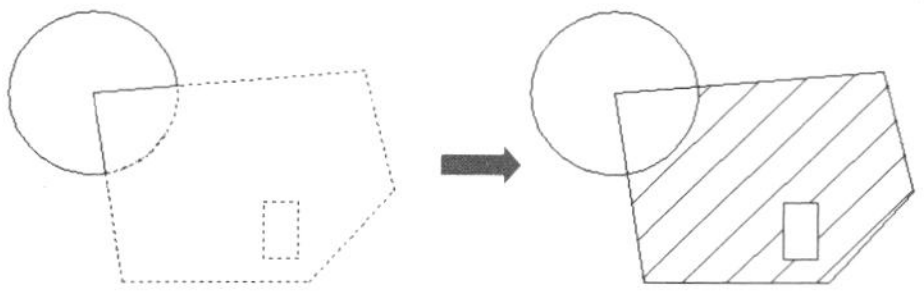

图 4-46

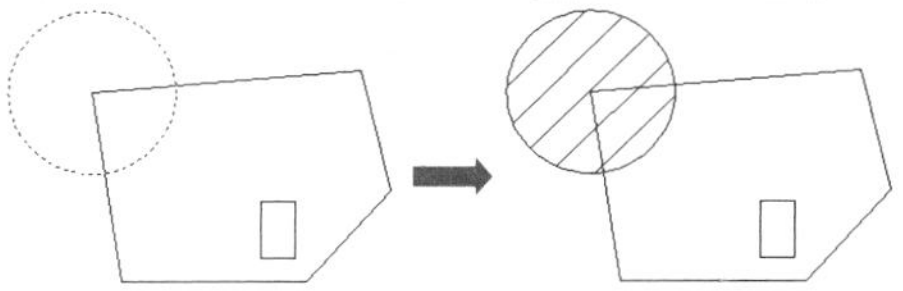

图 4-47

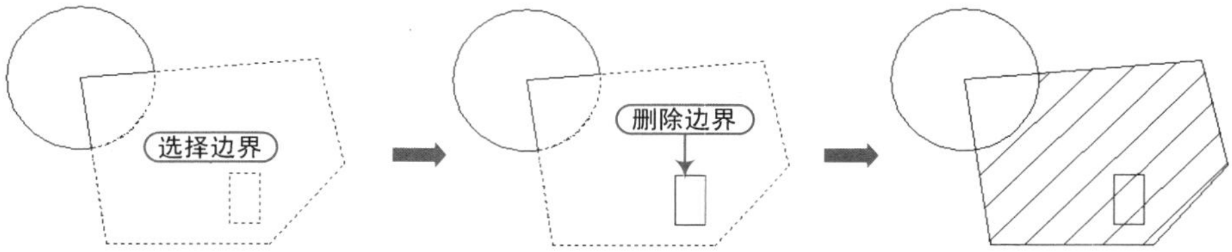

图 4-48

4.6 小区总平面图的注释说明

前面完成了小区总平面图的绘制，接下来进行文字说明、尺寸标注以及图名的标注等。

4.6.1 文字注释

案例	小区总平面图.dwg	视频	文字注释.avi	时长	03'33"

Step 01 单击“图层”面板中的“图层控制”下拉列表，将“文字标注”图层置为当前图层。

Step 02 单击“注释”标签下的“文字”面板中的“文字样式”列表，在其下拉列表中选择“图内说明”文字样式为当前样式，如图 4-49 所示。

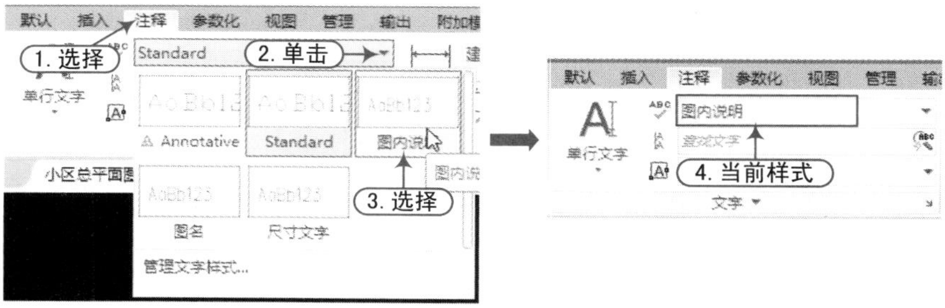

图 4-49

Step 03 执行“单行文字”命令（DT），其文字大小为 2500，在相应位置分别输入文字内容，完成图形的文字注释说明，如图 4-50 所示。

提示：单行文字的讲解

> 使用“单行文字”命令，可创建一行或多行文字。其中，每行文字都是独立的对象，可对其进行重定位、调整格式或进行其他修改。

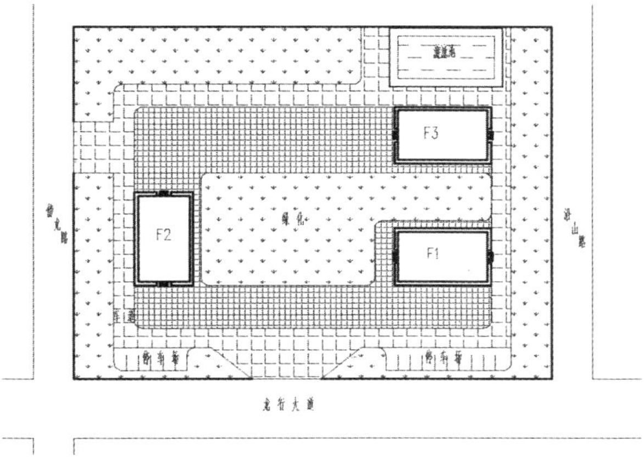

图 4-50

4.6.2 尺寸标注

案例	小区总平面图.dwg	视频	尺寸标注.avi	时长	02'58"

Step 01 单击“图层”面板中的“图层控制”下拉列表，将“尺寸标注”图层置为当前图层。

Step 02 在“注释”标签下的“标注”面板中，单击“线性标注”按钮，对图形左上角进行线性标注，如图 4-51 所示。

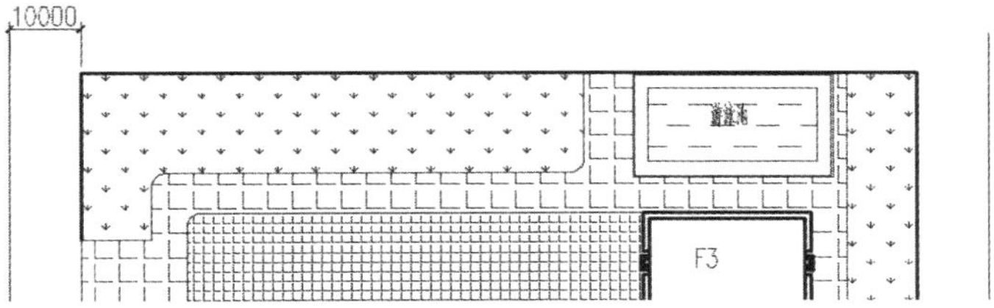

图 4-51

Step 03 在“注释”标签下的“标注”面板中，单击“连续标注”按钮 连续，选择线性标注，再依次单击要标注的位置点，进行连续标注，结果如图 4-52 所示。

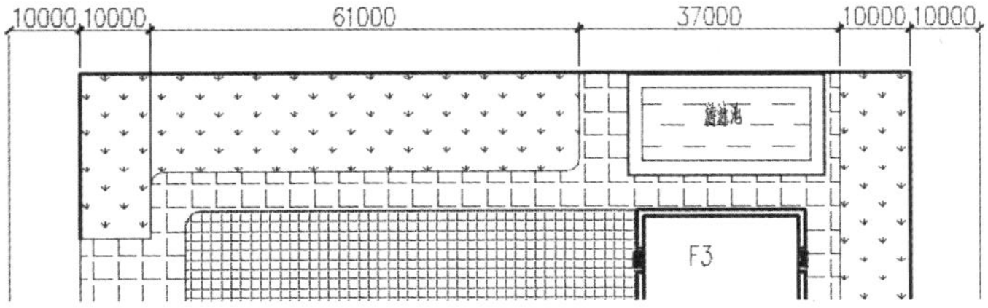

图 4-52

提示：“线性标注”与“连续标注”

“线性标注”主要用来标注水平垂直以及旋转的对象，“连续标注”是首尾相连的多个标注，可快速进行同级别对象的线性、对齐或角度标注。

执行“连续”标注命令后，根据命令行提示，以之前的标注对象为基础，或者以选择的标注为对象基础，来进行连续标注操作。如图 4-53 所示为连续标注示意图。

基线标注和连续标注都是从上一个尺寸接线处测量的，除非指定另一点作为原点。

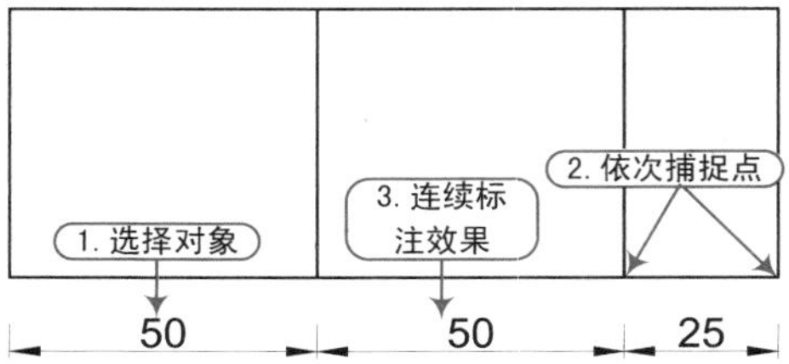

图 4-53

Step 04 同样执行“线性标注”（DLI）和“连续”（DCO）等命令，对小区总平面图进行其他尺寸标注，结果如图 4-54 所示。

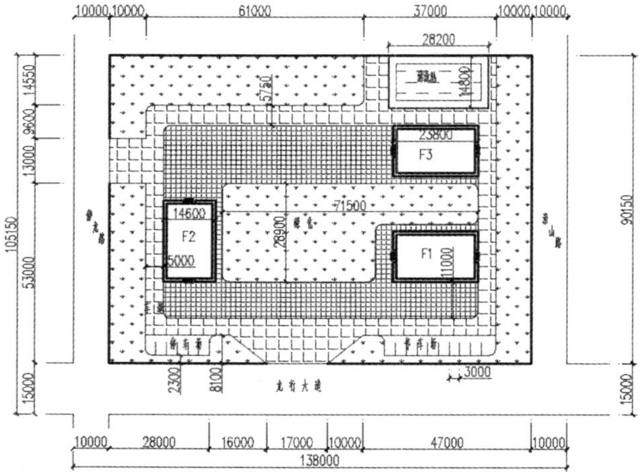

图 4-54

注意：“连续标注”的使用

在进行连续标注前，必须创建线性、对齐或角度标注。

4.6.3 总平面图的指北针标注

案例	小区总平面图.dwg	视频	总平面图的指北针标注.avi	时长	01'03"

Step 01 单击“图层”面板中的“图层控制”下拉列表，将“0”图层置为当前图层。

Step 02 执行“插入”命令（I），打开“插入块”对话框，然后单击“浏览”按钮[浏览(B)...]，选择“案例\02\指北针符号.dwg”图块，勾选“统一比例”复选框，再输入比例为“350”，然后单击“确定”按钮，如图 4-55 所示。

Step 03 返回到绘图区，在总平面图的右下侧单击，从而将指北针图块插入到总平面图中，如图 4-56 所示。

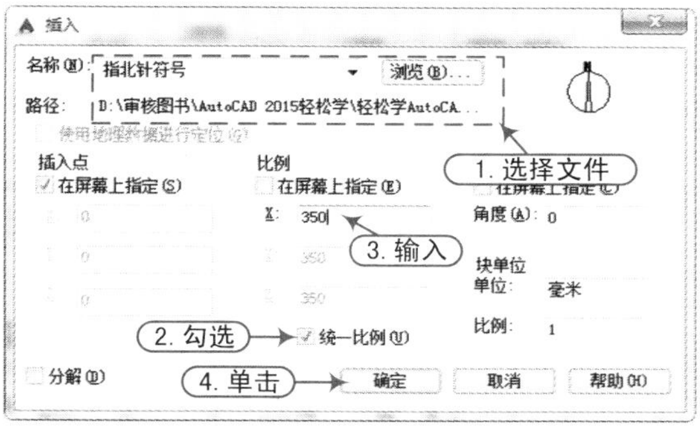

图 4-55

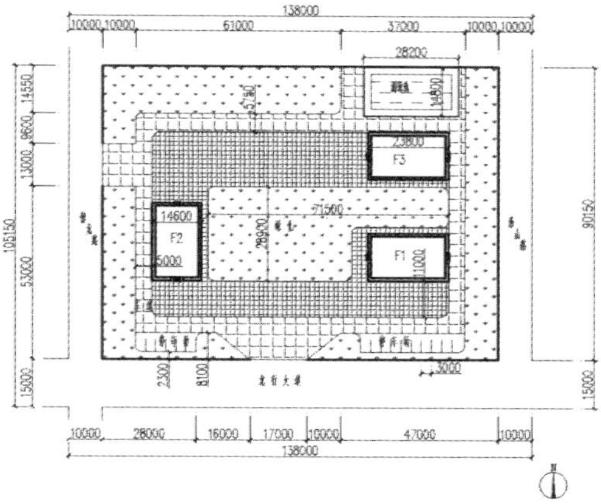

图 4-56

提示：设置图块的缩放比例

用户在插入图块时，可以根据需要设置图块的缩放比例，使之满足绘图要求，当勾选了“统一比例”后，在X框内输入缩放值，则表明图块在X、Y、Z轴方向的缩放比例是一样的。

在这里，原指北针符号的半径为12，设置的比例为350，插入后指北针符号半径的大小为12×350=4200。

在建筑平面图及底层建筑平面图上，一般都画有指北针，用以指明建筑物的朝向，符号上输入的文字可以是“N”或者“北”。

读书破万卷

4.6.4 图名及比例的注释

案例	小区总平面图.dwg	视频	图名及比例的注释.avi	时长	01'56"

对建筑图形绘制完成后，最后一项就是进行图名的标注，选择前面设置的“图名”文字样式，分别输入图名和比例的内容，再设置文字的大小。

Step 01 单击“图层”面板中的“图层控制”下拉列表，将“文字标注”图层置为当前图层。

Step 02 单击“注释”标签下的“文字”面板中的“文字样式”列表，在其下拉列表中选择“图名”文字样式。

Step 03 执行“单行文字”命令（DT），在相应的位置输入“小区总平面图”和比例“1:500”，然后分别选择相应的文字对象，按<Ctrl+1>键打开“特性”面板，修改文字大小为“7000”和“3500”，如图4-57所示。

图 4-57

Step 04 执行“多段线”命令（PL），在图名的下侧绘制一条宽度为“500”，与文字标注大约等长的水平线段，如图4-58所示。

Step 05 至此，小区总平面图绘制完毕，在“快速访问”工具栏单击“保存”按钮，将所绘制图形进行保存。

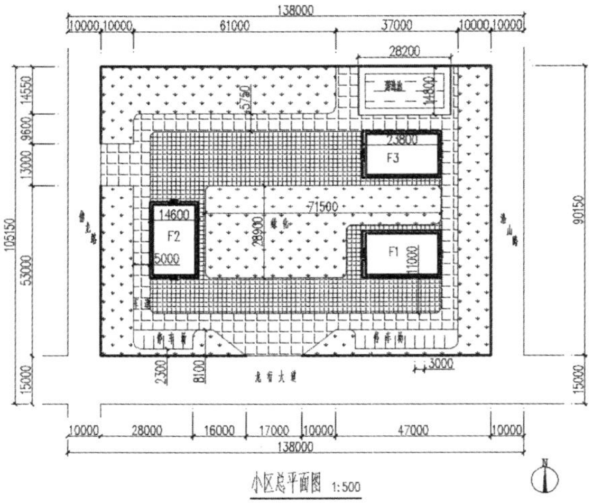

图 4-58

Step 06 在键盘上按<Alt+F4>或<Ctrl+Q>组合键，退出所绘制的文件对象。

提示：指北针的应用

国家标准中规定，总图应该按上北下南方向绘制。根据场地形状的布局，可向左或向右偏转，但不宜超过45°。

指北针上部应标注“北”或“N”字。指北针或风玫瑰应绘制在总图和建筑物±0.00 标高的平面图上（即首层平面图上）。其所指的方向两张图应一致，其他图不用再画。

4.7 幼儿园总平面图的绘制练习

通过对本章节对总平面图的绘制思路的学习掌握，为了使读者更加牢固的掌握建筑总平面图的绘制，并能达到熟能生巧的目的，可以参照前面的步骤和方法，对如图 4-59 所示的建筑总平面图进行绘制。

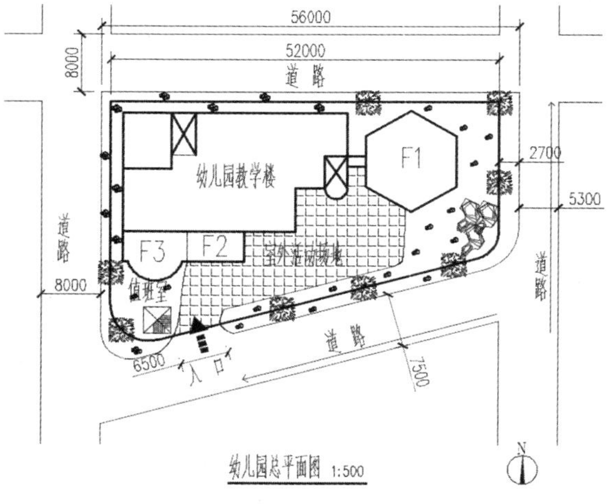

图 4-59

5

建筑平面工程图纸的绘制

本章导读

建筑平面施工图表示该建筑物在水平方向房屋各部分的组合关系，它一般由轴线、墙体、柱、门、窗、楼梯、阳台、室内设施、尺寸标注和文字说明等组成，本章学习绘制别墅一层平面图，首先调用绘图环境，再绘制墙体、门窗、楼梯、设施等，最后对别墅建筑平面图进行尺寸标注和文字说明。

本章内容

- 建筑平面图的概况和工程预览
- 绘图环境的调用
- 轴网及墙体的绘制
- 门窗及楼梯的绘制
- 平台、散水、台阶及设施的绘制
- 建筑平面图的注释说明
- 别墅二层平面图的绘制练习

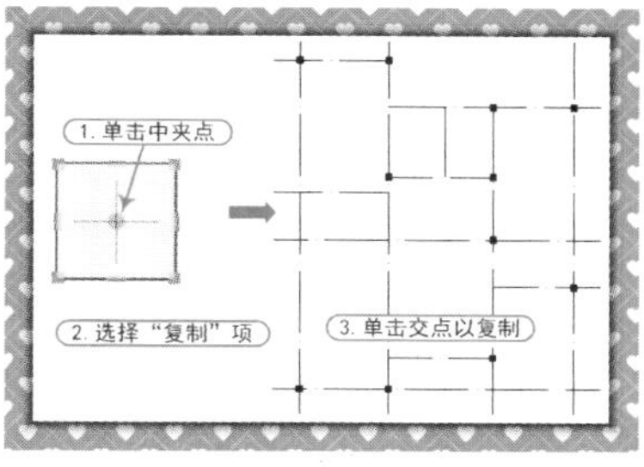

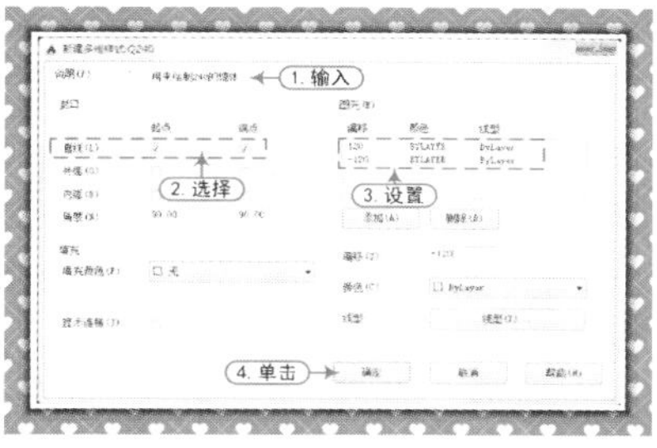

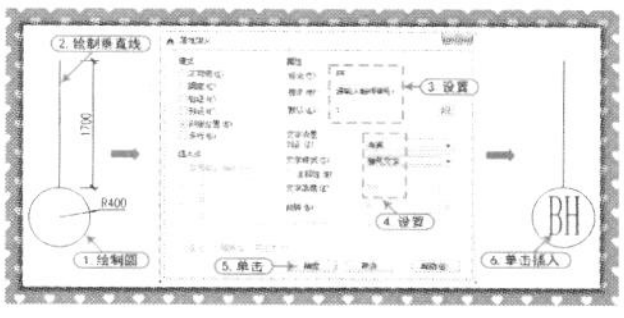

5.1 建筑平面图的概况和工程预览

在绘制别墅一层平面图前，首先根据要求设置绘图环境，再根据要求绘制建筑轴网线、柱子、墙体，然后开启门、窗洞口后再绘制门、窗对象；接着绘制楼梯、散水等，然后对平面图布置设施进行绘制；然后进行文字标注、尺寸标注、标高标注、剖切符号标注，最后绘制轴线编号和指北针、图名标注，从而完成别墅建筑一层平面图的绘制，最终效果如图 5-1 所示。

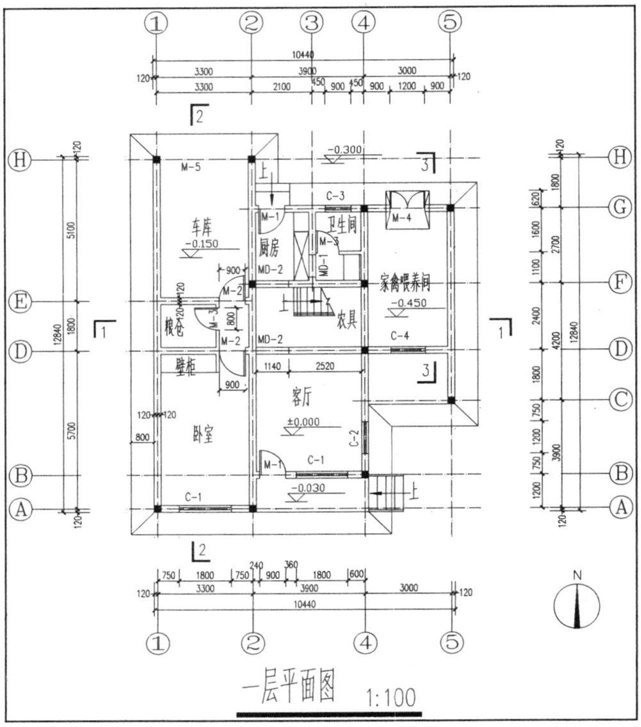

图 5-1

提示：建筑平面图

建筑平面图是指假想用一水平剖切平面，沿门窗洞口的位置将建筑物剖切后，对剖切面以下部分所作出的水平剖面图，简称平面图；它反映了房屋的平面形状、大小和房间的位置，墙（或柱）的位置、厚度和材料，门窗的类型和位置等情况。

5.2 绘图环境的调用

案例	一层平面图.dwg	视频	绘图环境的调用.avi	时长	01'07"

在绘图之前首先要设置绘图环境，前面我们创建了“建筑工程图样板”文件，接下来直接调用该样板文件，将其另存为新的文件，以调用该绘图环境。

Step 01 在桌面上双击 AutoCAD 2015 图标，启动 AutoCAD 2015 软件，系统自动创建一个空白文档。

Step 02 在“快速访问”工具栏单击“打开”按钮，将“案例\03\建筑工程图样板.dwt”文件打开。

Step 03 在“快速访问”工具栏单击“另存为”按钮，如图 5-2 所示将弹出“图形另存为”对话框，将该文件保存为“案例\05\一层平面图.dwg”文件。

图 5-2

注意：保存格式的转换

将“建筑工程图样板.dwt”文件另存为案例文件时，格式由原来的“dwt”转换为“dwg”。

5.3 轴网及墙体的绘制

前面已经调用了绘图环境，接下来可以开始具体的绘图操作了，建筑平面图的绘制要首先从绘制轴网线开始，然后绘制柱子和墙体。

5.3.1 绘制轴网

案例	一层平面图.dwg	视频	绘制轴网.avi	时长	03'45"

下面利用“直线、”“偏移”和“修剪”等命令绘制轴网。

Step 01 接上例，在“默认”标签下的“图层”面板中，单击“图层”下拉列表，选择“轴线”图层作为当前图层。

Step 02 按下 F8 键，切换到“正交”模式。

Step 03 执行“直线”命令（L），在绘图区中绘制高 14600 和长 12200 且互相垂直的线段，如图 5-3 所示。

Step 04 执行“偏移”命令（O），将垂直线段向右各偏移 3300、2100、1800 和 3000，如图 5-4 所示。

Step 05 继续执行“偏移”命令（O），将水平线段向上各偏移 1200、2700、1800、1800、600、2700 和 1800，如图 5-5 所示。

Step 06　执行“修剪”命令（TR），修剪掉多余的线段，结果如图 5-6 所示。

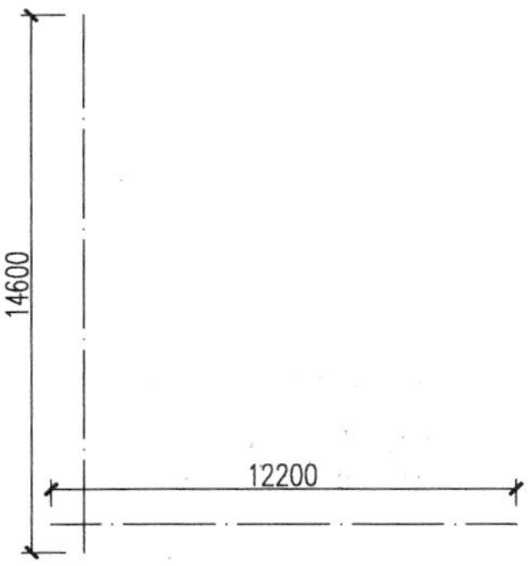

图 5-3

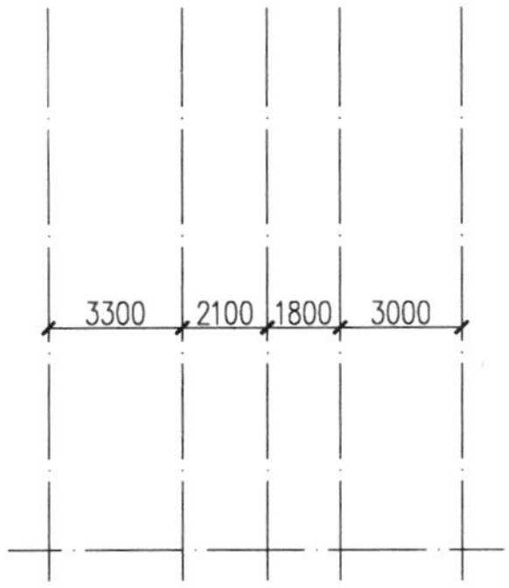

图 5-4

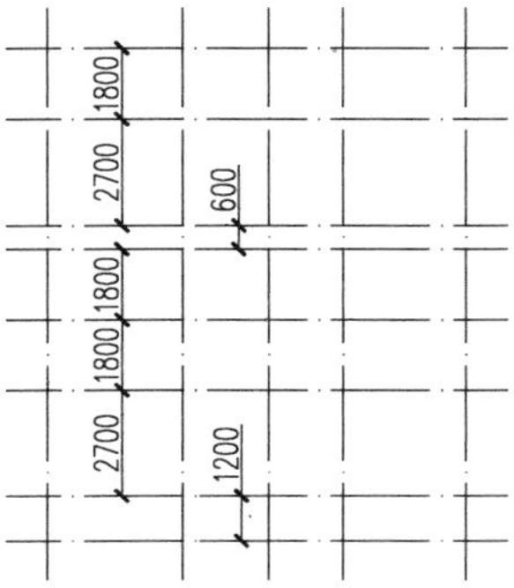

图 5-5

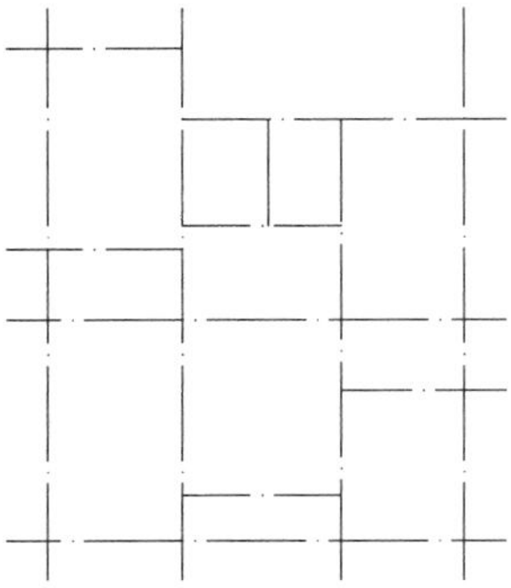

图 5-6

提示：轴网的修剪

在修剪建筑轴网时，应根据平面图的结构，将不需要的轴线进行修剪，从而形成别墅平面图实际的轴网线结构。

5.3.2　绘制柱子

案例	一层平面图.dwg	视频	绘制柱子.avi	时长	02'04"

接下来使用“矩形”、“填充”等命令，绘制柱子对象；再使用“夹点编辑”方式“复制”选项，分别复制到各个交点上。

Step 01　在“默认”标签下的“图层”面板中，单击“图层”下拉列表，选择“柱子”图层作为当前图层。

Step 02　执行“矩形”命令（REC），绘制 240 的正方形。

Step 03　执行“图案填充”命令（H），对正方形填充“SOLID”图案，绘制的柱子如图 5-7 所示。

Step 04　使用“夹点编辑”方式，将绘制的柱子选中（包括矩形和填充图案），移动鼠标至中心位置，待图案的中心点呈红色时单击该夹点，然后命令行提示“指定拉伸点或 [基点(B)/复制(C)/放弃(U)/退出(X)]:”，选择“复制”（C）项，然后依次捕捉轴线交点，分别复制柱子对象，得到效果如图 5-8 所示。

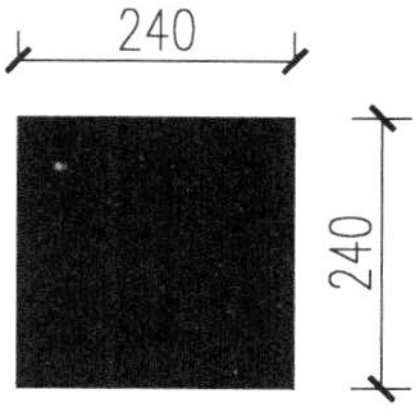

图 5-7

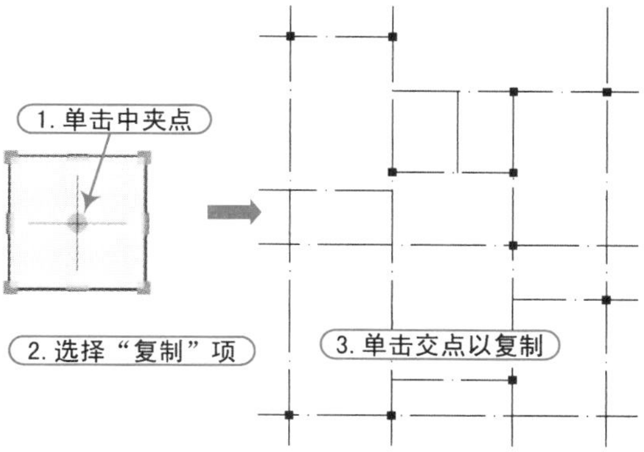

图 5-8

提示：夹点的讲解

夹点是一些实体的小方框，当图形被选中时，图形的关键点（如中点、圆心、端点等）上将出现夹点，被选中的夹点称为热夹点，将十字光标置于夹点上单击可以选中相应的夹点，如果需要选中多个夹点，则可按住 Shift 键不放，同时用鼠标连续单击需要选择的夹点。

5.3.3 绘制墙体

案例	一层平面图.dwg	视频	绘制墙体.avi	时长	06'24"

首先设置多线样式，使用“多线”命令绘制墙体，再编辑多段线对象。

Step 01 在“默认”标签下的“图层”面板中，单击“图层”下拉列表，选择“墙体”图层作为当前图层。

Step 02 执行“多线样式”命令（MLSTYLE），打开“多线样式”对话框，单击“新建”按钮，新建名为“Q240”的多线样式，然后单击“继续”按钮，如图 5-9 所示。

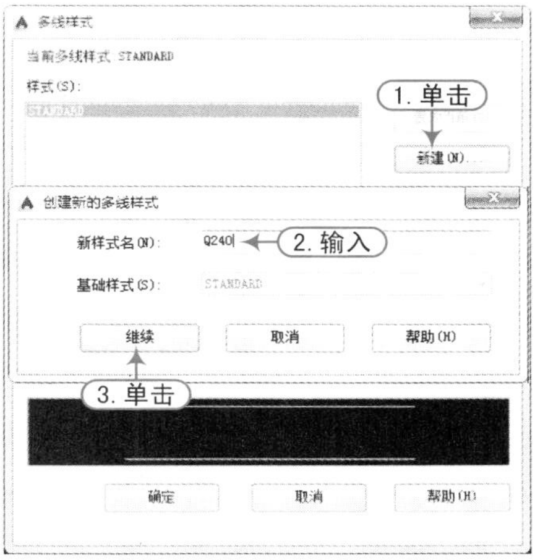

图 5-9

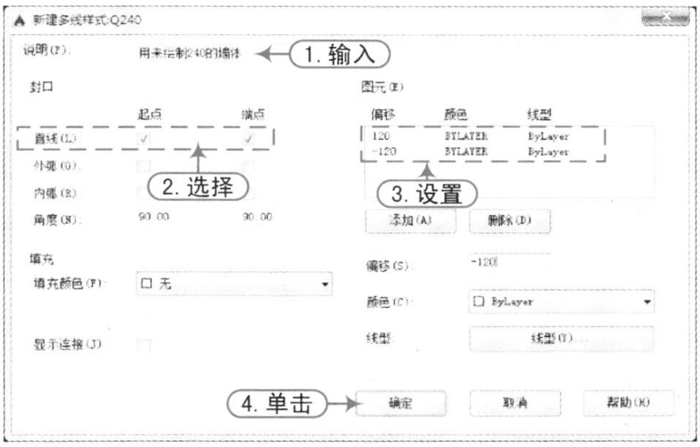

图 5-10

读书破万卷

Step 03 单击“继续”按钮后，将打开“新建多线样式：Q240”对话框，在“直线”封口方式中勾选“起点”和“端点”，然后设置“图元”的偏移量分别为“120”和“-120”，再单击“确定”按钮，如图 5-10 所示。

Step 04 返回到“多线样式”对话框时，将“Q240”样式置为当前。

Step 05 开启“正交”模式，执行“多线”命令（ML），根据如下命令行提示设置多线的参数；然后分别捕捉相应的轴线交点，从而绘制出墙体，如图 5-11 所示。

```
命令: _MLINE                                          \\ 执行“多线”命令
当前设置: 对正 = 上，比例 = 20.00，样式 = Q240
指定起点或 [对正(J)/比例(S)/样式(ST)]:  S             \\ 输入 S，按 Enter 键
输入多线比例 <20.00>:  1                              \\ 输入 1，按 Enter 键
当前设置: 对正 = 上，比例 = 1.00，样式 = Q240
指定起点或 [对正(J)/比例(S)/样式(ST)]:  J             \\ 输入 J，按 Enter 键
输入对正类型 [上(T)/无(Z)/下(B)] <上>:  Z             \\ 输入 Z，按 Enter 键
当前设置: 对正 = 无，比例 = 1.00，样式 = Q240
指定起点或 [对正(J)/比例(S)/样式(ST)]:                \\ 捕捉轴线交点开始绘制墙体
```

提示：步骤讲解

在此步命令提示：“输入多线比例 <20.00>”，这里尖括号中的内容为默认比例“20”，而使用的是“Q240”多线样式，它已经设置的宽度为 240mm，若要绘制出宽 240mm 的墙体，应更改其比例为“1”（240 × 1），才能绘制出 240mm 的多线。

Step 06 在“图层”面板中的“图层控制”下拉列表，将“辅助线”图层关闭使之隐藏，显示出上一步绘制的墙体图形，如图 5-12 所示。

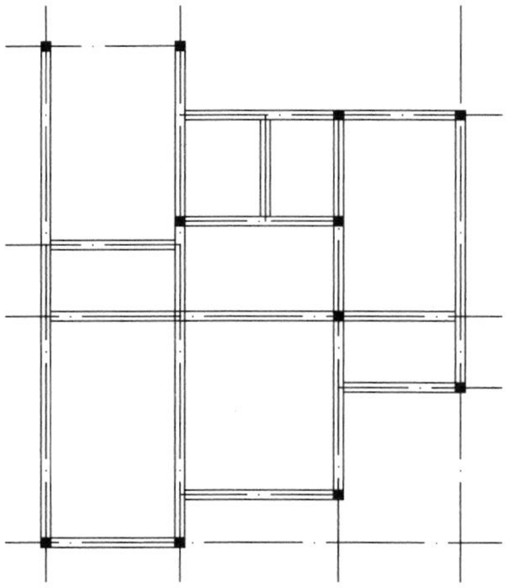
图 5-11

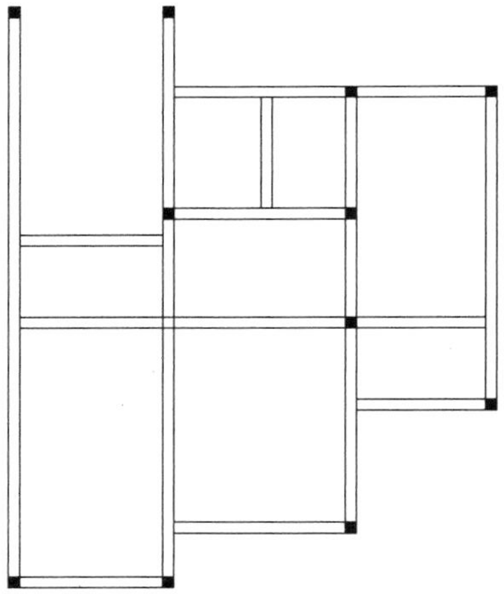
图 5-12

提示：多线的比例及对正设置

在 AutoCAD 中，“多线”命令主要用于绘制任意多条平行线的组合图形，一般用于电子线路图、建筑墙体的绘制等，其主要选项说明如下。

（1）比例：此项用于设置多线的平行线之间的距离，可输入0、正值或负值，输入0时平行线重合，输入负值时平行线的排列将倒置，如图5-13所示。

图 5-13

（2）对正：多线的对正有三种对正方式，其中“上（T）”是指以光标上方绘制多线，因此在指定点处将会出现具有最大正偏移值的直线；“无（Z）”是指将光标作为中点绘制多线；“下（B）”是指在光标下方绘制多线，因此在指定点处将出现具有最大负偏移值的直线，如图5-14所示。

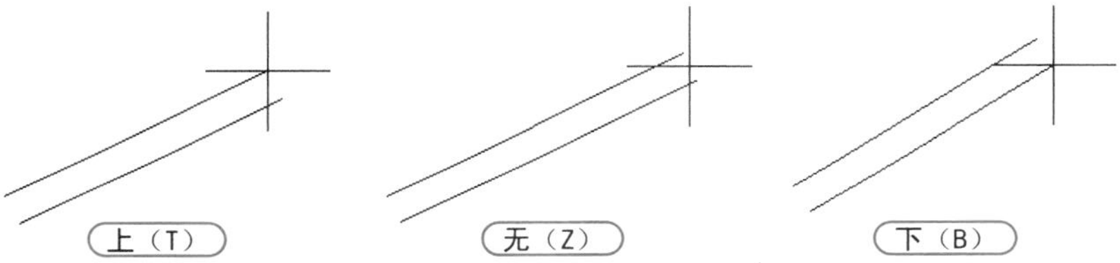

图 5-14

（3）“样式（ST）”：此项用于设置多线的绘制样式。默认样式为标准型（STANDARD），用户可以根据提示输入所需多线样式名，如“Q240”。

Step 07 执行“多线编辑”命令（MLEDIT），打开“多线编辑工具”对话框，其中提供了12种多线编辑功能。单击“T形打开”按钮，根据命令提示依次选择“第一条多线”和“第二条多线”，以进行T形打开操作如图5-15所示。

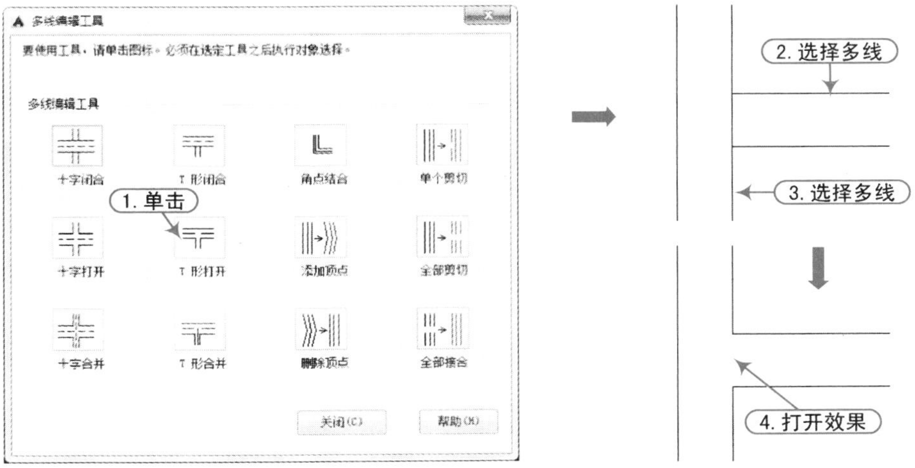

图 5-15

提示：选择编辑多线的顺序

在图 5-15 中对多线进行编辑时，应注意选择多线的顺序，选择顺序不同会得到不同的编辑效果，其中“选择第一条多线”时，应选择副线，“选择第二条多线”时，应选择主线。

Step 08 根据同样的方法，分别对其指定的交点进行 T 形打开操作，编辑后的墙体如图 5-16 所示。

Step 09 继续在“多线编辑工具”对话框中单击“十字打开”按钮，分别对其指定的交点进行十字打开操作，编辑后的墙体如图 5-17 所示。

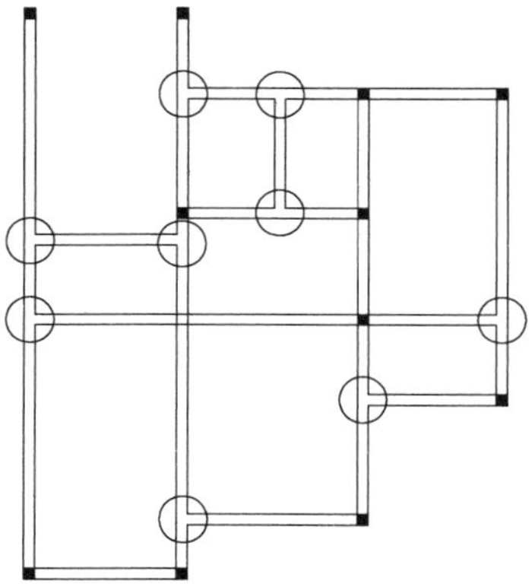

图 5-16

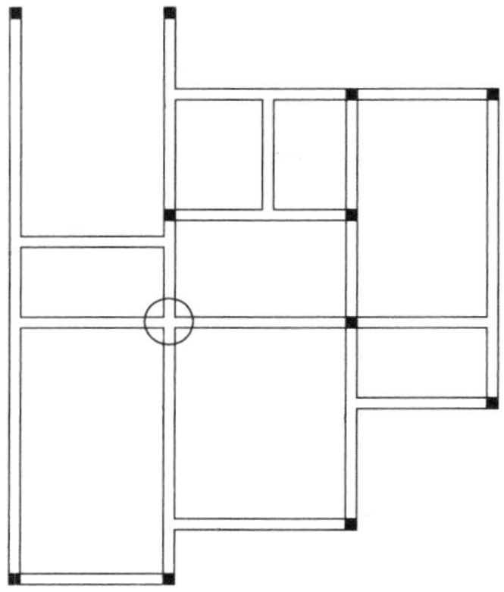

图 5-17

提示：多线的编辑

在 AutoCAD 2015 中，可以通过编辑多线不同的交点对其进行修改，以完成各种绘制的需要。在“多线编辑工具”对话框中，第一列是十字交叉形式的，第二列是 T 形式的，第三列是拐角结合点和节点，第四列是多线被剪切和被连接的形式，选择所需要的示例图形，再选择相应的多线即可对多线进行编辑设置，各主要选项具体功能如下。

（1）十字闭合：在两条多线之间创建闭合的十字交点。

（2）十字打开：在两条多线之间创建打开的十字交点。打断将插入第一条多线的所有元素和第二条多线的外部元素。

（3）十字合并：在两条多线之间创建合并的十字交点。选择多线的次序并不重要。“十字闭合”、“十字打开”和“十字合并”，如图 5-18 所示。

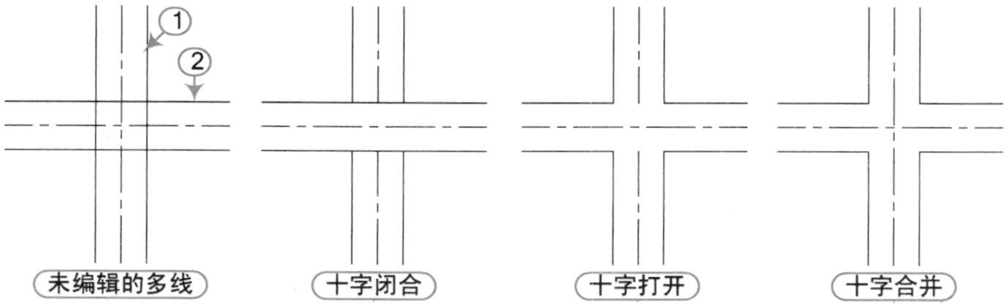

图 5-18

（4）T 形闭合：在两条多线之间创建闭合的 T 形交点。将第一条多线修剪或延伸到与第二条多线的交点处。

（5）T 形打开：在两条多线之间创建打开的 T 形交点。将第一条多线修剪或延伸到与第二条多线的交点处。

（6）T 形合并：在两条多线之间创建合并的 T 形交点。将多线修剪或延伸到与另一条多线的交点处。

“T 形闭合”、“T 形打开”和“T 形合并”如图 5-19 所示。

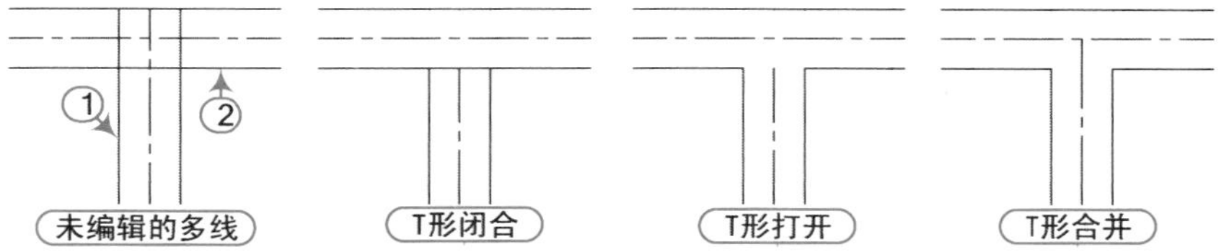

图 5-19

（7）角点结合：在多线之间创建角点结合。将多线修剪或延伸到它们的交点处。如图 5-20 所示。

（8）添加顶点：向多线上添加一个顶点。如图 5-21 所示。

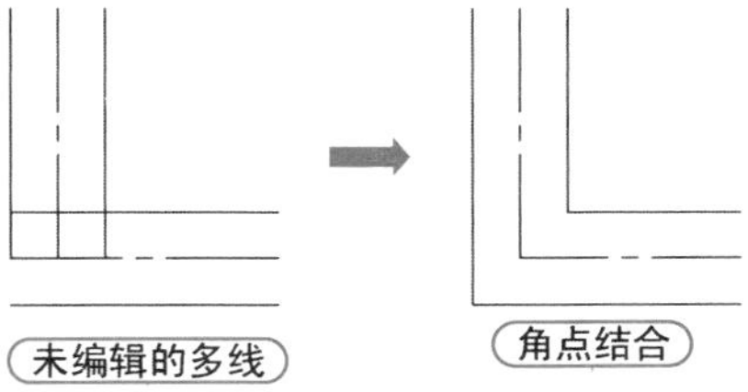

图 5-20

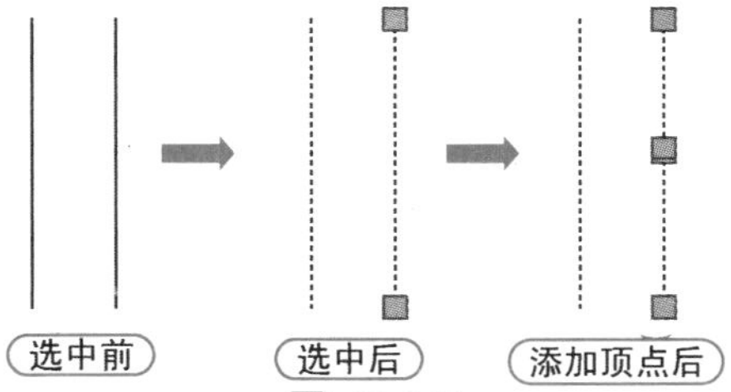

图 5-21

（9）删除顶点：从多线上删除一个顶点。如图 5-22 所示。

（10）单个剪切：在选定多线元素中创建可见打断。

（11）全部剪切：创建穿过整条多线的可见打断。

（12）全部接合：将已被剪切的多线线段重新接合起来。

“单个剪切”、“全部剪切”和“全部结合”的效果如图 5-23 所示。

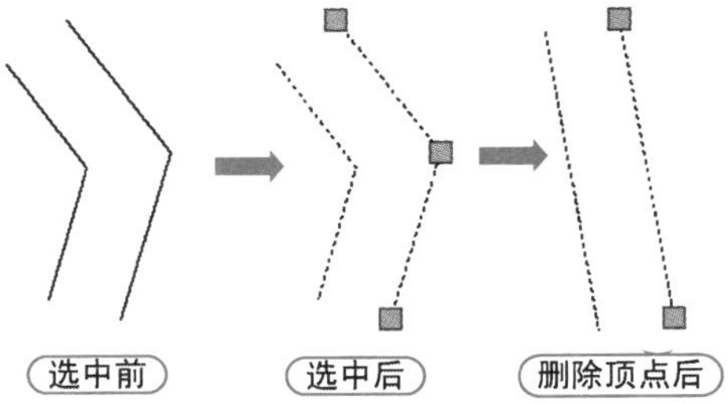

图 5-22

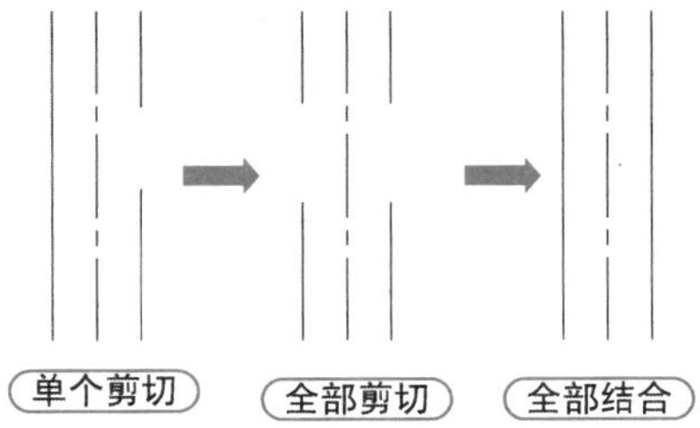

图 5-23

读书破万卷

5.4 门窗及楼梯的绘制

绘制门窗之前首先在开启门窗洞口，再插入“门”图块和绘制“四线窗”对象，最后在绘制出楼梯对象。

5.4.1 绘制门窗

案例 一层平面图.dwg 视频 绘制门窗.avi 时长 16'52"

在绘制门窗对象之前，首先偏移轴线，进行修剪操作后，创建门窗洞口；再插入前面章节绘制后保存的门图块，最后使用多线的方式绘制窗对象。

Step 01 在“默认”标签下的“图层”面板中，单击“图层”下拉列表，选择“门窗”图层作为当前图层。

Step 02 执行“偏移”命令（O），将左侧第二根垂直轴线向右各偏移 240 和 900，如图 5-24 所示。

Step 03 执行“修剪”（TR）和“删除”（E）等命令，修剪掉轴线之间的墙体对象；再删除掉偏移的轴线段，创建底侧的门洞口，如图 5-25 所示。

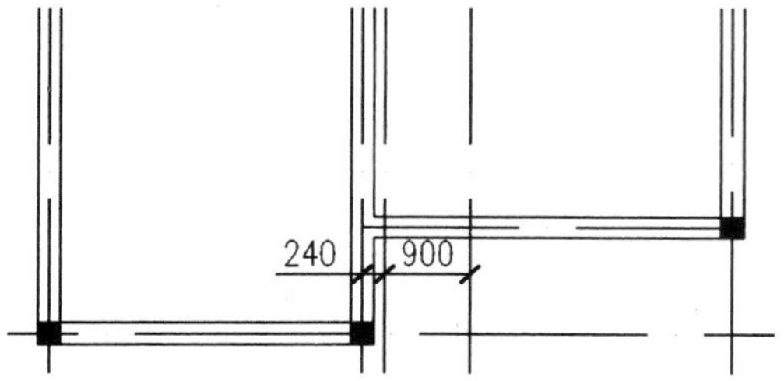

图 5-24

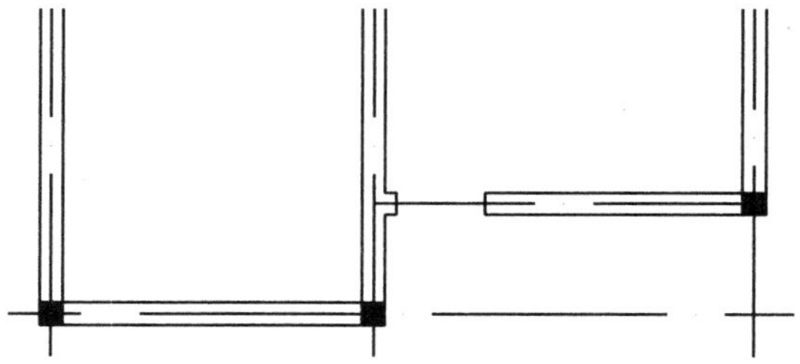

图 5-25

Step 04 继续执行“偏移”（O）、“修剪”（TR）和“删除”（E）等命令，偏移、修剪、删除线段，创建其他的门洞口，如图 5-26 所示。

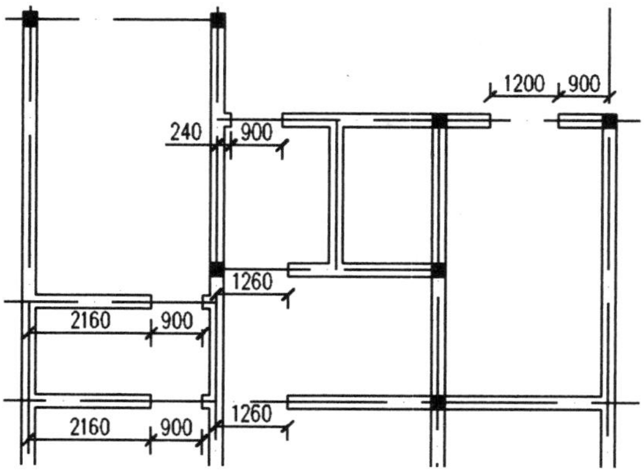

图 5-26

Step 05 执行“插入”命令（I），打开“插入块”对话框，然后单击“浏览”按钮 浏览(B)...，选择“案例\01\平开门符号.dwg”图块，设置比例为“0.9”，插入相应的位置，如图 5-27 所示。

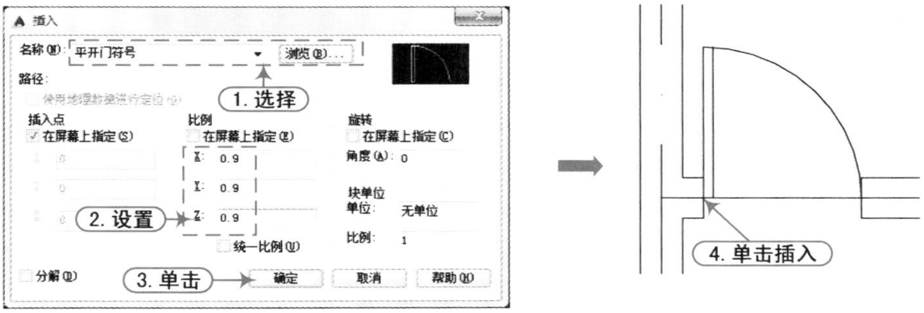

图 5-27

提示：缩放图块

用户在插入块时，如果实际门宽度为“900”，而之前的“门”图块为“1000”，则应该设置图块的缩放比例为 0.9(900 ÷ 1000)。

Step 06 执行“复制”（CO）、“镜像”（MI）、“旋转”（RO）、“缩放”和“移动”（M）等命令，将上一步插入的图块进行相应的编辑操作从而放置到各个门洞处，如图 5-28 所示。

Step 07 执行“偏移”（O）和修剪（TR）等命令，如图 5-29 所示在相应位置通过偏移修剪轴线绘制出厚度为 120 墙体，并开启相应的门洞口。

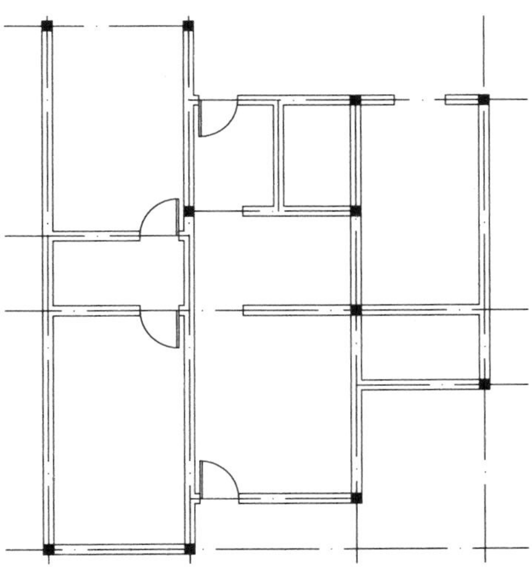

图 5-28

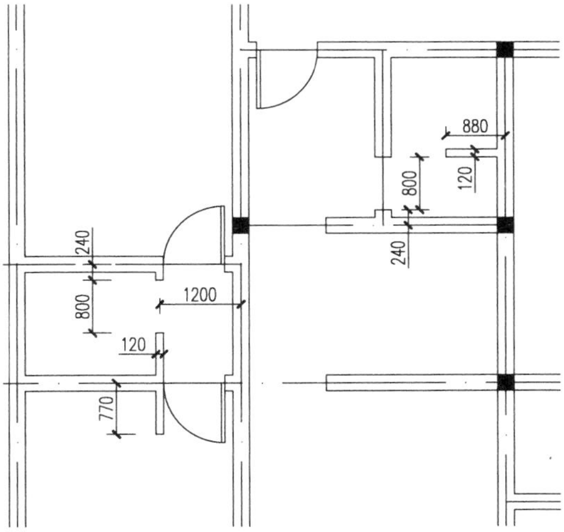

图 5-29

Step 08 执行“插入”命令（I），打开“插入块”对话框，然后单击“浏览”按钮 浏览(B)...，选择“案例\01\平开门符号.dwg”图块，设置比例为“0.8”，插入右上侧 120 墙体的门洞处。

Step 09 再执行“复制”（CO）、“镜像”（MI）、“旋转”（RO）和“移动”（M）等命令，对插入的图块进行相应的编辑操作，然后放置到另一个厚度 120 墙体的门洞如图 5-30 所示。

Step 10 执行“直线”命令（L），在 3 个门洞处分别绘制门线；再使用“特性”命令（MO），设置门线的“线型”为“DASH”，“线型比例”为“8”，绘制的门线，如图 5-31 所示。

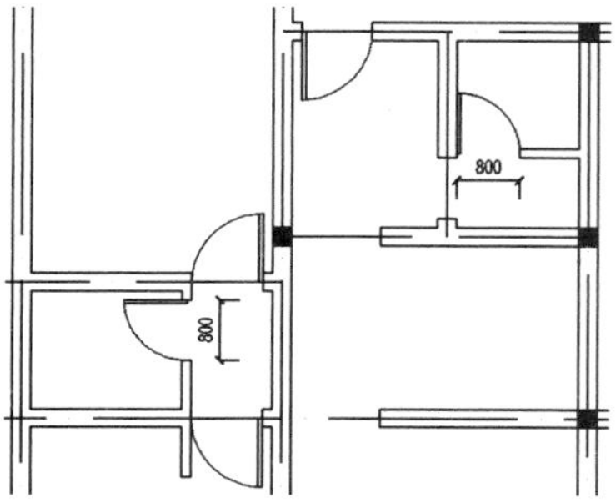

图 5-30

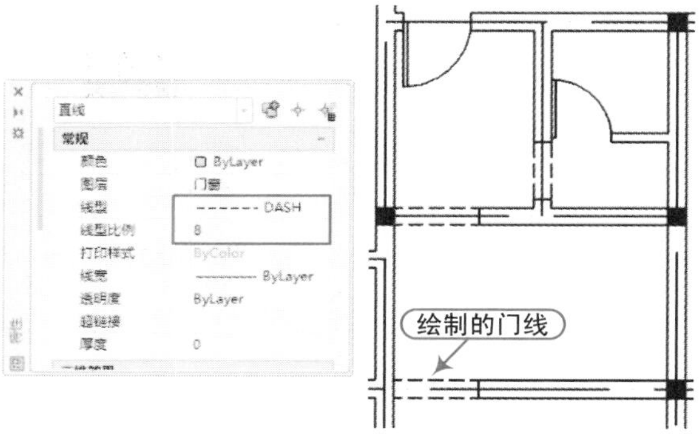

图 5-31

提示：门槛线的绘制

由于门槛线是采用短画线来绘制的，用户可以在“特性”工具栏中单独设置门槛线的线型及线型比例，也可以重新设置一个“门槛线”图层，并设置其相应的线型。

Step 11 执行“插入”（I）、“镜像”（MI）、“矩形”（REC）和“直线”（L）等命令，选择“案例\01\平开门符号.dwg”图块，设置比例为“0.6”，插入相应的位置，再垂直向右镜像复制一份，然后绘制 1500×1370 的矩形和斜线段，绘制双开门效果如图 5-32 所示。

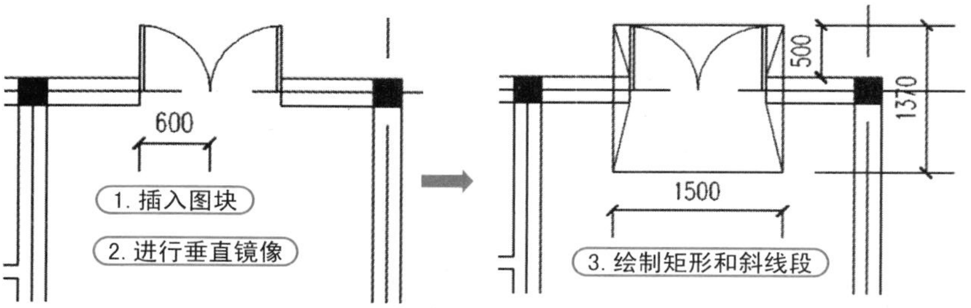

图 5-32

Step 12 接下来创建窗洞口，执行“偏移”（O）、“修剪”（TR）和“删除”（E）等命令，创建窗洞口，如图 5-33 所示。

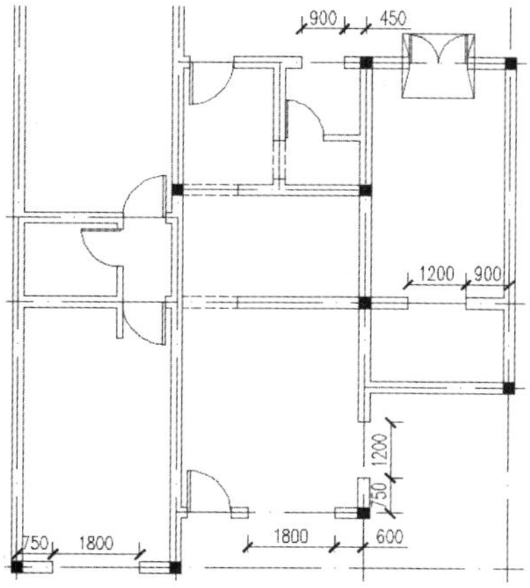

图 5-33

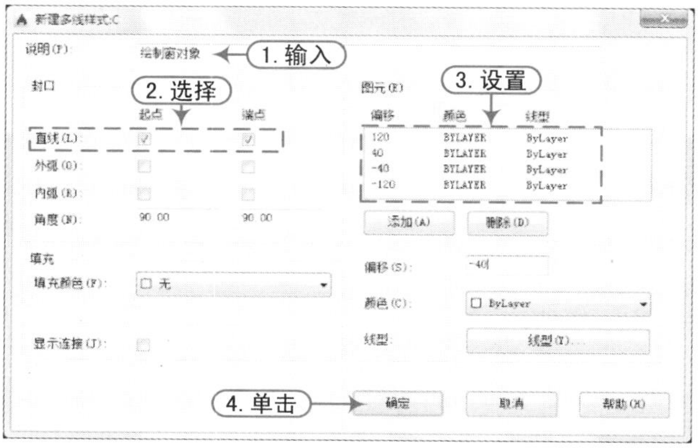

图 5-34

Step 13 执行“多线样式”命令（MLSTYLE），打开“多线样式”对话框，单击“新建”按钮，新建名为“C”的多线样式，然后单击“继续”按钮，将打开“新建多线样式：C”对话框，然后设置“图元”的偏移量分别为“120”、“-120”、“40”和“-40”，再单击“确定”按钮，如图5-34所示。返回到“多线样式”对话框时，将“C”样式置为当前。

Step 14 开启“正交”模式，执行“多线”命令（ML），分别捕捉相应的轴线交点，从而绘制出四线窗对象，如图5-35所示。

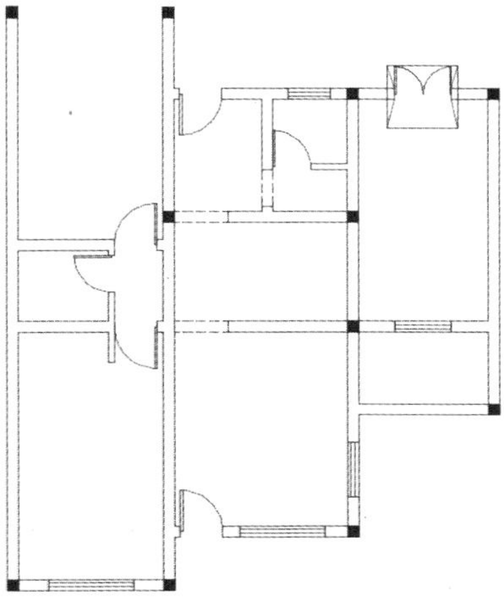

图5-35

提示：插入图块

在AutoCAD中绘制图形时，常常要绘制一些重复出现的图形，将这些图像创建成块保存起来，在需要时用插入块的方法实现图形的绘制，即将“绘图”变成了“拼图”，避免了大量的重复性工作，提高了绘图效率。

在AutoCAD中，当在图形文件中定义了图块后，即可在内部文件中进行插入块操作，还可以改变所插入块或图形的比例与旋转角度。

在“插入”对话框中，各个主要选项具体说明如下。

（1）名称（N）：用于输入要插入的块名，或者在其下拉列表中选择要插入的块对象的名称。

（2）浏览（B）：用于浏览文件，单击该按钮径打开“选择图形文件”对话框，用户可在该对话框中选择要插入的外部块文件。

（3）插入点：用于指定块的插入点。

（4）比例：用于指定插入块的缩放比例。如果指定负的X、Y和Z缩放比例因子，则插入块的镜像图像。

（5）旋转：在当前UCS中指定插入块的旋转角度。

（6）分解：用于分解块并插入该块的各个部分。选定“分解”时，只可以指定统一比例因子。

5.4.2 绘制楼梯

案例	一层平面图.dwg	视频	绘制楼梯.avi	时长	03'49"

使用“矩形”、“直线”、“分解”、“偏移”、“多段线”、“修剪”和“编组”等命令绘制别墅一层平面图中的楼梯对象。

Step 01 在“默认”标签下的“图层”面板中，单击“图层”下拉列表，选择“楼梯”图层作为当前图层。

Step 02 执行“矩形”（REC）、“分解”（X）、“偏移”（O）等命令，首先绘制 1440×1030 的矩形；再将矩形进行分解操作；然后按照如图 5-36 所示的尺寸，偏移水平和垂直线段。

Step 03 执行“直线”（L）、“修剪”（TR）等命令，先绘制一条表示断开效果的折断线，再修剪掉多余的线段，得到结果如图 5-37 所示。

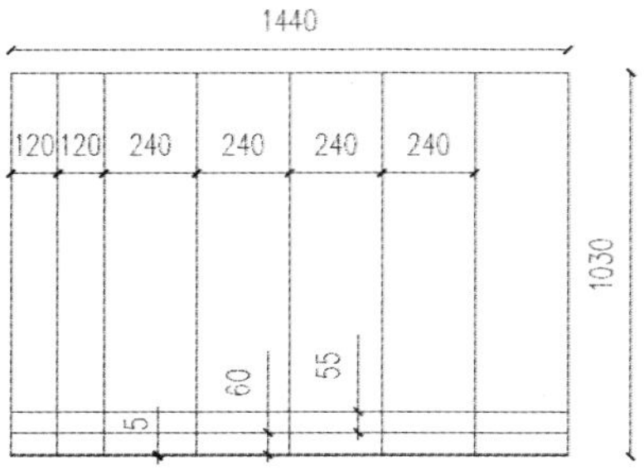

图 5-36

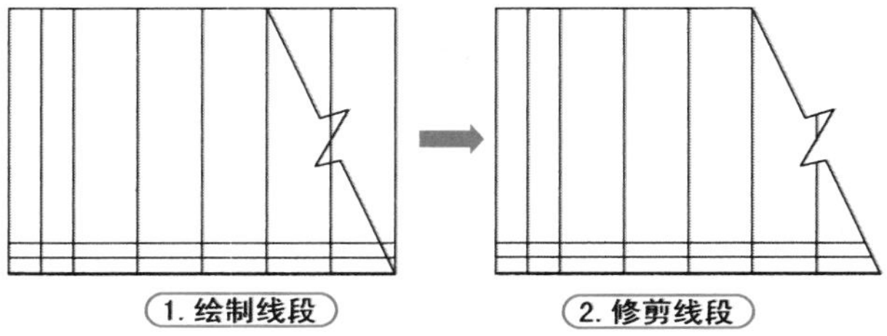

图 5-37

Step 04 执行“多段线”命令（PL），在上一步绘制的图形中首先绘制长 1000 的水平线；再设置起点宽度为“100”，端点宽度为“0”，绘制长 400 的箭头符号，完后得到如图 5-38 所示的楼梯对象。

Step 05 使用“编组”命令（G），选择前面绘制的楼梯对象，进行编组操作。

Step 06 执行“移动”命令（M），捕捉编组后的楼梯对象，移动到相应的位置，如图 5-39 所示。

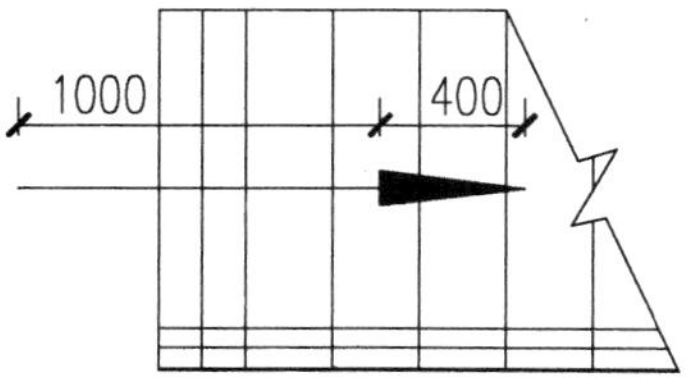

图 5-38

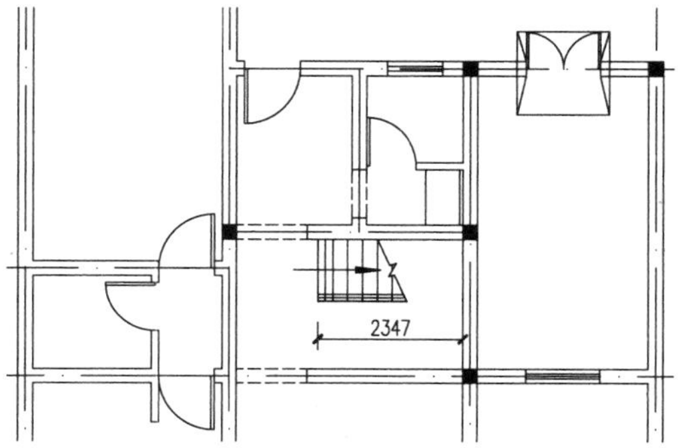

图 5-39

5.5 平台、散水、台阶及设施的绘制

绘制好门窗及楼梯后，接下来我们绘制入口平台、散水和台阶对象。

5.5.1 绘制平台

案例	一层平面图.dwg	视频	绘制平台.avi	时长	01'49"

使用“多段线”、“直线”、“偏移”、“删除”等命令绘制别墅一层平面图中的平台对象。

Step 01 在“默认”标签下的“图层”面板中，单击“图层”下拉列表，选择“其他”图层作为当前图层。

Step 02 执行“多段线”命令（PL），沿着左下侧外墙线绘制如图 5-40 所示的平台对象。

Step 03 执行“删除”（E）、“偏移”（O）和“直线”（L）等命令，在如图 5-41 所示位置先删除原来的墙体，然后以柱子顶点向左绘制垂直于右侧墙体的水平线段，即完成该处平台的绘制。

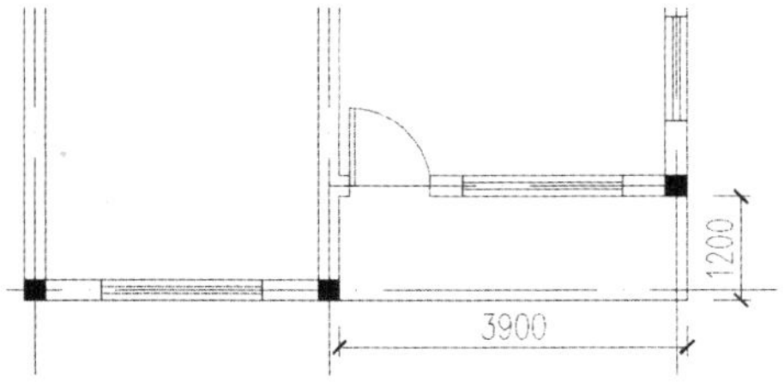

图 5-40

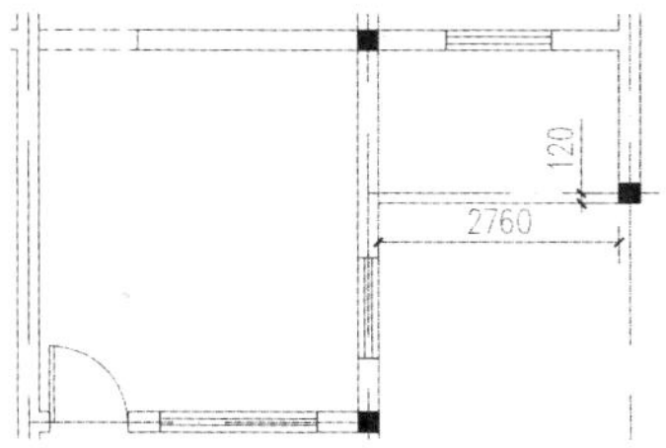

图 5-41

5.5.2 绘制散水

案例	一层平面图.dwg	视频	绘制散水.avi	时长	02'04"

使用“多段线”、“偏移”、“直线”和“删除”等命令绘制别墅一层平面图中的散水对象。

Step 01 在“默认”标签下的“图层”面板中，单击“图层”下拉列表，选择“其他”图层作为当前图层。

Step 02 执行“多段线”命令（PL），沿着外墙线绘制一封闭的多段线；再使用“偏移”命令（O），将绘制的多段线对象向外侧偏移 800，如图 5-42 所示。

Step 03 执行“删除”命令（E），删除与外墙重合的多段线；再执行“直线”命令（L），绘制连接墙体顶点与矩形顶点的连线，完成散水效果如图 5-43 所示。

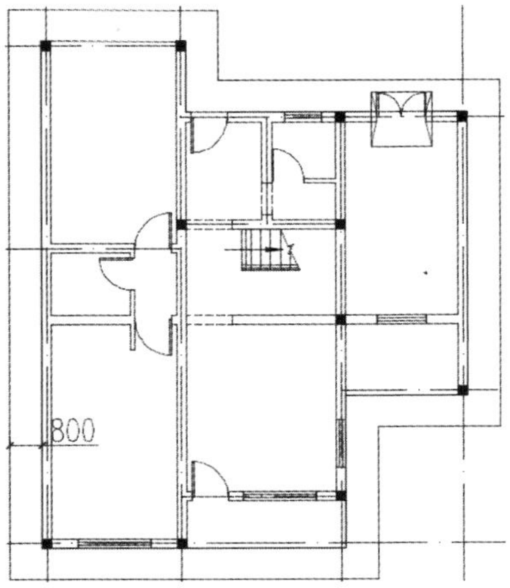

图 5-42

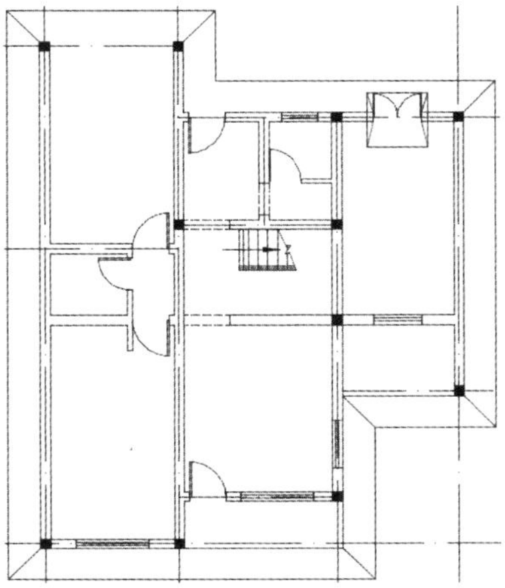
图 5-43

提示：散水的作用

散水是指房屋的外墙外侧，用不透水材料做出具有一定宽度的向外倾斜的带状保护带，其外沿必须高于建筑外地坪，其作用是不让墙根处积水，故称“散水”。

5.5.3 绘制台阶

案例	一层平面图.dwg	视频	绘制台阶.avi	时长	04'22"

使用“矩形”、“直线”、“分解”、“偏移”、“多段线”、“删除”和“编组”等命令绘制别墅一层平面图中的台阶对象。

Step 01 在“默认”标签下的“图层”面板中，单击“图层”下拉列表，选择“楼梯”图层作为当前图层。

Step 02 执行“矩形”（REC）和“直线”（L）等命令，创建如图 5-44 所示图形。

Step 03 执行“多段线”命令（PL），在上一步绘制的图形中绘制多段线箭头对象，且箭头的起点宽度为“100”，端点宽度为“0”，绘制完后得到如图 5-45 所示的“台阶 1”对象。

Step 04 执行“矩形”命令（REC），分别绘制 1200×1320 和 1200×1200 两个对齐的矩形，如图 5-46 所示。

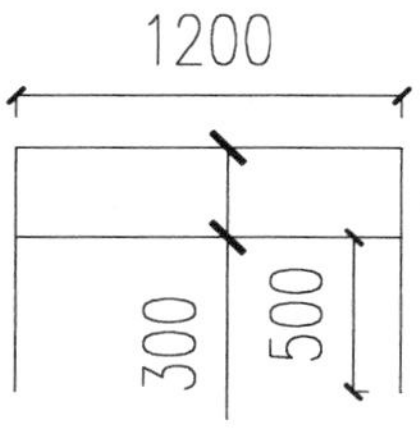

图 5-44

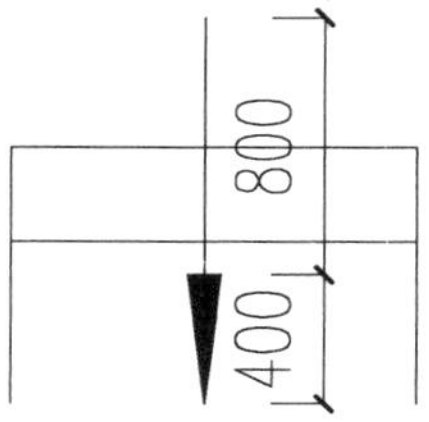

图 5-45

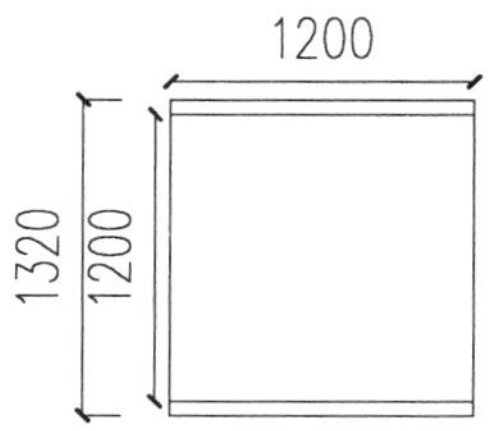

图 5-46

提示：步骤讲解

在上图中，首先绘制 1200×1320 的矩形；再对矩形进行分解操作，然后将水平线段向内偏移 60；再偏移右侧的垂直线段，也可以得到同样的结果。

Step 05 再执行“分解”命令（X），将矩形分解打散操作；再执行“偏移”命令（O），将小矩形右侧的垂直线段向左偏移出 3 个 300mm；再执行“删除”命令（E），将矩形左侧的垂直线段删掉，如图 5-47 所示。

Step 06 执行“多段线”命令（PL），在上一步绘制的图形中绘制多段线箭头对象，且箭头的起点宽度为“100”，端点宽度为“0”，绘制完后得到如图 5-48 所示的“台阶 2”对象。

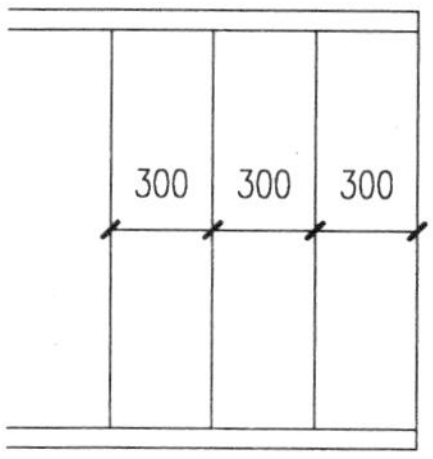

图 5-47

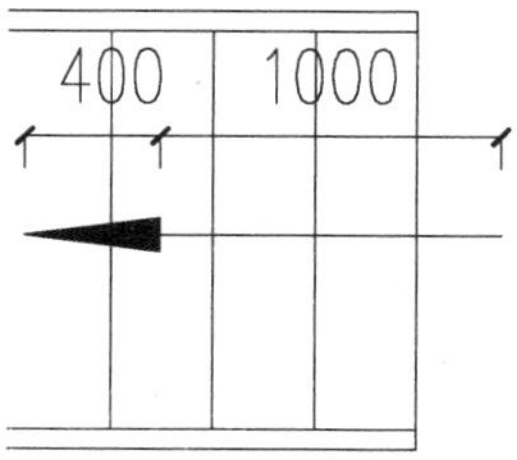

图 5-48

Step 07 使用“编组”命令（G），分别将前面绘制的台阶1和台阶2对象各进行编组操作。再执行“移动”命令（M），捕捉编组后的台阶对象，移动到相应的位置，如图5-49所示。

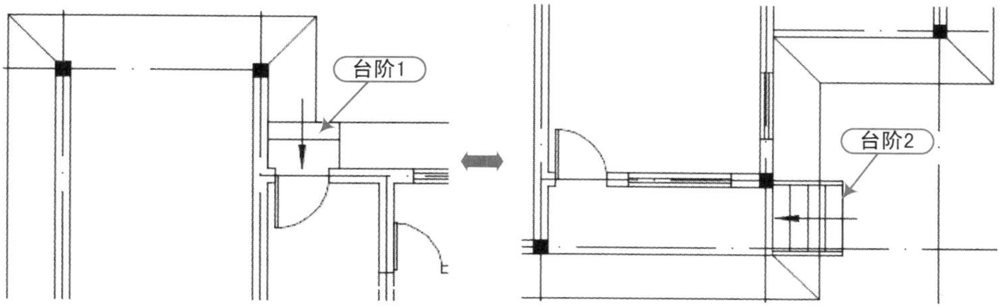

图 5-49

5.5.4 绘制设施

案例	一层平面图.dwg	视频	绘制设施.avi	时长	02'03"

Step 01 在“默认”标签下的“图层”面板中，单击“图层”下拉列表，选择“设施”图层作为当前图层。

Step 02 执行“矩形”（REC）、“直线”（L）、“偏移”（O）等命令，绘制一些对象表示吊柜、壁柜和案台等，如图5-50所示。

Step 03 执行“直线”命令（L），在如图5-51所示的位置绘制一条直线，绘制出壁柜对象。

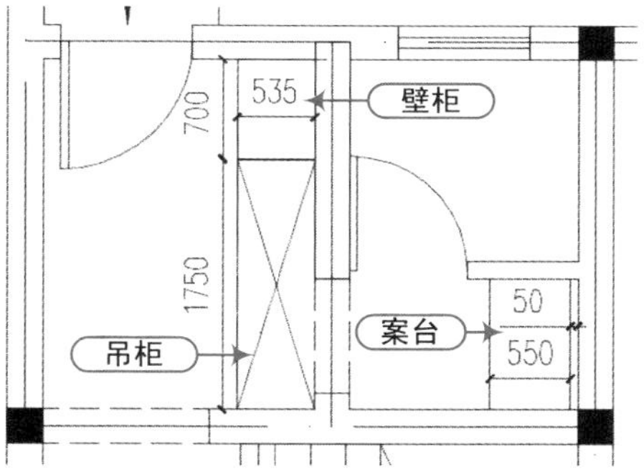

图 5-50

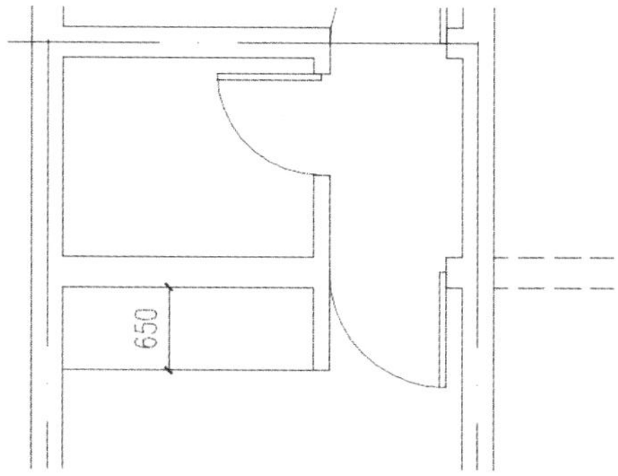

图 5-51

提示：布置小卫生间

无论大、小卫生间，最好划分干、湿功能区；卫生间宜用移动或者折叠门，这样占用空间小；若卫生间空间较小可以淋浴为主。

5.6 建筑平面图的注释说明

前面已经绘制完别墅一层平面图，接下来对平面图进行文字、尺寸、标高、轴号及图名的注释说明。

5.6.1 文字和尺寸标注

案例	一层平面图.dwg	视频	文字和尺寸标注.avi	时长	12'55"

首先利用“单行文字”命令进行文字标注，然后利用“线性标注”和“连续”等命令进行尺寸标注。

Step 01 在“默认”标签下的“图层”面板中，单击“图层”下拉列表，选择“文字标注”图层作为当前图层。

Step 02 单击“注释”标签下的“文字”面板中的“文字样式”列表，在其下拉列表中选择“图内说明”文字样式。

Step 03 执行“单行文字”命令（DT），设置门窗文字大小为“350”，另外设置房名文字大小为“700”，在相应位置分别输入文字内容，完成图形的文字注释说明，如图 5-52 所示。

Step 04 在“默认”标签下的“图层”面板中，单击“图层”下拉列表，选择“尺寸标注”图层作为当前图层。

Step 05 执行“线性标注”（DLI）和“连续”（DCO）等命令，对平面图进行尺寸标注，效果如图 5-53 所示。

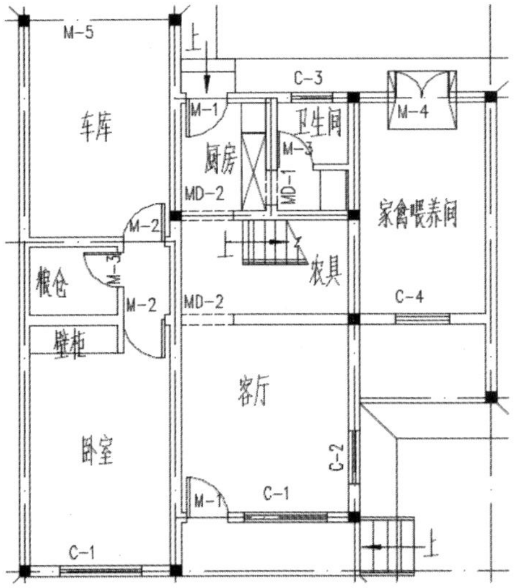

图 5-52

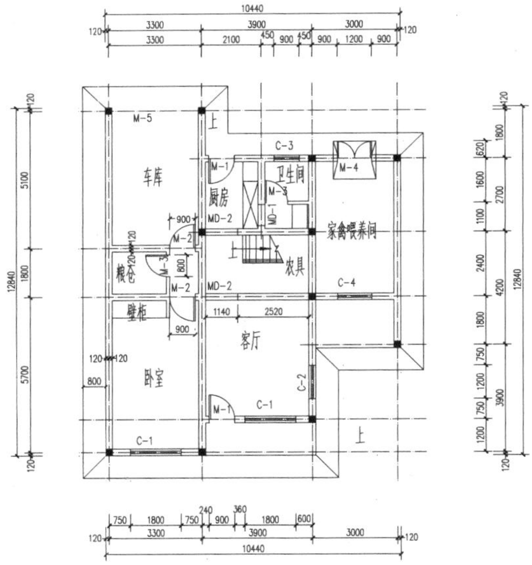

图 5-53

提示：文字标注的方向

进行文字标注时，默认为水平方向；如果需要进行垂直方向的标注，可设置旋转角度为 90°。

5.6.2 标高和剖切符号标注

案例	一层平面图.dwg	视频	标高和剖切符号标注.avi	时长	07'17"

接下来进行标高和剖切符号标注。

Step 01 在“默认”标签下的“图层”面板中，单击“图层”下拉列表，选择“标高”图层作为当前图层。

Step 02 执行“插入”命令（I），打开“插入块”对话框，然后单击“浏览”按钮 浏览(B)... ，选择“案例\02\标高符号.dwg”图块插入绘图区，并修改标高值后移动到相应位置，如图 5-54 所示。

注意：步骤讲解

这里我们插入图块后，使用“缩放”命令（SC）调整标高符号大小，设置其放大比例为“100”，然后复制到各个相应的位置，并修改标高值。

Step 03 在“默认”标签下的“图层”面板中，单击“图层”下拉列表，选择“0”图层作为当前图层。

Step 04 执行“多段线”命令（PL），绘制宽度为“50”的多段线，在楼梯间横向位置绘制出两条转折多段线。

Step 06 执行“单行文字”命令（DT），设置文字大小为“500”，输入剖切符号文字“1”，完成 1-1 剖切符号的绘制如图 5-55 所示。

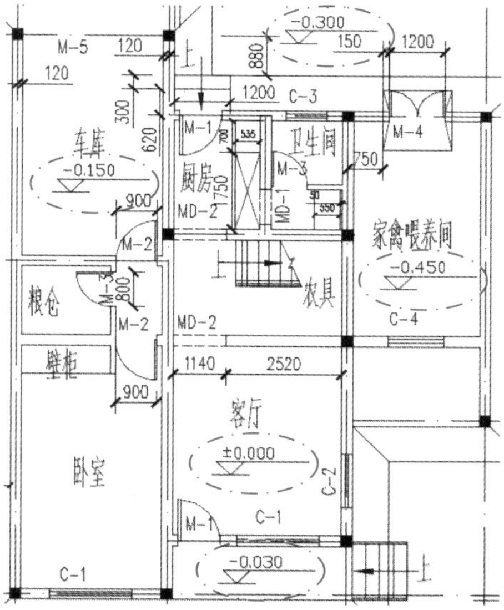

图 5-54

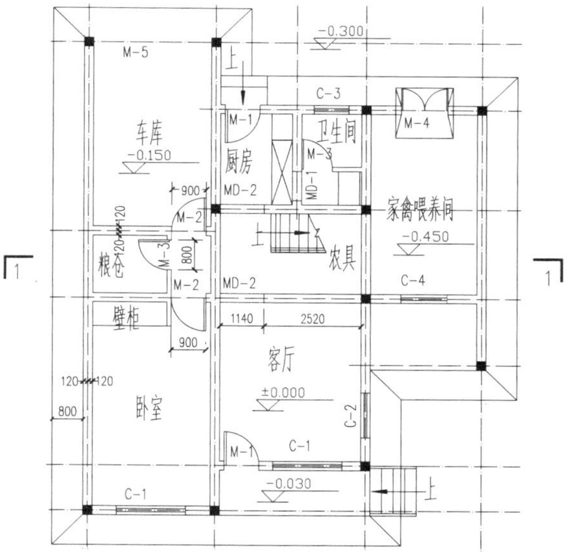

图 5-55

Step 07 继续执行“多段线”（PL）和“单行文字”（DT）等命令，绘制出 2-2、3-3 剖切符号，结果如图 5-56 所示。

注意：观看剖切符号

剖面图的剖切位置需查看平面图中的剖切符号。剖面图的剖切符号宜注在 ± 0.00 标高的平面图上，即注在首层平面图上。

两个折角线段所指的方向就是剖切方向，折角是指路径，不是指方向，应朝数字标注的一侧观看。如上图 2-2 表示从左向右剖切，而 3-3 则表示从右向左剖切。

读书破万卷

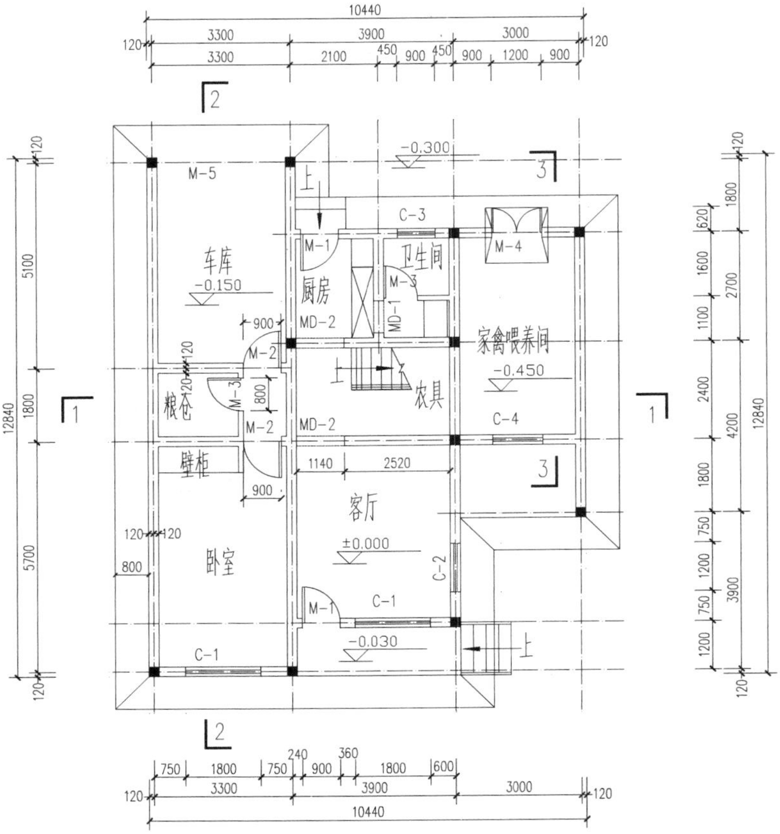

图 5-56

5.6.3 绘制轴线编号

案例	一层平面图.dwg	视频	绘制轴线编号.avi	时长	09'04"

Step 01 在“默认”标签下的“图层”面板中，单击“图层”下拉列表，选择“轴线编号”图层作为当前图层。

Step 02 执行“圆”（C）和“直线”（L）等命令，绘制直径为 800 的圆，在圆的上侧象限点处绘制高 1700 的垂直线段。

Step 03 执行“属性定义”命令（ATT），打开“属性定义”对话框，进行属性参数进行设置，然后在圆心处单击以插入，如图 5-57 所示。

提示：步骤讲解

在创建图块之前，可以对图形对象设置相关的属性定义，然后再保存图块。调用该图块时，则附带设置好的属性，根据需要修改其属性值即可，建筑设计中“属性定义”命令一般用于标高标注和轴号标注。

Step 04 执行“写块”命令（W），将上一步绘制的对象保存为“案例\05\轴线编号.dwg”文件，如图 5-58 所示。

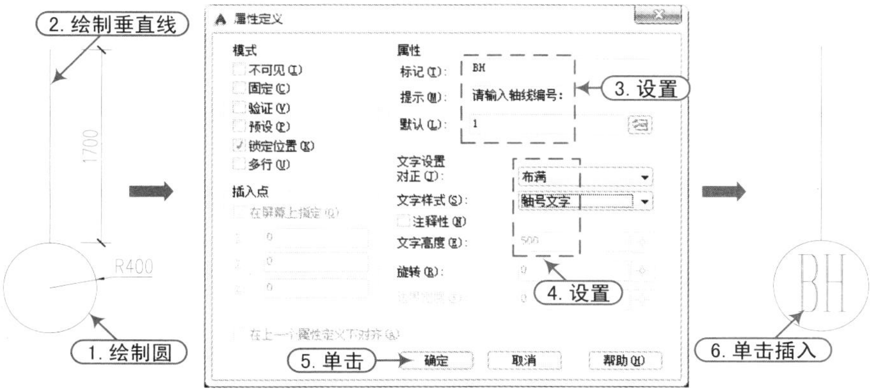

图 5-57

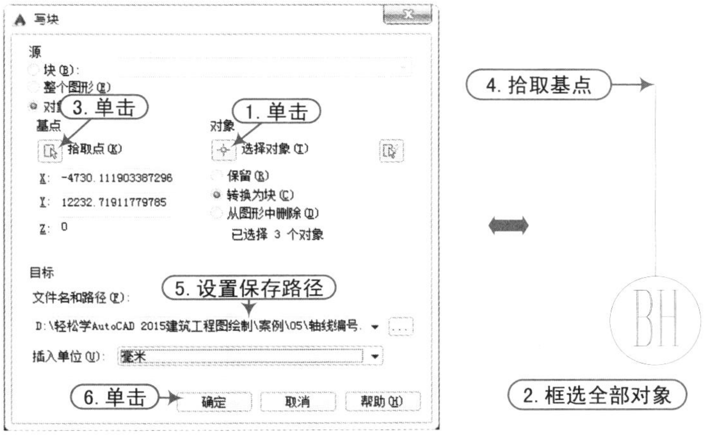

图 5-58

提示：写块的讲解

“写块”命令（W），是将图形对象以图形文件的方式，保存为外部图块，不但可在当前图形中调用，而且还可在不同的文件之间相互调用。

Step 05 执行“插入”命令（I），将“案例\05\轴线编号.dwg”插入到图形底侧位置，分别修改属性值，如图 5-59 所示。

提示：属性值的修改

需要对插入后的编号进行修改时，用鼠标双击或输入命令“ATE”修改其属性值。

Step 06 根据同样的方法，执行“插入”命令（I），将“轴线编号.dwg”插入其他相应位置；然后通过“镜像”（MI）、“移动”（M）和“复制”（CO）等命令，将轴号分别放置到相应位置并分别修改属性值，如图 5-60 所示。

读书破万卷

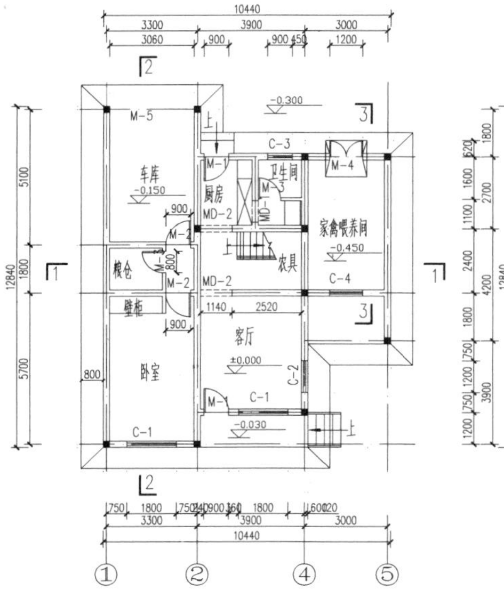

图 5-59

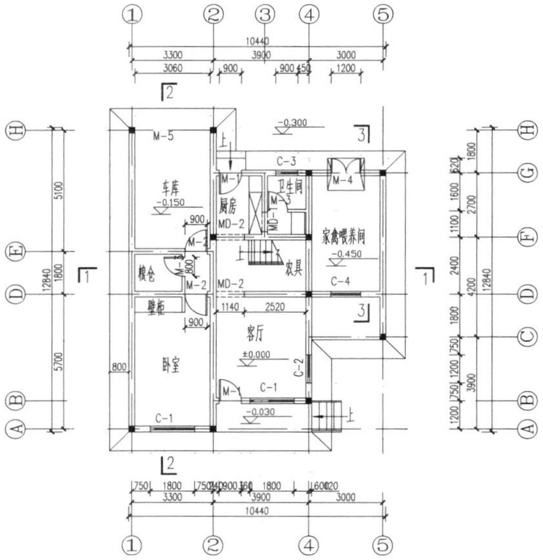

图 5-60

提示：定位轴线规定

定位轴线是确定建筑物主要结构构件位置及其尺寸的基准线，同时是施工放线的依据。用于平面时称平面定位轴线，用于竖向时称竖向定位轴线。

（1）定位轴线应用细点画线绘制。

（2）定位轴线一般应编号，编号应注写在轴线端部的圆内。圆应用细实线绘制，直径为 8 ~ 10mm。定位轴线圆的圆心，应在定位轴线的延长线或延长线的折线上。

1. 平面定位轴线及编号。

（1）横向定位轴线用阿拉伯数字从左至右顺序编写；纵向定位轴线用大写的拉丁字母从下到上顺序编写，其中 O、I、Z 一般不采用（容易与数字 0、1、2 混淆），如图 5-61 所示。

（2）圆形平面图中定位轴线的编号，其径向轴线宜用阿拉伯数字表示，从左下角开始，按逆时针顺序编写；其圆周轴线宜用大写拉丁字母表示，从外向内顺序编写，如图 5-62 所示。

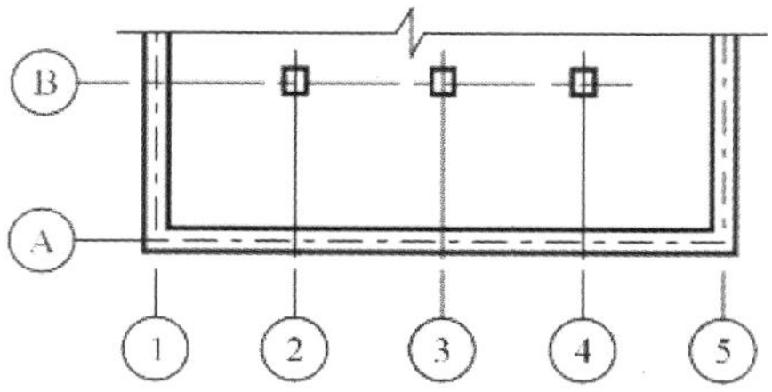

图 5-61

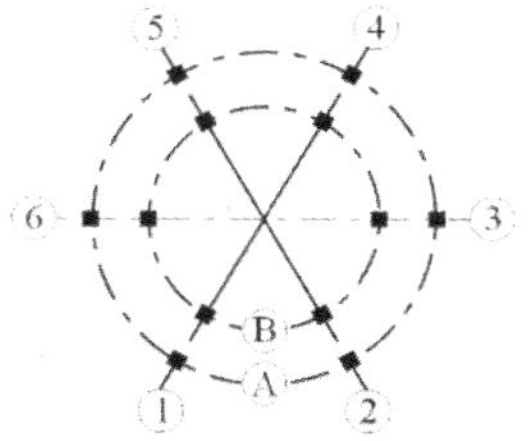

图 5-62

（3）如字母数量不够使用，可增用双字字母或单字字母加数字注脚，如 AA，BA，…，YA 或 A1、B1、Y1。

（4）组合较复杂的平面图中定位轴线可采用分区编号，如图 5-63 所示。

2. 当详图为通用时，其定位轴线应只画圆，不注写轴线编号，如图 5-64 所示。

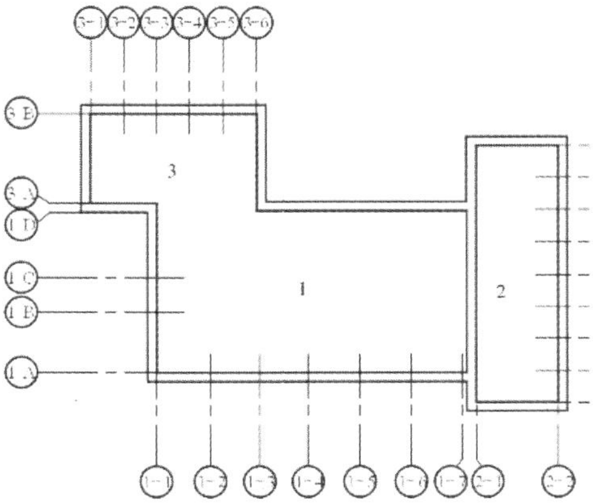

图 5-63

图 5-64

附加定位轴线的编号，应以分数形式表示，并应按下列规定编写：

（1）两根轴线间的附加轴线，应以分母表示前一轴线的编号，分子表示附加轴线的编号，编号宜用阿拉伯数字顺序编写，如 $1/2$ 表示 2 号轴线之后附加第一根轴线；$3/C$ 表示 C 号轴线之后附加的第三根轴线。

（2）1 号轴线或 A 号轴线之前的附加轴线的分母应以 01 或 0A 表示，如 $1/01$ 表示 1 号轴线之前附加的第一根轴线；$3/0A$ 表示 A 号轴线之前附加的第三根轴线。

读书破万卷

5.6.4 指北针标注

案例	一层平面图.dwg	视频	指北针标注.avi	时长	00'55"

接下来进行指北针标注。

Step 01 在“默认”标签下的“图层”面板中，单击“图层”下拉列表，选择“0”图层作为当前图层。

Step 02 执行“插入”命令（I），打开“插入块”对话框，然后单击“浏览”按钮 浏览(B)...，选择“案例\02\指北针符号.dwg”图块，设置比例为“100”，插入图形右下侧，如图 5-65 所示。

5.6.5 图名及比例注释

案例	一层平面图.dwg	视频	图名及比例注释.avi	时长	01'48"

最后对别墅一层平面图进行图名及比例注释。

Step 01 在“默认”标签下的“图层”面板中，单击“图层”下拉列表，选择“文字标注”图层作为当前图层。

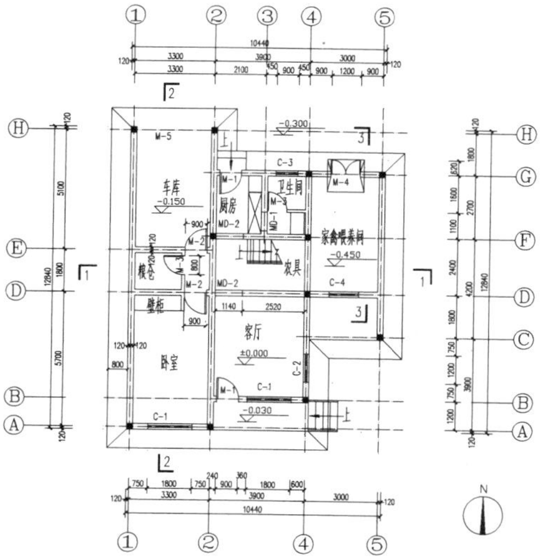

图 5-65

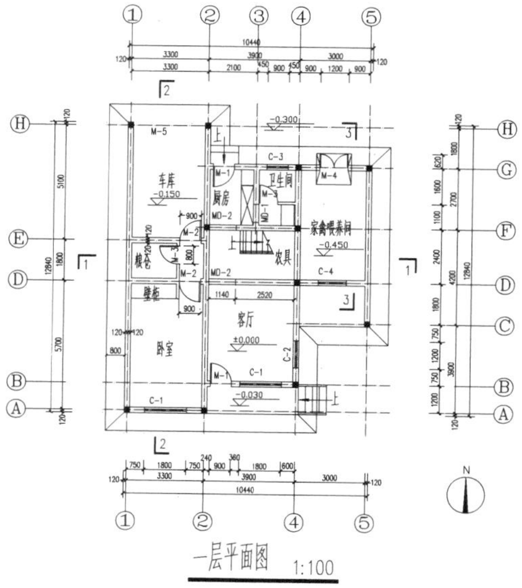

图 5-66

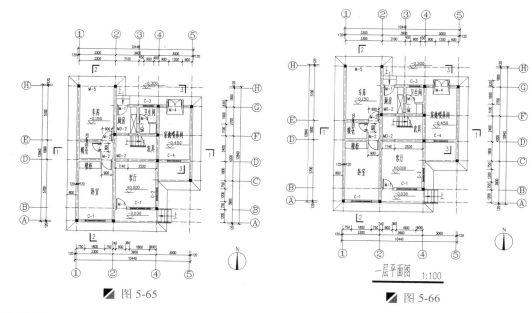

Step 02 单击“注释”标签下的“文字”面板中的“文字样式”列表框，在其下拉列表中选择“图名”文字样式。

Step 03 执行“单行文字”命令（DT），在相应的位置输入文字“一层平面图”和比例“1:100”，然后分别选择相应的文字对象，按<Ctrl+1>键打开“特性”面板，修改文字大小为“1500”和“750”。

Step 04 执行“多段线”命令（PL），在图名的下侧绘制一条宽度为“150”，与文字标注大约等长的水平线段，完成图名标注如图 5-66 所示。

Step 05 至此，别墅一层平面图绘制完毕，在“快速访问”工具栏单击“保存”按钮，将所绘制图形进行保存。

Step 06 在键盘上按<Alt+F4>或<Ctrl+Q>组合键,退出所绘制的文件对象。

6

建筑立面工程图纸的绘制

本章导读

建筑立面图是建筑设计过程中的一个基本组成部分，是建筑立面说明的图纸，本章通过某别墅建筑立面图为实例，讲解在AutoCAD环境中绘制立面图的方法，包括设置绘图环境、绘制辅助线、门窗、柱子、屋檐、阳台等，再进行尺寸、文字、标高、图名的标注等。

本章内容

- 建筑正立面图的概况及工程预览
- 设置绘图环境
- 绘制立面图的外轮廓
- 绘制首层立面轮廓
- 绘制中间层立面轮廓
- 绘制顶层立面轮廓
- 立面图的注释说明
- 其他方位立面图的绘制练习

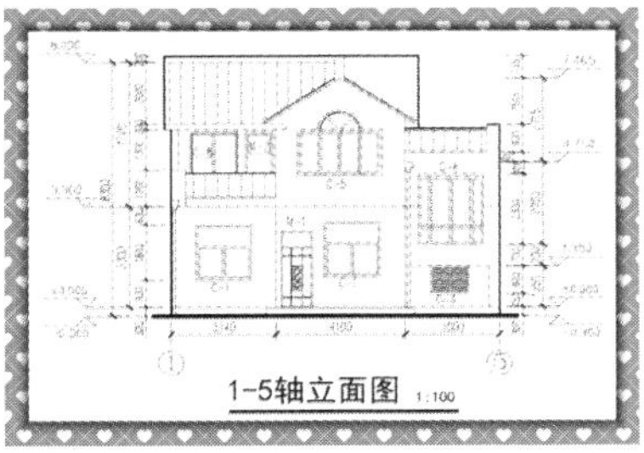

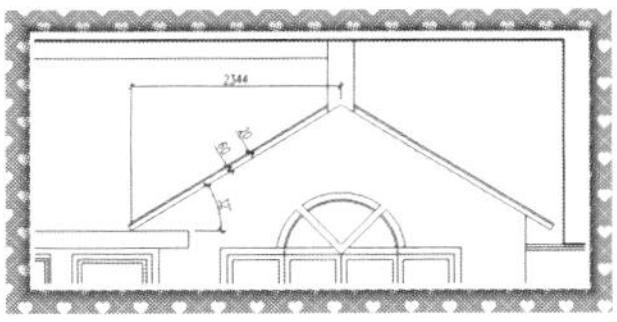

6.1 建筑正立面图的概况及工程预览

建筑立面图的形成与作用。

（1）一座建筑物是否美观，很大程度上决定于它在主要立面上的艺术处理，包括造型与装修是否优美。在设计阶段中，立面图主要是用来研究这种艺术处理的。在施工图中，它主要反映房屋的外貌和立面装修的做法。

（2）在与房屋立面平行的投影面上所作房屋的正投影图，称为建筑立面图，简称立面图。

（3）其中反映主要出入口或比较显著地反映出房屋外貌特征的那一面的立面图，称为正立面图，其余的立面图相应地称为背立面图和侧立面图。但通常也按房屋的朝向来命名，如南立面图，北立面图、东立面图和西立面图等。有时也按轴线编号来命名，如 1～9 立面图或 A～E 立面图等。

在本章绘制某别墅建筑①～⑤轴立面图时，首先根据要求设置绘图环境，包括图形界限、图层规划、文字和标注样式的设置等，并保存为样板文件；随后根据要求绘制立面图的外轮廓对象；接着绘制首层立面轮廓；然后绘制中间层立面轮廓；再绘制顶层立面轮廓；最后进行尺寸、标高、轴线编号、文字、图名标注，从而完成立面图的绘制，最终效果如图 6-1 所示。

图 6-1

6.2 设置绘图环境

在正式绘制别墅建筑①～⑤轴立面图之前，首先要设置与所绘图形相匹配的绘图环境，主要包括绘图单位、界限、图层、文字样式和标注样式的设置。

6.2.1 绘图单位及界限的设置

案例	1-5 立面图.dwg	视频	绘图单位及界限的设置.avi	时长	02'47"

Step 01 在桌面上双击 AutoCAD 2015 图标，启动 AutoCAD 2015 软件，系统自动创建一个空白文档。

Step 02 单击标题栏上的“新建”按钮，打开“选择样板”对话框，单击“打开”按钮右侧的倒三角按钮，以“无样板打开-公制（M）”方式建立新文件。

Step 03 在“快速访问”工具栏单击“另存为”按钮，将弹出“图形另存为”对话框，将该文件保存为“案例\06\1-5 轴立面图.dwg”文件。

Step 04 执行“格式｜单位”菜单命令（UN），打开“图形单位”对话框，将长度单位类型设定为“小数”，精度为“0.000”，角度单位类型设为“十进制度数”，精度精确到“0.00”，如图 6-2 所示。

Step 05 执行“图形界限”命令（Limits），依照命令行的提示，设定图形界限的左下角为（0，0），右上角为（42000，29700）。

Step 06 再在命令行中输入“Z｜空格｜A”，使输入的图形界限区域全部显示在图形窗口内。

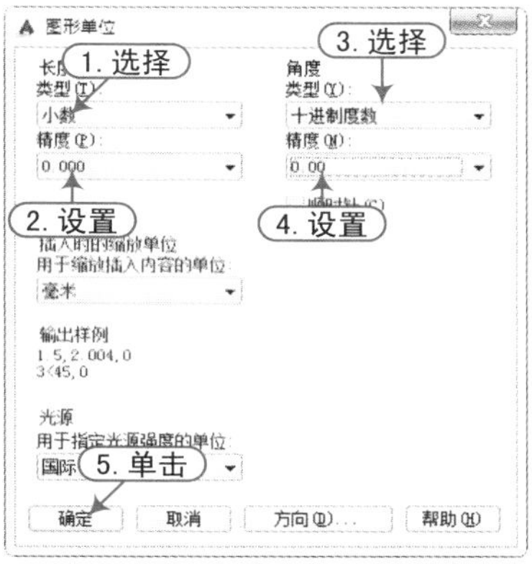

图 6-2

6.2.2 立面图图层的设置

案例	1-5 立面图.dwg	视频	立面图图层的设置.avi	时长	04'43"

图层设置主要考虑图形元素的组成及各元素的特征。由表 6-1 所示可知建筑立面图主要由辅助线、地坪线、立柱、墙体、门窗、尺寸标注、文字标注、轴线编号等元素组成。

表 6-1 图层设置

序号	图层名	线宽	线型	颜色	打印属性
1	辅助线	默认	点画线(ACAD-ISOO4W100)	红色	不打印
2	墙体	0.30mm	实线(CONTINUOUS)	洋红色	打印
3	门窗	默认	实线(CONTINUOUS)	青色	打印
4	标高	默认	实线(CONTINUOUS)	12 色	打印
5	立柱	默认	实线(CONTINUOUS)	52 色	打印
6	尺寸标注	默认	实线(CONTINUOUS)	蓝色	打印
7	文字标注	默认	实线(CONTINUOUS)	黑色	打印
8	其他	默认	实线(CONTINUOUS)	8 色	打印
9	地坪线	0.70mm	实线(CONTINUOUS)	黑色	打印
10	轴线编号	默认	实线(CONTINUOUS)	绿色	打印

Step 01 执行“图层”命令（LA），将打开“图层特性管理器”面板，根据前面如表 6-1 所示来设置图层的名称、线宽、线型和颜色等，如图 6-3 所示。

Step 02 执行“格式｜线型”菜单命令，打开“线型管理器”对话框，单击“显示细节”按钮，打开“详细信息”选项组，设置“全局比例因子”为 100，然后单击“确定”按钮，如图 6-4 所示。

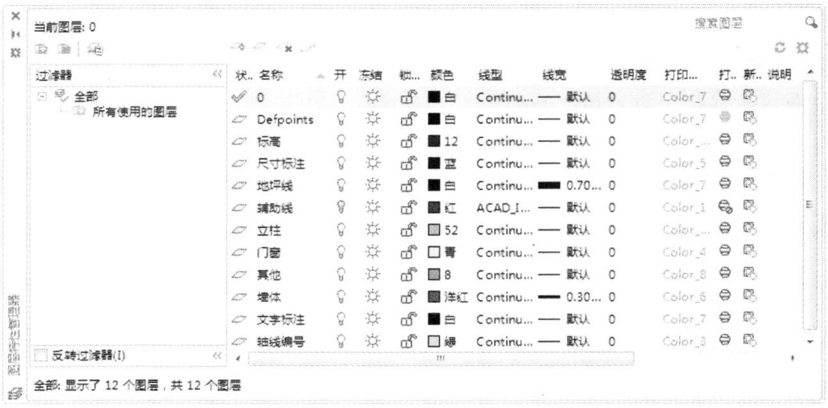

图 6-3

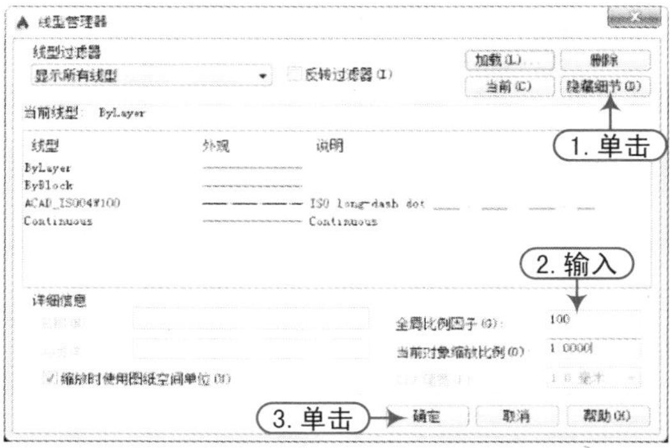

图 6-4

提示：设置比例因子

通常，全局比例因子的设置应和打印比例相协调，该建筑立面图的打印比例为1:100，则全局比例因子大约设置为 100。

6.2.3 文字样式的设置

案例	1-5 立面图.dwg	视频	文字样式的设置.avi	时长	03'20"

建筑立面图上的文字有尺寸文字、图内说明、图名文字、轴号文字等，而打印比例为1:100，文字样式中的高度为打印到图纸上的文字高度与打印比例倒数的乘积。根据建筑制图标准，该立面图文字样式的规定如表 6-2 所示。

表 6-2　文字样式

文字样式名	打印到图纸上的文字高度	图形文字高度（文字样式高度）	宽度因子	字体 | 大字体
尺寸文字	3.5	0	0.7	Tssdeng/gbcbig
图内说明	3.5	350		
图　名	7	700	1.0	黑体
轴号文字	5	500	1.0	complex

Step 01　在“注释”标签下的“文字”面板中，单击右下角的↘按钮，将弹出“文字样式”对话框，

单击“新建”按钮，打开“新建文字样式”对话框，将样式名定义为“图内说明”，再单击“确定”按钮，如图 6-5 所示。

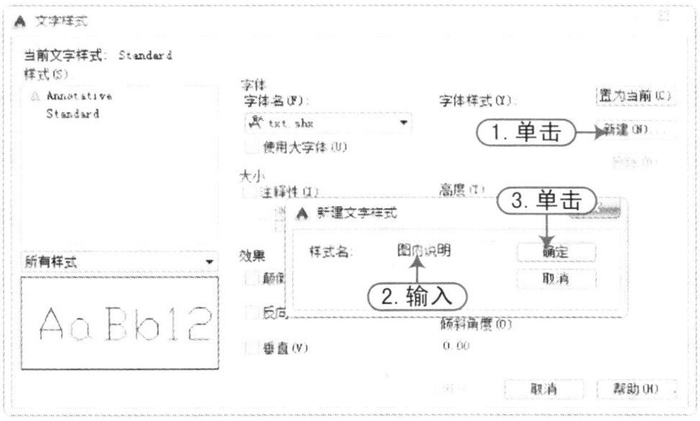

图 6-5

Step 02 此时，在“字体”下拉列表中选择字体“tssdeng.shx”，选择“使用大字体”复选框，并在“大字体”下拉列表中选择字体“gbcib.shx”，在“高度”文本框中输入“350”，在“宽度因子”文本框中输入“0.7”，单击“应用”按钮，完成该文字样式的设置，如图 6-6 所示。

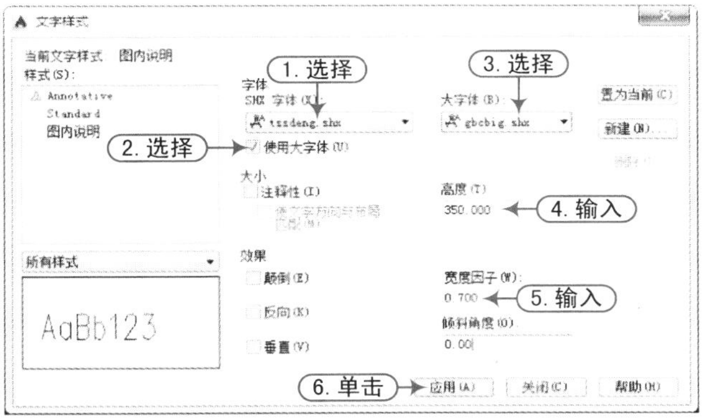

图 6-6

Step 03 重复前面的步骤，建立如表 6-2 所示中其他各种文字样式，如图 6-7 所示。

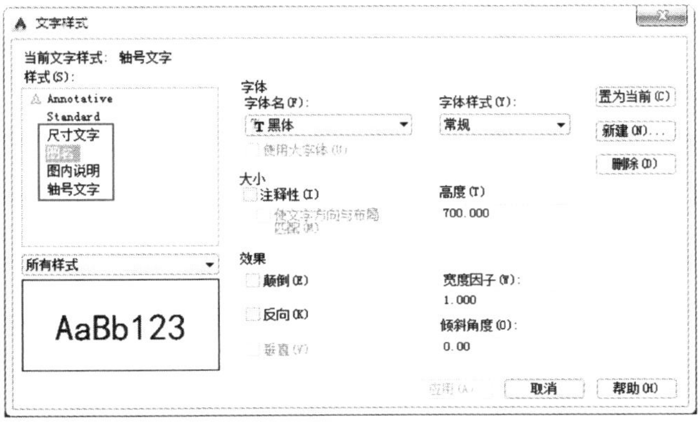

图 6-7

6.2.4 标注样式的设置

案例	1-5 立面图.dwg	视频	标注样式的设置.avi	时长	04'25"

尺寸标注样式的设置是依据建筑制图标准的有关规定，对尺寸标注各组成部分的尺寸进行设置，主要包括尺寸线、尺寸界限参数的设定，尺寸文字的设定，全局比例因子、测量单位比例因子的设定。

Step 01 在“注释”标签下的“标注”面板中，单击右下角的↘按钮，将弹出“标注样式管理器”对话框，单击“新建”按钮，打开“创建新标注样式”对话框，将新样式名定义为“建筑立面标注-100”，再单击“继续”按钮，如图 6-8 所示。

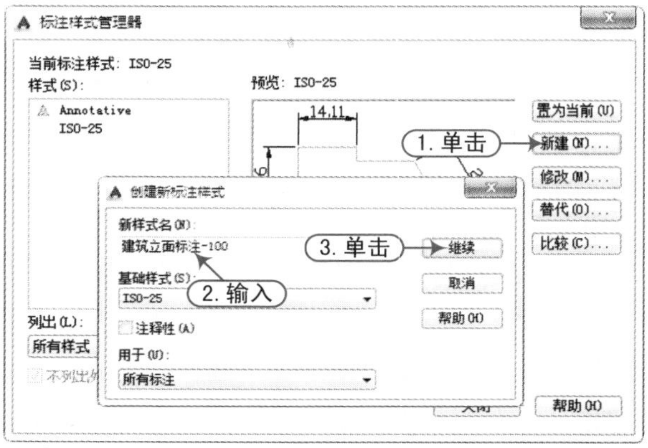

图 6-8

提示：标注命名规则

对标注样式进行命名时，最好能直接反映出一些特性，如“建筑立面标注-100”表示建筑立面图的全局比例为 100。

Step 02 当单击“继续”按钮后，则进入到“新建标注样式：建筑立面标注-100”对话框，然后分别在各选项卡中设置相应的参数，如图 6-9 所示。

图 6-9

Step 03　在“快速访问”工具栏单击“保存”按钮，将设置好的绘图环境进行保存。

Step 04　然后再单击“另存为”按钮，将弹出“图形另存为”对话框，在“文件类型”下拉列表中选择“AutoCAD 图形样板（*.dwt）”选项，在“保存于”下拉列表中选择“案例\06”路径，然后在“文件名”文本框中输入文件名“建筑立面图样板”，最后单击“保存”按钮，将弹出“样板选项”对话框，在“说明”文本框中输入相应的文字说明，然后单击“确定”按钮即可将当前环境另存为样板文件，如图 6-10 所示。

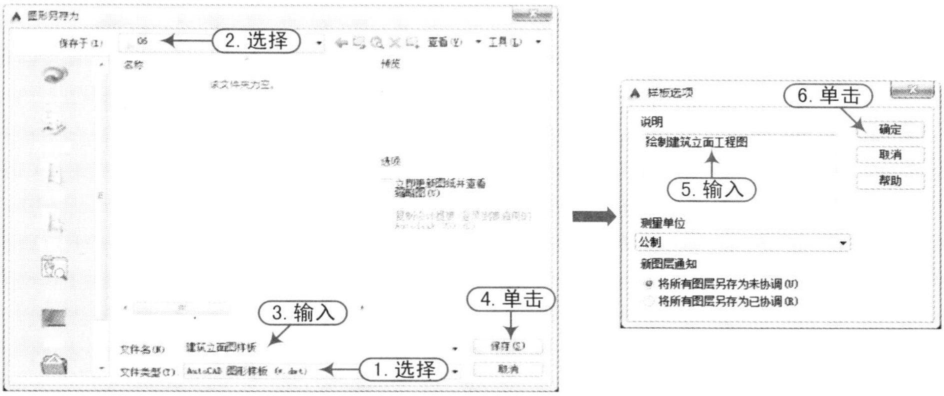

图 6-10

Step 05　在键盘上按<Alt+F4>或<Ctrl+Q>组合键，退出当前保存的样板文件。

提示：样板文件的作用

在建筑设计中，立面图一般由东、南、西、北四面组成，所以绘制这类建筑立面图时，首先应设置好绘图环境，并保存为样板文件，这样可方便其他立面图形的绘制，从而加快绘图的速度。

Step 06　然后在“快速访问”工具栏单击“打开”按钮，将“案例\06\1-5 立面图.dwg”文件打开。

6.3　绘制立面图的外轮廓

在绘制立面图外轮廓时，应首先绘制立面图的辅助网线，再绘制外轮廓线，最后绘制地坪线。

提示：建筑立面图的线型

粗实线表示外轮廓，凸出的墙面的雨棚、阳台、柱子、窗台等投影线用中粗线画出，地坪线用加粗线（1.5-2 倍）画出，其余如门、窗及分格线、落水管以及材料符号引出线、说明引出线等用细实线画出。

6.3.1　绘制辅助网线

案例	1-5 立面图.dwg	视频	绘图辅助网线.avi	时长	03'22"

绘制建筑总立面图时，为了便于建筑外轮廓线的定位，首先需要绘制相应的辅助线。

读书破万卷

Step 01 单击“图层”面板中的“图层控制”下拉列表，将“辅助线”图层置为当前图层。

Step 02 执行“构造线”命令（XL），绘制两条互相垂直的构造线，如图 6-11 所示。

Step 03 执行“偏移”命令（O），将水平构造线向上依次偏移 300、3300 和 4900，如图 6-12 所示。

Step 04 继续执行“偏移”命令（O），将垂直构造线向右依次偏移 3 次，其偏移的距离分别为 3340、4100 和 3000，如图 6-13 所示。

图 6-11

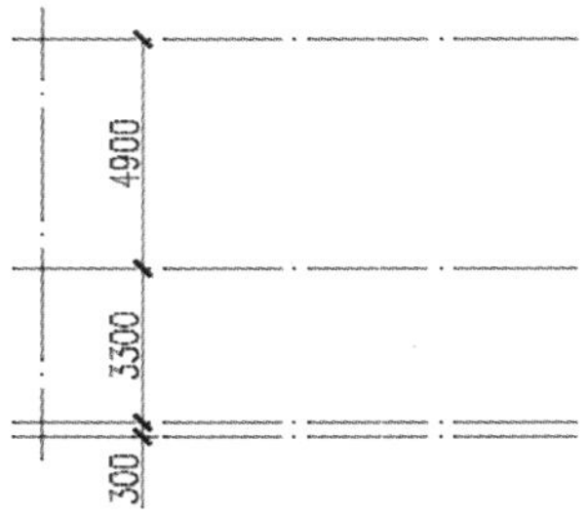

图 6-12

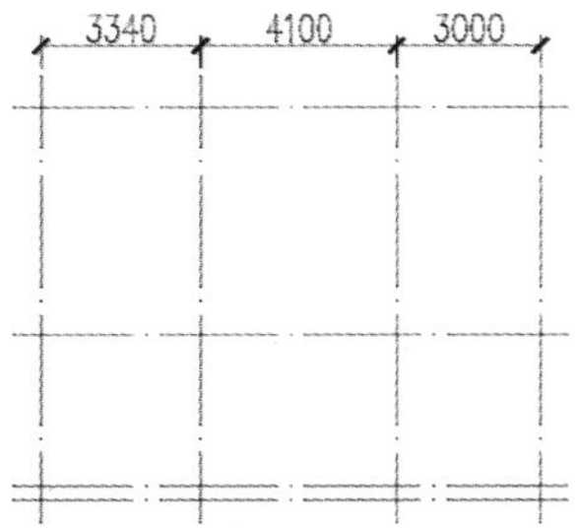

图 6-13

提示：构造线的讲解

> 构造线是两端无限延伸的直线。在建筑绘图中，主要用于绘制轴线、定位线和引申线等。

6.3.2 绘制外轮廓线及地坪线

案例	1-5 立面图.dwg	视频	绘制外轮廓线及地坪线.avi	时长	02'08"

Step 01 单击“图层”面板中的“图层控制”下拉列表，将“墙体”图层置为当前图层。

Step 02 执行“多段线”命令（PL），借助辅助线绘制立面图的外墙线，如图 6-14 所示。

Step 03 将“0”图层置为当前图层，执行“直线”命令（L），借助辅助线绘制立面图的内轮廓线，如图 6-15 所示。

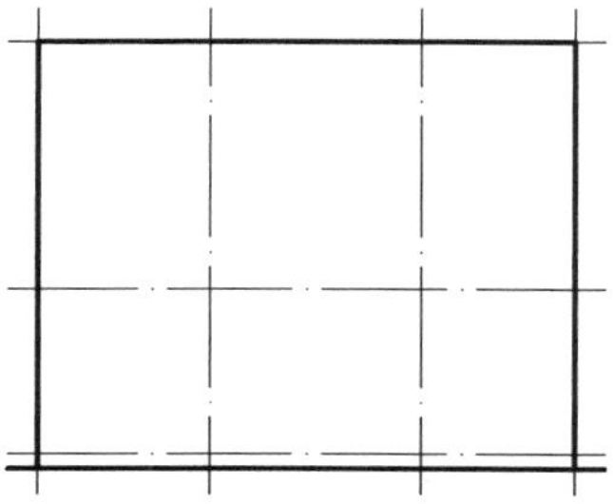
图 6-14

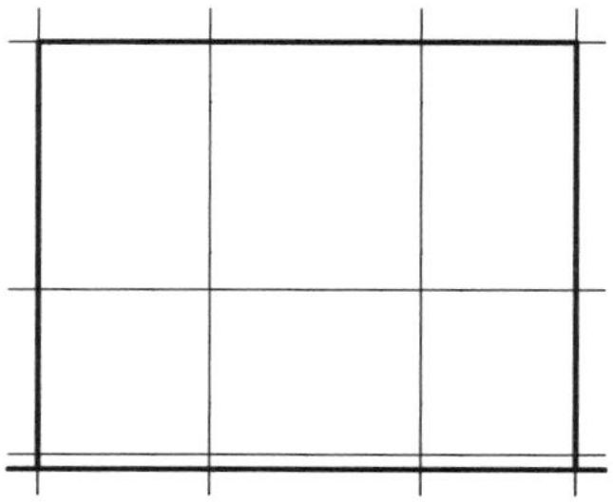
图 6-15

Step 04 在“图层”面板中的“图层控制”下拉列表，将“辅助线”图层关闭使之隐藏，显示出上一步绘制的轮廓图形，如图 6-16 所示。

Step 05 选择最下侧的外轮廓线后，单击“图层”面板中的“图层控制”下拉列表，将其转换为“地坪线”图层，如图 6-17 所示以使地坪线显示得更粗。

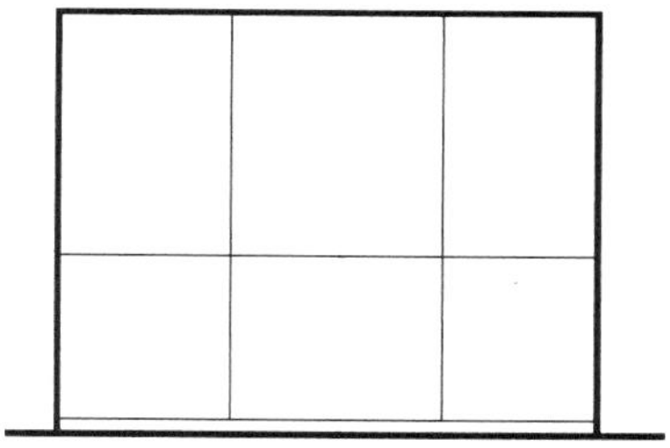

图 6-16

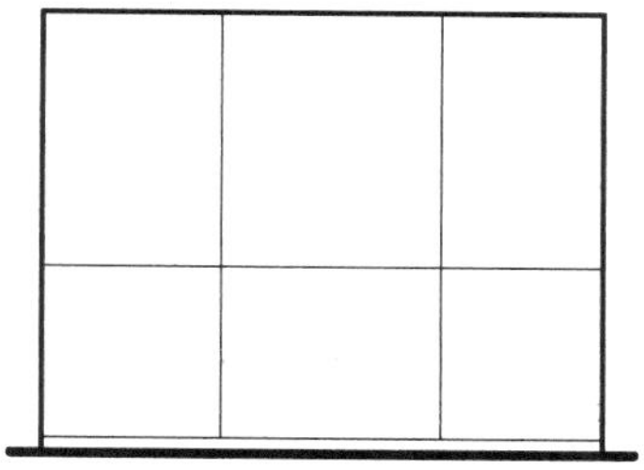

图 6-17

提示：地坪线的讲解

土建中的地坪包括室内地坪、室外地坪等。是指在原始地基础上面进行整平（挖土或填土）后，进行地坪施工层。施工层分为原土层、基层、中间层、面层等。

室外设计地坪标高是设计师根据原始地形地貌标高和建筑的功能需要所制定的建筑物交付使用后的室外标高，一般用实心三角形加数字表示。

室内地坪一般和室外地坪的施工工序差不多，不过室内地坪受使用功能的影响，在强度、厚度、材料上与室外地坪有一定区别，所以才单独称为室外地坪及室内地坪。

6.4 绘制首层立面轮廓

接下来进行首层立面轮廓的绘制，其中包括柱子和首层门窗等对象的绘制。

6.4.1 绘制立柱

案例	1-5 立面图.dwg	视频	绘制立柱.avi	时长	04'21"

通过绘制线段创建立柱，再向右复制和拉伸，完成另一立柱对象的绘制。

Step 01 执行“偏移”命令（O），将左侧的垂直墙体线向右各偏移 20、30、100、20 和 80；将中间的水平线段向上依次偏移 30 和 200，向下各偏移 30、20 和 50，并将偏移的线段转换为“立柱”图层，如图 6-18 所示。

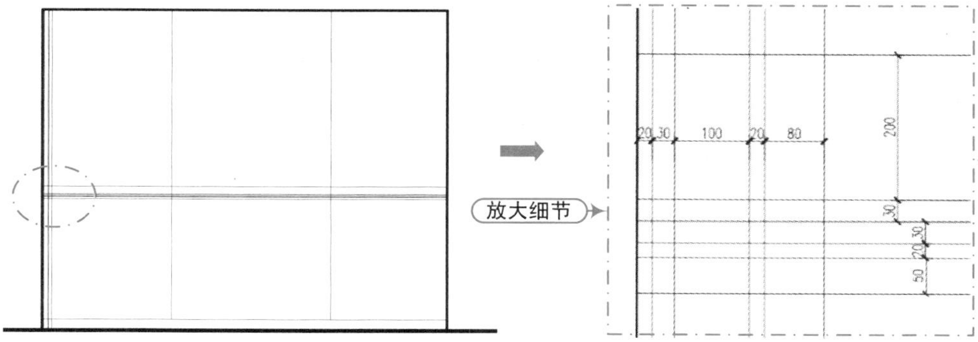

图 6-18

Step 02 执行“修剪”（TR）和“直线”（L）等命令，先将多余的线段修剪掉，然后绘制斜线段，最后再修剪多余的线条，修剪好的立柱效果如图 6-19 所示。

Step 03 执行“复制”命令（CO），选择上一步绘制的立柱对象，向右进行距离为 7440 的复制操作，如图 6-20 所示。

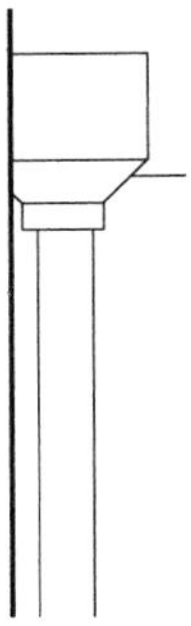

图 6-19

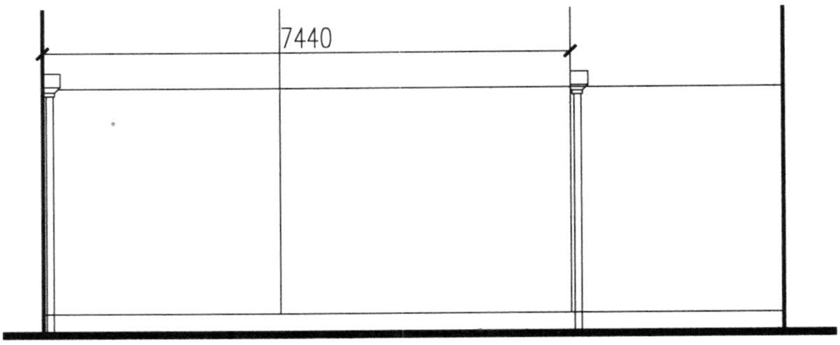

图 6-20

Step 04 执行“拉伸”命令（S），由右至左交叉框选立柱上半部分，指定上基点向上拉伸 1220，效果如图 6-21 所示。

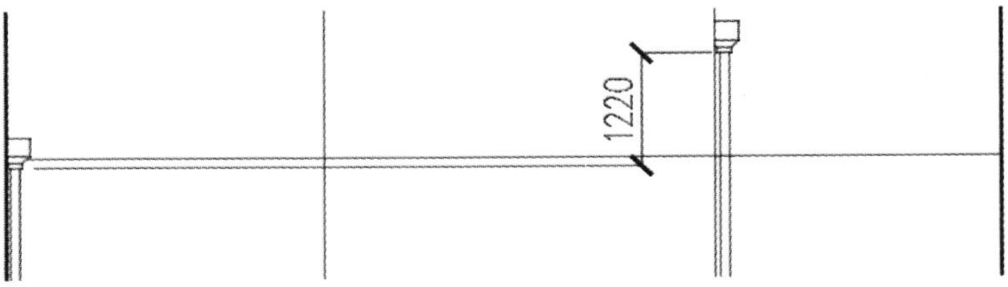

图 6-21

提示：拉伸的讲解

拉伸就是通过拉伸被选中的图形发生形状上的变化。在拉伸图形的时候，在框选范围内的图形被移动，与框相交的部分将被拉长，在这里拉伸的是立柱下部分的两条垂直线。

在 AutoCAD 2015 中，“拉伸”命令可以将选定的对象进行拉伸或移动，而不改变没有选定的部分，也可以调整对象的大小。例如，将如图 6-22 所示的图形执行拉伸命令，操作步骤及命令提示如下。

```
命令:_STRETCH                                   \\ 执行“拉伸”命令
选择对象:                                       \\ 以交叉窗口或交叉多边形选择对象，如图所示
选择对象:                                       \\ 按 Enter 键
指定基点或 [位移(D)] <位移>:                    \\ 指定矩形的右下角点
指定第二个点或 <使用第一个点作为位移>: \\ 开启“正交”模式，向右侧任意指定一点。
```

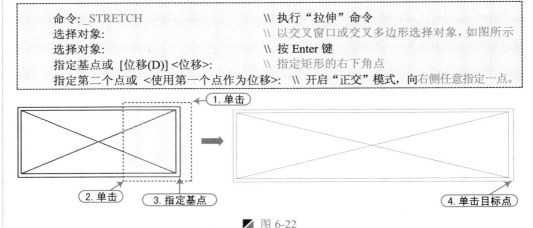

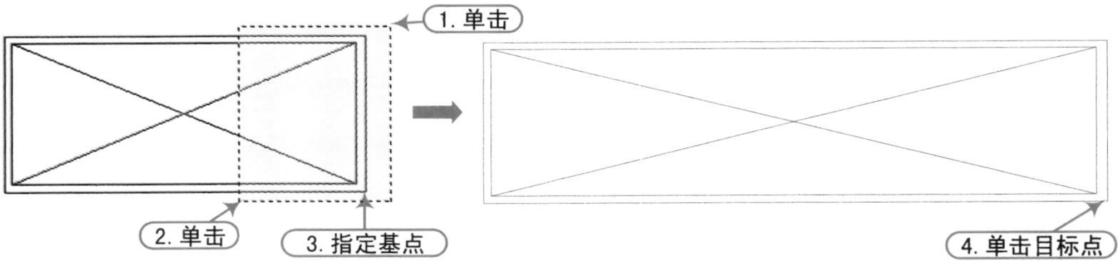

图 6-22

注意：不能拉伸的对象

如果对象是文字、块或圆，它们不会被拉伸，当对象整体在交叉窗口选择范围内时，它们只可以被移动，而不能被拉伸。

6.4.2 绘制首层立面门窗

案例	1-5 立面图.dwg	视频	绘制首层立面门窗.avi	时长	13'49"

首先分别绘制窗 C-1、C-4、C-6 等对象，将其保存为图块，然后分别插入相应的位置；最后插入前面章节绘制的“立面门”对象。

Step 01 单击“图层”面板中的“图层控制”下拉列表，将“门窗”图层置为当前图层。

Step 02 执行“矩形”命令（REC），绘制一个边长为 1800 的正方形，如图 6-23 所示。

Step 03 执行“偏移”命令（O），将正方形向内偏移 60，如图 6-24 所示。

Step 04 执行“直线”命令（L），分别绘制如图 6-25 所示的水平和垂直线段。

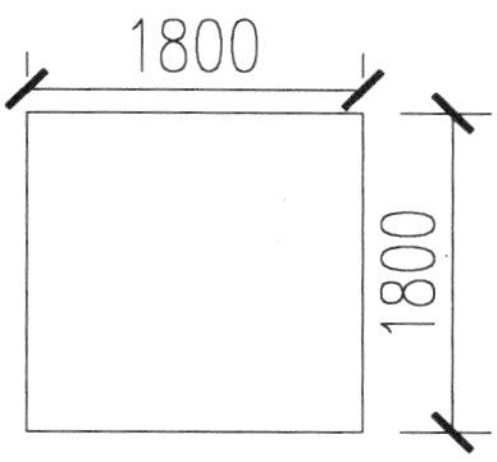

图 6-23

图 6-24

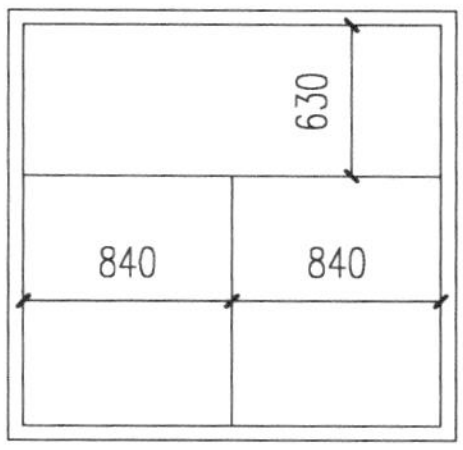

图 6-25

Step 05 执行“矩形”命令（REC），在右下侧相应位置绘制 720×930 的矩形，如图 6-26 所示。

Step 06 执行“镜像”命令（MI），选择绘制的垂直线段作为镜像轴线，将右侧绘制的矩形向左镜像复制一份，绘制好的窗“C-1”对象如图 6-27 所示。

Step 07 执行“矩形”命令（REC），绘制一个 2050×2300 的矩形，然后执行“分解”命令，将该矩形分解，如图 6-28 所示。

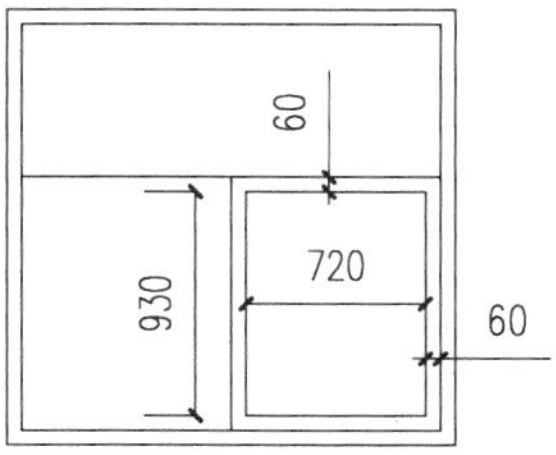

图 6-26

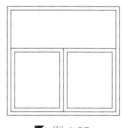
图 6-27

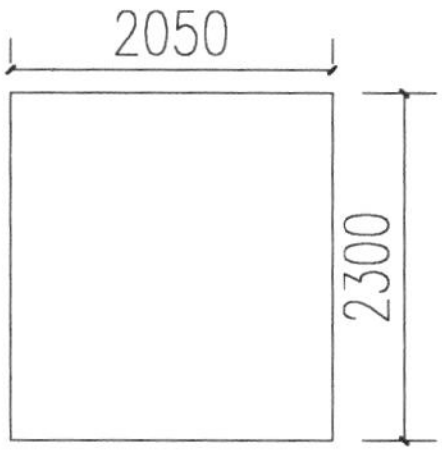

图 6-28

Step 08 执行“偏移”命令（O），将矩形上侧的线段向下依次偏移 100 和 1600；将矩形左侧的线段向右依次偏移 375、650、650 和 375，如图 6-29 所示。

Step 09 执行“偏移”命令（O），将上一步绘制的图形如图 6-30 所示进行偏移。

Step 10 执行“修剪”命令（TR），修剪掉多余的线段，得到如图 6-31 所示的窗“C-6”对象。

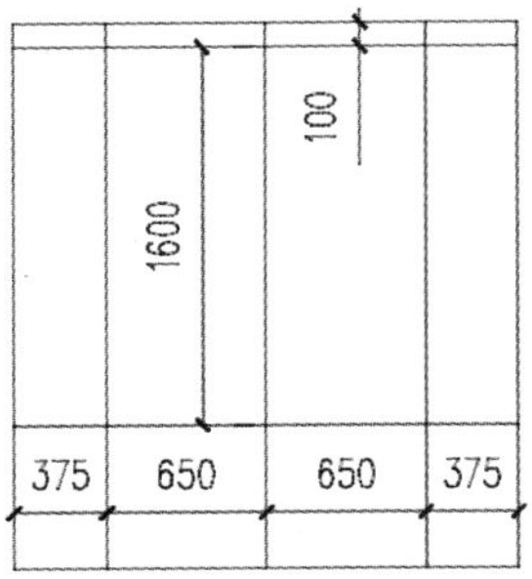

图 6-29

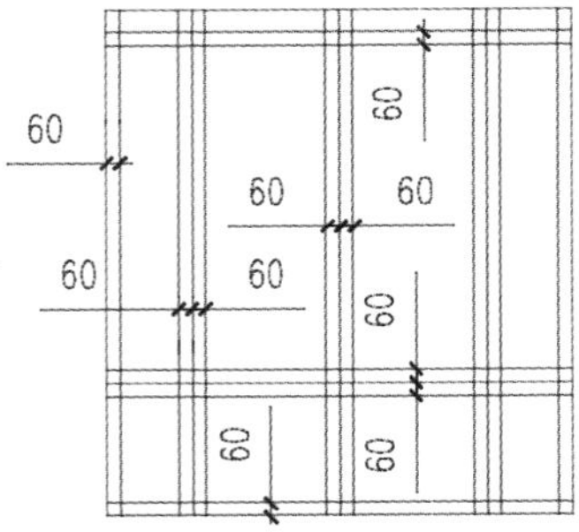

图 6-30

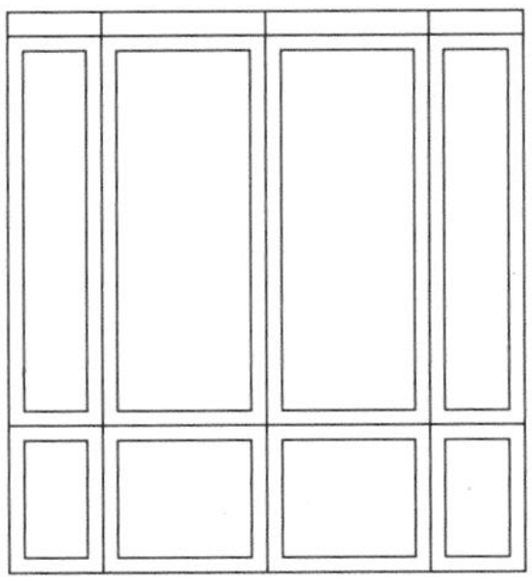

图 6-31

提示：步骤讲解

如果这里不采用偏移和修剪线段的方法来创建立面窗，可直接绘制相应的矩形对象来绘制立面窗。或绘制左/右侧的对象，再使用镜像命令，向右/左侧进行镜像操作，从而可绘制立面窗对象。

Step 11　执行“矩形”命令（REC），绘制一个 1200×900 的矩形，如图 6-32 所示。

Step 12　执行“矩形”命令（REC），在矩形中绘制两个 510×780 的矩形，如图 6-33 所示。

Step 13　执行“图案填充”命令（H），选择样例“LINE”，比例为“10”，对内部矩形进行图案填充，绘制的窗“C-4”对象如图 6-34 所示。

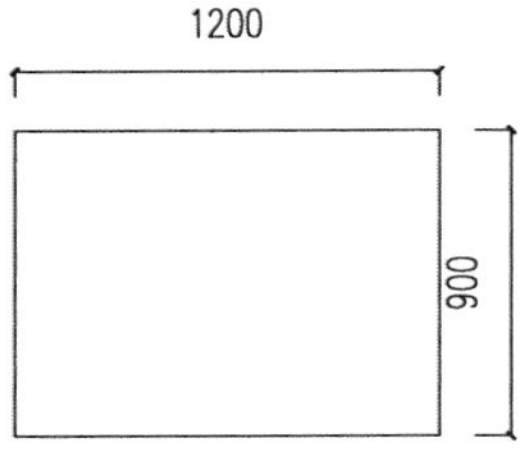

图 6-32

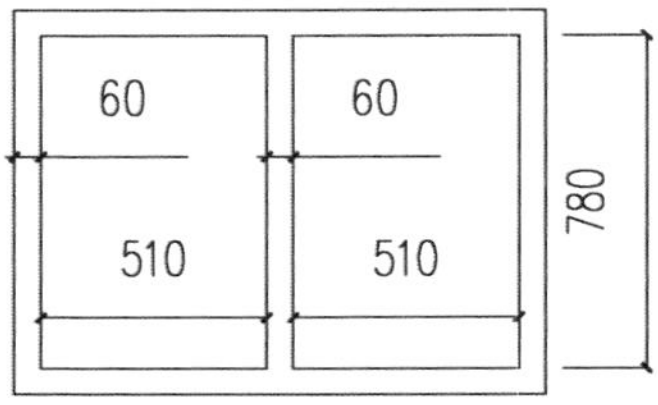

图 6-33

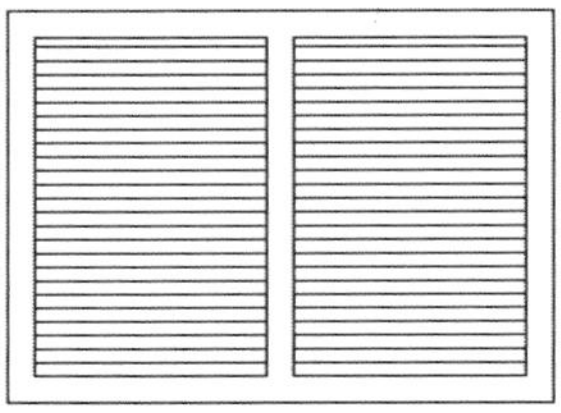

图 6-34

提示：步骤讲解

对齐矩形时，可以先绘制一条辅助水平或垂直线，再将需要对齐的矩形进行对齐，然后删除辅助线。

Step 14　执行“写块”命令（W），打开“写块”对话框，将绘制的“C-1”立面窗对象保存为“案例\06\C-1.dwg”图块，如图 6-35 所示。

提示：“写块”命令讲解

在 AutoCAD 中，用户可以将图块进行存盘操作，从而能在以后在任何一个文件中使用。执行“WBLOCK”命令可以将图块以文件的形式写入磁盘，其快捷键为“W”。“WBLOCK”命令执行后，系统将打开“写块”对话框。

在“写块”对话框中，各个主要选项具体说明如下：

（1）块（B）：指定要另存为文件的现有块。从列表中选择名称。
（2）整个图形（E）：选择要另存为其他文件的当前图形。
（3）对象（O）：选择要另存为文件的对象。指定基点并选择下面的对象。
（4）文件名和路径（F）：指定文件名和保存块或对象的路径。
（5）插入单位（U）：用于选择从 AutoCAD 设计中心中拖动块时的缩放单位。

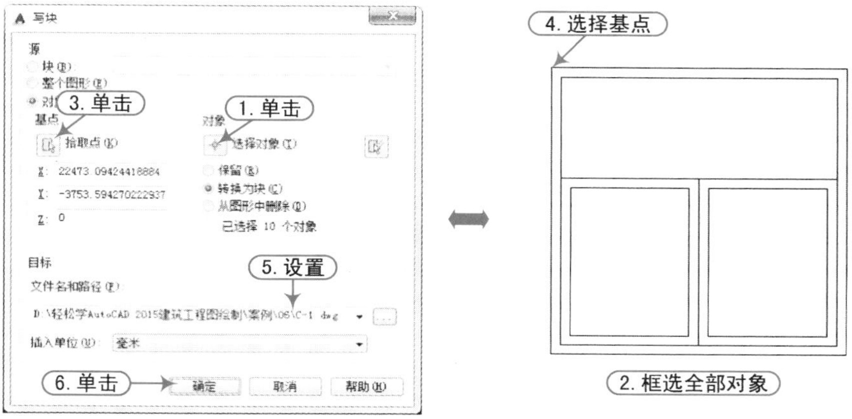

图 6-35

Step 15 继续执行“写块”命令（W），参照上面的方法，将立面窗“C-4”和“C-6”对象分别保存在“案例\06”文件夹下，以方便后面的调用。

Step 16 将“0”图层置为当前图层，执行“偏移”（O）和“修剪”（TR）等命令，绘制如图 6-36 所示的线段。

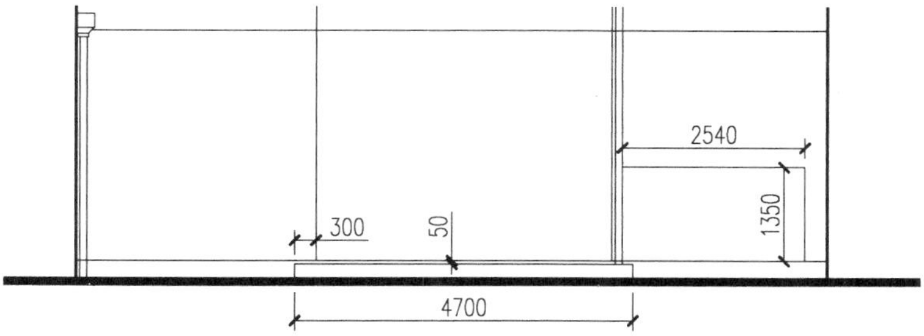

图 6-36

Step 17 将“门窗”图层置为当前图层，执行“插入”命令（I），打开“插入”对话框，将“案例\06\C-1.dwg”图块插入图形中；再执行“移动”命令（M），将窗放置到如图 6-37 所示指定位置。

Step 18 继续执行“插入”命令（I），打开“插入”对话框，将“案例\06\C-4.dwg”图块插入相应位置，如图 6-38 所示。

Step 19 继续执行“插入”命令（I），打开“插入”对话框，将“案例\06\C-6.dwg”图块插入相应位置；并修剪掉多余的线条，如图 6-39 所示。

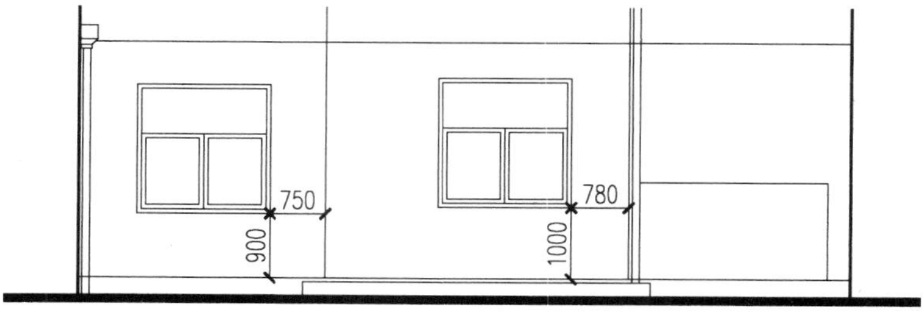

图 6-37

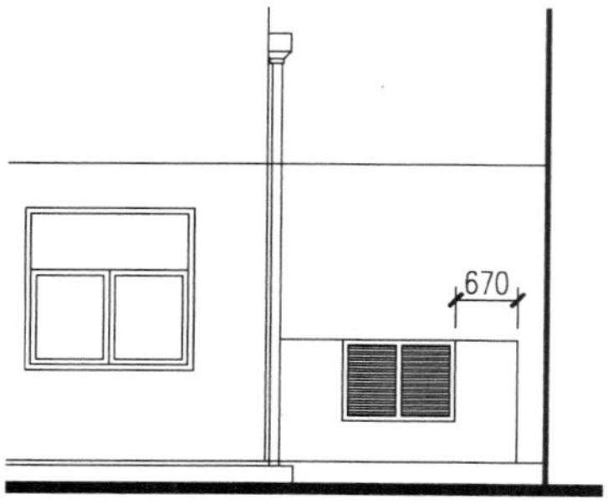

图 6-38

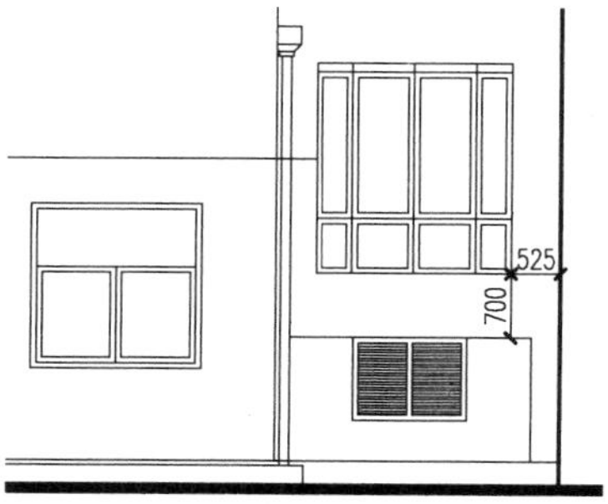

图 6-39

Step 20 继续执行“插入”命令（I），打开“插入”对话框，选择“案例\02\立面门.dwg”图块，插入相应位置，如图 6-40 所示。

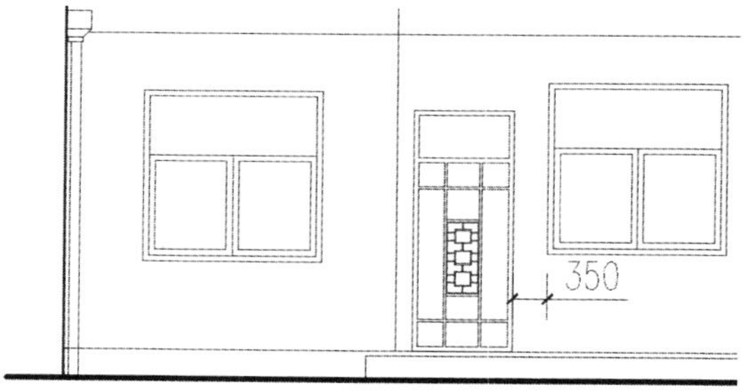

图 6-40

6.5 绘制中间层立面轮廓

接下来进行中间层立面轮廓的绘制，其中包括阳台轮廓线和中间层门窗等对象的绘制。

6.5.1 绘制阳台轮廓线

案例	1-5 立面图.dwg	视频	绘制阳台轮廓线.avi	时长	04'03"

利用“直线”、“修剪”等命令绘制中间层阳台轮廓线。

Step 01 单击“图层”面板中的“图层控制”下拉列表，将“0”图层置为当前图层。

Step 02 通过“偏移”（O）和“修剪”（TR）等命令，在左侧立柱处绘制出如图 6-41 所示图形。

Step 03 再通过“偏移”（O）和“修剪”（TR）等命令，继续在上侧绘制如图 6-42 所示线段，且将相应线段转换为对应的图层。

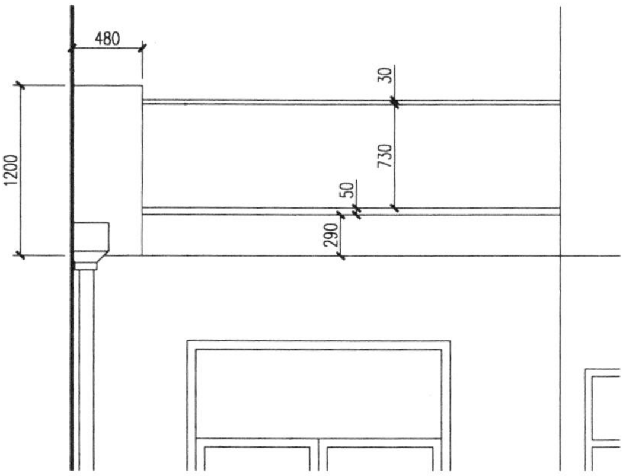

图 6-41

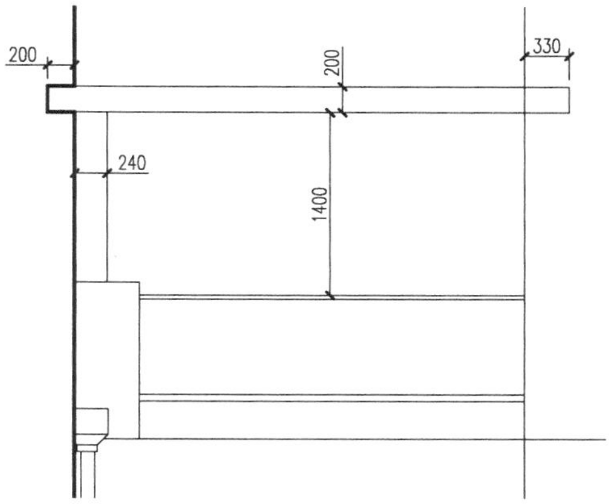

图 6-42

提示：区分轮廓线

在绘制轮廓线时，要注意区分轮廓线应该使用的正确图层。

6.5.2 绘制中间层立面门窗

案例	1-5 立面图.dwg	视频	绘制中间层立面门窗.avi	时长	11'43"

首先分别绘制 C-5、C-8 和 M-2 对象；将其保存为图块，再分别插入相应的位置。

Step 01 单击“图层”面板中的“图层控制”下拉列表，将“门窗”图层置为当前图层。

Step 02 执行“矩形”（REC）、“分解”（X）和“偏移”（O）等命令，绘制图形，如图 6-43 所示。

Step 03 执行“矩形”命令（REC），在如图 6-44 所示位置绘制 515×1220 的矩形对象。

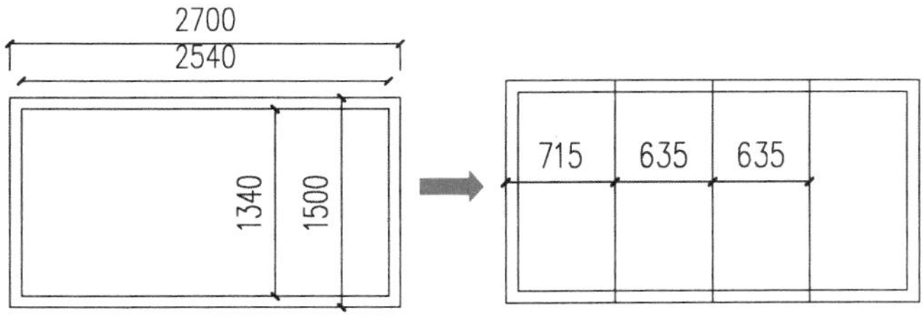

图 6-43

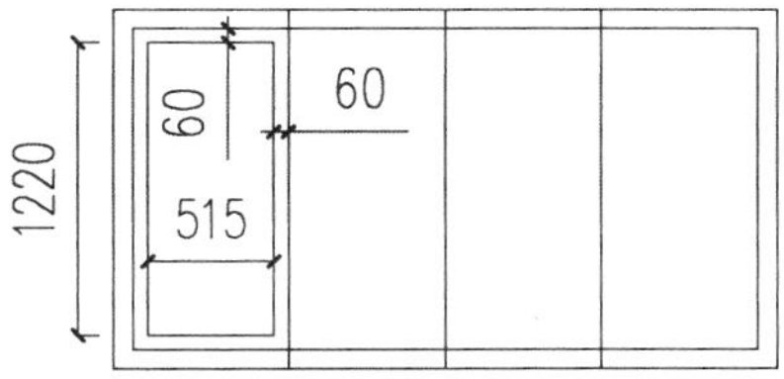

图 6-44

Step 04 执行“阵列”命令（AR），选择 515×1220 的矩形，再选择“矩形”阵列，弹出“阵列创建”面板，进行“1”行“4”列，列间距为“635”的阵列操作，结果如图 6-45 所示。

提示：阵列的讲解

阵列是对选定的图形进行有规律的多重复制，从而可以建立一个“矩形”、“路径”或者“环形”阵列。

矩形阵列是按行或列整齐排列的由多个相同对象副本组成的纵横对称图案；路径阵列是指按路径均匀分布对象副本；环形阵列是指由围绕中心点的多个相同对象副本组成的径向对称图案。

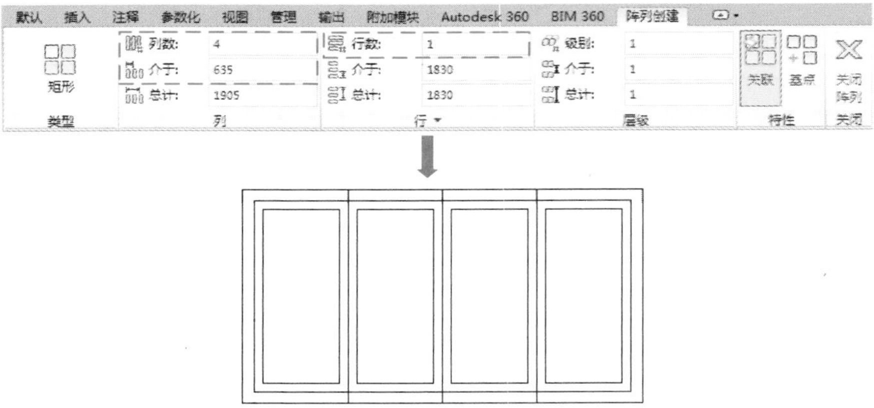

图 6-45

Step 05 执行“圆弧”命令（A），捕捉内矩形顶侧水平线段的中点作为圆心，分别绘制半径为 620、640 和 720 的三个同心圆弧，如图 6-46 所示。

Step 06 执行“直线”命令（L），过圆心，绘制与外圆弧等长（720）的垂直线段，如图 6-47 所示。

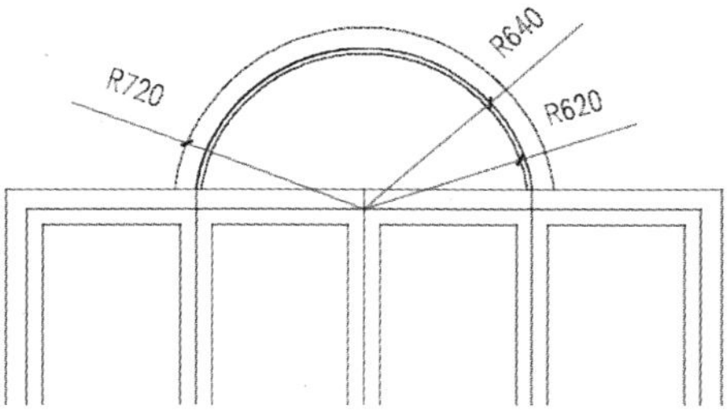

图 6-46

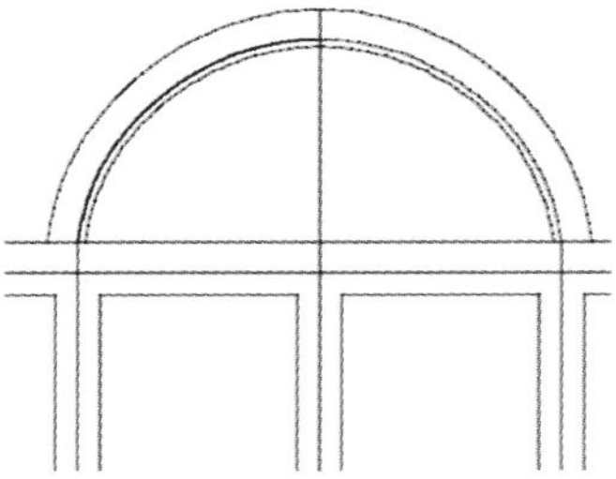

图 6-47

Step 07 执行“旋转”命令（RO），将绘制的线段旋转 44°（即与水平线成 134°），如图 6-48 所示。

Step 08 执行“镜像”命令（MI），选择左侧的斜线段，向右镜像复制一份，如图 6-49 所示。

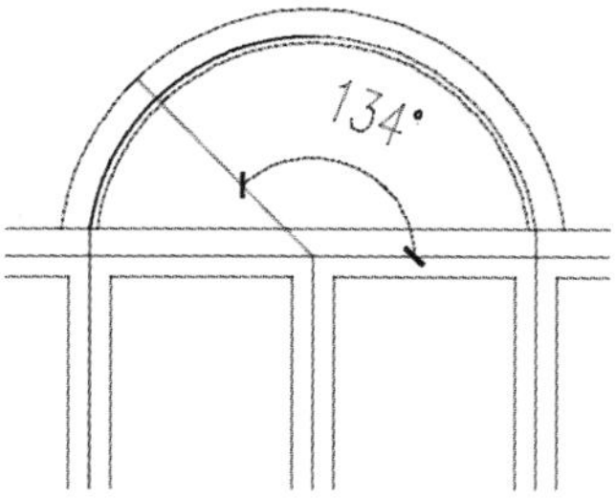

图 6-48

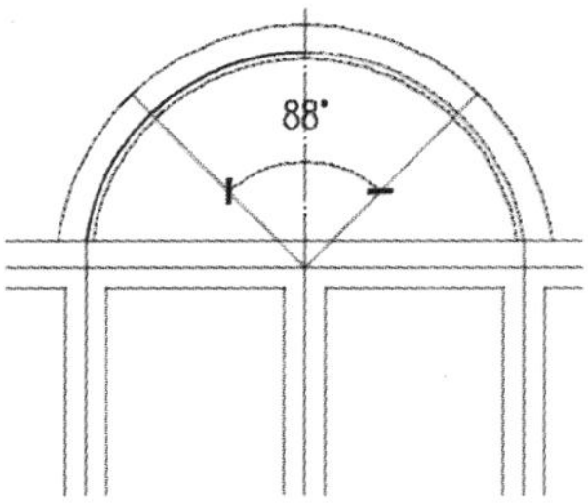

图 6-49

Step 09 执行“偏移”命令（O），将两条斜线段向上偏移 80，如图 6-50 所示。

Step 10 执行“修剪”命令（TR），修剪掉多余的线段，得到如图 6-51 所示的窗“C-5”对象。

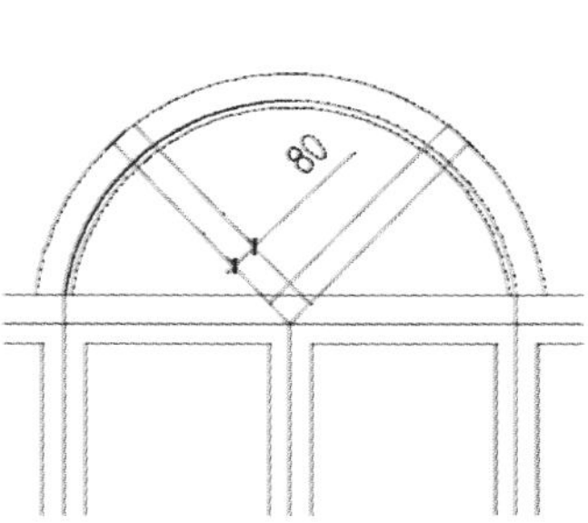

图 6-50

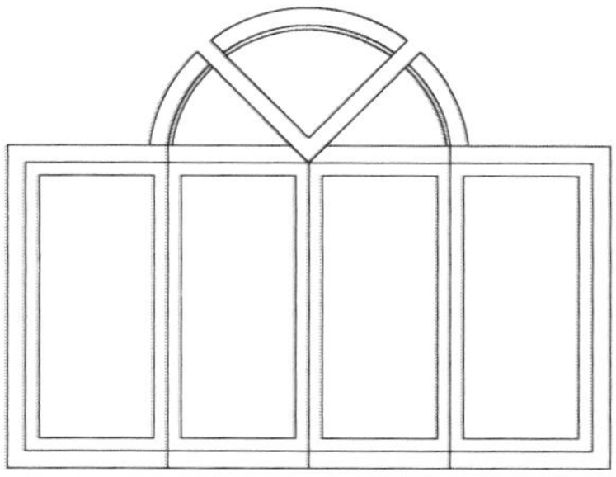

图 6-51

Step 11 执行“矩形”命令（REC），绘制一个 1500×1330 的矩形，如图 6-52 所示。

Step 12 执行“分解”命令（X），将矩形分解打散操作；再执行“偏移”命令（O）和“修剪”命令（TR），将矩形两垂直边各向内偏移 30，将上水平边向下偏移 50；然后执行“直线”命令（L），绘制中点的连接垂直线，如图 6-53 所示。

Step 13 再通过“偏移”（O）和“修剪”（TR）命令，将内侧边继续如图 6-54 所示进行偏移。完成窗“C-8”对象的绘制。

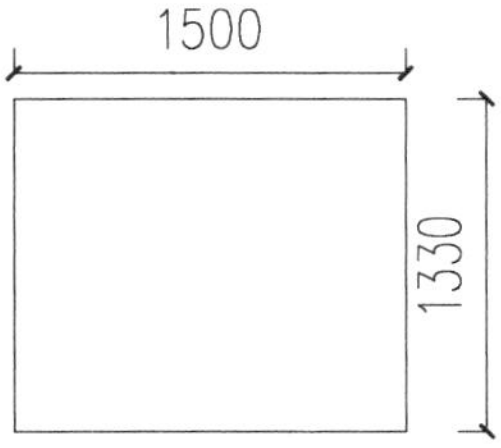

图 6-52

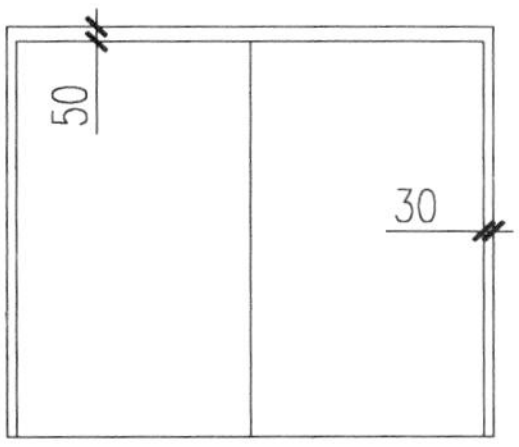

图 6-53

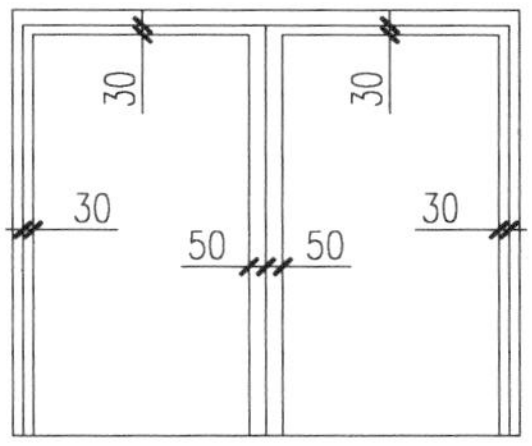

图 6-54

Step 14 执行“矩形”命令（REC），绘制 900×1330 的矩形，如图 6-55 所示。

Step 15 继续执行“矩形”命令（REC），如图 6-56 所示分别绘制 780×1270 和 690×590 的矩形，完成门“M-2”对象的绘制。

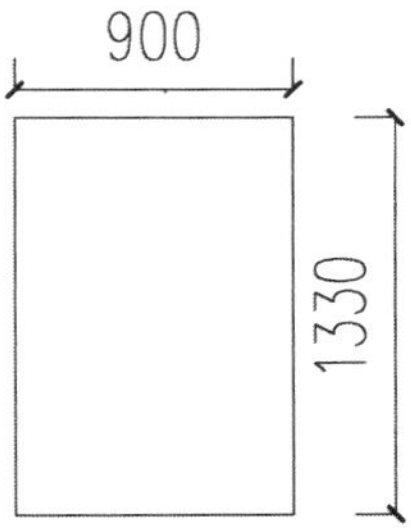

图 6-55

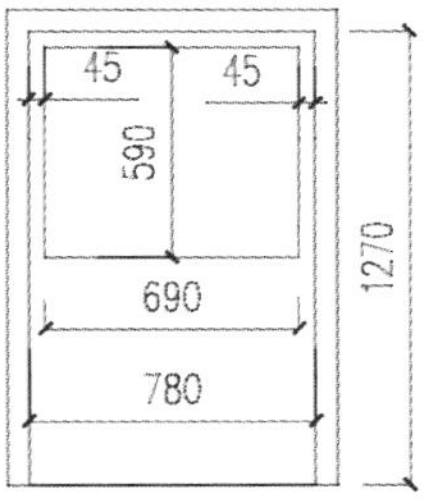

图 6-56

Step 16 执行“写块”命令（W），将绘制的立面门窗 C-5、C-8 和 M-2 对象，分别保存在 “案例\06”文件夹下，以便后面的调用。

Step 17 将“门窗”图层置为当前图层，执行“插入”命令（I），打开“插入”对话框，将“案例\06\C-5.dwg”图块插入相应位置，如图 6-57 所示。

Step 18 继续执行“插入”命令（I），打开“插入”对话框，分别将“案例\06”文件夹中的“C-8.dwg”和“M-2.dwg”图块插入图形相应位置，如图 6-58 所示。

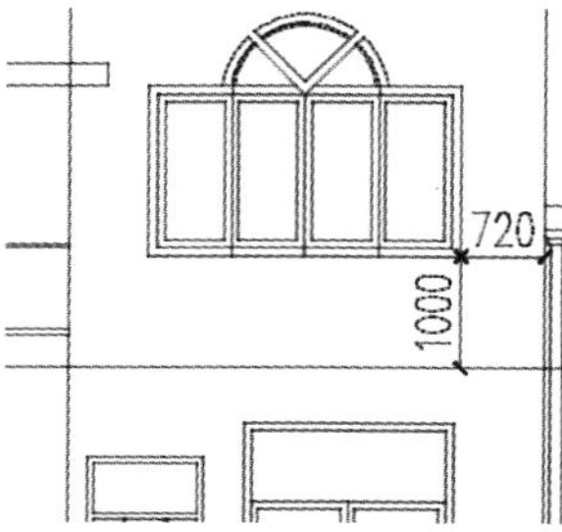

图 6-57

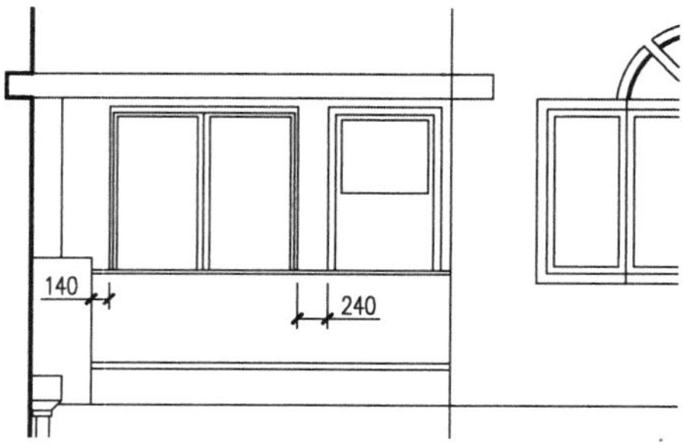

图 6-58

提示：如何调整显示精度

经常会遇见在打开某一 AutoCAD 图形文件时，发现圆（弧）、样条曲线变成了多边形，此时，可在命令行中输入“Viewres”命令，输入 1-2000 范围之内的值，其值越大，线条越平滑，反之亦然，或者使用“选项”命令（OP），在打开的对话框中选择“显示”选项卡，修改“显示精度”区域下的“圆或圆弧的平滑度”参数值即可，数值越大，其弧度就越平滑，如图 6-59 所示。

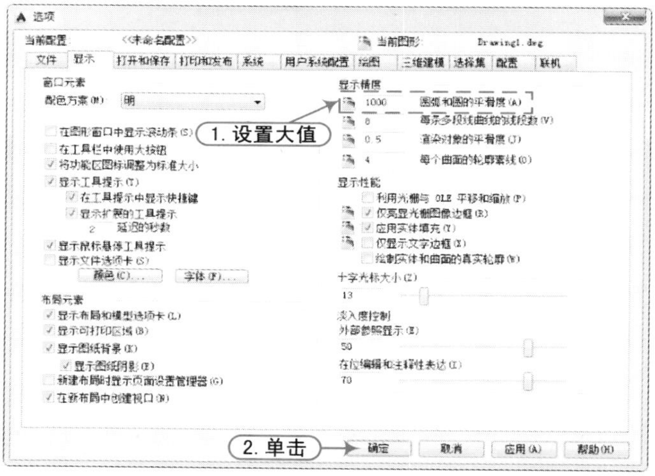

图 6-59

6.6 绘制顶层立面轮廓

案例	1-5 立面图.dwg	视频	绘制顶层立面轮廓.avi	时长	11'02"

完成了立面图的首层、中间层轮廓绘制后，接下来绘制顶层对象。

Step 01 执行“偏移”命令（O），将右上侧直角墙体线按照如图 6-60 所示进行偏移，且转换线型为“0”图层。

Step 02 执行 “修剪” （TR）等命令，修剪掉多余的线条，且把边缘的线转换为“墙体”图层，如图 6-61 所示。

Step 03 执行“偏移” （O）和“修剪” （TR）等命令，按照如图 6-62 所示绘制线段，且转换线型为“0”图层。

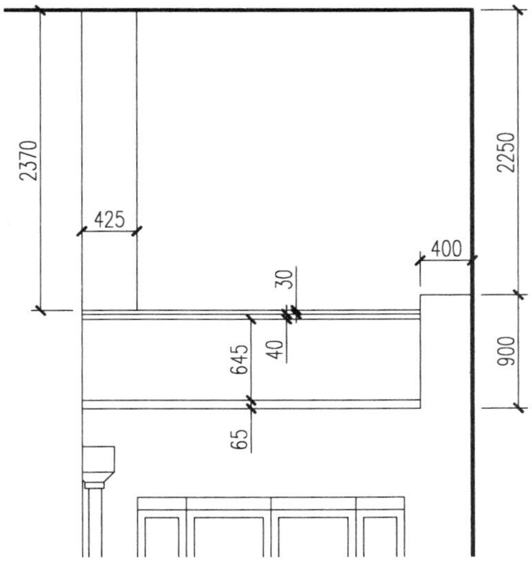

图 6-60

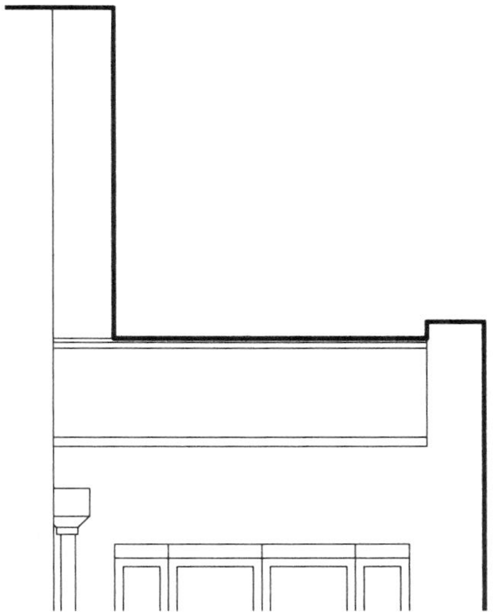

图 6-61

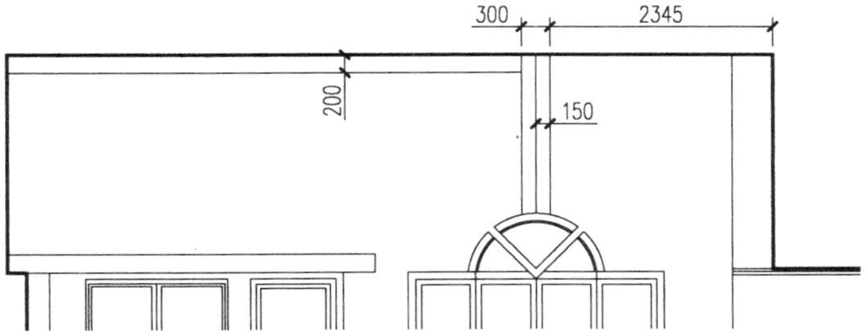

图 6-62

Step 04 执行“偏移”（O）、“直线”（L）、“镜像”（MI）、“修剪”（TR）等命令，绘制出如图 6-63 所示顶棚。

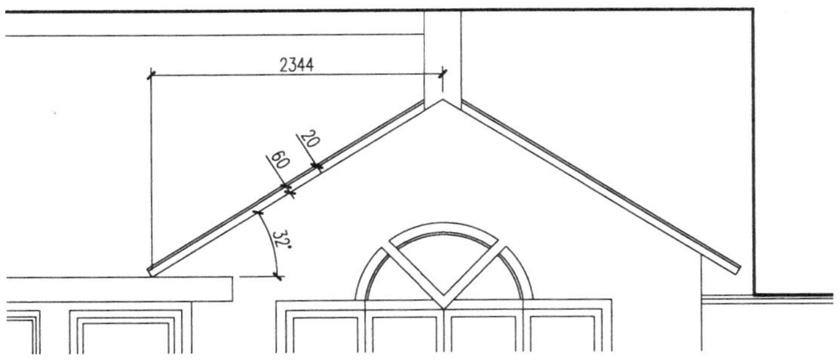

图 6-63

提示：步骤讲解

首先将中间线段向左偏移 2344，找到交点后，绘制夹角为 32° 的斜线段，再向上偏移 60 和 20；然后向右进行镜像操作；再修剪掉多余的线段，与立面窗 C-5 顶侧线段平行。

Step 05 执行“直线”（L）、“偏移”（O）和“镜像”（MI）等命令，绘制线段创建瓦片，再进行镜像操作，效果如图 6-64 所示。

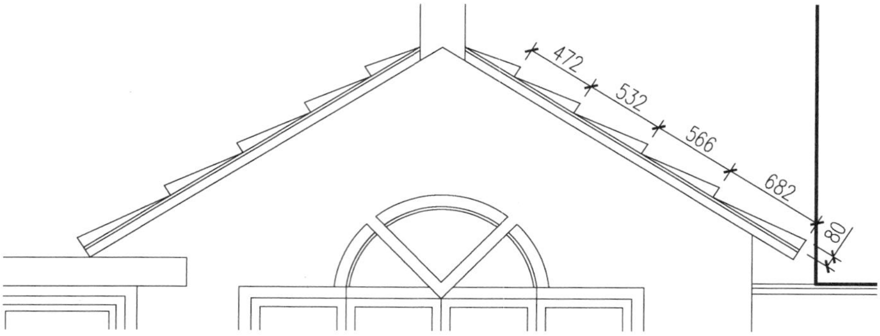

图 6-64

Step 06 将“其他”图层置为当前图层，执行“图案填充”命令（H），选择样例“LINE”，角度为 90°，比例为“120”，对如图 6-65 所示位置进行填充。

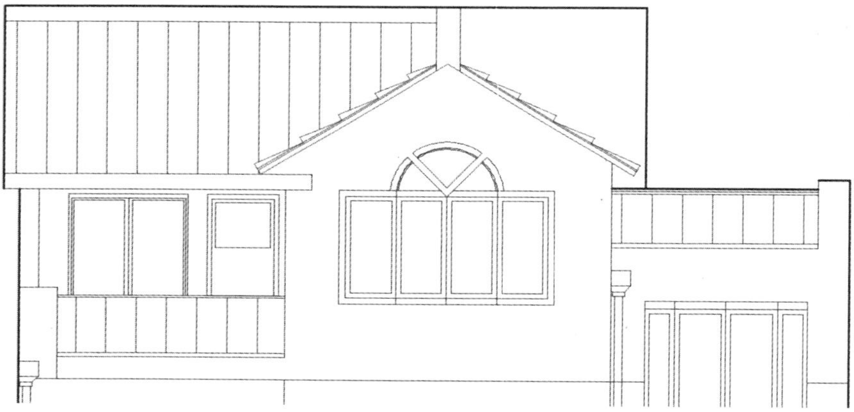

图 6-65

6.7 立面图的注释说明

案例	1-5 立面图.dwg	视频	立面图的注释说明.avi	时长	11'20"

前面已经将立面图绘制完毕，接下来进行立面图的注释说明，其中包括文字标注、尺寸标注、标高标注、图名标注等。

Step 01 单击“图层”面板中的“图层控制”下拉列表，将“尺寸标注”图层置为当前图层。

Step 02 执行“线性标注”（DLI）和“连续”（DCO）等命令，对 1～5 立面图进行一、二、三道的尺寸标注。

Step 03 将“标高”图层置为当前图层，执行“插入”命令（I），打开“插入块”对话框，然后单击“浏览”按钮 浏览(B)...，选择“案例\02\标高符号.dwg”图块插入绘图区；然后通过“移动”、“复制”、“镜像”等操作对符号进行修改，并修改标高值后移动到相应位置，如图 6-66 所示。

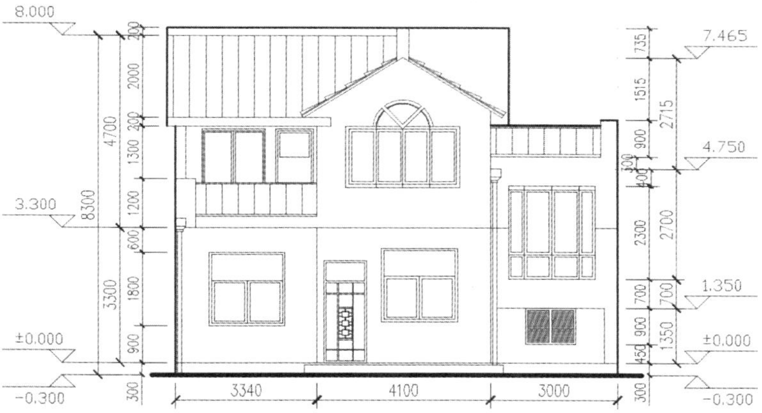

图 6-66

提示：镜像文字

默认情况下，镜像文字对象时，不更改文字的方向。

在 AutoCAD 中，使用系统变量 MIRRTEXT 可以控制文字对象的镜像方向，如果 MIRRTEXT 的值为 1，则文字对象完全镜像，镜像出来的文字变得不可读，如果 MIRRTEXT 的值为 0，则文字对象方向不镜像，如图 6-67 所示。

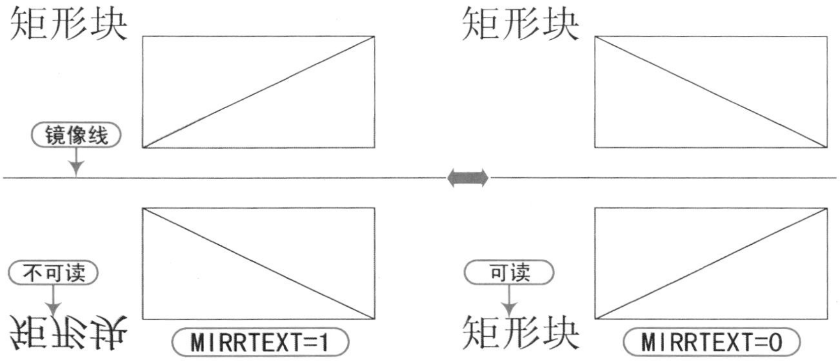

图 6-67

Step 04 将“文字标注”图层置为当前图层，然后单击“注释”标签下的“文字”面板，选择“图内说明”文字样式。

Step 05 执行“单行文字”命令（DT），设置文字大小为 350，对门窗进行名称的标注，如图 6-68 所示。

Step 06 将“轴线编号”图层置为当前图层，执行“插入”命令（I），将“案例\05\轴线编号.dwg”插入图形相应位置，分别修改属性值，如图 6-69 所示。

Step 07 将“文字标注”图层置为当前图层，然后单击“注释”标签下的“文字”面板，选择“图名”文字样式。

Step 08 执行“单行文字”命令（DT），在相应的位置输入“1-5 轴立面图”和比例“1:100”，

读书破万卷

然后分别选择相应的文字对象，按<Ctrl+1>键打开“特性”面板，修改文字大小为“700”和“350”。

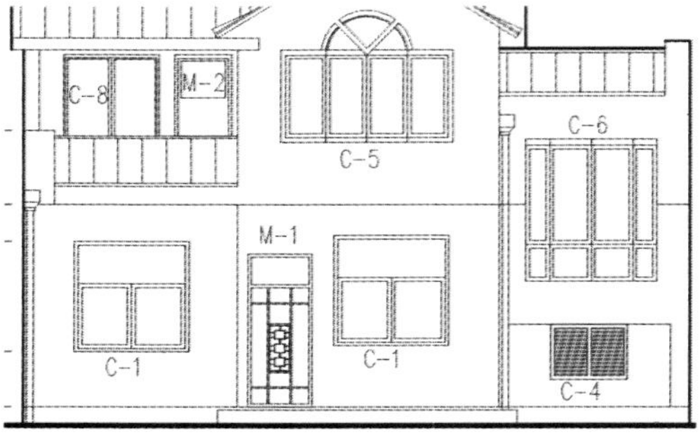

图 6-68

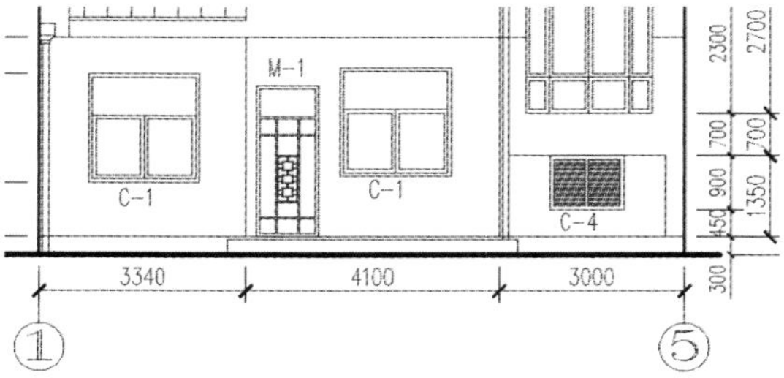

图 6-69

Step 09 执行“多段线”命令（PL），在图名的下侧绘制一条宽度为 100，与文字标注大约等长的水平多段线，如图 6-70 所示。

图 6-70

Step 10 至此，某别墅建筑 1～5 轴立面图绘制完毕，在“快速访问”工具栏单击“保存”按钮，将所绘制图形进行保存。

Step 11 在键盘上按<Alt+F4>或<Ctrl+Q>组合键，退出所绘制的文件对象。

6.8 其他方位立面图的绘制练习

通过对本章节对某别墅建筑 1～5 轴立面图的绘制思路的学习掌握，为了使读者更加牢固地掌握建筑立面图的绘制，并能达到熟能生巧的目的，可以参照前面的步骤和方法对如图 6-71 所示的某别墅建筑 A-H 轴立面图进行绘制。

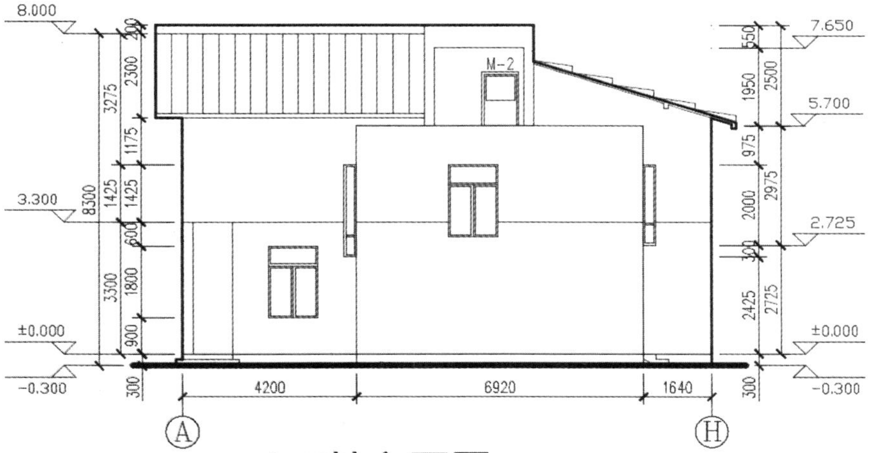

A-H轴立面图 1:100

图 6-71

7 建筑剖面与详图工程图纸的绘制

本章导读

建筑剖面图主要用来表达房屋内部的分层、结构形式、构造方式、材料、作法、各部位间的联系及其高度等情况。

建筑详图是将施工图中无法表达清楚的关键部位进行详细化，又称为建筑大样图或者详图。

本章内容

- 别墅建筑 1-1 剖面图的绘制
- 建筑楼梯详图的绘制

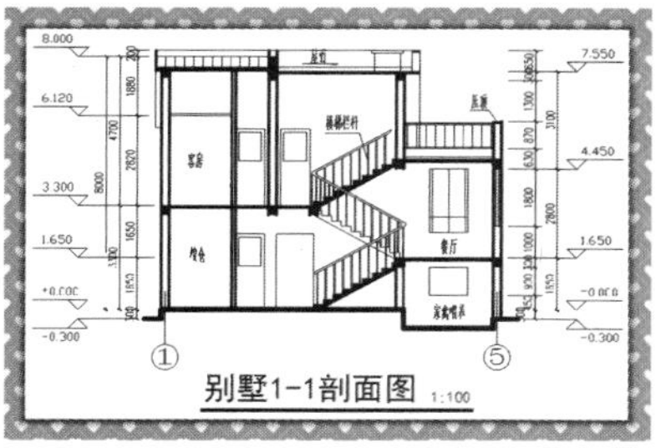

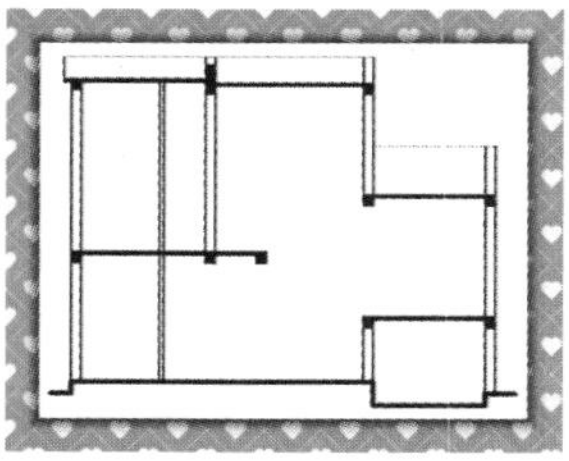

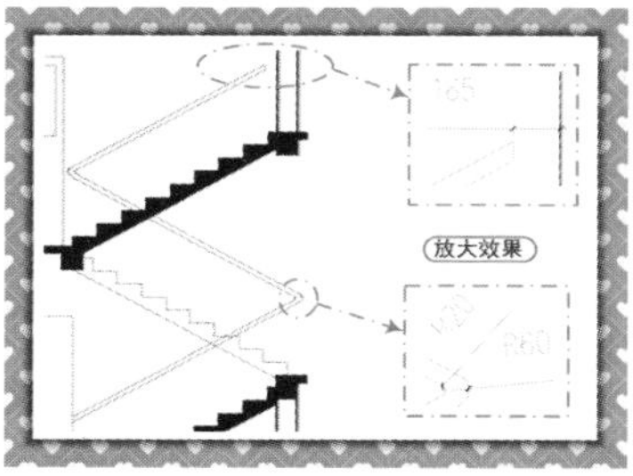

7.1 别墅建筑 1-1 剖面图的绘制

本节以某别墅建筑 1-1 剖面图为实例进行绘制，并引导读者掌握建筑剖面图的绘制方法。

7.1.1 1-1 剖面图的概况及工程预览

案例	别墅 1-1 剖面图.dwg	视频	无	时长	无

在绘制某别墅建筑 1-1 剖面图时，首先根据要求设置绘图环境，包括图形界限、图层规划、文字和标注样式的设置等，并保存为样板文件；然后绘制辅助线、地坪线、墙体、楼板、门窗和屋顶等，最后进行剖面注释说明，最终效果如图 7-1 所示。

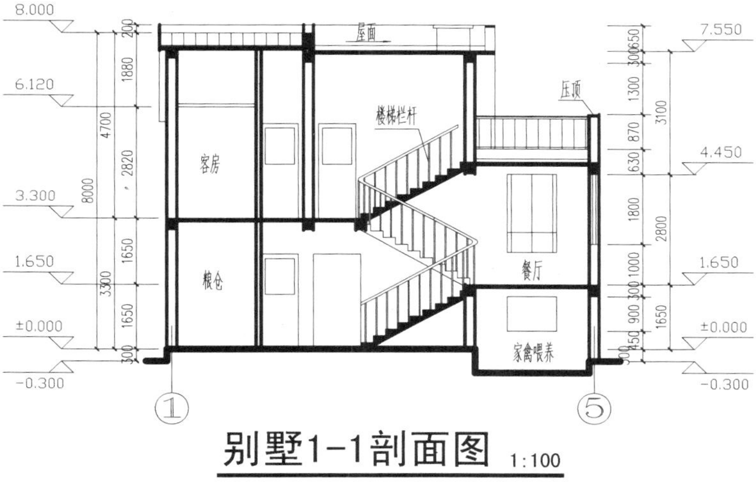

图 7-1

提示：建筑剖面图

> 建筑剖面图是指假想用一个铅垂切平面，选择建筑物中能反映全貌、构造特征及有代表性的部位进行剖切，然后按正投影方法进行绘制，简称为剖面图。
>
> 建筑剖面图用以表达建筑内部的结构构造，垂直方向的分层情况，各层楼地面、屋顶的构造及相关尺寸、标高等。
>
> 根据建筑物的实际情况，通常有横剖面图和纵剖面图之分，沿着建筑物宽度方向剖开，即为横剖；沿着建筑物长度方向剖开，即为纵剖。
>
> 剖面图是与平面图、立面图互相配合不可缺少的重要图样之一。

7.1.2 设置绘图环境

案例	别墅 1-1 剖面图.dwg	视频	设置绘图环境.avi	时长	14'45"

在正式绘制别墅建筑 1-1 剖面图之前，首先要设置与所绘图形相匹配的绘图环境，主要包括绘图单位、界限、图层、文字样式和标注样式的设置。

1. 设置绘图区域

Step 01 在桌面上双击 AutoCAD 2015 图标，启动 AutoCAD 2015 软件，系统自动创建一个空白文档。

Step 02 单击标题栏上的“新建”按钮，打开“选择样板”对话框，单击“打开”按钮右侧的倒三角按钮，以“无样板打开-公制（M）”方式建立新文件。

Step 03 在“快速访问”工具栏单击“另存为”按钮，将弹出“图形另存为”对话框，将该文件保存为“案例\07\别墅 1-1 剖面图.dwg”文件。

Step 04 执行“格式 | 单位”菜单命令（UN），打开“图形单位”对话框，将长度单位类型设定为“小数”，精度为“0.000”，角度单位类型设为“十进制度数”，精度精确到“0.00”，如图 7-2 所示。

Step 05 执行“图形界限”命令（Limits），依照命令行的提示，设定图形界限的左下角为（0，0），右上角为（42000，29700）。

Step 06 再在命令行中输入“Z | 空格 | A”，使输入的图形界限区域全部显示在图形窗口内。

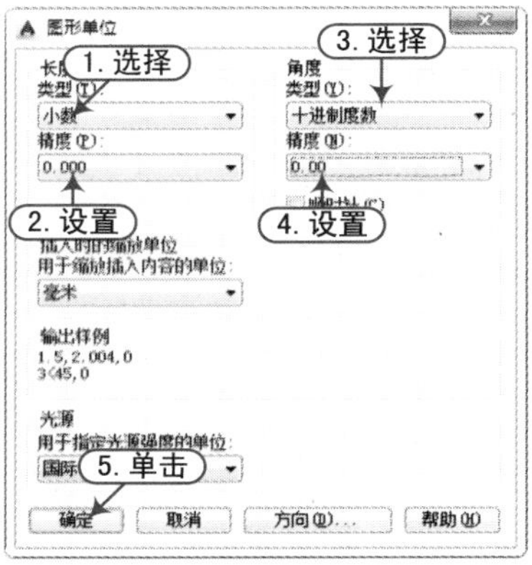

图 7-2

2. 图层规划

图层设置主要考虑图形元素的组成及各元素的特征。由表 7-1 所示可知建筑剖面图主要由辅助线、地坪线、立柱、墙体、门窗、楼板、扶手、楼梯、标高、尺寸标注、文字标注、轴线编号等元素组成。

表 7-1 图层设置

序号	图层名	线宽	线型	颜色	打印属性
1	辅助线	默认	点画线(ACAD-ISOO4W100)	红色	不打印
2	墙体	0.30mm	实线(CONTINUOUS)	洋红色	打印
3	门窗	默认	实线(CONTINUOUS)	青色	打印
4	标高	默认	实线(CONTINUOUS)	12 色	打印
5	立柱	默认	实线(CONTINUOUS)	52 色	打印
6	尺寸标注	默认	实线(CONTINUOUS)	蓝色	打印
7	文字标注	默认	实线(CONTINUOUS)	黑色	打印
8	其他	默认	实线(CONTINUOUS)	8 色	打印
9	地坪线	0.70mm	实线(CONTINUOUS)	黑色	打印
10	轴线编号	默认	实线(CONTINUOUS)	绿色	打印
11	楼板	默认	实线(CONTINUOUS)	黑色	打印
12	扶手	默认	实线(CONTINUOUS)	洋红色	打印
13	楼梯	默认	实线(CONTINUOUS)	192 色	打印

提示：规划图层

在绘制图形时，如果所有图形都用同一种颜色、线型、名字等，将会使绘制的图形显得很呆板，没有层次感，也很难读图，不能够快速地区分各部分对象的含义。因此不同的对象设置不同的颜色、线型、线宽，就显得非常重要，而实现颜色、线型、线宽设置的最好方法就是使用“图层”面板。

Step 01　执行“图层”命令（LA），将打开“图层特性管理器”面板，根据前面如表 7-1 所示来设置图层的名称、线宽、线型和颜色等，如图 7-3 所示。

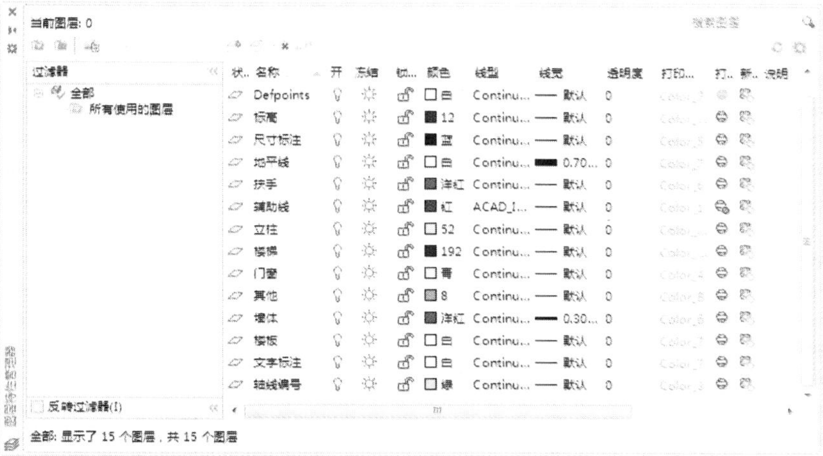

图 7-3

提示：图层的新建

> 在新建“图层”过程中，如果希望创建的图层与现有的某个图层的颜色/线型相同，可以先选择现有图层，再单击“新建图层”按钮，此时新建的图层将自动继承选定图层的颜色和线型。

Step 02　执行“格式｜线型”菜单命令，打开“线型管理器”对话框，单击“显示细节”按钮，打开“详细信息”选项组，设置“全局比例因子”为 100，然后单击“确定”按钮，如图 7-4 所示。

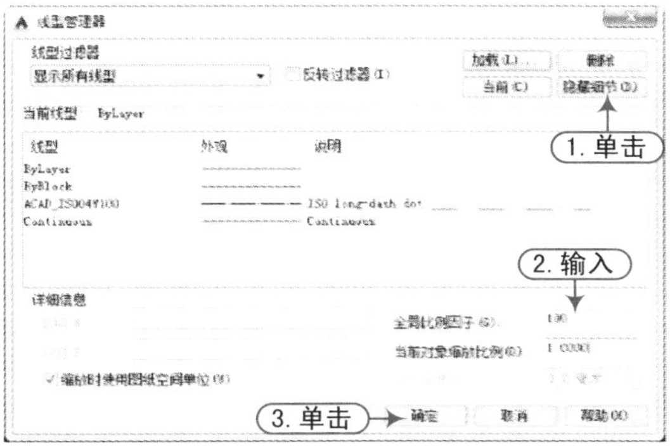

图 7-4

3. 文字样式的设置

建筑剖面图上的文字有尺寸文字、图内说明、图名文字、轴号文字等，而打印比例为 1:100，文字样式中的高度为打印到图纸上的文字高度与打印比例倒数的乘积。根据建筑制图标准，该立面图文字样式的规定如表 7-2 所示。

表 7-2　文字样式

文字样式名	打印到图纸上的文字高度	图形文字高度(文字样式高度)	宽度因子	字体丨大字体
尺寸文字	3.5	0	0.7	Tssdeng/gbcbig
图内说明	3.5	350		
图　名	7	700	1.0	黑体
轴号文字	5	500	1.0	complex

Step 01　在“注释”标签下的“文字”面板中，单击右下角的↘按钮，将弹出“文字样式”对话框，单击“新建”按钮，打开“新建文字样式”对话框，将样式名定义为“图内说明”，再单击“确定”按钮，如图 7-5 所示。

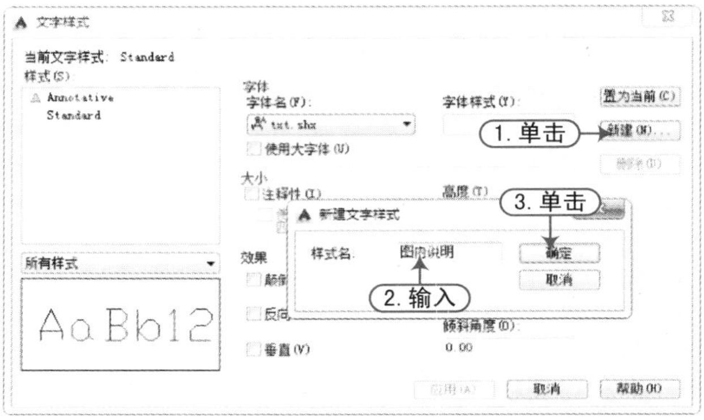

图 7-5

Step 02　此时，在“字体”下拉列表中选择字体“tssdeng.shx”，选择“使用大字体”复选框，并在“大字体”下拉列表中选择字体“gbcib.shx”，在“高度”文本框中输入“350”，在“宽度因子”文本框中输入“0.7”，单击“应用”按钮，完成该文字样式的设置，如图 7-6 所示。

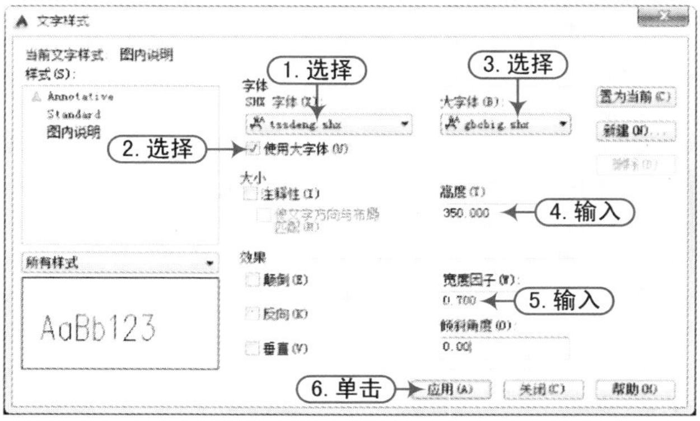

图 7-6

Step 03　重复前面的步骤，建立如表 7-2 所示中其他各种文字样式，如图 7-7 所示。

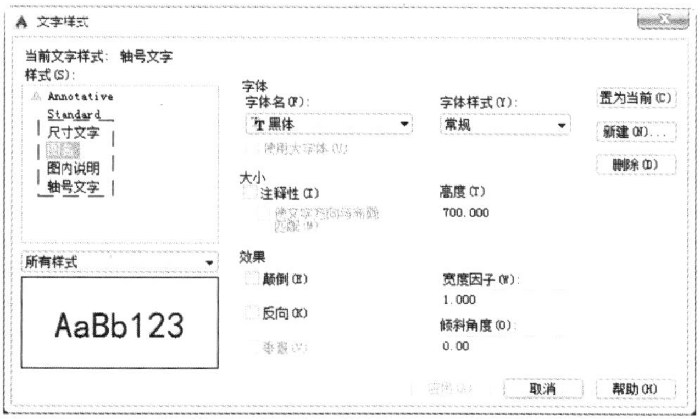

图 7-7

4. 标注样式的设置

尺寸标注样式的设置是依据建筑制图标准的有关规定，对尺寸标注各组成部分的尺寸进行设置，主要包括尺寸线、尺寸界限参数的设定，尺寸文字的设定，全局比例因子、测量单位比例因子的设定。

Step 01 在“注释”标签下的“标注”面板中，单击右下角的↘按钮，将弹出“标注样式管理器”对话框，单击“新建”按钮，打开“创建新标注样式”对话框，将新样式名定义为“建筑剖面标注-100”，再单击“继续”按钮，如图 7-8 所示。

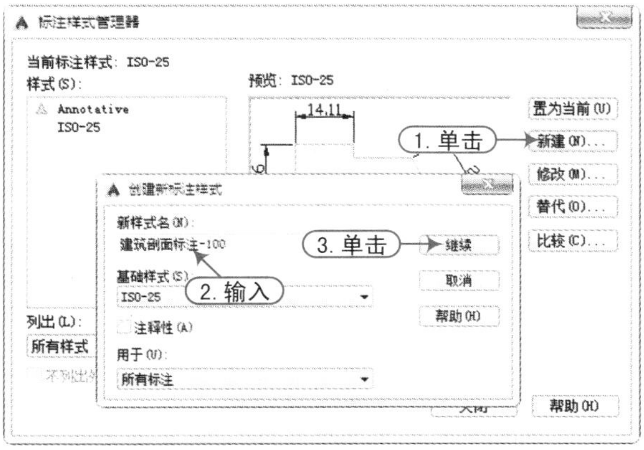

图 7-8

Step 02 当单击“继续”按钮后，则进入到“新建标注样式：建筑剖面标注-100”对话框，然后分别在各选项卡中设置相应的参数，如图 7-9 所示。

提示：全局比例与比例因子

“全局比例”与“比例因子”的区别：如果绘制长 100 的水平线段，前者就是标注出来的尺寸，即 100；而后者就是放大/缩小的倍数，若比例因子值为“5”，则标出的尺寸是实际尺寸的 5 倍，即标注的数据为 500。

图 7-9

Step 03 首先在“快速访问”工具栏单击“保存”按钮，将设置的剖面图绘图环境保存。

Step 04 然后再单击“另存为”按钮，将弹出“图形另存为”对话框，在“文件类型”下拉列表中选择“AutoCAD 图形样板（*.dwt）”选项，在“保存于”下拉列表中选择“案例\07”路径，然后在“文件名”文本框中输入文件名“建筑剖面图样板”，最后单击“保存”按钮，将弹出“样板选项”对话框，在“说明”文本框中输入相应的文字说明，然后单击“确定”按钮即可将该文件另存为样板文件以方便后面调用，如图 7-10 所示。

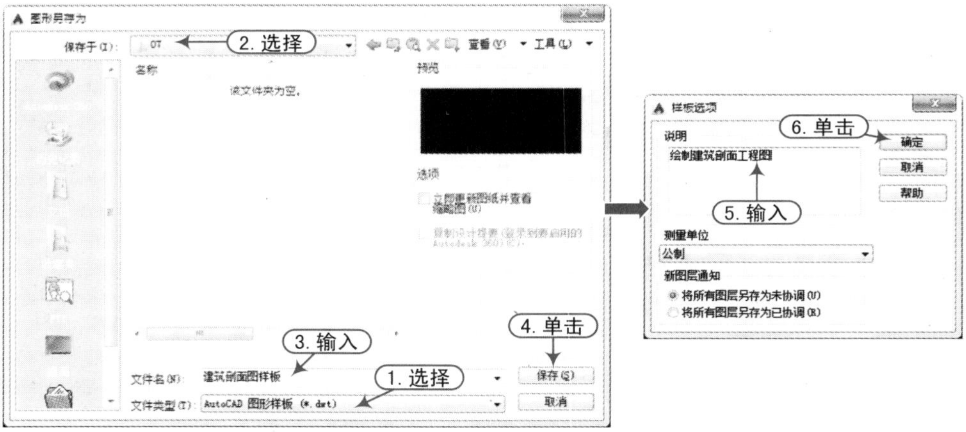

图 7-10

Step 05 在键盘上按<Alt+F4>或<Ctrl+Q>组合键，退出当前保存的样板文件对象。

Step 06 在“快速访问”工具栏单击“打开”按钮，将“案例\07\别墅 1-1 剖面图.dwg”文件打开。

提示：样板文件的作用

在建筑设计中，根据平面图的绘制过程，剖切指示可分为 1-1、2-2、3-3、A-A 等，所以应该首先应设置好绘图环境，并保存为样板文件，这样可方便其他相应剖面图形的绘制，从而加快绘图的速度。

7.1.3 绘制轮廓及楼层线

案例	别墅 1-1 剖面图.dwg	视频	绘制轮廓及楼层线.avi	时长	13'35"

在绘制剖面图轮廓线时，应首先绘制剖面图的辅助网线，再绘制轮廓及楼层线。

1. 绘制辅助线

绘制建筑剖面图时，为了便于建筑轮廓线的定位，首先需要绘制相应的辅助线。

Step 01 接上例，单击“图层”面板中的“图层控制”下拉列表，将“辅助线”图层置为当前图层。

Step 02 执行“构造线”命令（XL），绘制两条互相垂直的构造线，如图 7-11 所示。

Step 03 执行“偏移”命令（O），将水平构造线向上依次偏移 1650、300、1350、300、1150、300、1200 和 2250，如图 7-12 所示。

图 7-11

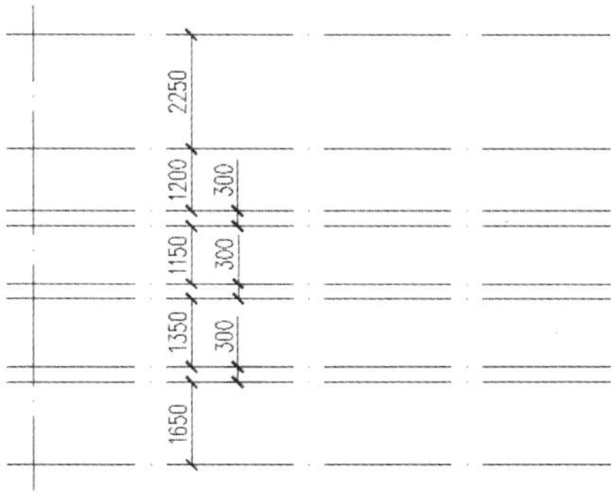

图 7-12

Step 04 继续执行“偏移”命令（O），将垂直构造线向右依次偏移 240、1920、120、1020、240、1020、240、2400、240、2760 和 240，如图 7-13 所示。

Step 05 继续执行“偏移”命令（O），将最下侧的水平线段向上、下各偏移 300，如图 7-14 所示。

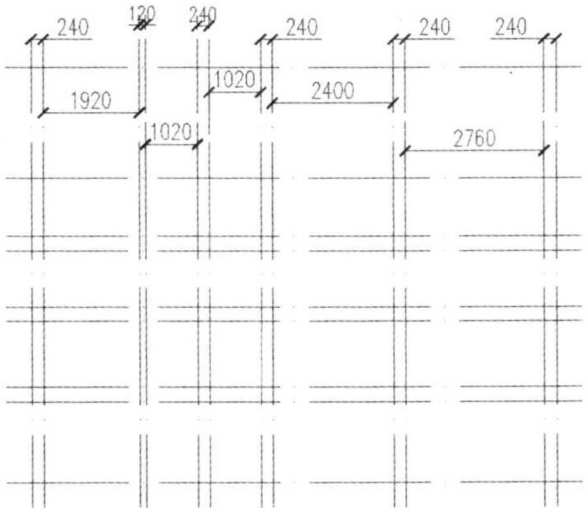

图 7-13

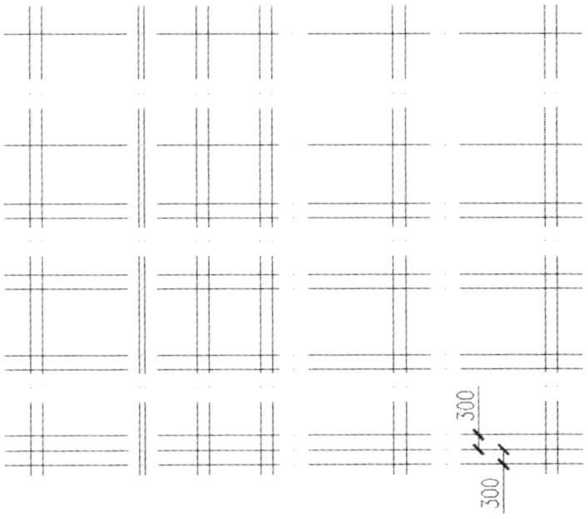

图 7-14

Step 06 执行“修剪”命令（TR），将多余的辅助线段修剪，如图 7-15 所示。

Step 07 单击“图层”面板中的“图层控制”下拉列表，将“地坪线”图层置为当前图层。

Step 08 执行“多段线”命令（PL），借助辅助线绘制地坪线，如图 7-16 所示。

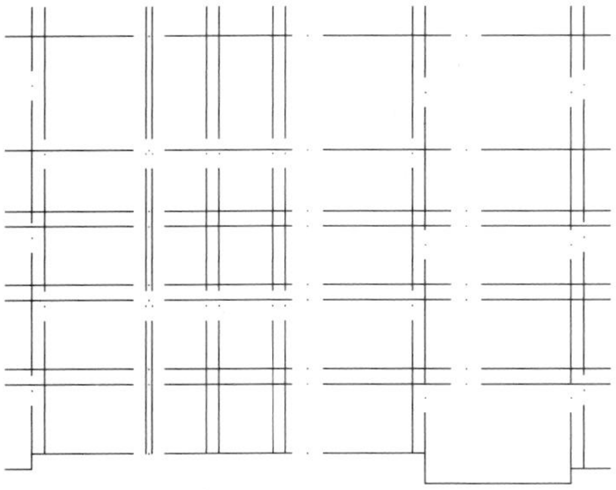

图 7-15

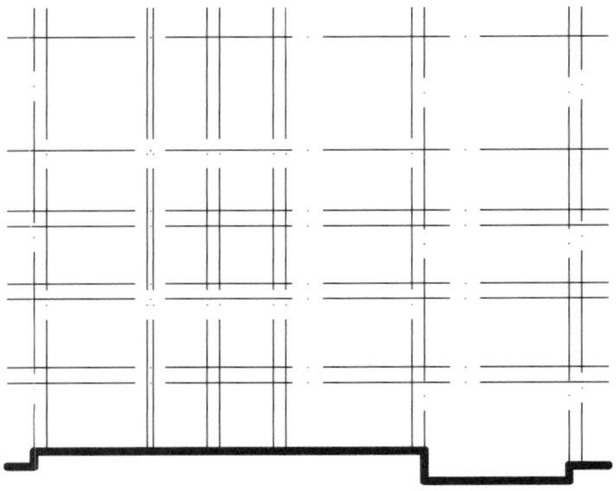

图 7-16

2. 绘制轮廓线及楼层线

Step 01 单击“图层”面板中的“图层控制”下拉列表，将“墙体”图层置为当前图层。

Step 02 执行“直线”命令（L），借助辅助线绘制剖面图的墙体轮廓线，如图 7-17 所示。

Step 03 将“楼板”图层置为当前图层，执行“直线”命令（L），借助辅助线绘制立面图的楼层线，如图 7-18 所示。

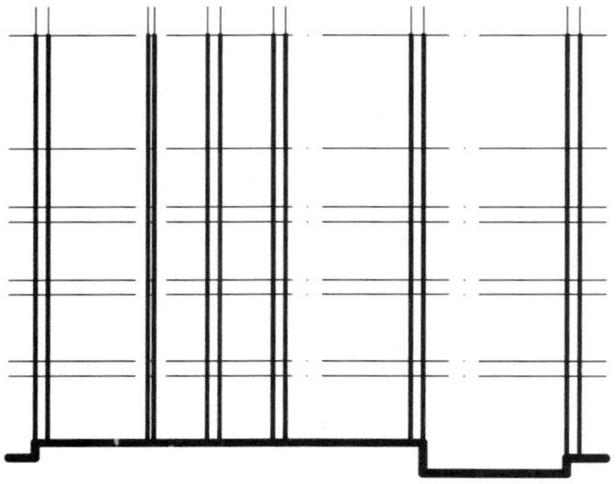

图 7-17

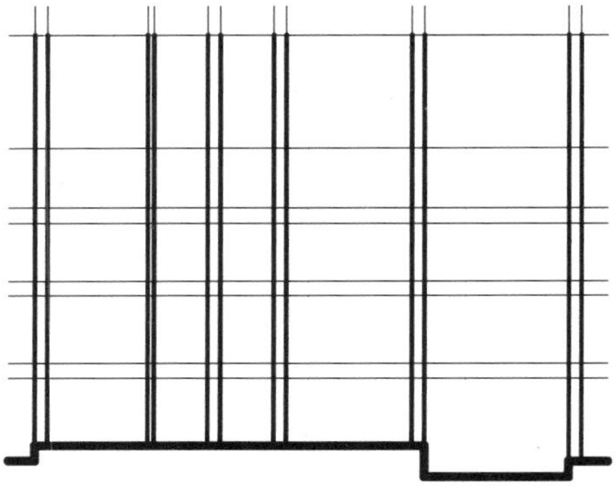

图 7-18

Step 04 在“图层”面板中的“图层控制”下拉列表，将“辅助线”图层关闭使之隐藏，显示出上一步绘制的轮廓图形，如图 7-19 所示。

Step 05 执行“修剪”命令（TR），修剪掉多余的线段，修剪的轮廓如图 7-20 所示。

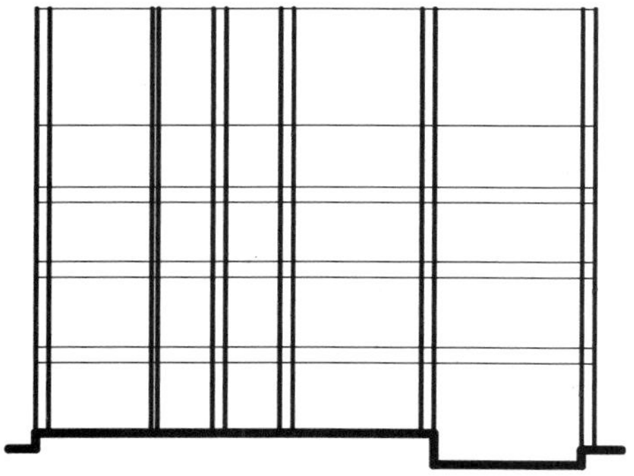

图 7-19

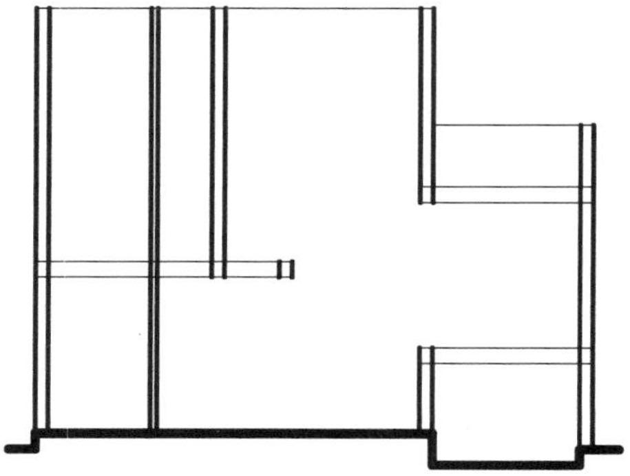

图 7-20

Step 06 执行“偏移”命令（O），将楼板处的水平线段向下分别偏移 100，如图 7-21 所示。

Step 07 执行“修剪”命令（TR），将多余的线段修剪掉，效果如图 7-22 所示。

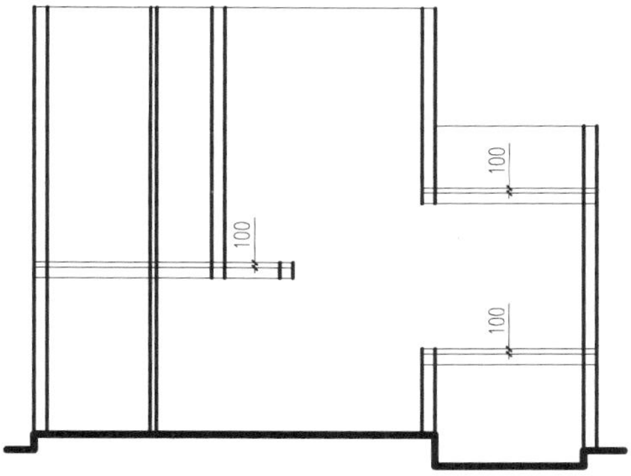

图 7-21

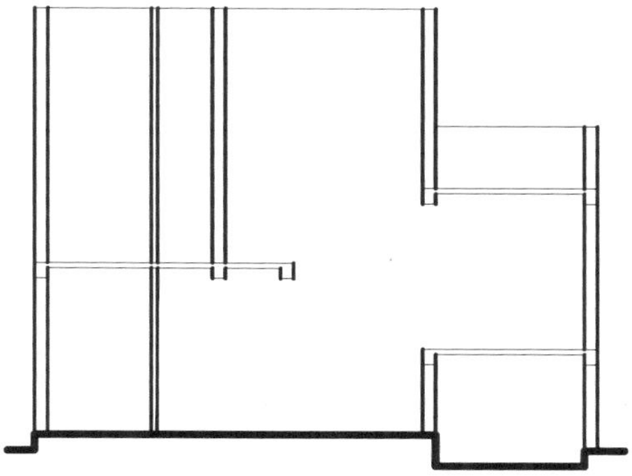

图 7-22

Step 08 执行“偏移”命令（O），将最上侧楼板线向下按照如图 7-23 所示尺寸进行偏移；然后再通过“延伸”命令（EX），对相应线条进行一定的延伸操作。

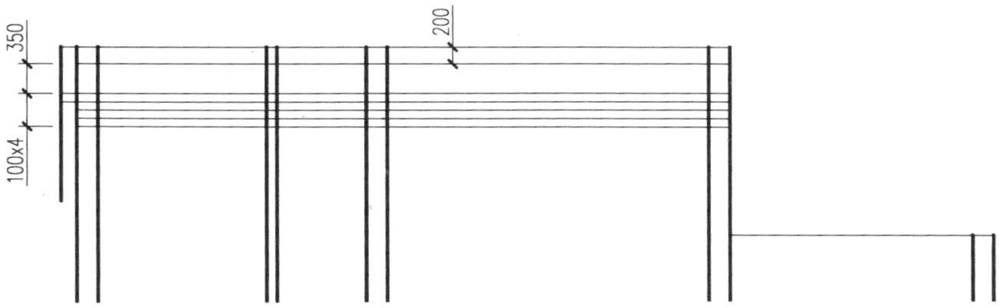

图 7-23

读书破万卷

提示：延伸命令讲解

在 AutoCAD 2015 中，如果想让对象相交，但拉长的距离不知道，这时可以使用“延伸”命令。圆弧、椭圆弧、直线及射线等对象都可以被延伸。

延伸就是使对象的终点落到指定的某个对象的边界上，有效的边界对象有圆弧、块、圆、椭圆、浮动的视口边界、直线、多段线、射线、面域、样条曲线、构造线及文本等对象。

例如，利用“延伸”命令完成如图 7-24 所示图形的绘制，其操作步骤如下。

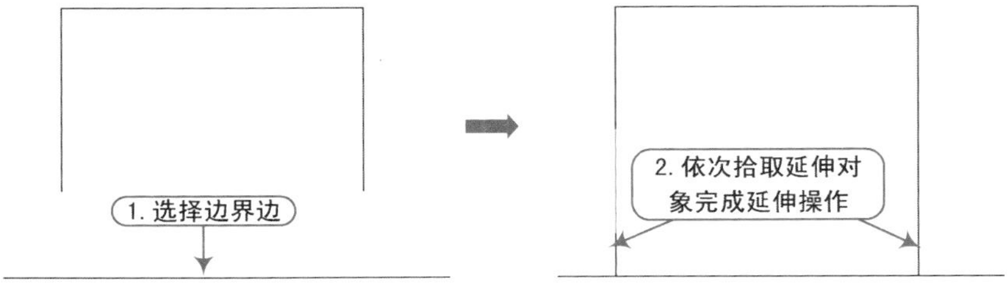

图 7-24

Step 09 再执行“修剪”（TR）等命令，修剪掉多余的线条，效果如图 7-25 所示。

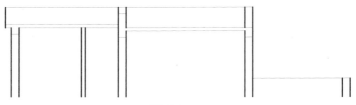

图 7-25

Step 10 将“楼板”图层置为当前图层，执行“图案填充”命令（H），选择样例“SOLID”，对楼梯对象进行填充，效果如图 7-26 所示。

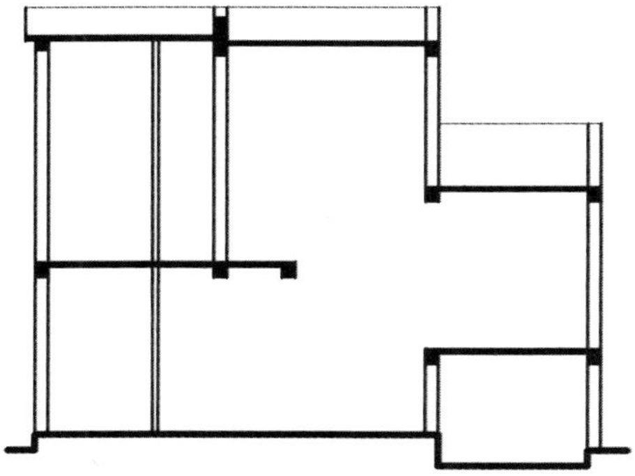

图 7-26

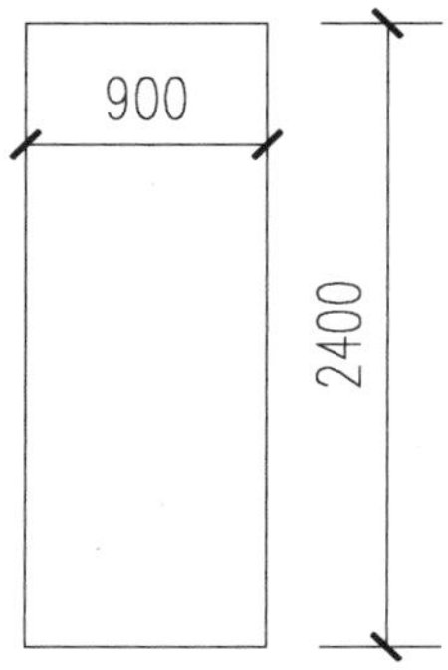

图 7-27

7.1.4 绘制剖面门窗对象

案例	别墅 1-1 剖面图.dwg	视频	绘制剖面门窗对象.avi	时长	07'58"

首先在剖面图中绘制立面门窗对象，再插入相应的位置。

1. 绘制门窗

利用“矩形”、“分解”和“偏移”等命令绘制门窗 M-2A 和 C-6B 对象。

Step 01 单击“图层”面板中的“图层控制”下拉列表，将“0”图层置为当前图层。

Step 02 执行“矩形”命令（REC），绘制 900×2400 的矩形，如图 7-27 所示。

Step 03 继续执行“矩形”命令（REC），在内侧再绘制 700×900 的矩形，并进行垂直中点对齐，绘制的门“M-2A”对象如图 7-28 所示。

Step 04 执行“矩形”命令（REC），绘制 1200×2000 的矩形，然后执行“分解”命令（X），将矩形分解，如图 7-29 所示。

Step 05 执行“偏移”命令（O），将底侧的水平线段向上偏移 500，将左侧的垂直线段向右各偏移 100、500 和 500，绘制的窗“C-6B”对象如图 7-30 所示。

提示：矩形的分解

使用“矩形”命令绘制的多边形是一条多段线，要想单独编辑某一条边，需要先执行“分解”命令，才能分解成为单独的四条边。

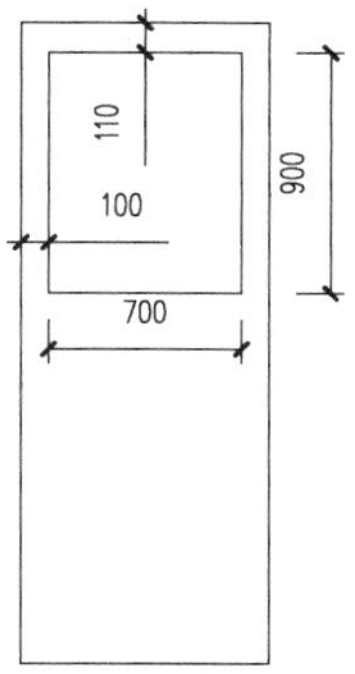

图 7-28

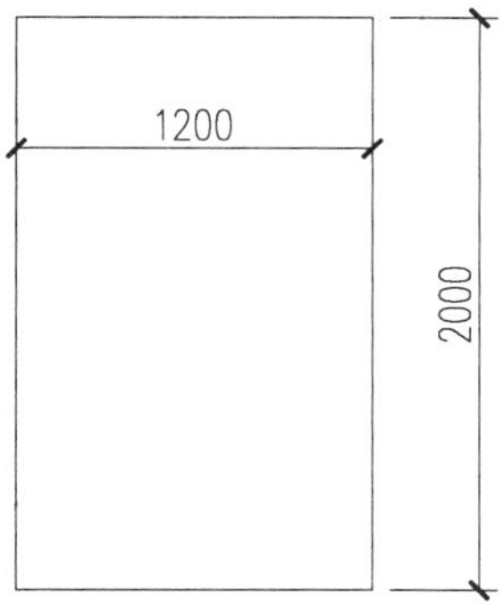

图 7-29

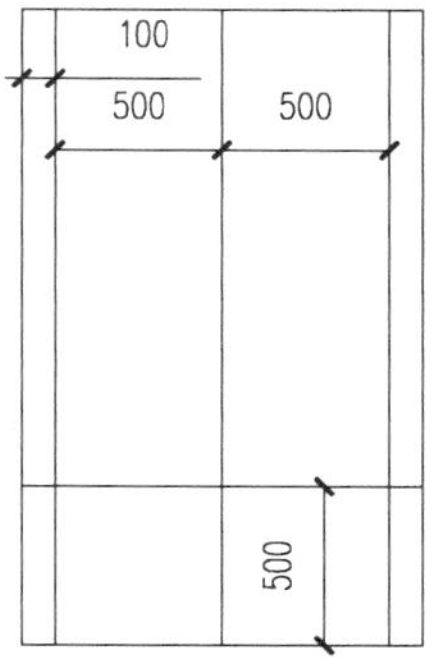

图 7-30

2. 插入门窗

Step 01 执行“写块”命令（W），打开“写块”对话框，将绘制的 M-2A 立面门对象保存为“案例\07\M-2A.dwg”图块，如图 7-31 所示。

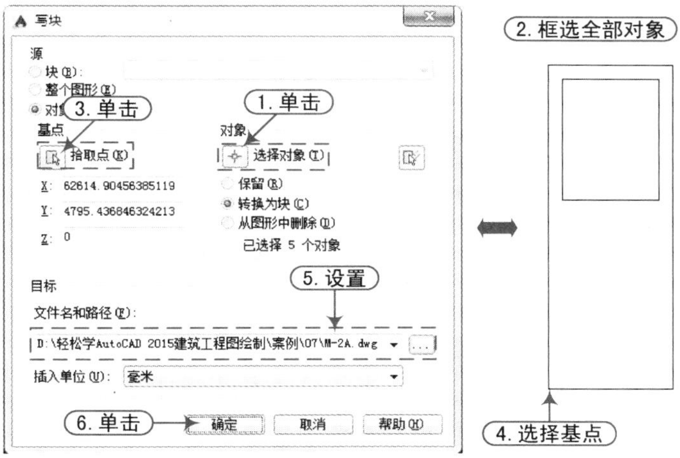

图 7-31

Step 02 继续执行“写块”命令（W），参照上面的方法，将立面窗“C-6B”对象，保存在“案例\07”文件夹下，以方便后面的调用。

提示：如何确定图块的基点

最好在图块保存之前，确定一些特征点（如中点、端点、象限点、圆心等）作为插入图块时的基点；有些图形的特征点能够快速确定，而有些图形的基点却不太好确定。此时可以执行“Base”命令，在适当的位置指定一点作为基点，这样不管以后怎样插入图块，均以该指定点作为图块的基点。

Step 03 单击“图层”面板中的“图层控制”下拉列表，将“门窗”图层置为当前图层。

Step 04 执行“插入”命令（I），打开“插入”对话框，将“案例\07\M-2A.dwg”图块插入相应位置，如图 7-32 所示。

Step 05 继续执行“插入”命令（I），打开“插入”对话框，将“案例\07\C-6B.dwg”图块插入相应位置，如图 7-33 所示。

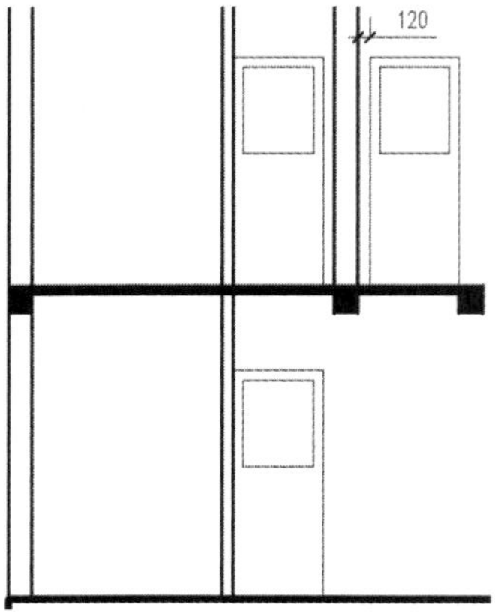

图 7-32

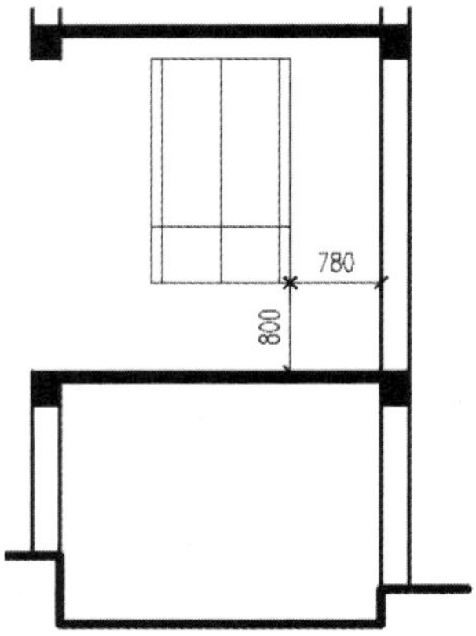

图 7-33

Step 06 执行“矩形”命令（REC），分别绘制 1140×2400 和 1200×900 的矩形，创建门“MD-2”、窗“C-4”对象，如图 7-34 所示。

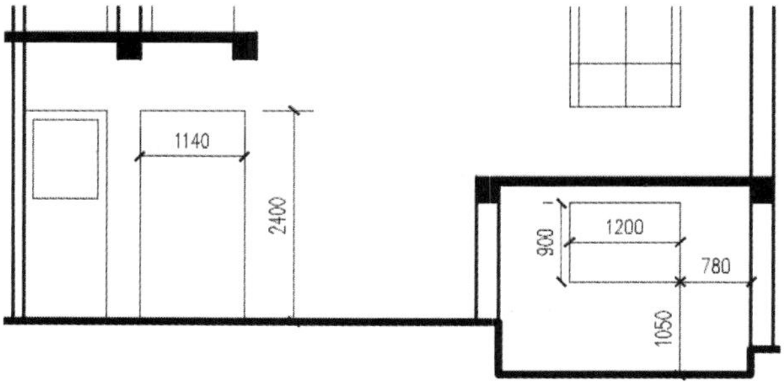

图 7-34

Step 07 执行“多线样式”命令（MLSTYLE），打开“多线样式”对话框，单击“新建”按钮，打开“创建新的多线样式”对话框，创建样式名为“C”的多线样式，然后单击“继续”按钮，打开“新建多线样式：C”对话框，设置“图元”的偏移量分别为“120”、“–120”、“40”和“-40”，最后单击“确定”按钮，如图 7-35 所示。

Step 08 返回到“多线样式”对话框中，将“C”样式置为当前。

Step 09 按下 F8 键，开启“正交”模式，执行“多线”命令（ML），设置“对正”类型为“无（Z）”，“比例”为“1”，捕捉二层楼板结构底端的端点，绘制高 1800 的窗对象，效果如图 7-36 所示。

提示：步骤讲解

在执行“多线”命令（ML）绘制窗过程中，需要设置多线的比例和对正样式，一般比例设置为“1”；如果是捕捉中点的方式，则对正方式设置为“无（Z）”，即从中点处绘制多线对象。

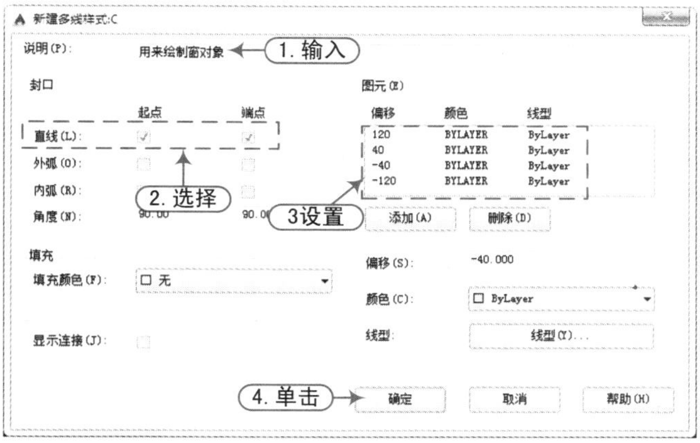

图 7-35

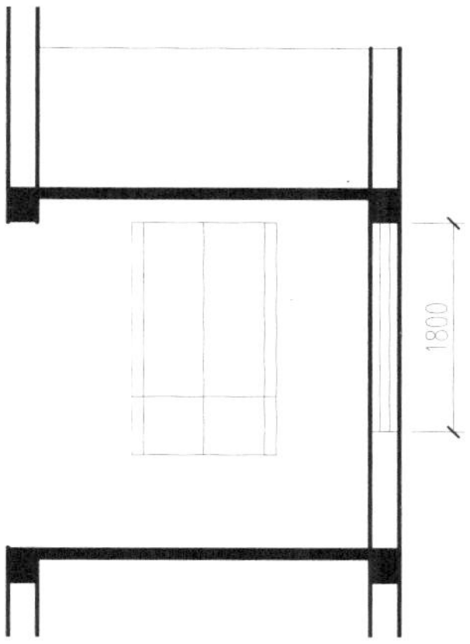

图 7-36

7.1.5 绘制剖面楼梯对象

案例	别墅 1-1 剖面图.dwg	视频	绘制剖面楼梯对象.avi	时长	14'26"

接下来利用“直线”、“阵列”、“偏移”、“合并”、“图案填充”等命令，绘制楼梯对象。

Step 01 单击“图层”面板中的“图层控制”下拉列表，将“楼梯”图层置为当前图层。

Step 02 执行“直线”命令（L），由如图 7-37 所示门与地坪线的交点绘制角度为 29° 的斜线段，然后在斜线处绘制高 165，宽 300 的踏步对象。

提示：步骤讲解

执行“直线”命令时，在命令行中输入“<29”，将出现“角度替代：29”提示信息，此时鼠标指针指向 29° 方向，然后输入“2876”，即可快速绘制夹角为 29° 的斜线段。

Step 03 执行“阵列”命令（AR），选择踏步为阵列对象，再选择“路径”阵列，进行“9”列“1”行，列间距为 343 的阵列操作，结果如图 7-38 所示。

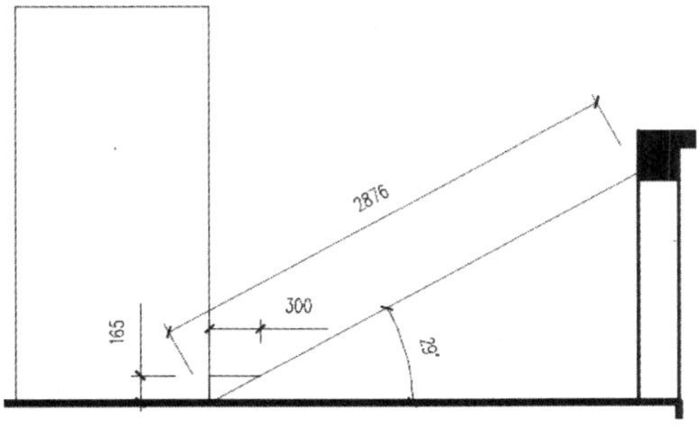

图 7-37

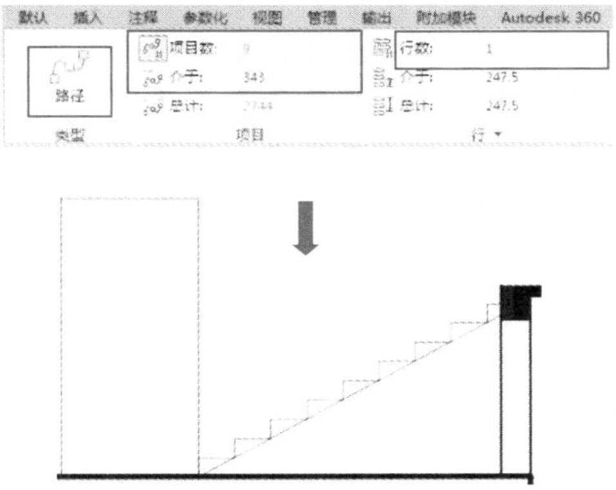

图 7-38

读书破万卷

提示：复制命令中的阵列操作

新版本的“复制”命令（CO）提供了“阵列(A)”和“模式(O)”选项。

（1）阵列(A)，可以按照指定的距离来一次性复制多个对象，如图 7-39 所示；若选择“布满(F)”项，则在指定的距离内布置多个对象，如图 7-40 所示。

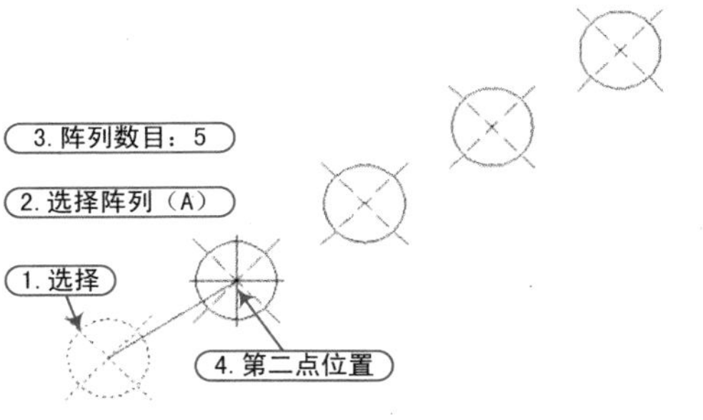

图 7-39

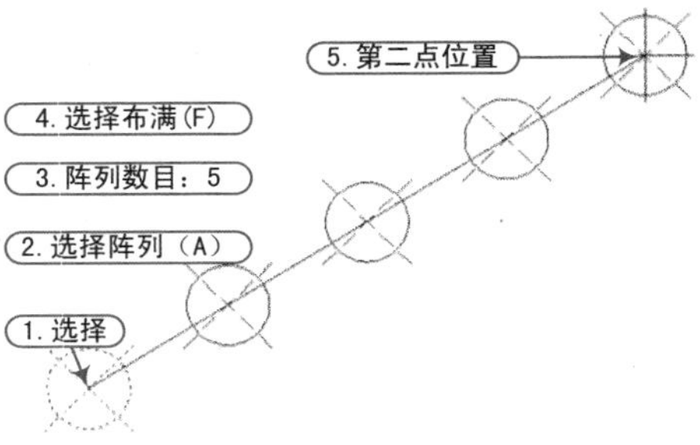

图 7-40

（2）若选择“模式（O）”，则显示当前的两种复制模式，即“单个（S）”和“多个（M）”。“单个（S）”复制模式表示只能进行一次复制操作，而“多个（M）”复制模式表示可以进行多次复制操作。

Step 04 执行“偏移”命令（O），将斜线段向右下偏移 100；再执行“删除”命令（E），删除掉源斜线段，如图 7-41 所示。

Step 05 执行“镜像”命令（MI），将踏步对象进行左右镜像一份。

Step 06 再执行“移动”命令（M），将镜像得到的踏步对象移动到转折平台上，如图 7-42 所示。

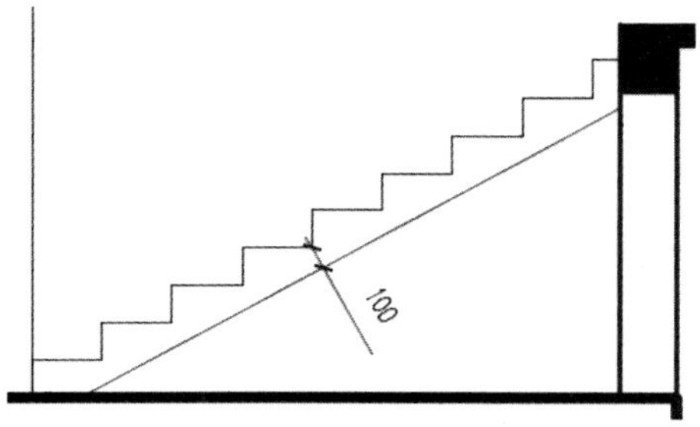

图 7-41

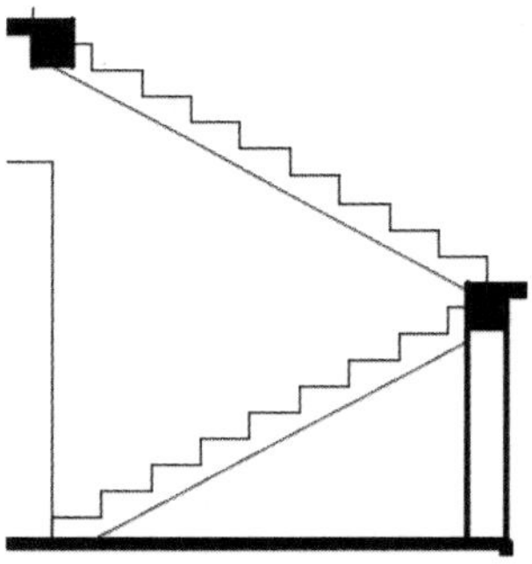

图 7-42

Step 07 执行“复制”命令（CO），将底侧的楼梯对象复制到二层楼上，如图 7-43 所示。

Step 08 执行“图案填充”命令（H），选择样例“SOLID”，对相应楼梯对象进行图案填充，如图 7-44 所示。

提示：步骤讲解

在复制和移动踏步对象的过程中，首先应捕捉踏步的顶端或底端的端点，再复制或移动到适当的位置。

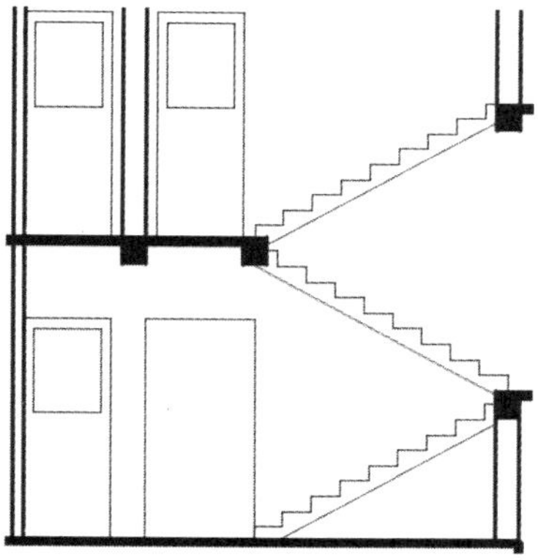

图 7-43

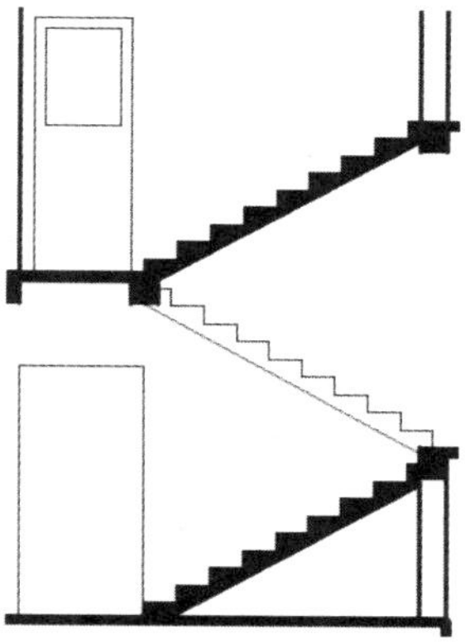

图 7-44

Step 09 执行“复制”命令（CO），将踏步底侧的斜线段向上复制 1110；再执行“偏移”命令（O），将复制的斜线段向上偏移 60；然后将复制和偏移得到的斜线段转换到“扶手”图层，如图 7-45 所示。

Step 10 根据同样的方法，执行“复制”（CO）和“偏移”（O）等命令，绘制其他楼层的扶手，如图 7-46 所示。

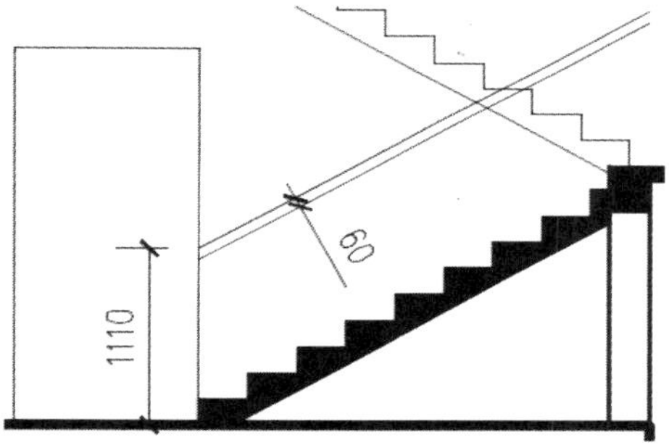

图 7-45

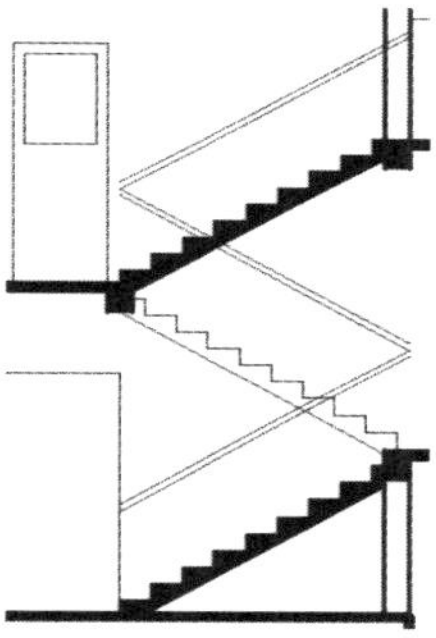

图 7-46

Step 11 执行“圆角”命令（F），对扶手转角处进行半径为 20 和 60 的圆角操作，再执行“修剪”命令（TR），对三层楼处的扶手进行修剪操作，如图 7-47 所示。

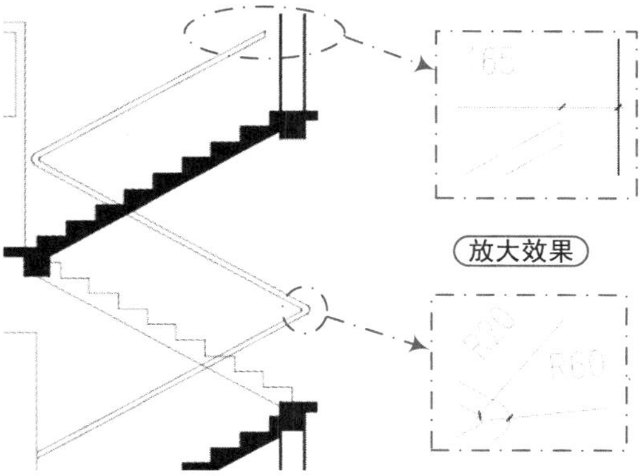

图 7-47

读书破万卷

提示：圆角的讲解

"圆角"命令就是用圆弧来代替两条对象之间的夹角。对象可以是直线、圆（弧）、椭圆（弧）、平行线、相交线等；创建圆角的步骤分两步，一是指定圆角的半径，二是选择要创建圆角的两个对象。

Step 12 将"扶手"图层置为当前图层，执行"直线"（L）和"偏移"（O）等命令，在底层踏步对象处绘制高 1000 的垂直线段，创建楼梯栏杆；并向右偏移 30，如图 7-48 所示。

Step 13 执行"阵列"命令（AR），选择"路径"阵列，分别以扶手斜线段作为阵列的基线，设置间距为 300，依次对各楼层的扶手栏杆进行绘制，最后执行"修剪"命令，修剪多余的线段，得到的效果如图 7-49 所示。

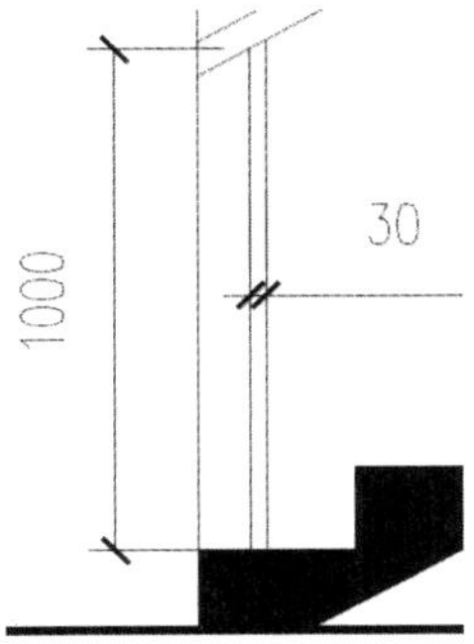

图 7-48

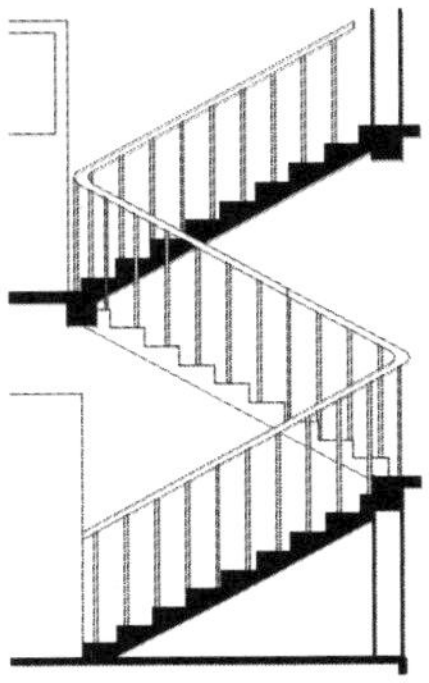

图 7-49

提示：步骤讲解

在阵列图形对象的过程中，对于"测量（即定距等分）"和"定数等分"两个含义易混淆，"定距等分"（ME）就是按长度来平均分段；"定数等分"（DIV）是将线段按段数平均分段。

7.1.6 绘制剖面屋顶对象

案例	别墅 1-1 剖面图.dwg	视频	绘制剖面屋顶对象.avi	时长	08'32"

Step 01 单击"图层"面板中的"图层控制"下拉列表，将"其他"图层置为当前图层。

Step 02 执行"偏移"（O）和"修剪"（TR）等命令，绘制顶层的右侧对象，如图 7-50 所示。

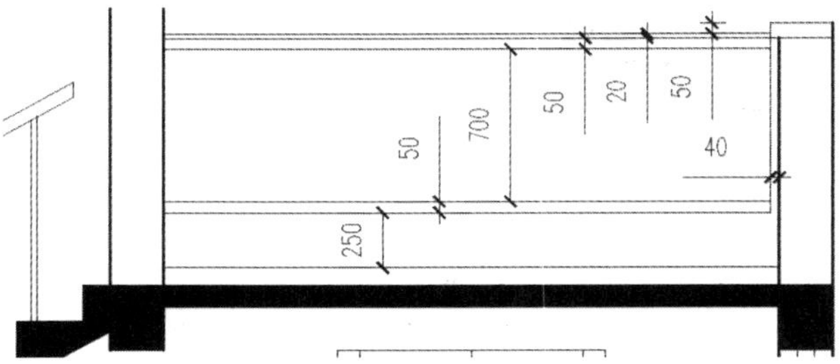

图 7-50

Step 03 再执行“偏移”（O）和“修剪”（TR）等命令，绘制顶层中间的对象，如图 7-51 所示。

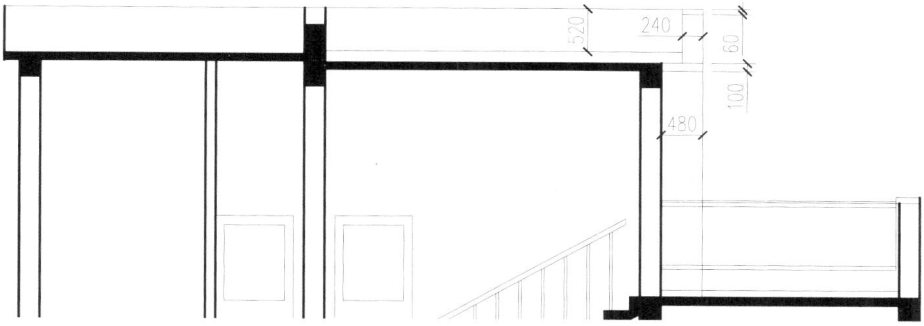

图 7-51

Step 04 执行“图案填充”命令（H），选择样例“SOLID”，对相应对象进行图案填充，如图 7-52 所示。

Step 05 执行“直线”（L）和“偏移”（O）等命令，绘制顶层的左侧对象，如图 7-53 所示。

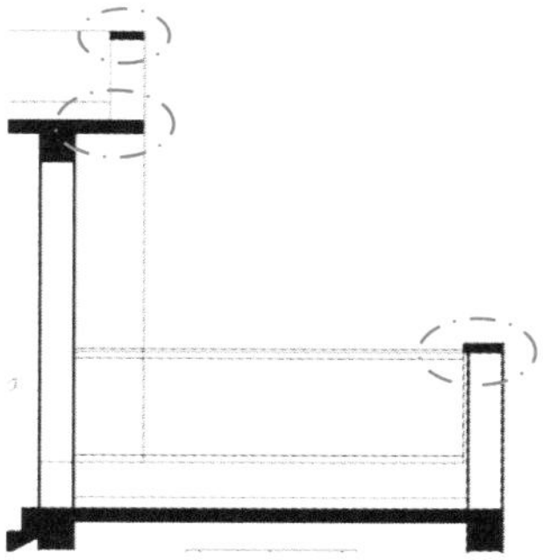
图 7-52

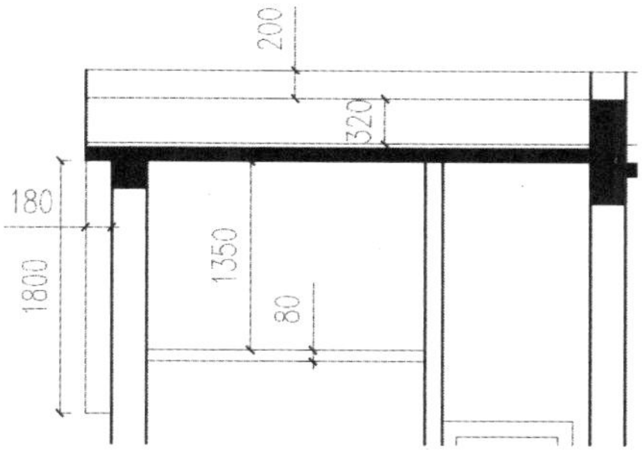

图 7-53

Step 06 继续执行“图案填充”命令（H），选择样例“LINE”，比例为“90”，角度为“90°”对相应对象进行图案填充，如图 7-54 所示。

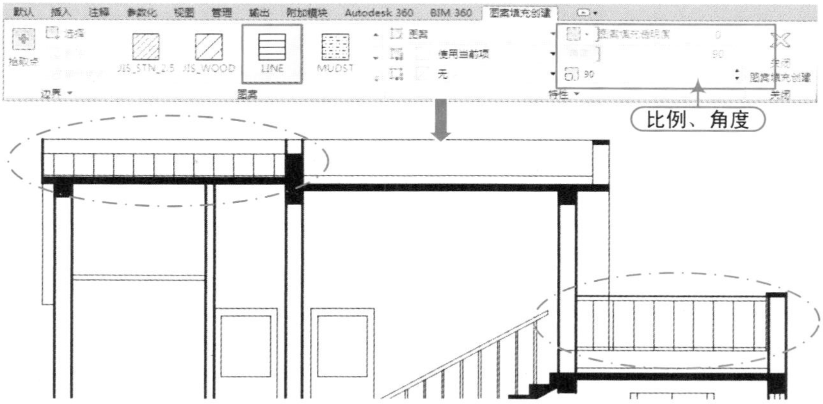

图 7-54

读书破万卷

提示：图案填充

在使用“图案填充”命令过程中，经常会遇到填充的对象无法显示清楚，这时就需要设置比例大小、角度等；如果需要更换所填充的样例，只需要单击所填充的图案，在“图案”面板中选中新的样例即可直接更换图案。

Step 07 将“立柱”图层置为当前图层，执行“矩形”（REC）和“直线”（L）等命令，绘制立柱对象，如图 7-55 所示。

Step 08 执行“移动”命令（M），将绘制的立柱移动到顶层的相应位置，如图 7-56 所示。

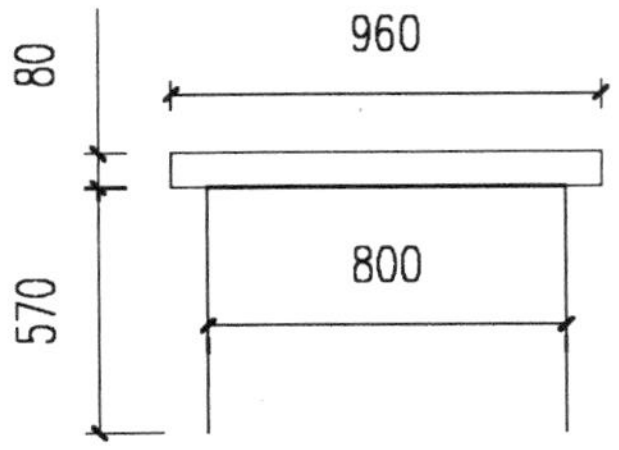

图 7-55

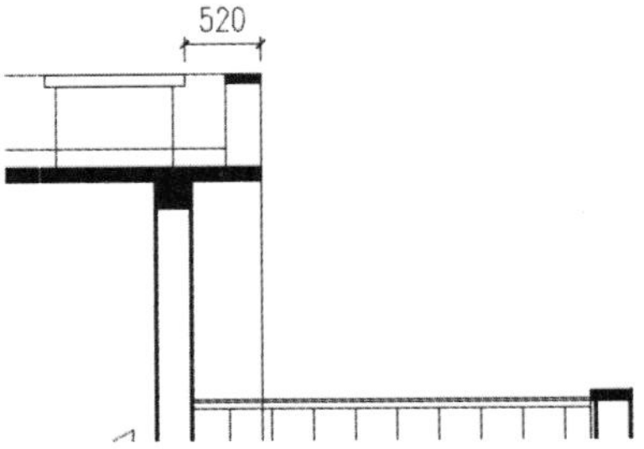

图 7-56

7.1.7 剖面图的注释说明

案例	别墅 1-1 剖面图.dwg	视频	剖面图的注释说明.avi	时长	12'52"

前面已经绘制完毕别墅 1-1 剖面图，接下来进行尺寸标注、文字标注、标高标注和图名标注等。

Step 01 单击“图层”面板中的“图层控制”下拉列表，将“尺寸标注”图层置为当前图层。

Step 02 执行“线性标注”（DLI）和“连续”（DCO）等命令，对剖面图进行一、二、三道的尺寸标注。

Step 03 将“标高”图层置为当前图层，执行“插入”命令（I），打开“插入块”对话框，然后单击“浏览”按钮 浏览(B)...，选择“案例\02\标高符号.dwg”图块插入绘图区，并修改标高值后移动到相应位置，如图 7-57 所示。

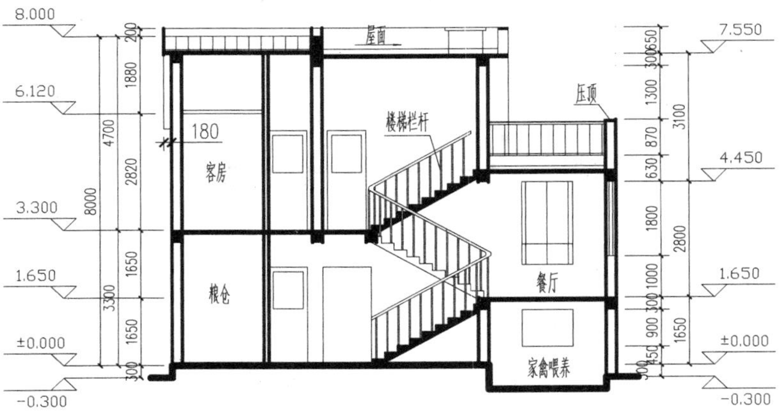

图 7-57

Step 04 将“文字标注”图层置为当前图层，然后单击“注释”标签下的“文字”面板，选择“图内说明”文字样式。

Step 05 执行“单行文字”命令（DT），对门窗进行文字大小为 350 的标注，如图 7-58 所示。

Step 06 将“轴线编号”图层置为当前图层，执行“插入”命令（I），将“案例\05\轴线编号.dwg”插入图形相应位置，分别修改属性值，如图 7-59 所示。

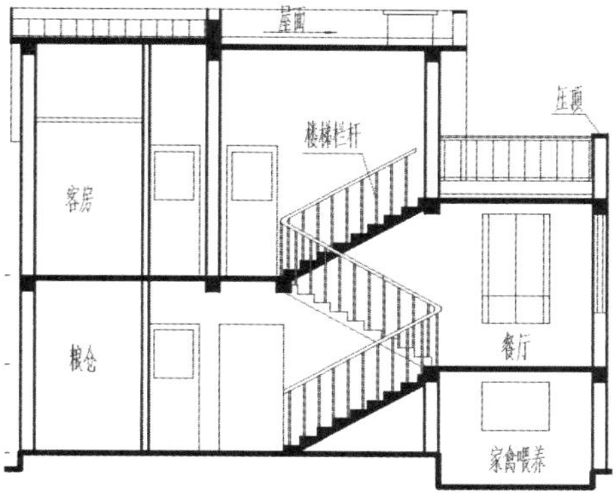

图 7-58

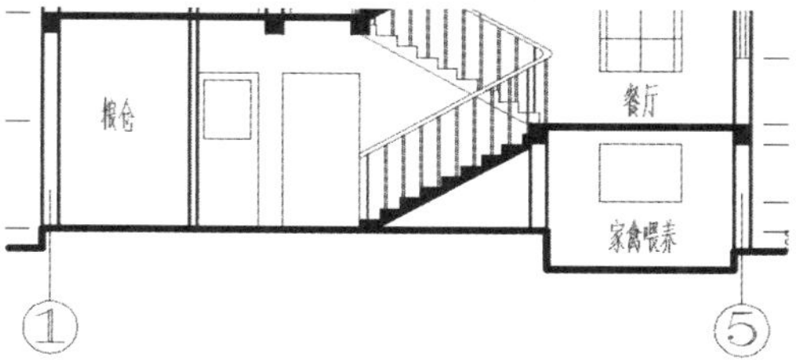

图 7-59

Step 07 将“文字标注”图层置为当前图层，然后单击“注释”标签下的“文字”面板，选择“图名”文字样式。

Step 08 执行“单行文字”命令（DT），在相应的位置输入“别墅 1-1 剖面图”和比例“1:100”，然后分别选择相应的文字对象，按<Ctrl+1>键打开“特性”面板，修改文字大小为“700”和“350”。

Step 09 执行“多段线”命令（PL），在图名的下侧绘制一条宽度为 100，与文字标注大约等长的水平多段线，如图 7-60 所示。

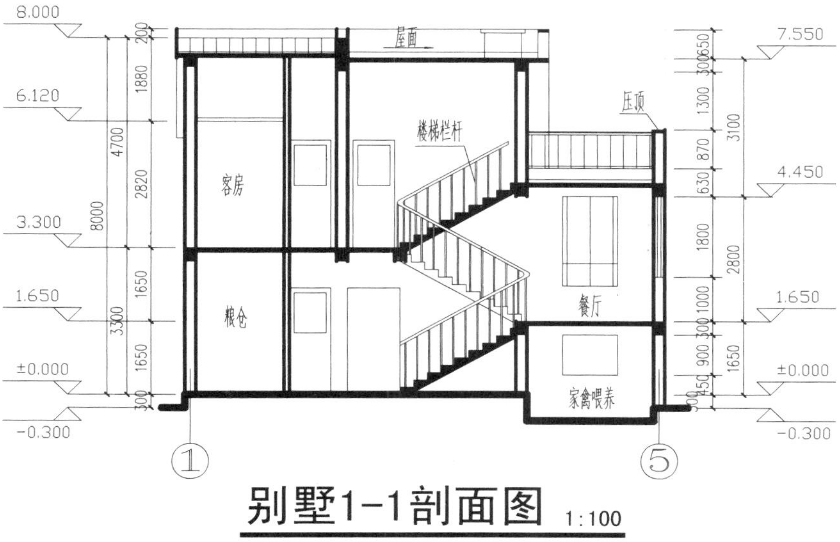

图 7-60

读书破万卷

Step 10　至此，某别墅建筑 1-1 剖面图绘制完毕，在“快速访问”工具栏单击“保存”按钮，将所绘制图形进行保存。

Step 11　在键盘上按<Alt+F4>或<Ctrl+Q>组合键，退出所绘制的文件对象。

7.2　建筑楼梯详图的绘制

楼梯是多层房屋上下交通的主要设施，它除了要满足行走方便和人流疏散畅通外，还应有足够的坚固耐久性。目前多采用预制或现浇钢筋混凝土的楼梯。楼梯是由楼梯段（简称梯段，包括踏步或斜梁）、平台（包括平台板和梁）和栏板（或栏杆）等组成。

楼梯的构造一般较复杂，需要另画详图表示。楼梯详图主要表示楼梯的类型、结构形式、各部位的尺寸及装修做法，是楼梯施工放样的主要依据。

楼梯详图一般包括平面图、剖面图及踏步、栏板详图等，并尽可能画在同一张图纸内。平、剖面图比例要一致，以便对照阅读。踏步、栏板详图比例要大些，以便表达清楚该部分的构造情况。

本节以某别墅建筑顶层楼梯详图为实例进行绘制，并引导读者掌握建筑详图的绘制方法。

7.2.1　顶层楼梯详图的概况及工程预览

案例	顶层楼梯详图.dwg	视频	无	时长	无

在绘制某别墅顶层楼梯详图时，首先根据要求设置绘图环境，包括图形界限、图层规划、文字和标注样式的设置等，并保存为样板文件；再绘制辅助线、墙体、柱子、楼梯对象等；再对墙体进行填充，插入门图块；最后进行尺寸、标高、轴线编号、文字、图名标注等，从而完成顶层楼梯详图的绘制，最终效果如图 7-61 所示。

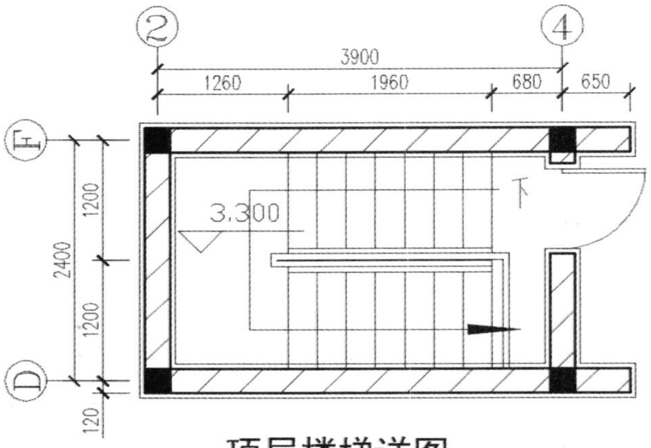

顶层楼梯详图 1:50

图 7-61

提示：楼梯图样的相关知识

> 楼梯详图主要表达楼梯的类型、结构形式、各部分的尺寸及装修做法等，是楼梯施工放样图的主要依据。

楼梯平面图通常要分别画出底层楼梯平面图、顶层楼梯平面图及中间各层的楼梯平面图，当中间各楼梯位置、楼梯数量、踏步数、梯段长度都完全相同时，可以只画出一个中间楼梯平面图，这种相同的中间层的楼梯平面图，称为标准层楼梯平面图。

在标准层楼梯平面图中，楼层地面和休息平台上应标注出各层楼面及平面相应的标高，其次序应由下而上逐一注写。

楼梯平面图主要表达楼段的长度和宽度、上行或下行的方向、踏步数和踏面宽度、楼梯休息平台的宽度、栏杆扶手的位置以及其他一些平面形状。

7.2.2 设置绘图环境

案例	顶层楼梯详图.dwg	视频	设置绘图环境.avi	时长	10'30"

在正式绘制顶层楼梯详图之前，首先要设置与所绘图形相匹配的绘图环境，主要包括绘图单位、界限、图层、文字样式和标注样式的设置。

1. 设置绘图区域

Step 01 在桌面上双击 AutoCAD 2015 图标，启动 AutoCAD 2015 软件，系统自动创建一个空白文档。

Step 02 单击标题栏上的“新建”按钮，打开“选择样板”对话框，单击“打开”按钮右侧的倒三角按钮，以“无样板打开-公制（M）”方式建立新文件。

Step 03 在“快速访问”工具栏单击“另存为”按钮，将弹出“图形另存为”对话框，将该文件保存为“案例\07\顶层楼梯详图.dwg”文件。

Step 04 执行“格式｜单位”菜单命令（UN），打开“图形单位”对话框，将长度单位类型设定为“小数”，精度为“0.000”，角度单位类型设为“十进制度数”，精度精确到“0.00”。

Step 05 执行“图形界限”命令（Limits），依照命令行的提示，设定图形界限的左下角为（0，0），右上角为（42000，29700）。

Step 06 再在命令行中输入“Z｜空格｜A”，使输入的图形界限区域全部显示在图形窗口内。

2. 图层规划

图层设置主要考虑图形元素的组成及各元素的特征。由表 7-3 所示可知建筑详图主要由辅助线、柱子、墙体、门窗、楼梯、尺寸标注、文字标注、轴线编号等元素组成。

表 7-3 图层设置

序号	图层名	线宽	线型	颜色	打印属性
1	辅助线	默认	点画线(ACAD-ISOO4W100)	红色	不打印
2	墙体	0.30mm	实线(CONTINUOUS)	洋红色	打印
3	门窗	默认	实线(CONTINUOUS)	青色	打印
4	标高	默认	实线(CONTINUOUS)	12 色	打印
5	柱子	默认	实线(CONTINUOUS)	52 色	打印
6	尺寸标注	默认	实线(CONTINUOUS)	蓝色	打印
7	文字标注	默认	实线(CONTINUOUS)	黑色	打印
8	其他	默认	实线(CONTINUOUS)	8 色	打印
9	轴线编号	默认	实线(CONTINUOUS)	绿色	打印
10	填充	默认	实线(CONTINUOUS)	150 色	打印
11	楼梯	默认	实线(CONTINUOUS)	192 色	打印

Step 01 执行“图层”命令（LA），将打开“图层特性管理器”面板，根据前面如表 7-3 所示来设置图层的名称、线宽、线型和颜色等，如图 7-62 所示。

图 7-62

Step 02 执行“格式 | 线型”菜单命令，打开“线型管理器”对话框，单击“显示细节”按钮，打开“详细信息”选项组，设置“全局比例因子”为 50。

提示：设置全局比例

用户在绘制图形时，通常全局比例因子和打印比例的设置相一致，该别墅建筑详图的打印比例是 1:50，则全局比例因子大约设为“50”。

3. 文字样式的设置

建筑详图上的文字有尺寸文字、图内说明、图名文字、轴号文字等，而打印比例为 1:50，文字样式中的高度为打印到图纸上的文字高度与打印比例倒数的乘积。根据建筑制图标准，该平面图文字样式的规定如表 7-4 所示。

表 7-4 文字样式

文字样式名	打印到图纸上的文字高度	图形文字高度（文字样式高度）	宽度因子	字体 | 大字体
尺寸文字	3.5	0	0.7	Tssdeng/gbcbig
图内说明	3.5	175		
图　名	7	350	1.0	黑体
轴号文字	5	250	1.0	complex

Step 01 在“注释”标签下的“文字”面板中，单击右下角的↘按钮，将弹出“文字样式”对话框，单击“新建”按钮，打开“新建文字样式”对话框，将样式名定义为“图内说明”，再单击“确定”按钮，如图 7-63 所示。

Step 02 此时，在“字体”下拉列表中选择字体“tssdeng.shx”，选择“使用大字体”复选框，并在“大字体”下拉列表中选择字体“gbcib.shx”，在“高度”文本框中输入“175”，在“宽度因子”文本框中输入“0.7”，单击“应用”按钮，完成该文字样式的设置，如图 7-64 所示。

Step 03 重复前面的步骤，建立如表 7-4 所示中其他各种文字样式，如图 7-65 所示。

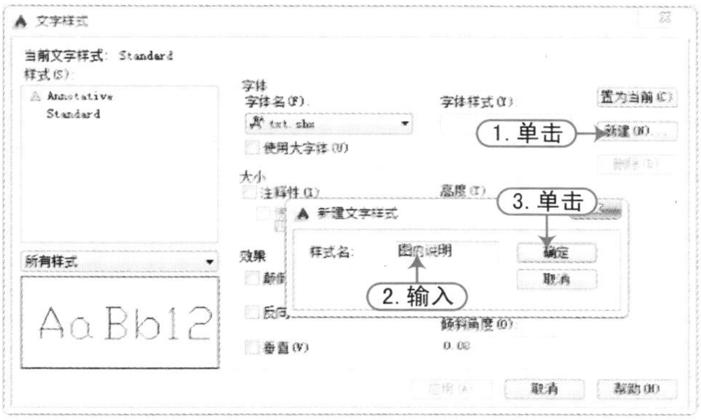

图 7-63

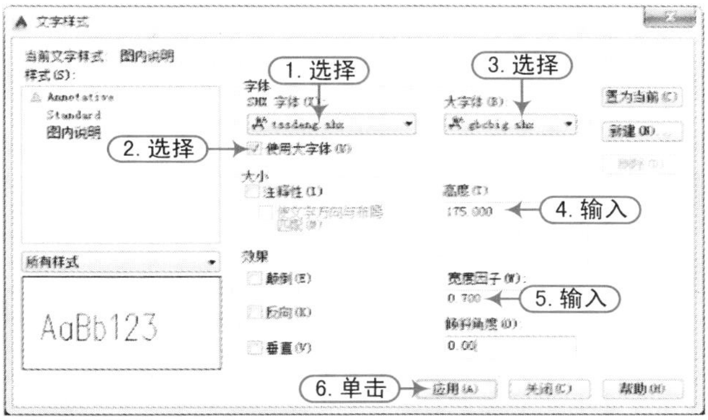

图 7-64

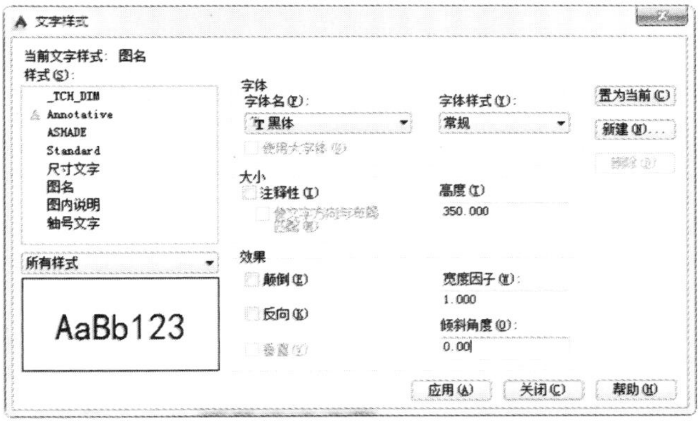

图 7-65

4. 标注样式的设置

尺寸标注样式的设置是依据建筑制图标准的有关规定，对尺寸标注各组成部分的尺寸进行设置，主要包括尺寸线、尺寸界限参数的设定，尺寸文字的设定，全局比例因子、测量单位比例因子的设定。

Step 01 在“注释”标签下的“标注”面板中，单击右下角的↘按钮，将弹出“标注样式管理器”

对话框，单击“新建”按钮，打开“创建新标注样式”对话框，将新样式名定义为“建筑详图标注-50”，再单击“继续”按钮，如图 7-66 所示。

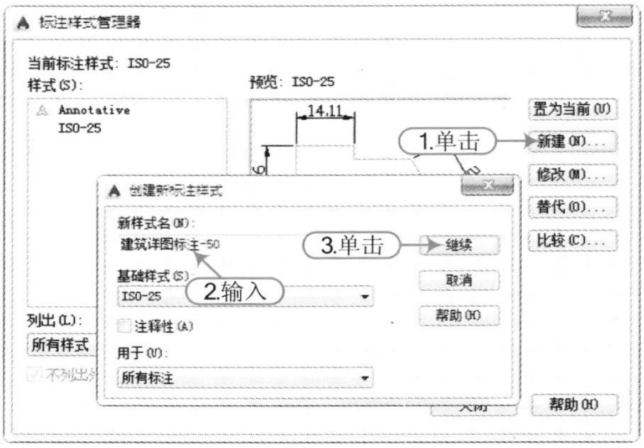

图 7-66

Step 02　当单击“继续”按钮后，则进入到“新建标注样式：建筑详图标注 - 50”对话框，然后分别在各选项卡中设置相应的参数，如图 7-67 所示。

图 7-67

Step 03　首先在“快速访问”工具栏单击“保存”按钮，将设置的详图绘图环境进行保存。

Step 04　然后再单击“另存为”按钮，将弹出“图形另存为”对话框，在“文件类型”下拉列表中选择“AutoCAD 图形样板（*.dwt）”选项，在“保存于”下拉列表中选择“案例\07”路径，然后在“文件名”文本框中输入文件名“建筑详图样板”，最后单击“保存”按钮，将弹出“样板选项”对话框，在“说明”文本框中输入相应的文字说明，然后单击“确定”按钮即可，如图 7-68 所示。

Step 05　在键盘上按<Alt+F4>或<Ctrl+Q>组合键，退出当前详图样板文件对象。

Step 06　在“快速访问”工具栏单击“打开”按钮，将“案例\07\顶层楼梯详图.dwg”文件打开。

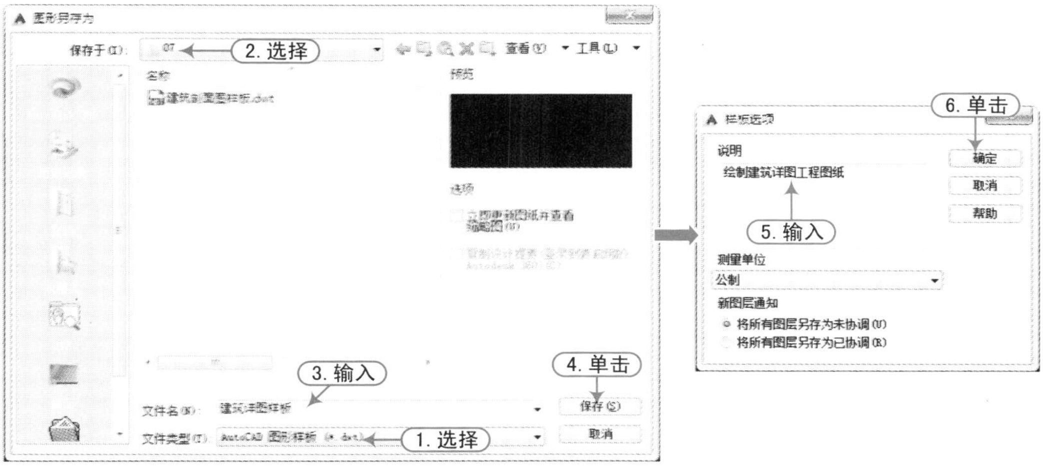

图 7-68

7.2.3 绘制墙体轮廓

案例	顶层楼梯详图.dwg	视频	绘制墙体轮廓.avi	时长	05'03"

在绘制墙体轮廓时，应首先绘制辅助线，再绘制轮廓线。

1. 绘制辅助线

Step 01 单击“图层”面板中的“图层控制”下拉列表，将“辅助线”图层置为当前图层。

Step 02 执行“构造线”命令（XL），绘制两条互相垂直的构造线。

Step 03 执行“偏移”命令（O），将水平构造线向上依次偏移 120、120、2160、120 和 120，如图 7-69 所示。

Step 04 继续执行“偏移”命令（O），将垂直构造线向右依次偏移 120、120、3660、120、120 和 530，如图 7-70 所示。

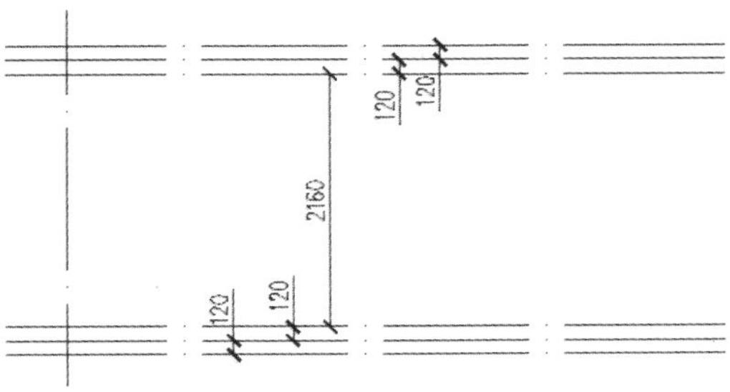

图 7-69

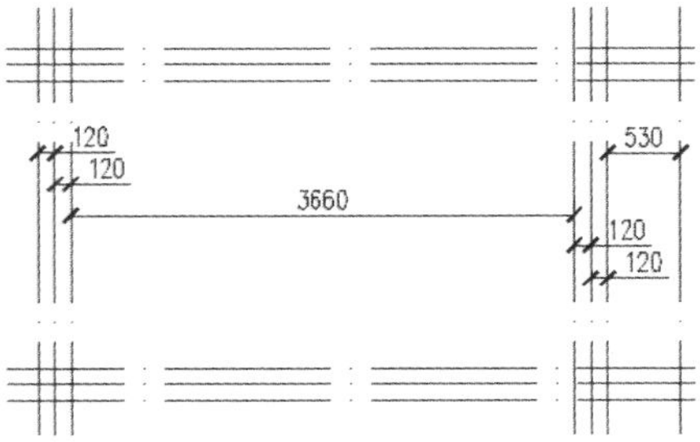

图 7-70

2. 绘制墙体轮廓

Step 01 单击“图层”面板中的“图层控制”下拉列表，将“墙体”图层置为当前图层。

Step 02 执行“直线”命令（L），借助辅助线绘制墙体轮廓线，如图 7-71 所示。

Step 03 将“柱子”图层置为当前图层，执行“图案填充”命令（H），选择样例“SOLID”，对柱子对象进行图案填充，如图 7-72 所示。

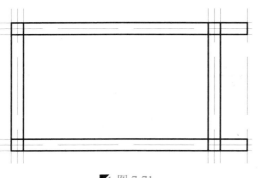

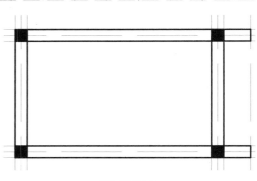

图 7-71

图 7-72

Step 04 在“图层”面板中的“图层控制”下拉列表，将“辅助线”图层关闭使之隐藏。

Step 05 执行“偏移”（O）和“修剪”（TR）等命令，绘制如图 7-73 所示的门洞对象。

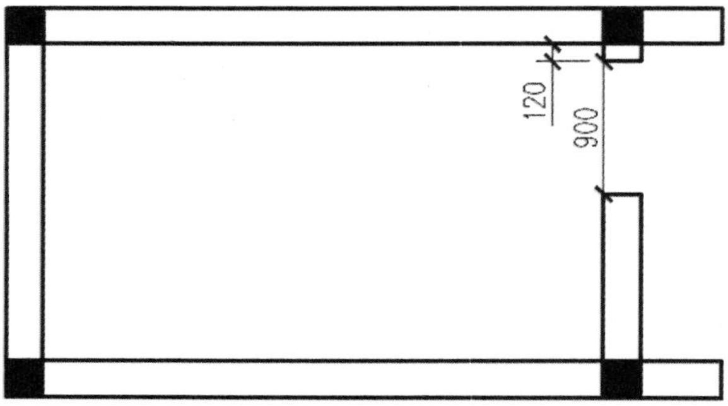

图 7-73

7.2.4 绘制楼梯及其他对象

案例	顶层楼梯详图.dwg	视频	绘制楼梯及其他对象.avi	时长	09'31"

接下来绘制楼梯及其他对象，完成顶层楼梯详图的绘制。

Step 01 单击“图层”面板中的“图层控制”下拉列表，将“楼梯”图层置为当前图层。

Step 02 执行“矩形”命令（REC），绘制 2520×2160 的矩形，然后执行“分解”命令（X），将矩形分解，如图 7-74 所示。

Step 03 执行“偏移”命令（O），将左侧的垂直线段向右依次偏移 7 次，其偏移的距离分别为 280，如图 7-75 所示。

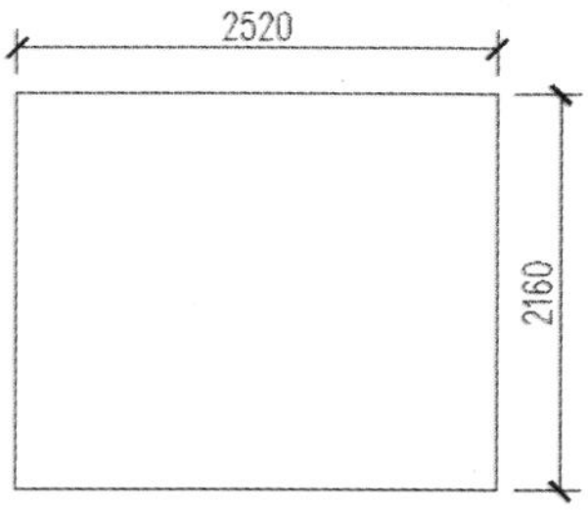

图 7-74

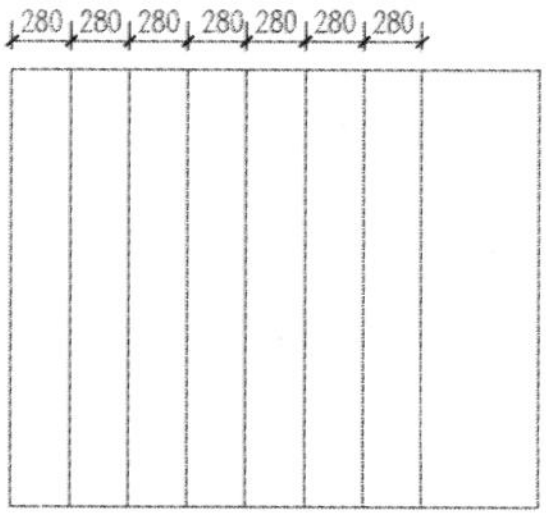

图 7-75

提示：步骤讲解

> 在上一步骤进行垂直线段偏移操作时，也可采用“矩形阵列”的方法，设置列距为“280”，列数为“7”，从而也可达到上步骤偏移的效果。

Step 04 执行“矩形”命令（REC），绘制2300×130的矩形，并与左侧垂直线段中点对齐，如图7-76所示。

Step 05 执行“偏移”命令（O），将上一步绘制的矩形向内偏移60，如图7-77所示。

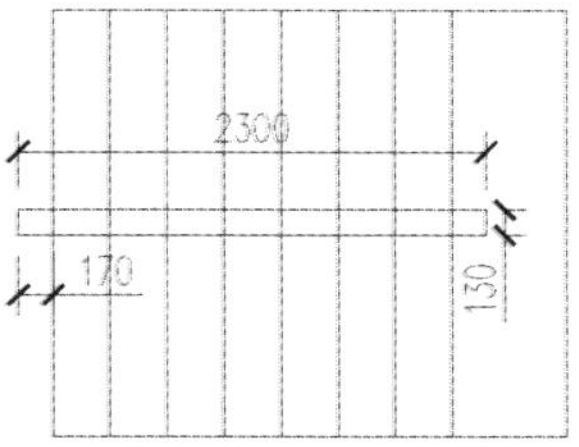

图 7-76

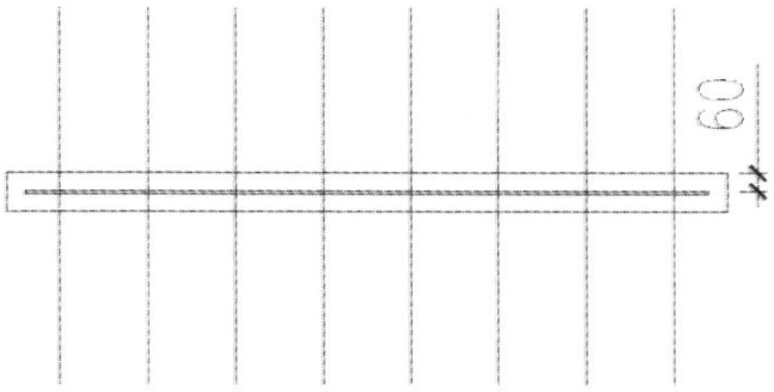

图 7-77

Step 06 执行“偏移”命令（O），将右侧的垂直线段向左各偏移390和60，如图7-78所示。

Step 07 执行“修剪”命令（TR），修剪掉多余的线段，创建楼梯的扶手，如图7-79所示。

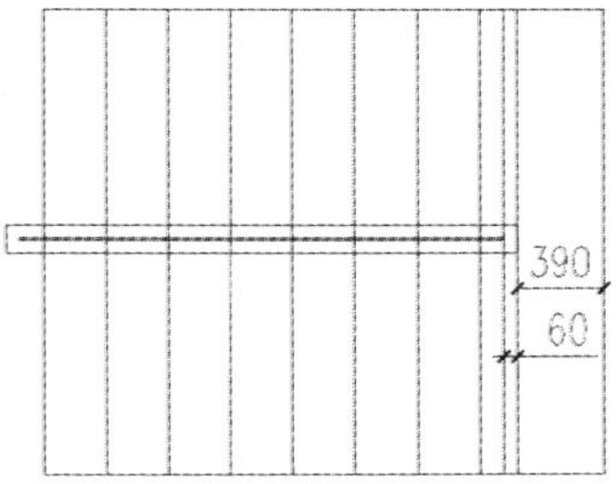

图 7-78

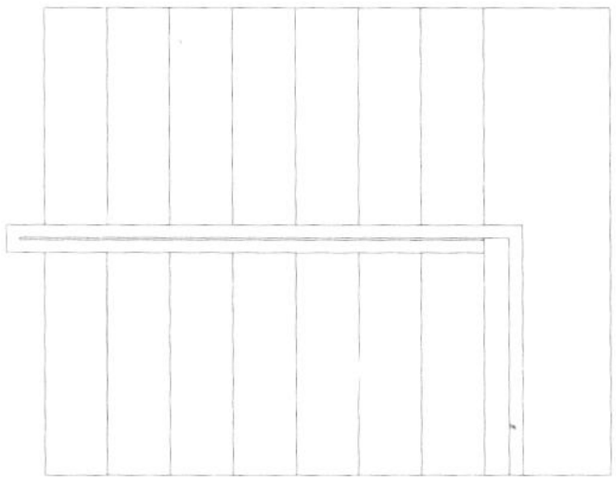

图 7-79

Step 08 执行“直线”命令（L），在扶手内侧绘制长1960的水平线段，然后执行“偏移”命令（O），将该直线向上、下各偏移120，最后执行“修剪”命令（TR），修剪掉多余的垂直线段，如图7-80所示。

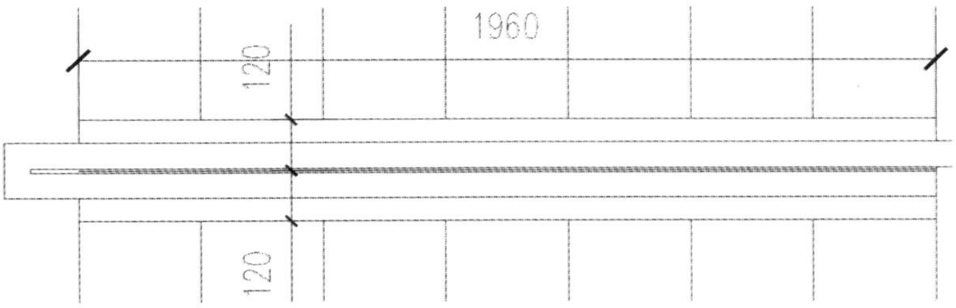

图 7-80

Step 09 执行“多段线”命令（PL），绘制如图7-81所示的楼梯的方向箭头，其箭头端起点宽度为“150”，末端宽度为“0”。

提示：步骤讲解

使用“多段线”命令（PL），在绘制箭头对象时，首先按照尺寸绘制线段，在命令末结束时，设置起点线宽为“150”，末端线宽为“0”，然后输入长度“500”，即可绘制出该箭头对象。

Step 10 执行“移动”命令（M），将楼梯方向箭头移动到相应的位置，如图 7-82 所示。

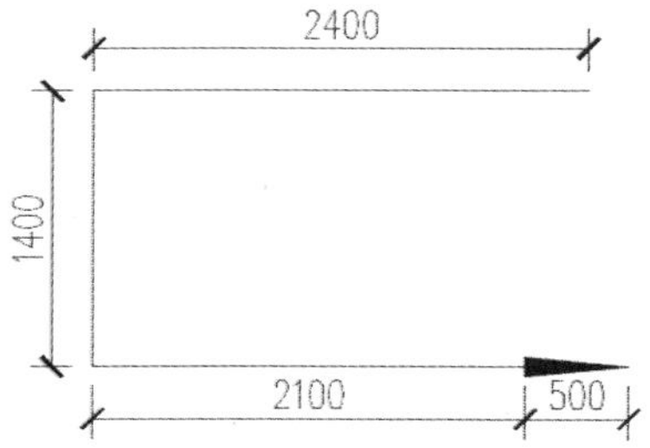

图 7-81

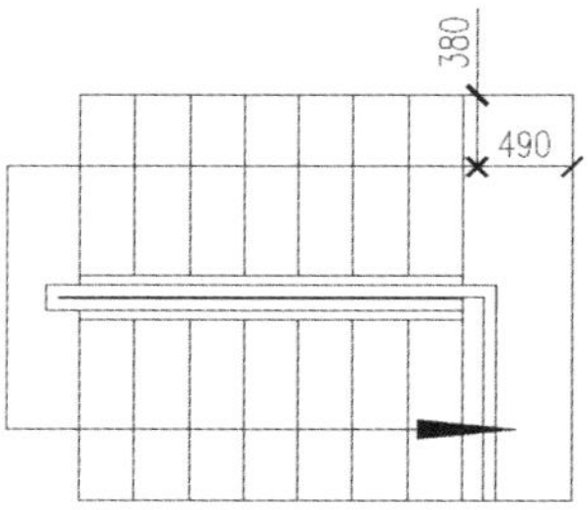

图 7-82

Step 11 执行“删除”命令（E），将右侧的垂直线段删除掉，然后执行“编组”命令（G），将绘制好的楼梯对象进行编组操作，编组后其中心处有一个蓝色的夹点对象，如图 7-83 所示。

提示：取消编组的方法

如果用户误将对象进行编组（G）操作，可单击“默认”标签下“组”面板中的“解除编组”按钮，或在命令行输入“UnGroup”命令，即可解除对象的编组操作。

Step 12 执行“移动”命令（M），将编组后的楼梯对象移动到相应的位置，如图 7-84 所示。

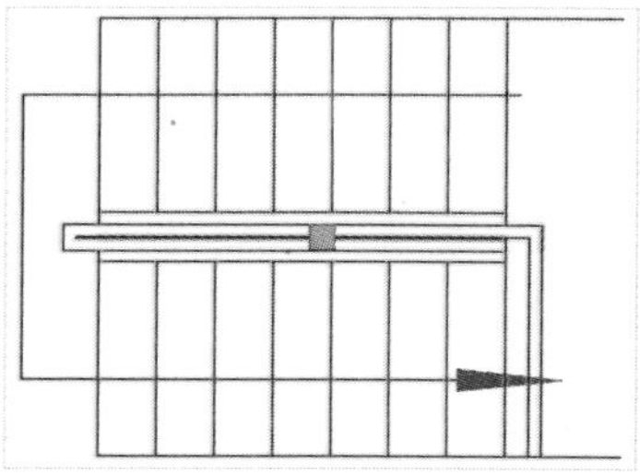
图 7-83

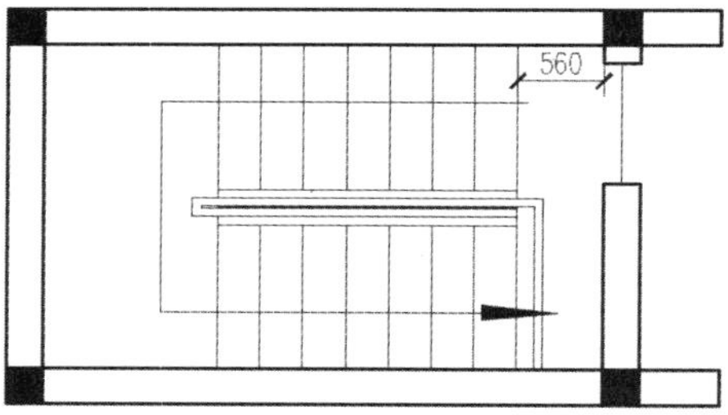

图 7-84

提示：组编辑的方法

如果用户已经将对象进行编组，却发现需要添加/删除一些对象，此时可单击“默认”标签下“组”面板中的“组编辑”按钮，或在命令行输入“GroupEdit”命令，即可对组进行编辑操作。

Step 13 将“其他”图层置为当前图层，执行“多段线”命令（PL），分别捕捉交点，沿着墙体内外绘制一个封闭的多段线对象，然后执行“偏移”命令（O），将多段线对象向外偏移 50，最后执行“删除”命令（E），将与墙体重合的多段线删除掉，如图 7-85 所示。

Step 14 将“填充”图层置为当前图层，执行“图案填充”命令（H），将弹出“图案填充创建”面板，选择样例“ANSI31”，比例为“90”，创建剖面墙身，如图 7-86 所示。

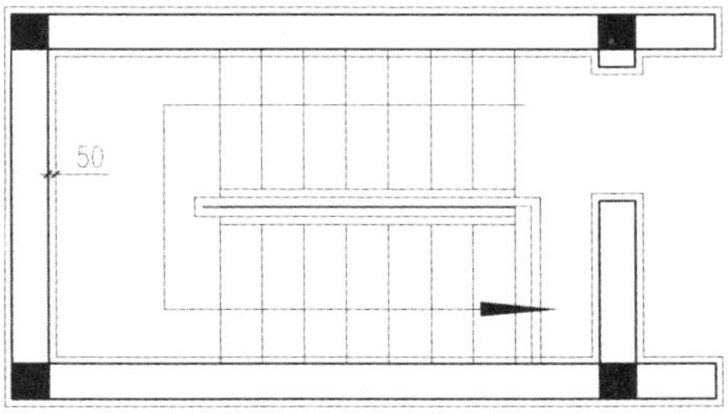

图 7-85

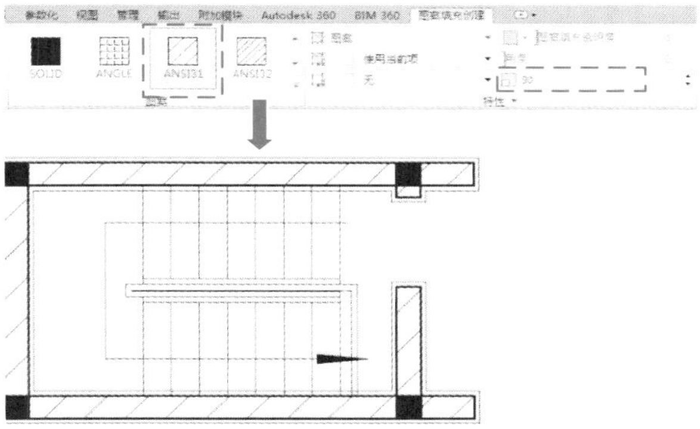

图 7-86

Step 15 将“门窗”图层置为当前图层，执行“插入”命令（I），在打开的“插入”对话框中，将“案例\01\平开门符号.dwg”图块设置比例为“0.8”，旋转角度为“270° ”，然后插入相应的位置，结果如图 7-87 所示。

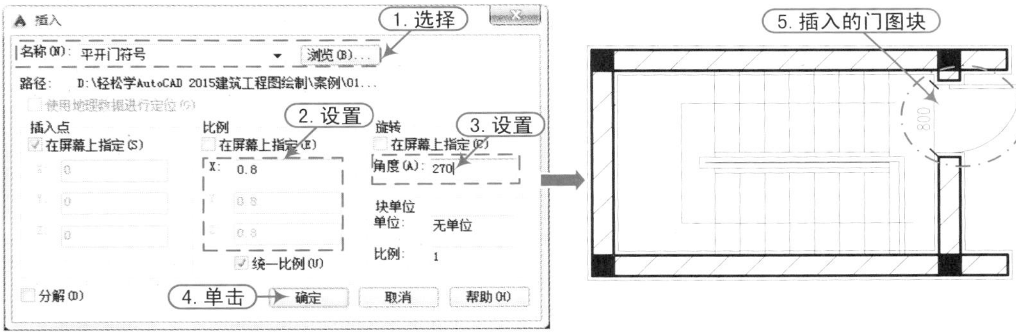

图 7-87

7.2.5 进行标注

案例	顶层楼梯详图.dwg	视频	进行标注.avi	时长	06'37"

前面已经绘制完毕顶层楼梯详图，接下来进行尺寸标注、文字标注、标高标注、图名标注。

Step 01 单击“图层”面板中的“图层控制”下拉列表，将“尺寸标注”图层置为当前图层。

Step 02 执行“线性标注”（DLI）和“连续”（DCO）等命令，对剖面图进行一、二道的尺寸标注，如图 7-88 所示。

Step 03 将“标高”图层置为当前图层，执行“插入”命令（I），打开“插入块”对话框，然后单击“浏览”按钮 浏览(B)... ，选择“案例\02\标高符号.dwg”图块，插入到绘图区，对符号进行修改，并修改标高值后移动到相应位置，如图 7-89 所示。

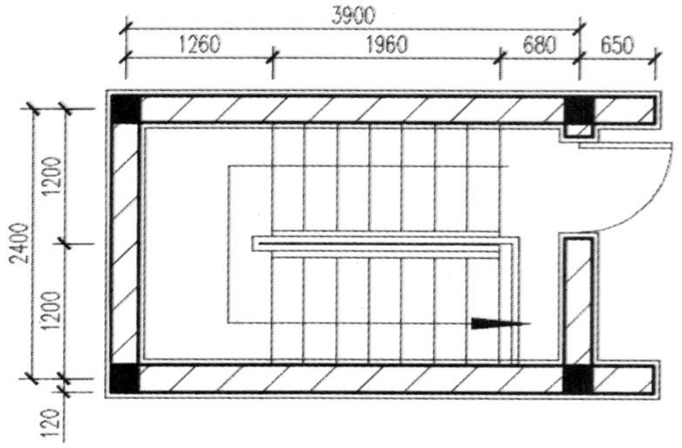

图 7-88

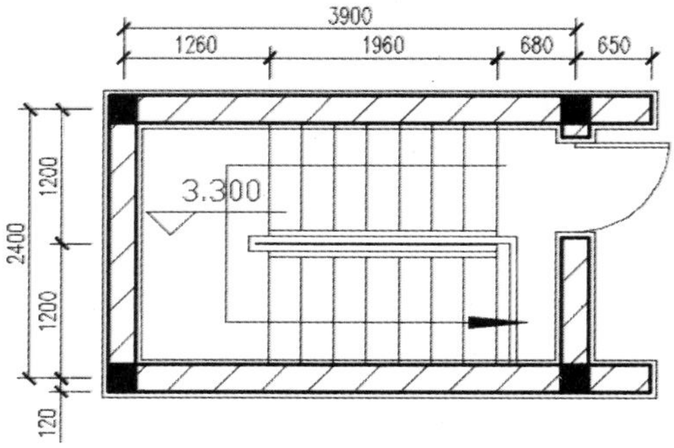

图 7-89

Step 04 将“文字标注”图层置为当前图层，然后单击“注释”标签下的“文字”面板，选择“图内说明”文字样式。

Step 05 执行“单行文字”命令（DT），设置文字大小为“400”，在楼梯旁输入方向文字“下”，结果如图 7-90 所示。

Step 06 将“轴线编号”图层置为当前图层，执行“插入”命令（I），将“案例\05\轴线编号.dwg”插入图形相应位置，分别修改属性值，如图 7-91 所示。

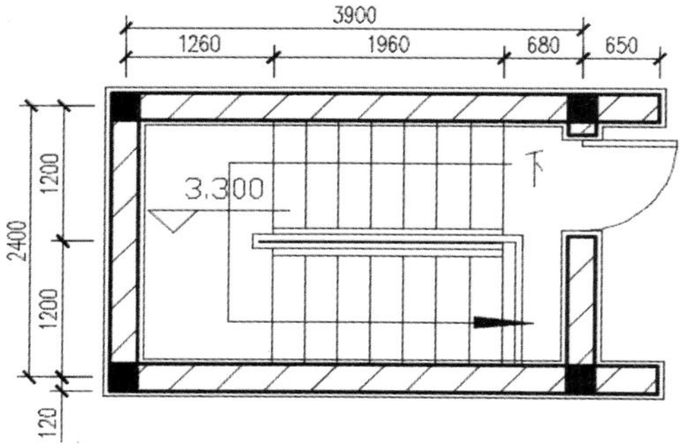

图 7-90

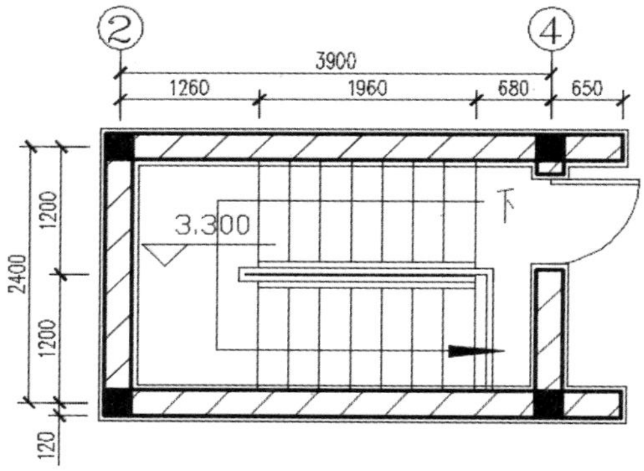

图 7-91

提示：单行文字的讲解

单行文字，就是一行文字，并且每行文字都是独立的对象，输入文字内容后，按下<Ctrl+Enter>组合键，或按下<ESC>键，都可结束文字对象的输入操作；在单行文字中，当完成一行文字的输入，按<Enter>键，可以在下一行继续输入文字，但是新的文字与上一行文字没有任何关系，它是一个独立存在的新对象，可进行单独的编辑操作，如样式、大小、颜色、倾斜等。

Step 07 执行“插入”（I）、“旋转”（RO）、“复制”（CO）、“编辑属性”（ATE）等命令，对图形的左侧进行轴线标注，如图 7-92 所示。

Step 08 将“文字标注”图层置为当前图层，然后单击“注释”标签下的“文字”面板，选择“图名”文字样式。

Step 09 执行“单行文字”命令（DT），在相应的位置输入“顶层楼梯详图”和比例“1:50”，然后分别选择相应的文字对象，按<Ctrl+1>键打开“特性”面板，修改文字大小为“250”和“150”。

Step 10 执行“多段线”命令（PL），在图名的下侧绘制一条宽度为 20，与文字标注大约等长的水平多段线，如图 7-93 所示。

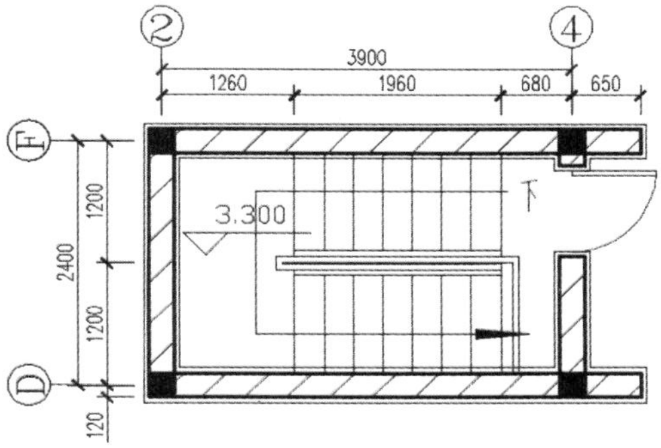

图 7-92

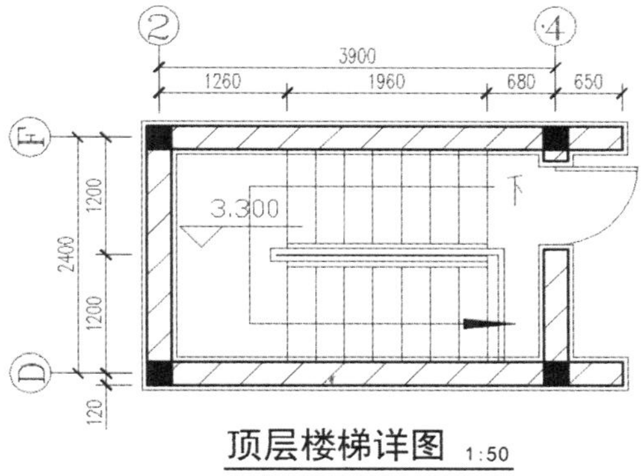

图 7-93

Step 11 至此，某别墅建筑顶层楼梯详图绘制完毕，在“快速访问”工具栏单击“保存”按钮，将所绘制图形进行保存。

Step 12 在键盘上按<Alt+F4>或<Ctrl+Q>组合键，退出所绘制的文件对象。

读书破万卷

8

建筑水暖电工程图纸的绘制

本章导读

建筑水暖电设计是完整的建筑工程设计必不可少的重要组成部分，建筑水暖电工程通常是在建筑设备工程中给排水工程、暖通空调工程和建筑电气工程3个主要的方向的简称。

本章内容

- 建筑给水工程图纸的绘制
- 建筑排水工程图纸的绘制
- 建筑采暖工程图纸的绘制

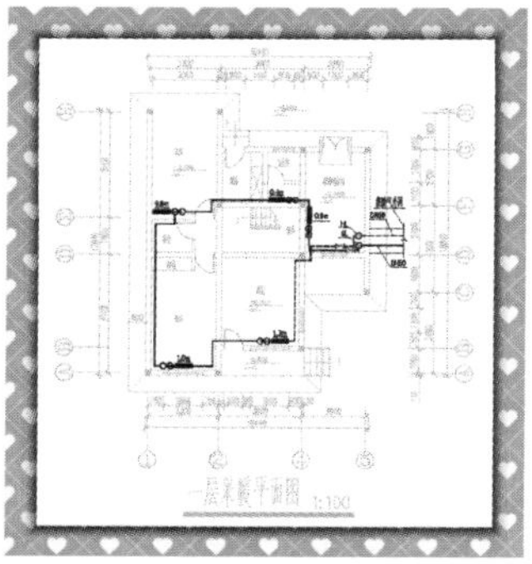

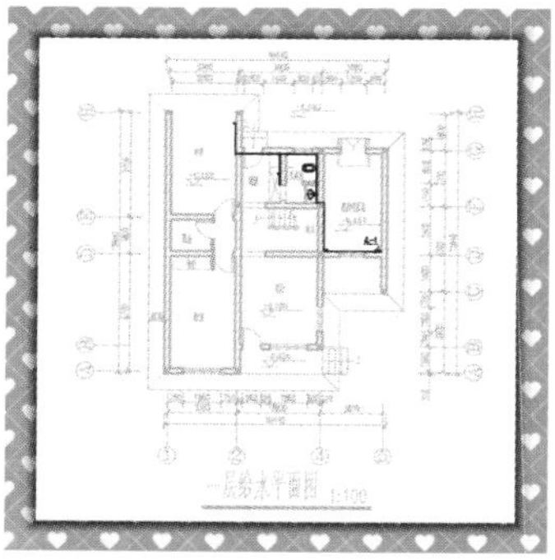

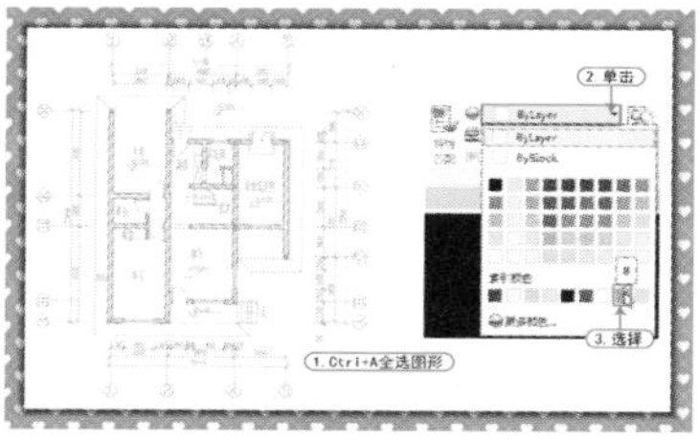

8.1 建筑给水工程图纸的绘制

本节以某别墅建筑给水工程图为实例进行绘制，并引导读者掌握建筑给水工程图纸的绘制方法。

8.1.1 给水工程图的概况及工程预览

案例	一层给水平面图.dwg	视频	无	时长	无

本节以某别墅建筑的给水施工图为例，详细讲解了别墅一层给水平面布置图的绘制方法，从而让读者能够更加系统、全面地掌握建筑给水施工图的绘制方法，其绘制的最终效果如图 8-1 所示。

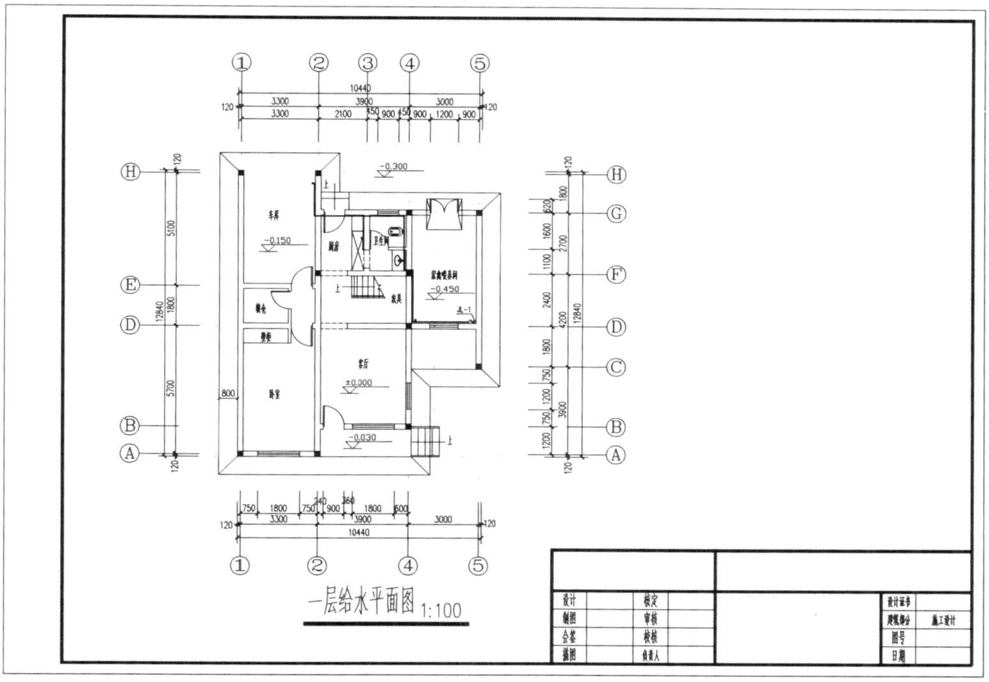

图 8-1

提示：室内给水平面图概述

室内给水平面图为基础（建筑平面以细线画出）表明给水管道、用水设备、器材等平面位置的图样，其主要反映下列内容。

（1）表明房屋的平面形状及尺寸，用水房间在建筑中的平面位置。

（2）表明室外水源接口位置，底层引入管位置及管道直径等。

（3）表明给水管道的主管位置、编号、管径、支管的平面走向、管径及有关平面尺寸等。

（4）表明用水器材和设备的位置、型号及安装方式等。

8.1.2 设置绘图环境

案例	一层给水平面图.dwg	视频	设置绘图环境.avi	时长	04'27"

在正式绘制别墅建筑给水平面图之前，首先要设置其绘图的环境，主要包括打开并另存文件、新建相应图层等。

Step 01 在桌面上双击 AutoCAD 2015 图标，启动 AutoCAD 2015 软件，系统自动创建一个空白文档。

Step 02 在“快速访问”工具栏单击标题栏上的“打开”按钮，打开“案例\05\一层平面图.dwg”文件，然后单击“另存为”按钮，将弹出“图形另存为”对话框，将该文件保存为“案例\08\一层给水平面图.dwg”文件。

Step 03 执行“删除”命令（E），将图形中多余的对象删除掉，然后双击图形下侧的图名“一层平面图”，将其修改为“一层给水平面图”，修改效果如图 8-2 所示。

Step 04 按<Ctrl+A>组合键，将图形全部选中，然后在“特性”面板的“颜色”下拉列表中，选择“颜色 8”，以将图形以暗色显示，如图 8-3 所示。

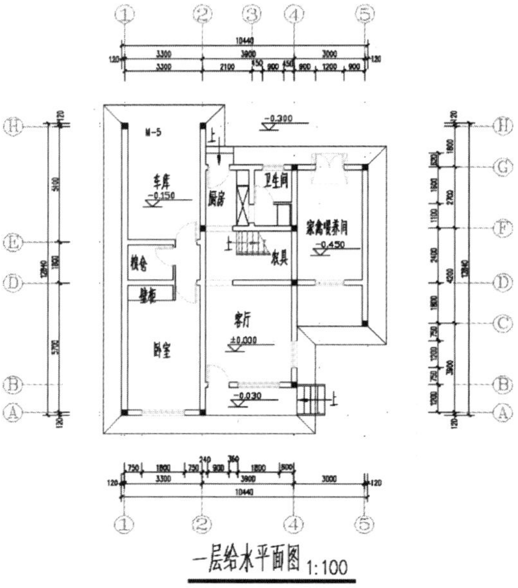

图 8-2

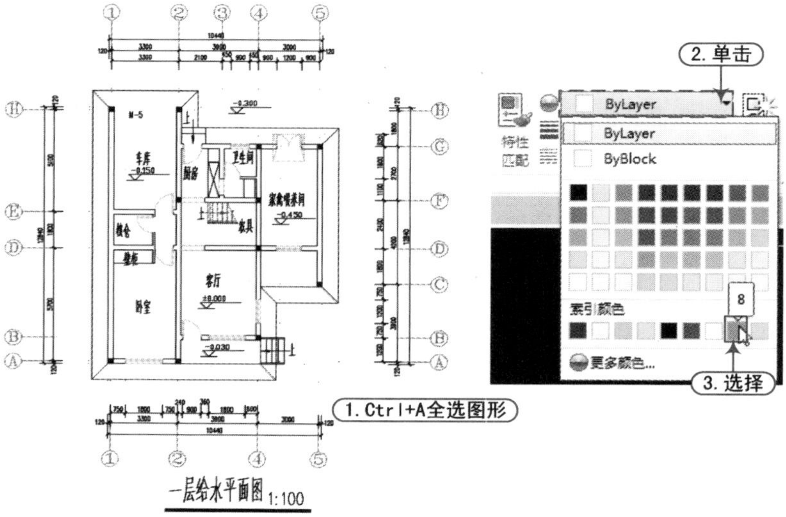

图 8-3

Step 05 执行“图层”命令（LA），将打开“图层特性管理器”面板，在原有图层的基础上增加建立如图 8-4 所示的图层，并设置好图层的颜色。

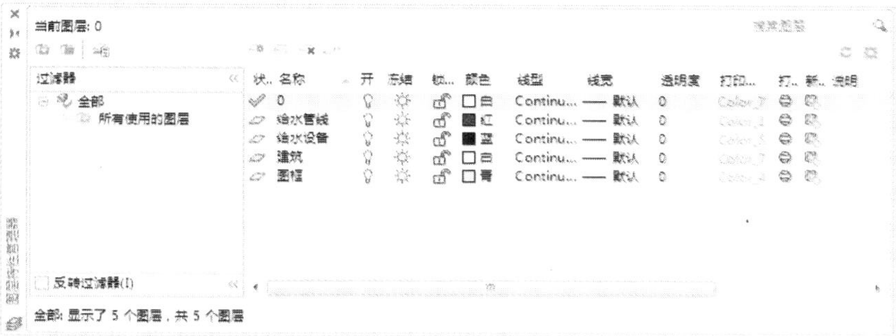

图 8-4

8.1.3 布置用水设备

案例	一层给水平面图.dwg	视频	布置用水设备.avi	时长	02'07"

在前面已经设置好了需要的绘图环境，接下来为别墅一层平面图内的相应位置布置相应的用水设备。

Step 01 接前面，单击“图层”面板中的“图层控制”下拉列表，将“给水设备”图层置为当前图层。

Step 02 执行“插入”命令（I），打开“插入”对话框，将“案例\08\蹲便器.dwg”图块插入卫生间相应位置，如图 8-5 所示。

Step 03 继续执行“插入”命令（I），打开“插入”对话框，将“案例\08\洗手盆.dwg”图块插入相应位置，如图 8-6 所示。

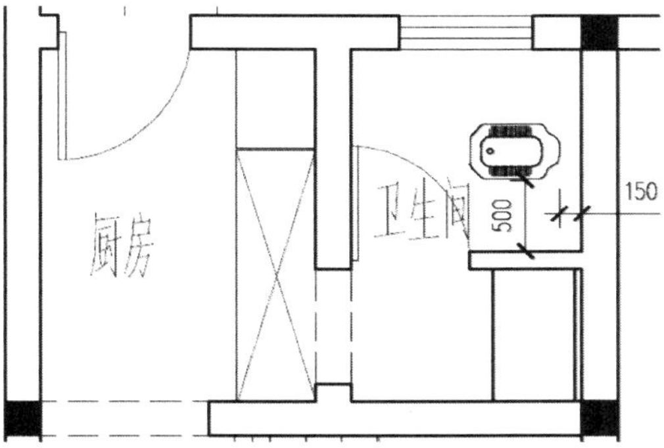

图 8-5

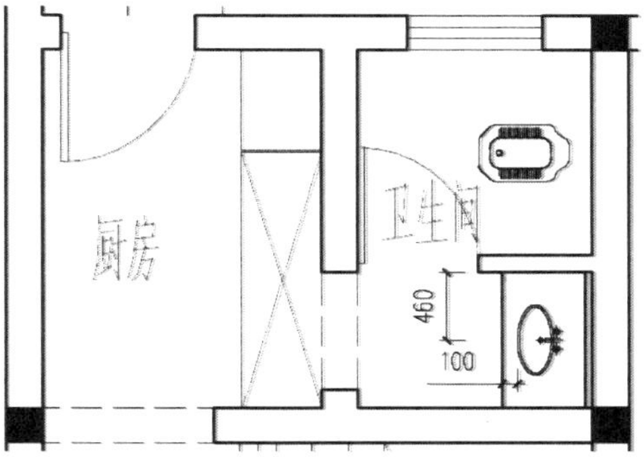

图 8-6

提示：设施的运用

对于一个专业的设计师来说，在其电脑内存里面都会保存有大量的家具和其它设施图形模块，如果没有这些模块，那么用户就要提前绘制并保存好，方便以后绘图使用，其设施的样式可以上网查询。

8.1.4 绘制给水管线

案例	一层给水平面图.dwg	视频	绘制给水管线.avi	时长	05'14"

前面中已经布置好了相关的用水设备，接下来绘制相应位置的给水管线，然后将水管线与相关的用水设备连接起来。

Step 01 单击“图层”面板中的“图层控制”下拉列表，将“给水管线”图层置为当前图层。

Step 02 绘制“水表”图例，执行“圆”命令（C），绘制一个半径为 80 的圆，如图 8-7 所示。

Step 03 执行“直线”命令（L），在圆内绘制一个箭头符号，如图 8-8 所示。

Step 04 执行“图案填充”命令（H），为绘制的箭头符号内部填充“SOLID”图案，如图 8-9 所示。

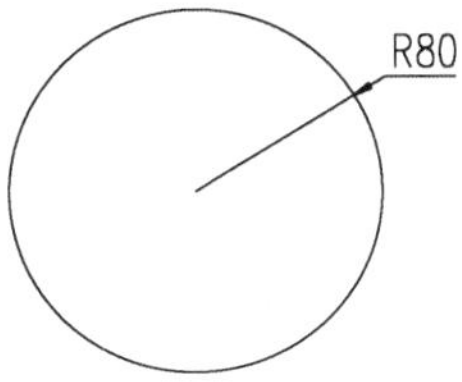

图 8-7

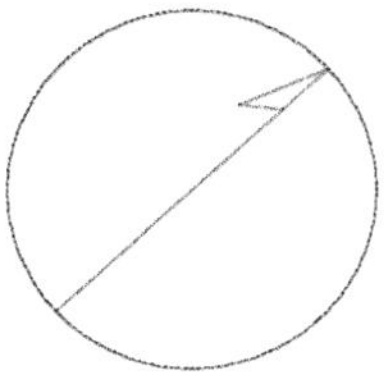

图 8-8

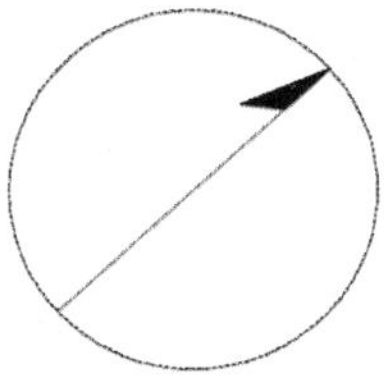

图 8-9

Step 05 执行“圆”命令（C），绘制一个半径为 60 的圆作为给水立管，如图 8-10 所示。

Step 06 执行“移动”命令（M），将绘制的水表及给水立管布置到平面图中的相应位置处，如图 8-11 所示。

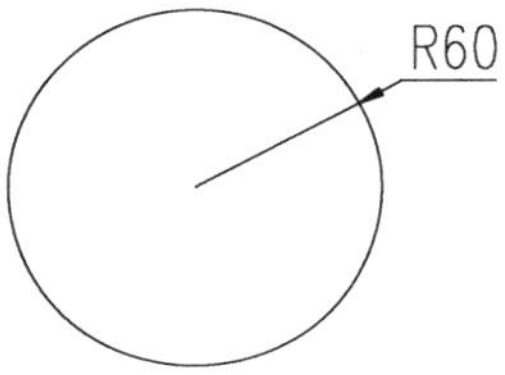

图 8-10

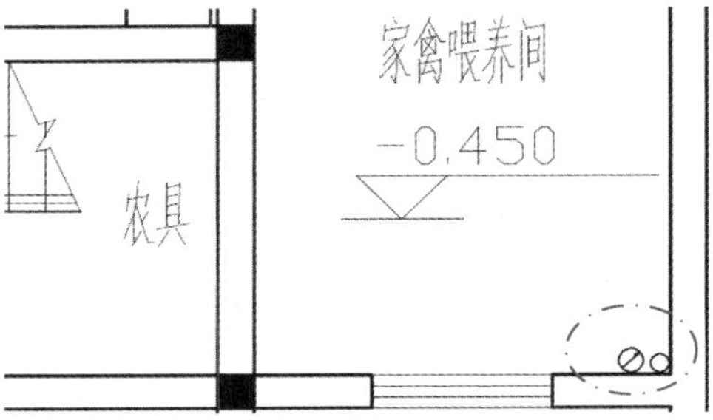

图 8-11

Step 07 执行“点样式”命令（PT），打开“点样式”对话框，选择一种点样式，然后设置点大小为“50”单位，并设置为“按绝对单位设置大小（A）”，再单击“确定”按钮，完成点样式的设置，如图 8-12 所示。

Step 08 由于给水龙头一般在用水设备中点处，所以可以启用捕捉的方法辅助绘图，设置捕捉可以用鼠标右击状态栏中的“对象捕捉”按钮，在打开的关联菜单中选择“对象捕捉设置”命令。

Step 09 接着在打开的“草图设置”对话框中，勾选“启动对象捕捉（F3）”复选框，并单击右侧的“全部选择”按钮，最后单击“确定”按钮，如图 8-13 所示以勾选所有的特征点。

Step 10 执行“点”命令（PO），分别在各个相应房间的用水处绘制给水点，如图 8-14 所示为部分位置。

提示：步骤讲解

由于此建筑平面图过大，这里只截取了有给水点的地方，能够更清晰地表达出给水点的位置。

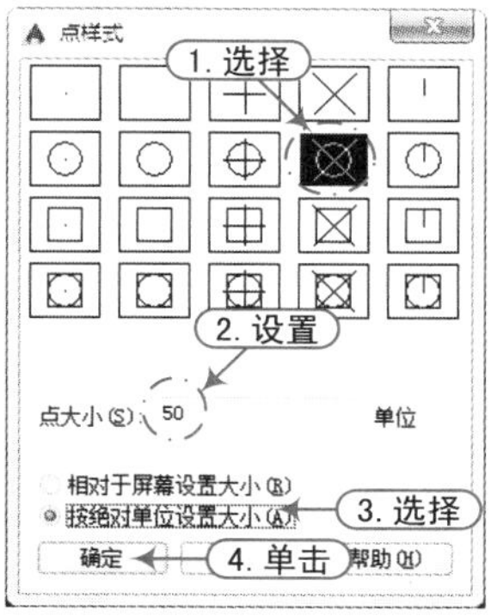

图 8-12

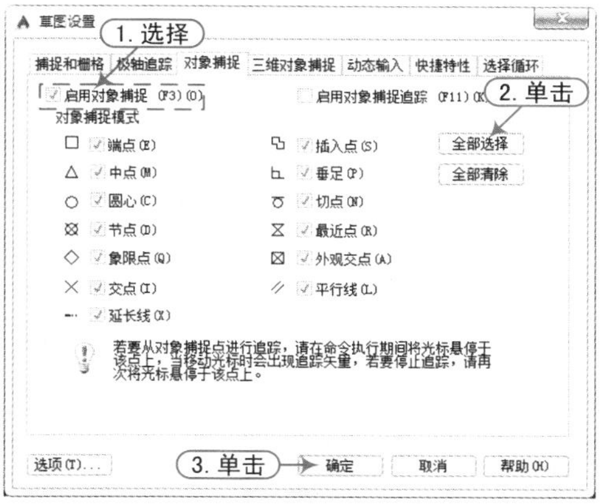

图 8-13

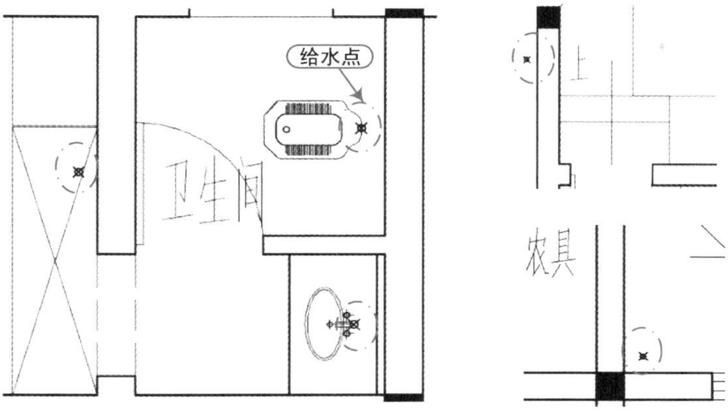

图 8-14

Step 11　执行“多段线”命令（PL），根据命令行提示，设置多段线的起点及终点宽度为 30，然后按照设计要求绘制出水表井的给水立管引出的，分别连接至平面图左侧的用水线路，如图 8-15 所示。

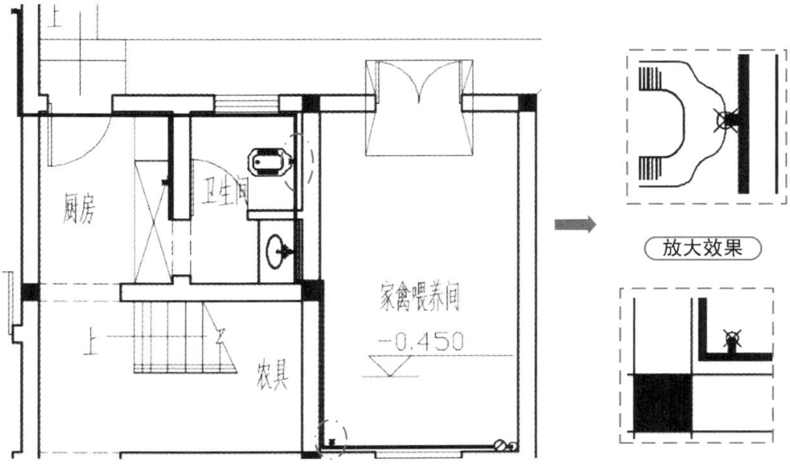

图 8-15

提示：线宽的确定

对于确定线宽的方法有很多，管道的宽度也可以由设定图层性质而确定，这时管线用“Continus”线型绘制，给水管用 0.25mm 的线宽，排水管用 0.30mm 的线宽，用“点”表示用水点。但是如果对于初学者来说在各步骤中可能对线宽的具体尺寸把握不好，所以在这时候根据实际效果来输入线宽可能比较直观。

8.1.5 添加说明文字及图框

案例	一层给水平面图.dwg	视频	添加说明文字及图框.avi	时长	09'06"

在前面已经绘制好了别墅一层平面图内的所有给水管线及给水设备，下面讲解为给水平面图内的相关内容进行文字标注。

Step 01 单击“图层”面板中的“图层控制”下拉列表，将“文字标注”图层置为当前图层。

Step 02 执行“多行文字”命令（MT），设置好文字大小后，对平面图中的给水立管进行名称标注，标注名称为“JL-1”，如图 8-16 所示。

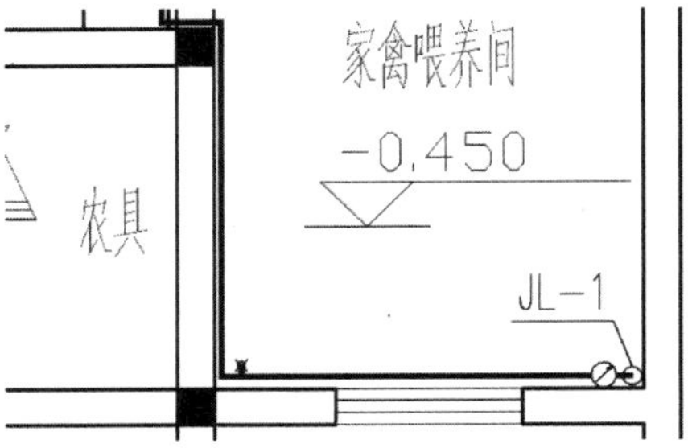

图 8-16

提示：给水排水布置图的标注说明

在进行给排水布置图的标注说明时，应按照以下方式来操作。

（1）文字标注及相关必要的说明：建筑给排水工程图，一般采用图形符号与文字标注符号相结合的方法，文字标注包括相关尺寸、线路的文字标注以及相关的文字特别说明等，都应按相关标准要求，做到文字表达规范、清晰明了。

（2）管径标注：给排水管道的管径尺寸以毫米（mm）为单位，管径宜以公称直径 DN 表示(如 DN15、DN50)。

（3）管道编号：当建筑物的给水引入管或排水排出管的根数大于 1 根时，通常用汉语拼音的首字母和数字对管道进行标号。

对于给水立管及排水立管，即指穿过一层或多层竖向给水或排水管道，当其根数大于 1 根时，也应采用汉语拼音首字母及阿拉伯数字对其进行编号，如“JL-2”表示 2 号给水立管，“J”表示给水，“PL-6”则表示 6 号排水立管，“P”表示排水。

（4）标高：对于建筑平面图来说，在同一标准层上可以同时表示出各个层的标高，这样更加直观。

（5）尺寸标注：建筑的尺寸标注共三道，第一道是细部标注，主要是门窗洞的标注，第二道是轴网标注，第三道是建筑长宽标注。

Step 03 单击“图层”面板中的“图层控制”下拉列表，将“0”图层置为当前图层。

Step 04 执行“矩形”命令（REC），绘制一个同 420×297 的矩形（A3 图纸），然后执行“分解”命令（X），将该矩形分解，如图 8-17 所示。

Step 05 执行“偏移”命令（O），将矩形左侧竖直边向右偏移 25，将其他 3 条边分别向矩形内侧偏移 5，然后执行“修剪”命令（TR），修剪掉多余的线段，如图 8-18 所示。

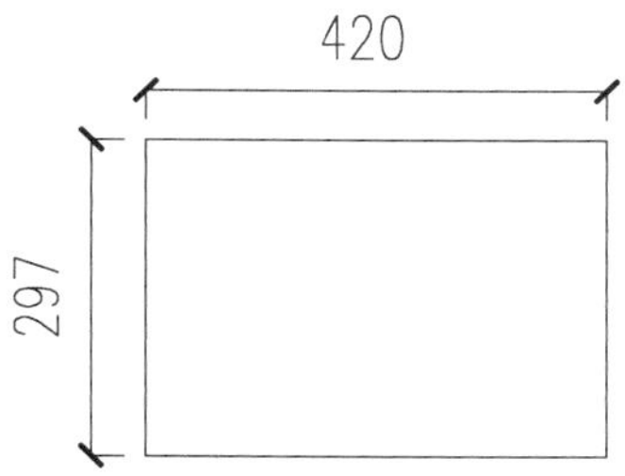

图 8-17

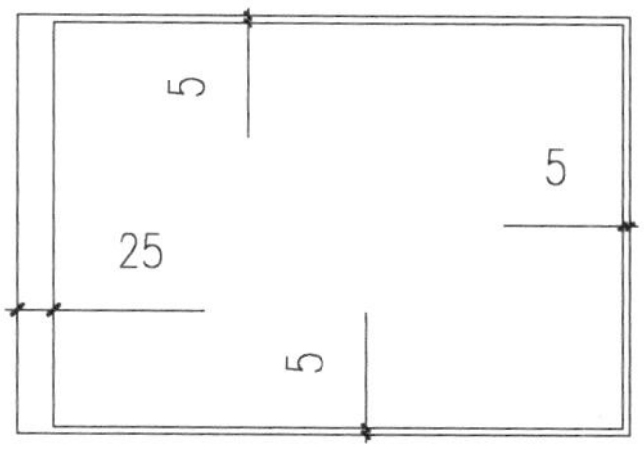

图 8-18

Step 06 执行“偏移”命令（O），将矩形最左侧边向右偏移，偏移距离分别为 235、15、20、15、20、71 和 15，如图 8-19 所示。

Step 07 继续执行“偏移”命令（O），将矩形最底侧水平边向上偏移，偏移距离分别为 13、8、8、8 和 18，如图 8-20 所示。

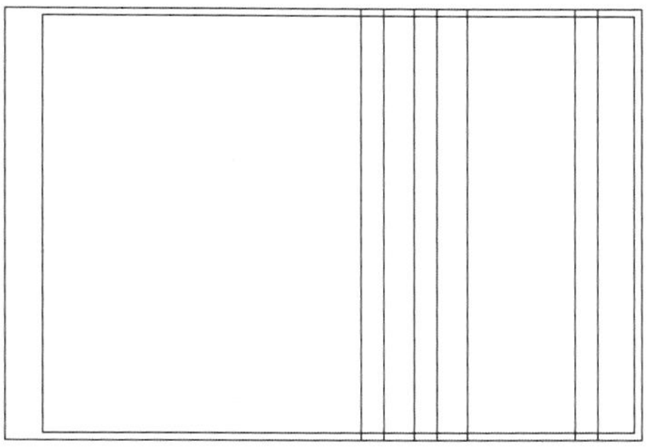

图 8-19

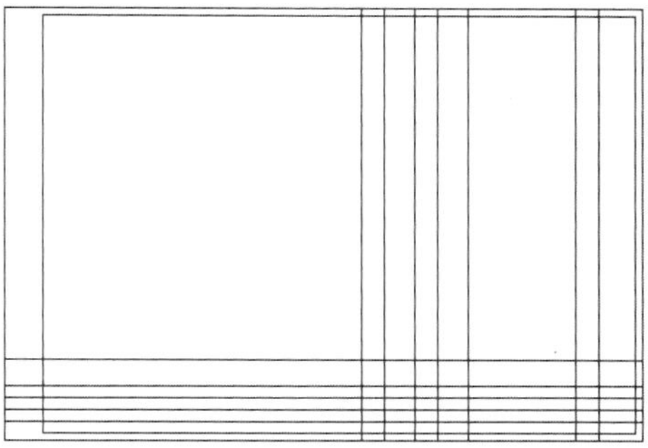

图 8-20

Step 08 执行“修剪”命令（TR），修剪掉多余的线段，如图 8-21 所示。

Step 09 执行“多段线”命令（PL），设置起点和终点宽度为 1，沿上步骤修剪的辅助线绘制外围轮廓线，如图 8-22 所示。

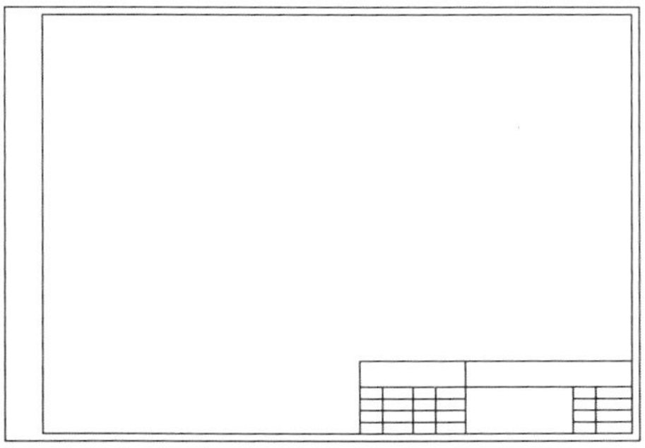

图 8-21

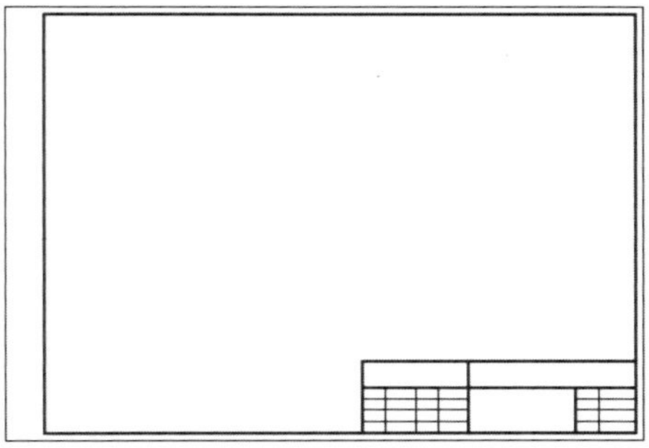

图 8-22

Step 10 执行“单行文字”命令（DT），设置文字大小为 5，在图签内输入文字，如图 8-23 所示。

读书破万卷

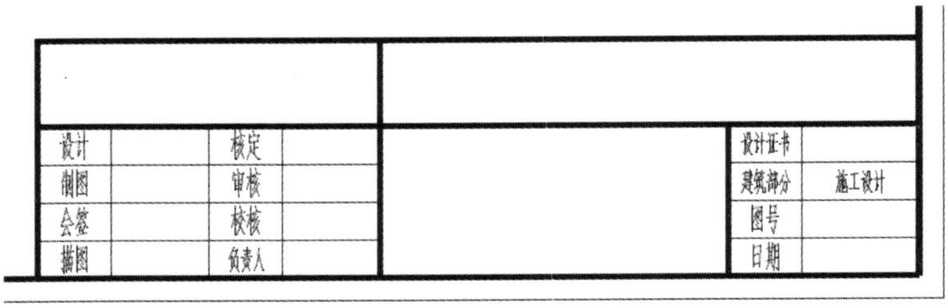

设计
制图
会签
描图
核定
审核
校核
负责人
设计证书
建筑部分
施工设计
图号
日期

图 8-23

Step 11 执行“缩放”命令（SC），选择已经绘制完成的 A3 样板图框，以其左下角点为基点，将其放大 100 倍，完成外框尺寸 42000×29700。

Step 12 执行“写块”命令（W），打开“写块”对话框，将绘制的图框对象保存为“案例\08\图框.dwg”图块，如图 8-24 所示。

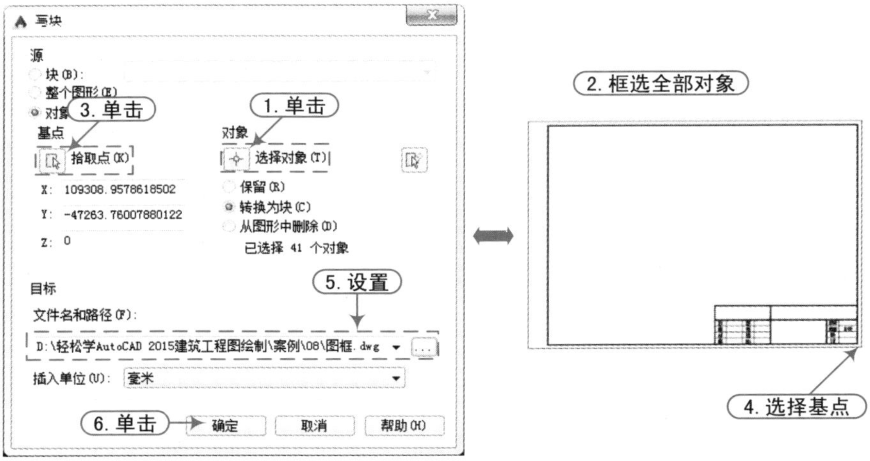

图 8-24

提示：写块的作用

为了使绘制的“图框”能够重复地使用在其他图形中，可使用“写块”命令将图框保存为外部图块，在以后图形中需要时可“插入”该图框。

Step 13 单击“图层”面板中的“图层控制”下拉列表，将“图框”图层置为当前图层。

Step 14 执行“插入”命令（I），打开“插入”对话框，将“案例\08\图框.dwg”图块插入相应位置以框住整个图形，如图 8-25 所示。

提示：步骤讲解

由上图可看出该平面图中只保留了左、右和下侧的轴号标注，而将上侧边的轴号标注对象删除。因为图框不够长，而上、下轴号标注的结果是对称的，为了能够使平面图能够放入图框内，而将上侧的轴号标注删除，删除后不造成任何影响。

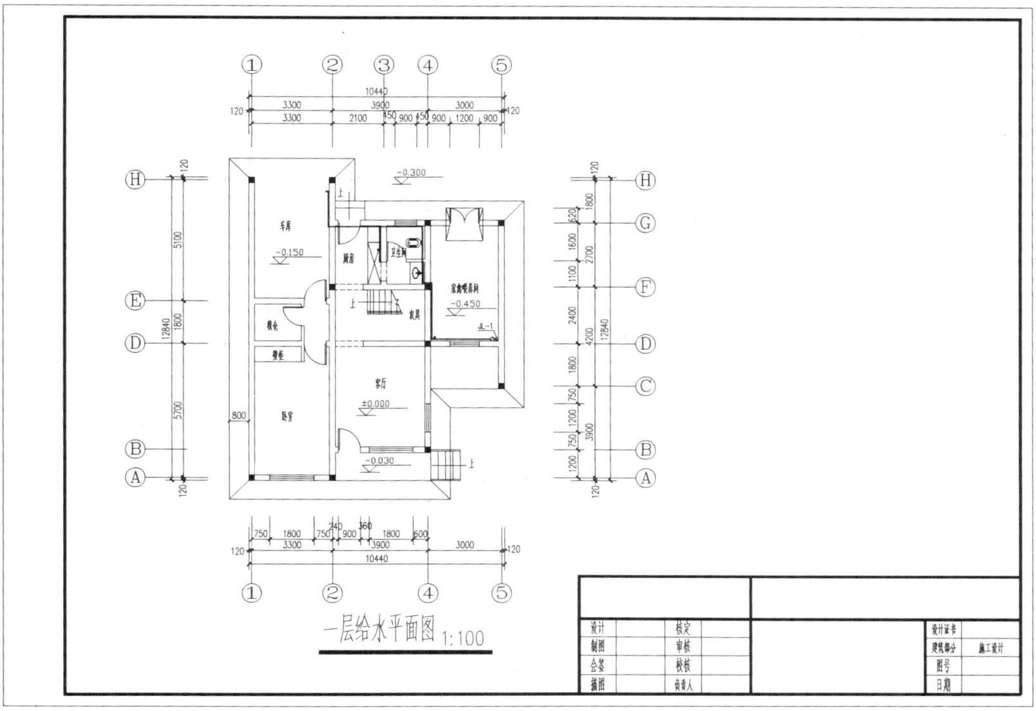

图 8-25

Step 15 至此，某别墅建筑一层给水平面图绘制完毕，在“快速访问”工具栏单击“保存”按钮，将所绘制图形进行保存。

Step 16 在键盘上按<Alt+F4>或<Ctrl+Q>组合键，退出所绘制的文件对象。

8.2 建筑排水工程图纸的绘制

前面一节讲解了某别墅建筑一层给水平面图的绘制，本节来讲解怎样绘制某别墅建筑的一层排水平面图。

8.2.1 排水工程图的概况及工程预览

案例	一层排水平面图.dwg	视频	无	时长	无

以某别墅建筑的排水施工图为例，详细讲解了别墅一层排水平面布置图的绘制方法，从而让读者能够更加系统、全面的掌握建筑排水施工图的绘制方法，其绘制的最终效果如图 8-26 所示。

提示：室内排水平面图概述

排水平面图是以建筑平面图为基础画出的，主要反映卫生洁具、排水管材、器材的平面位置、管径及安装坡度要求等内容，图中应注明排水位置的编号。对于不太复杂的排水平面图，通常和给水平面图画在一起，组成建筑给水平面图。

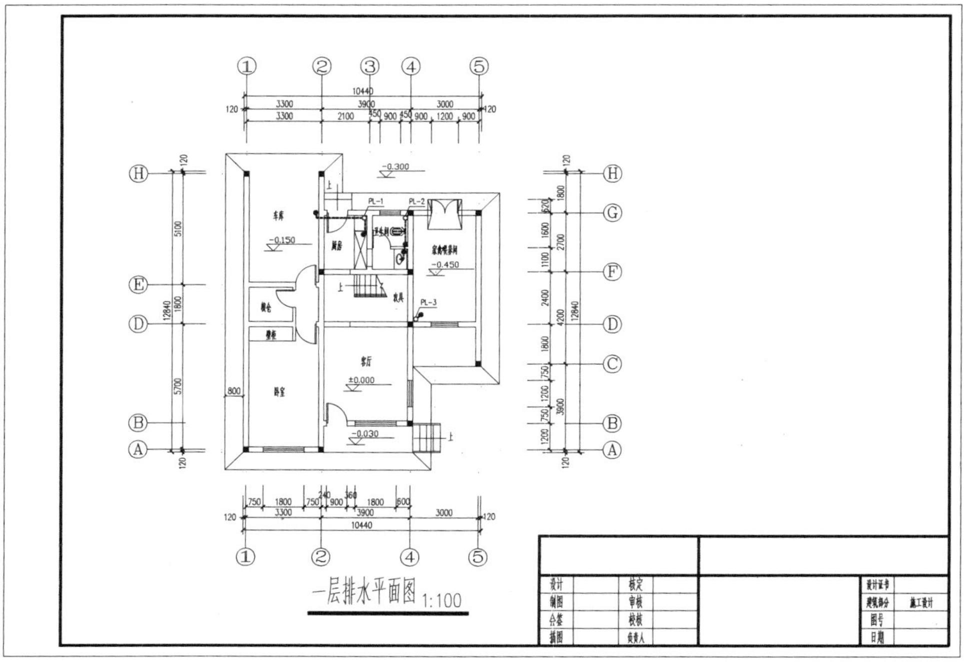

图 8-26

8.2.2 设置绘图环境

案例	一层排水平面图.dwg	视频	设置绘图环境.avi	时长	04'23"

在正式绘制别墅建筑排水平面图之前，首先要设置其绘图的环境，主要包括打开并另存文件、新建相应图层等。

Step 01 在桌面上双击 AutoCAD 2015 图标，启动 AutoCAD 2015 软件，系统自动创建一个空白文档。

Step 02 在“快速访问”工具栏单击标题栏上的“打开”按钮，打开“案例\05\一层平面图.dwg”文件，然后单击“另存为”按钮，将弹出“图形另存为”对话框，将该文件保存为“案例\08\一层排水平面图.dwg”文件。

Step 03 执行“删除”命令（E），将图形中多余的对象删除掉，然后双击图形下侧的图名“一层平面图”，将其修改为“一层排水平面图”，如图 8-27 所示。

Step 04 按<Ctrl+A>组合键，将图形全部选中，然后在“特性”面板的“颜色”下拉列表中，选择“颜色 8”，以将图形以暗色显示，如图 8-28 所示。

Step 05 执行“图层”命令（LA），将打开“图层特性管理器”面板，在原有图层的基础上增加建立如图 8-29 所示的图层，并设置好图层的颜色。

注意：图层 0

每个图形均包含一个名为 0 的图层。图层 0（零）无法删除或重命名，以便确保每个图形至少包括一个图层。

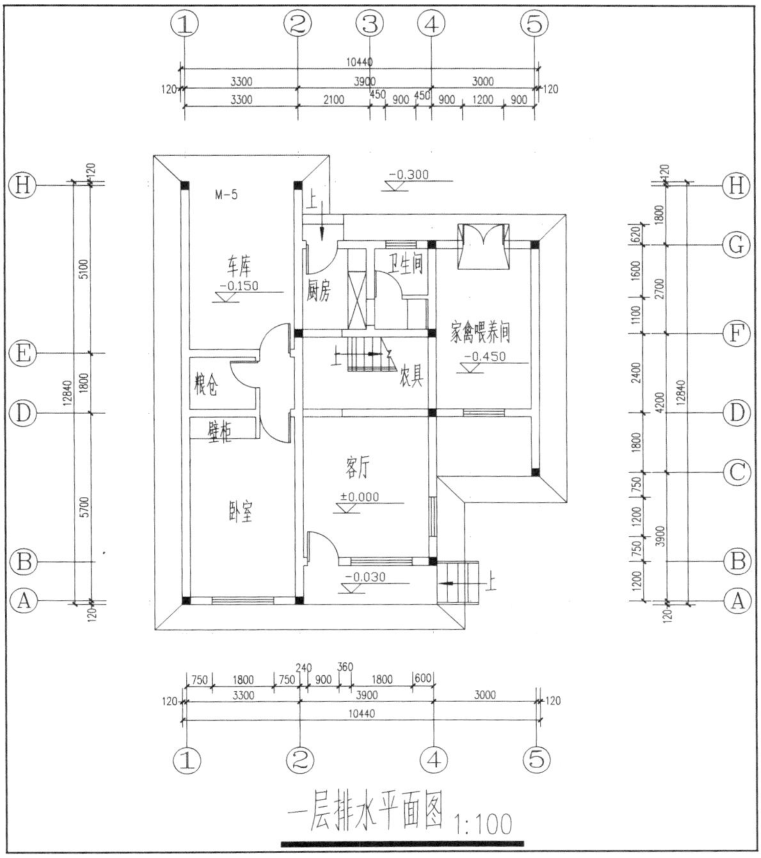

图 8-27

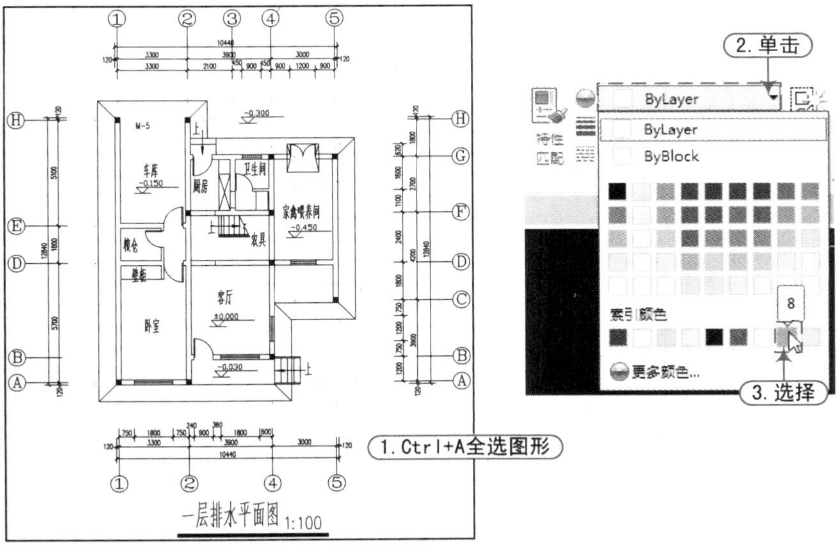

图 8-28

读书破万卷

图 8-29

8.2.3 布置用水设备

案例	一层排水平面图.dwg	视频	布置用水设备.avi	时长	02'45"

在前面已经设置好了需要的绘图环境，接下来为别墅一层平面图内的相应位置布置相应的用水设备。

Step 01 单击“图层”面板中的“图层控制”下拉列表，将“0”图层置为当前图层。

Step 02 执行“插入”命令（I），打开“插入”对话框，将“案例\08\蹲便器.dwg”图块插入相应位置，如图 8-30 所示。

Step 03 继续执行“插入”命令（I），打开“插入”对话框，将“案例\08\洗手盆.dwg”图块插入相应位置，如图 8-31 所示。

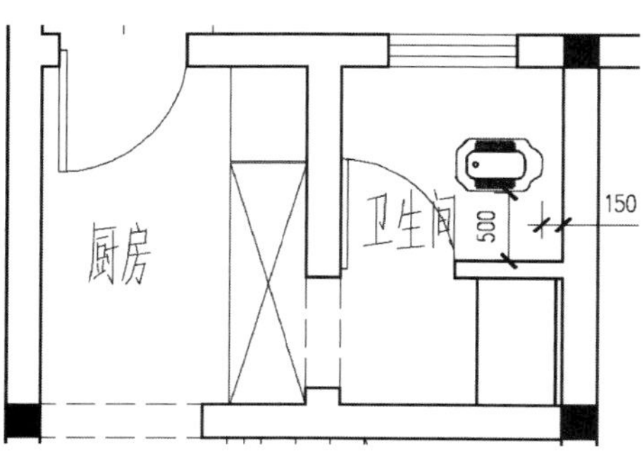

图 8-30

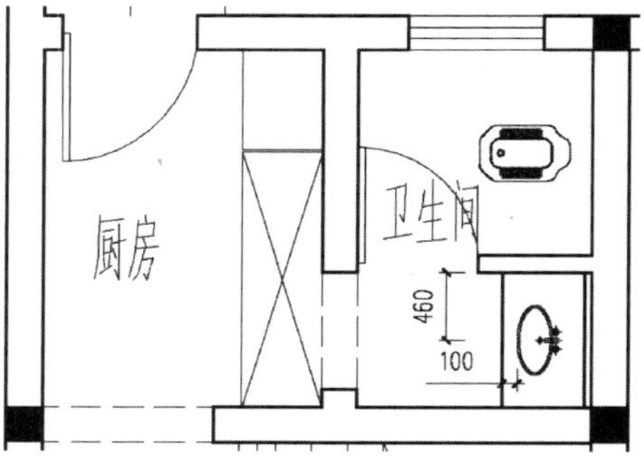

图 8-31

8.2.4 绘制排水设备

案例	一层排水平面图.dwg	视频	绘制排水设备.avi	时长	03'06"

前面中已经布置好了相关的用水设备，接下来进行排水设备的绘制，然后将绘制的排水设备布置到平面图中相应的位置处。

Step 01 单击“图层”面板中的“图层控制”下拉列表，将“排水设备”图层置为当前图层。

Step 02 绘制“排水立管”图例，执行“圆”命令（C），绘制一个半径为 100 的圆，如图 8-32 所示。

Step 03 执行“偏移”命令（O），将绘制的圆向内偏移 10 的距离，如图 8-33 所示。

读书破万卷

Step 04 绘制“圆形地漏”图例，执行“圆”命令（C），绘制一个半径为 100 的圆。

Step 05 执行“图案填充”命令（H），为绘制的圆内填充“ANST31”图案，比例为 6，如图 8-34 所示。

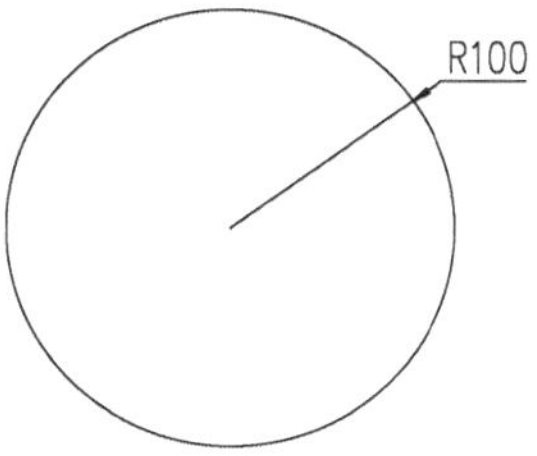

图 8-32

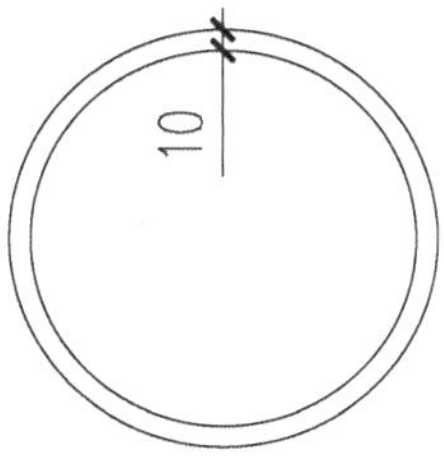

图 8-33

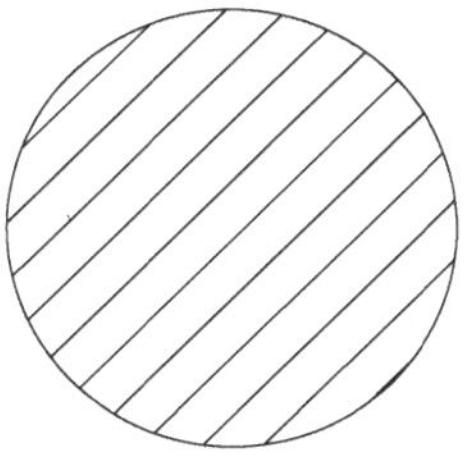

图 8-34

Step 06 执行“复制”（CO）和“移动”（M）等命令，将绘制的排水设备布置到平面图中的相应位置处，如图 8-35 所示。

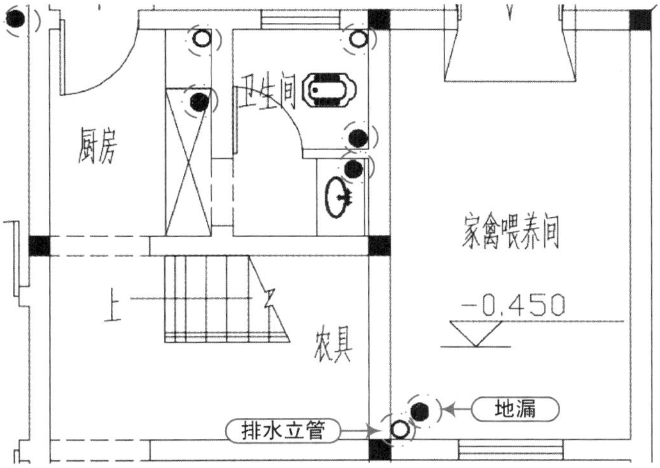

图 8-35

提示：“圆”命令的讲解

在 AutoCAD 中，利用“圆”命令可以绘制任意半径的圆，执行该命令后，命令行提示“指定圆的圆心或 [三点(3P)/两点(2P)/切点、切点、半径(T)]:”，其主要选项说明如下：

（1）圆心：以此点为中心，并确定圆半径所绘制的圆对象。

（2）三点（3P）：此命令通过指定圆周上三点来画圆。

（3）两点（2P）：此命令通过指定圆周上两点来画圆。两点为直径的两个端点。

（4）切点、切点、半径（T）：先指定两个相切对象，再指定半径值的方法画圆。

通过上面所讲的命令行提示选项，可以用 4 种方法来绘制圆，而在执行“绘图 | 圆”菜单命令绘制圆时，会出现 6 种不同的画圆方法，如图 8-36 所示。

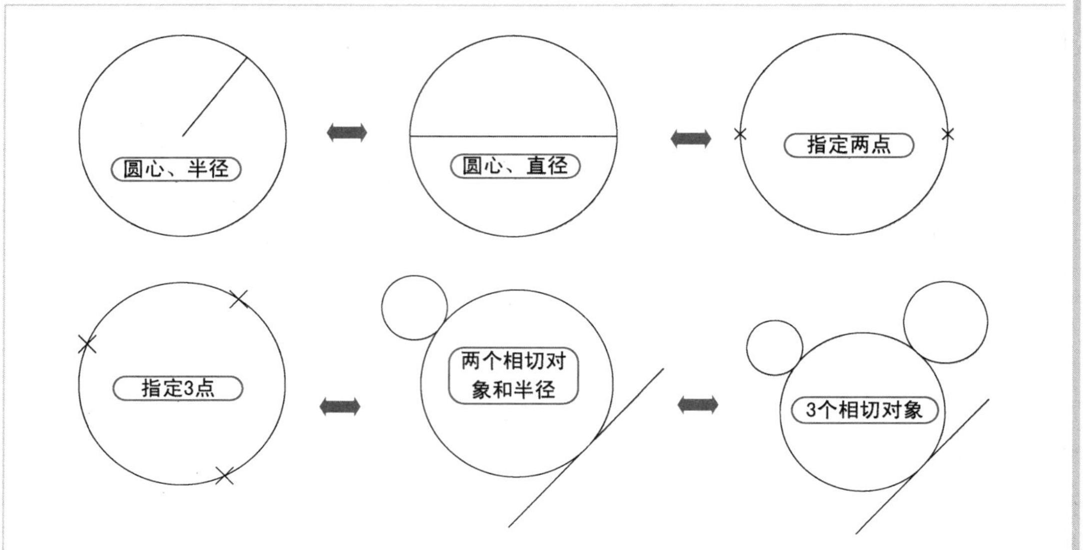

图 8-36

8.2.5 绘制排水管线

案例	一层排水平面图.dwg	视频	绘制排水管线.avi	时长	04'19"

前面中已经布置好了相关的用水设备，接下来绘制相应位置的给水管线，然后将水管线与相关的用水设备连接起来。

Step 01 单击“图层”面板中的“图层控制”下拉列表，将“排水管线”图层置为当前图层。

Step 02 执行“格式丨线型”菜单命令，打开“线型管理器”对话框，单击“显示细节”按钮，打开“详细信息”选项组，设置“全局比例因子”为 500，然后单击“确定”按钮，如图 8-37 所示。

图 8-37

Step 03 执行“多段线”命令（PL），将多段线的起点及端点的宽度设置为 50。

Step 04 设置好多段线的线宽及线型比例后，按照排水管线的布局设计要求，绘制出平面图中所有的排水线路，如图 8-38 所示。

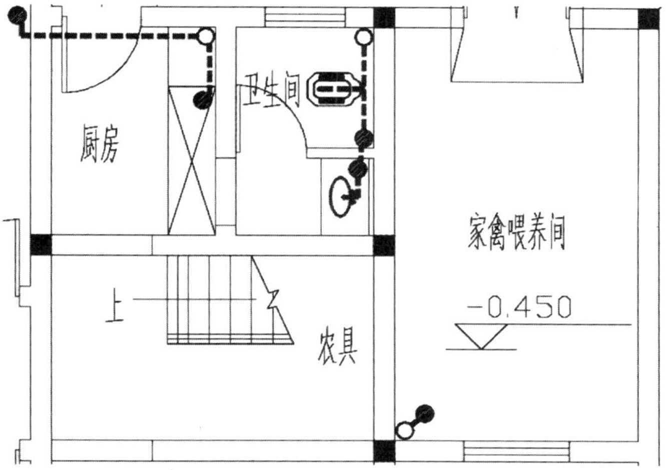

图 8-38

提示：步骤讲解

由于此建筑平面图过大，这里只截取了有排水线路的地方，能够更清晰地表达出排水的线路位置。

8.2.6 添加说明文字及图框

案例	一层排水平面图.dwg	视频	添加说明文字及图框.avi	时长	02'57"

在前面已经绘制好了别墅一层平面图内的所有排水管线及排水设备，下面讲解为排水平面图内的相关内容进行文字标注。

Step 01 单击"图层"面板中的"图层控制"下拉列表，将"文字标注"图层置为当前图层。

Step 02 执行"多行文字"命令（MT），设置好文字大小后，对平面图中的排水立管进行名称标注，标注名称分别为"PL-1"、"PL-2"和"PL-3"，如图 8-39 所示。

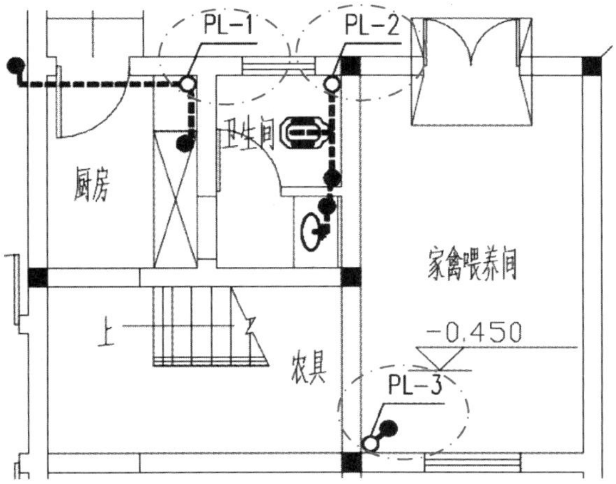

图 8-39

读书破万卷

Step 03 单击“图层”面板中的“图层控制”下拉列表，将“图框”图层置为当前图层。

Step 04 执行“插入”命令（I），打开“插入”对话框，将“案例\08\图框.dwg”图块插入相应位置，如图 8-40 所示。

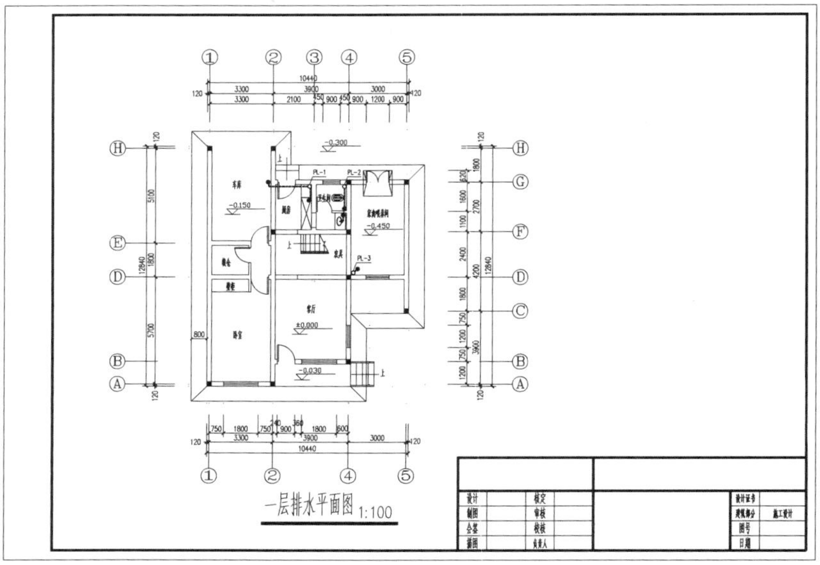

图 8-40

Step 05 至此，某别墅建筑一层排水平面图绘制完毕，在“快速访问”工具栏单击“保存”按钮，将所绘制图形进行保存。

Step 06 在键盘上按<Alt+F4>或<Ctrl+Q>组合键，退出所绘制的文件对象。

8.3 建筑采暖工程图纸的绘制

室内采暖工程任务，即通过从室外热力管网将热媒利用室内管网引入至建筑内部的各个房间，并通过散热装置将热能释放出来，使室内保持适宜的温度环境，满足人们生活的需要。

采暖系统属于全水系统，其管网的绘制及表达方法与空调水、给排水系统类似，尤其是风机盘管系统与采暖水系统较为相近。

前面一节讲解了某别墅建筑一层排水平面图的绘制，本节来讲解怎样绘制某别墅建筑的一层采暖平面图。

提示：采暖平面图的内容

室内供暖平面图表示建筑各层供暖管道与设备的平面布置，包括以下内容。

（1）建筑物的平面布置，其中应注明轴线、房间主要尺寸、指北针，必要时应注明房间名称。建筑位置（各房间分布、门窗和楼梯间位置等）。在图上应注明轴线编号、外墙总长尺寸、地面及楼板标高等与采暖系统施工安装有关的尺寸。

（2）热力入口位置，供、回水总管名称、管径。

（3）干、立、支管位置和走向，管径以及立管（平面图上为小圆圈）编号。

8.3.1 采暖工程图的概况及工程预览

案例	一层采暖平面图.dwg	视频	无	时长	无

本节以某别墅建筑的采暖平面图为例，详细讲解别墅一层采暖平面图的绘制流程，从而让读者能够更加系统、全面地掌握建筑采暖工程图的绘制方法，其绘制的最终效果如图 8-41 所示。

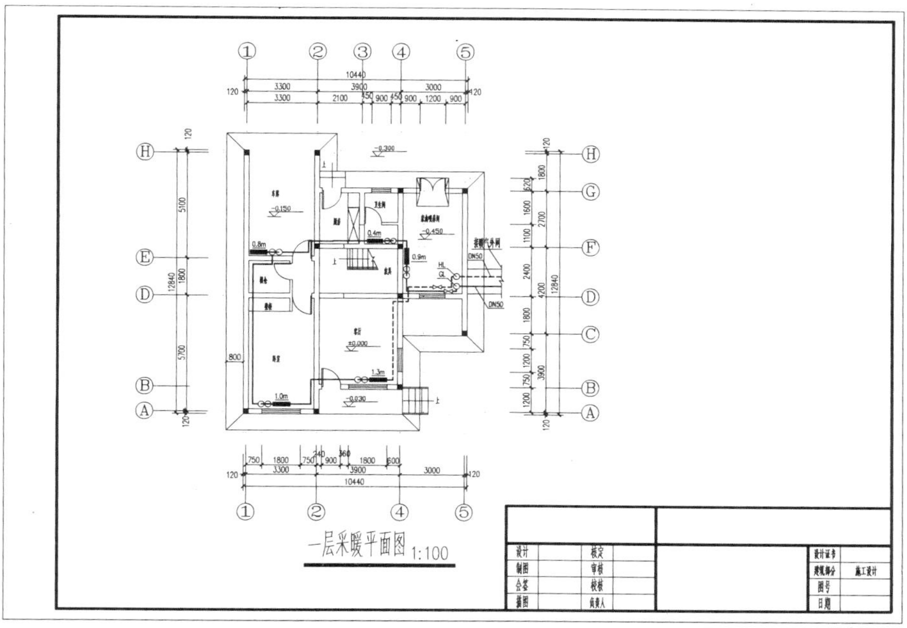

图 8-41

8.3.2 设置绘图环境

案例	一层采暖平面图.dwg	视频	设置绘图环境.avi	时长	05'10"

在正式绘制别墅建筑采暖平面图之前，首先要设置其绘图的环境，主要包括打开并另存文件、新建图层、设置线型比例等。

Step 01 在桌面上双击 AutoCAD 2015 图标，启动 AutoCAD 2015 软件，系统自动创建一个空白文档。

Step 02 在“快速访问”工具栏单击标题栏上的“打开”按钮，打开“案例\05\一层平面图.dwg”文件，然后单击“另存为”按钮，将弹出“图形另存为”对话框，将该文件保存为“案例\08\一层采暖平面图.dwg”文件。

Step 03 执行“删除”命令（E），将图形中多余的对象删除掉，然后双击图形下侧的图名“一层平面图”，将其修改为“一层采暖平面图”，如图 8-42 所示。

Step 04 按<Ctrl+A>组合键，将图形全部选中，然后在“特性”面板的“颜色”下拉列表中，选择“颜色 8”，以将图形以暗色显示，如图 8-43 所示。

Step 05 执行“图层”命令（LA），将打开“图层特性管理器”面板，在原有图层的基础上增加建立如图 8-44 所示的图层，并设置好图层的颜色。

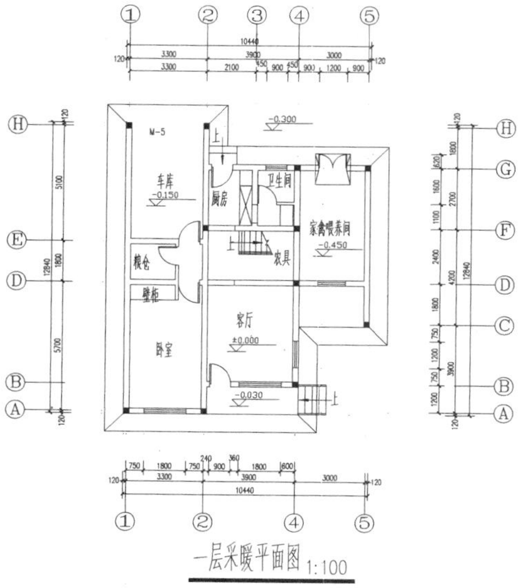

图 8-42

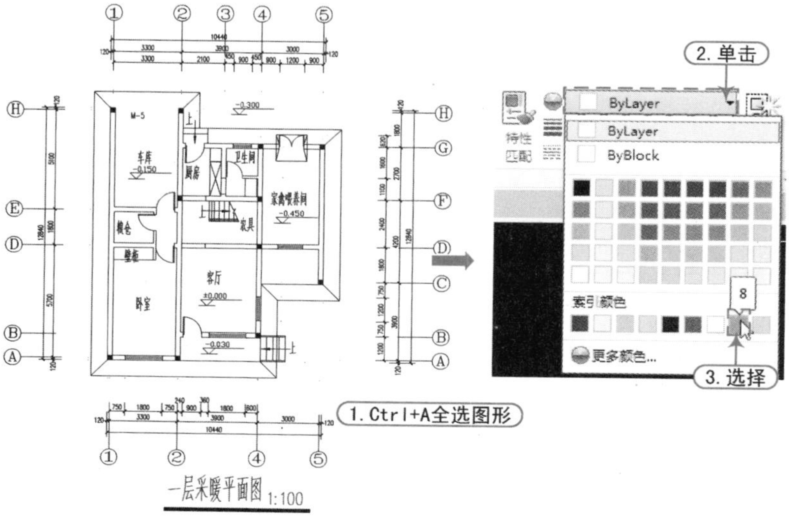

图 8-43

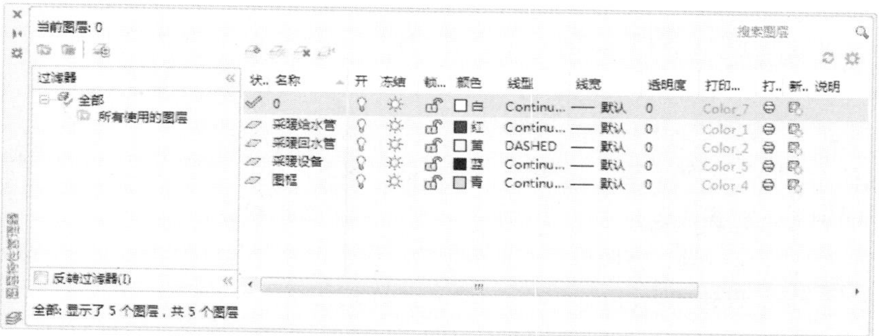

图 8-44

Step 06 执行“格式 | 线型”菜单命令，打开“线型管理器”对话框，单击“显示细节”按钮，打开“详细信息”选项组，设置“全局比例因子”为 1000，然后单击“确定”按钮，如图 8-45 所示。

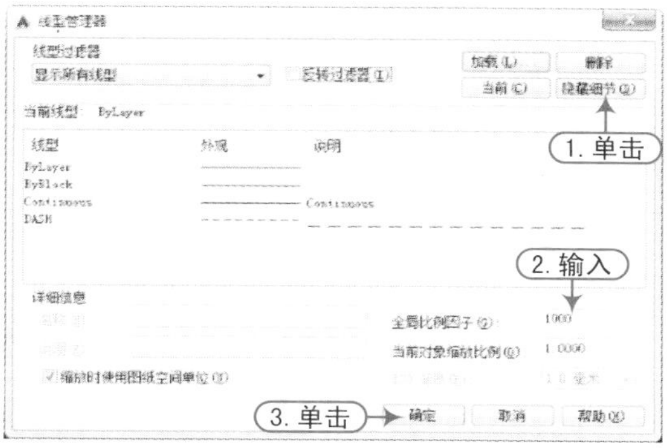

图 8-45

提示：采暖系统平面图概述

室内采暖系统平面图主要表示采暖管道及设备在建筑平面图中布置，体现了采暖设备与建筑之间的平面位置关系，表达的主要内容有如下几种。

（1）室内采暖管网的布置，包括总管、干管、立管、支管的平面位置及其走向与空间连接关系。

（2）散热器的平面布置、规格、数量和安装方式及其与管道的连接方式。

（3）采暖辅助设备（膨胀水箱、集气罐、疏水器等）、管道附件（阀门等）、固定支架的平面位置及型号规格。

（4）采暖管网中各管段的管径、坡度、标高等的标注，以及相关管道的编号。

（5）热媒入（出）口及入（出）口地沟（包括门管沟）的平面位置、走向及尺寸。

建筑室内采暖系统平面图的绘制步骤。

建筑室内采暖系统平面图的绘制，一般遵循以下步骤。

（1）插入图框并进行 CAD 基本设置（图层及样式）。

（2）建筑平面图。

（3）管道及设备在建筑平面图中的位置。

（4）散热器及附属设备在建筑平面图中的位置。

（5）标注（设备规格、管径、标高、管道编号等）。

（6）附加必要的文字说明（设计说明及附注）。

读书破万卷

8.3.3 绘制采暖设备

案例	一层采暖平面图.dwg	视频	绘制采暖设备.avi	时长	06'22"

在前面已经设置好了需要的绘图环境，接下来进行相关的采暖设备的绘制。其中包括绘制采暖给回水立管、散热器、采暖入口等。

Step 01 单击“图层”面板中的“图层控制”下拉列表，将“采暖设备”图层置为当前图层。

Step 02 执行“圆”命令（C），在“家禽喂养间”位置绘制两个直径为 280 的圆，分别作为采暖给水立管及回水立管，如图 8-46 所示。

Step 03 执行“矩形”命令（REC），绘制一个 800×200 的矩形作为散热器，再执行“图案填充”命令（H），为绘制的矩形内部填充“SOLID”图案，如图 8-47 所示。

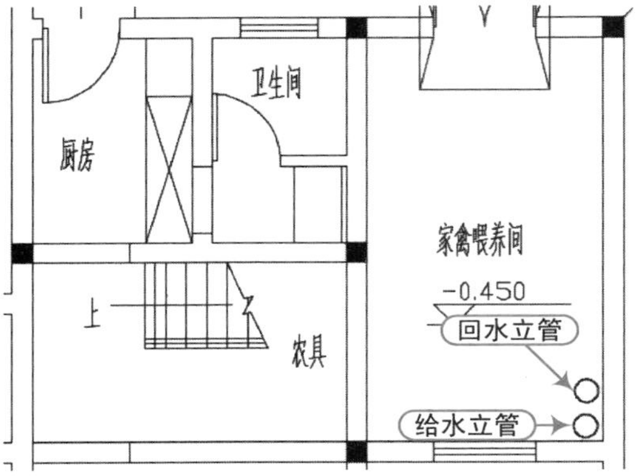

图 8-46

图 8-47

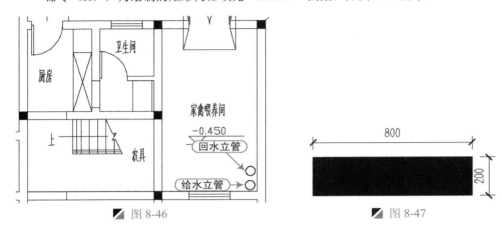

Step 04 执行“移动”（M）、“复制”（CO）和“旋转”（RO）等命令，将绘制的散热器图例布置到平面图中各个房间的相应位置处，其布置后的效果如图 8-48 所示。

注意：复制的讲解

在执行“复制”命令（CO）时，正确选择复制的“基点”，对于图形定位是非常重要的，第二点选择定位，用户可打开捕捉及极轴状态开关，利用自动捕捉有关点自动定位。节点是我们常用来做定位、标注以及移动、复制等复杂操作的关键点，节点有效捕捉很关键。

Step 05 执行“圆”命令（C），在图中布置有散热器的旁边位置绘制两个直径为 280 的圆，作为室内各个房间的采暖给水及回水立管，如图 8-49 所示。

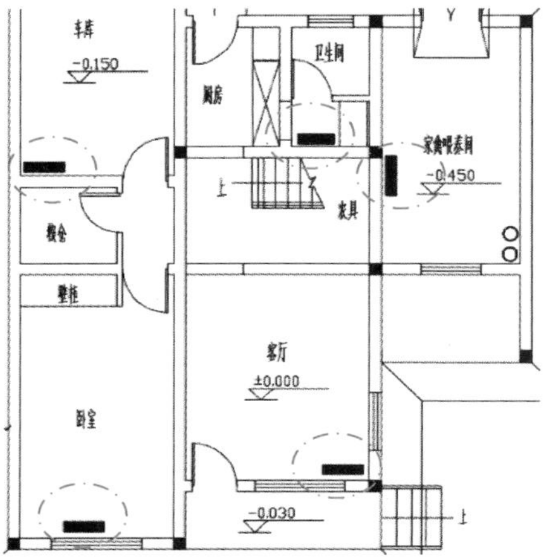

图 8-48

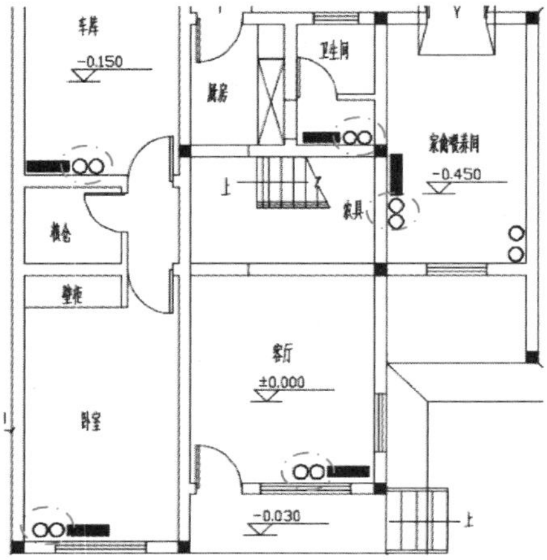

图 8-49

Step 06 执行“直线”命令（L），在平面图的右侧相应位置绘制采暖入口，如图 8-50 所示。

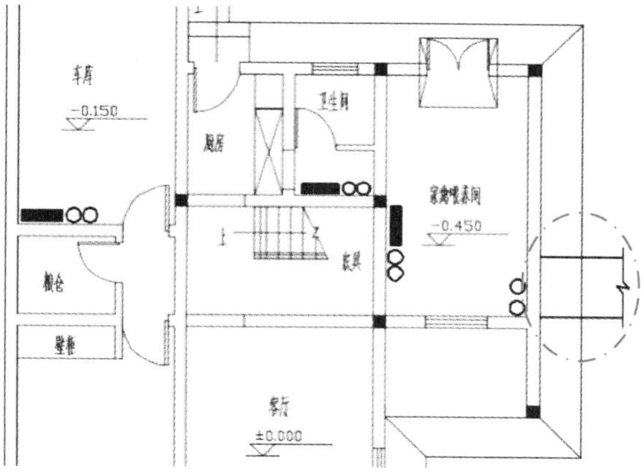

图 8-50

8.3.4 绘制采暖给回水管线

案例 一层采暖平面图.dwg 视频 绘制采暖给水管线.avi 时长 06'46"

前面中已经布置好了相关的采暖设备，接下来绘制相应位置的采暖给回水管线，然后将绘制的水管线与相关的采暖设备连接起来。

Step 01 单击“图层”面板中的“图层控制”下拉列表，将“采暖给水管”图层置为当前图层。

提示：采暖给水管线的绘制原则

采暖给水管线一般用粗实线表示，可采用“直线”或“多段线”命令来进行绘制，在这里为了便于观察采用具有一定宽度的“多段线”来进行绘制，如采用“直线”命令来进行管线绘制时，需要先设置当前图层的线宽。

绘制管线前应注意其安装走向及方式，一般可逆时针绘制，由立管（或入口）作为起始点。

Step 02 执行“多段线”命令（PL），根据命令行提示，设置多段线的起点及终点宽度为 30，然后按照设计要求绘制出从“采暖入口”处引入，然后依次经过布置有散热器房间的给水管线，再将给水管线与相应的采暖给水立管连接起来，如图 8-51 所示。

Step 03 单击“图层”面板中的“图层控制”下拉列表，将“采暖回水管”图层置为当前图层。

提示：采暖回水管线的绘制原则

采暖回水管线一般用粗虚线表示，可采用“直线”或“多段线”命令来进行绘制，在这里为了便于观察采用具有一定宽度的“多段线”来进行绘制，如采用“直线”命令来进行管线绘制时，需要先设置当前图层的线宽。

绘制管线前应注意其安装走向及方式，一般可顺时针绘制，由立管（或入口）作为起始点。

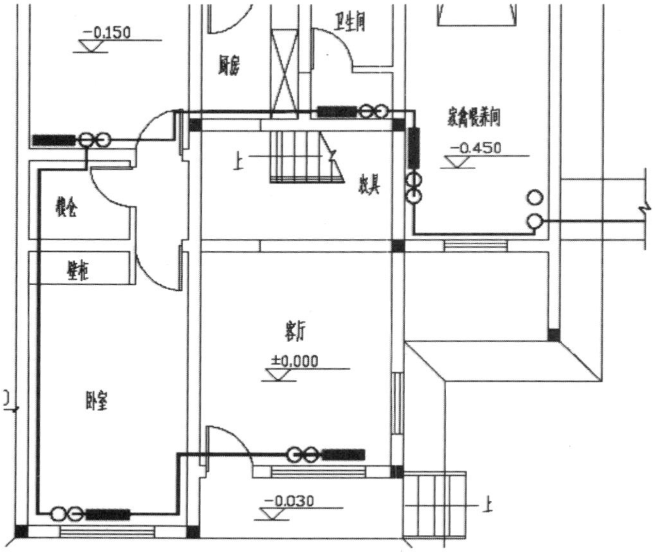

图 8-51

Step 04 执行“多段线”命令（PL），根据命令行提示，设置多段线的起点及终点宽度为 30，然后按照设计要求绘制出从“采暖入口”处引入，连接至相应回水立管及采暖设备的回水管线，如图 8-52 所示。

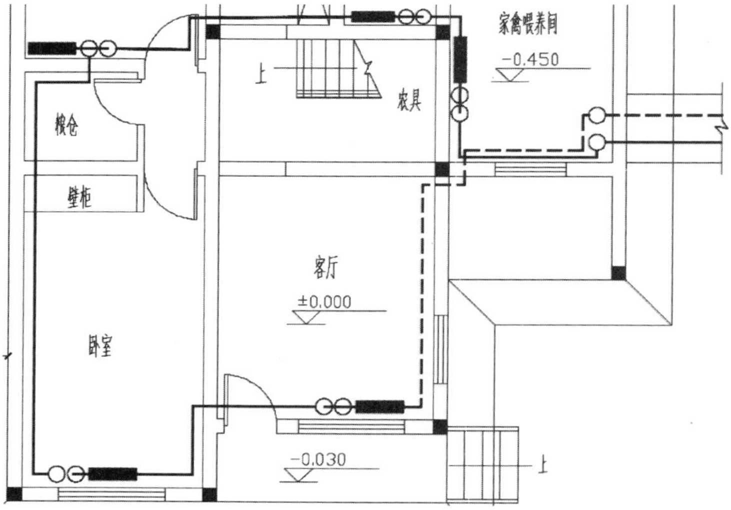

图 8-52

Step 05 将“采暖设备”图层置为当前图层，执行“矩形”命令（REC），绘制一个 400×200 的矩形，然后执行“直线”命令（L），捕捉矩形端点绘制两条对角线，如图 8-53 所示。

Step 06 执行“修剪”命令（TR），修剪掉多余的线段，从而完成“截止阀”图例的绘制，如图 8-54 所示。

Step 07 执行“复制”（CO）和“移动”（M）等命令，将绘制的截止阀布置到相应的采暖给回水管线上，并修剪掉截止阀内部的管线，如图 8-55 所示。

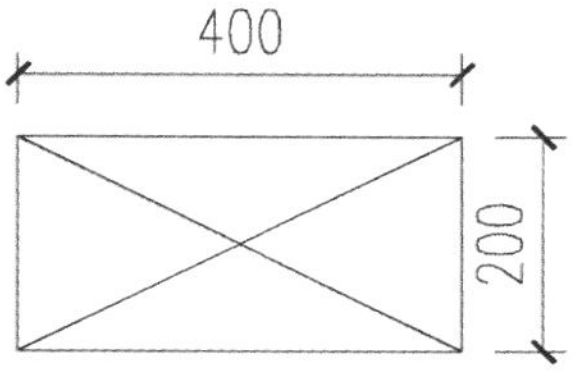

图 8-53

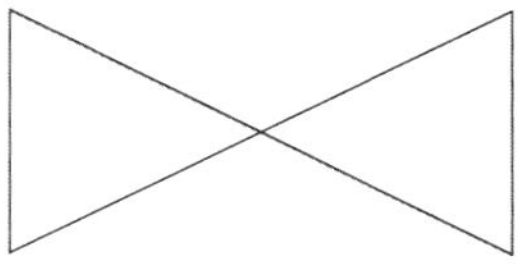

图 8-54

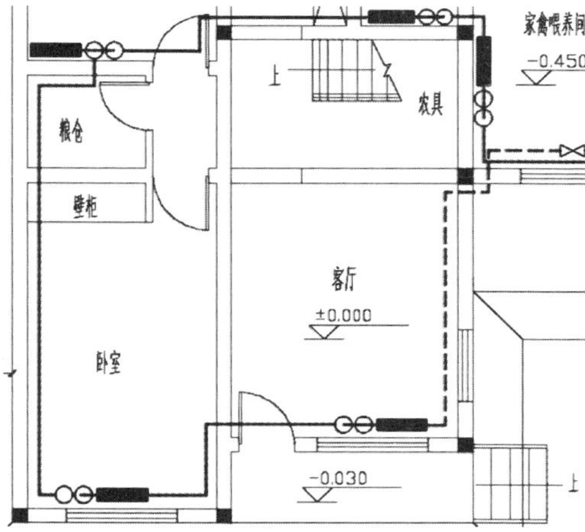

图 8-55

8.3.5 添加说明文字及图框

案例	一层采暖平面图.dwg	视频	添加说明文字及图框.avi	时长	05'42"

在前面已经绘制好了别墅一层平面图内的所有采暖设备及采暖给回水管线，下面讲解为采暖平面图内的相关内容进行文字标注。

Step 01 单击“图层”面板中的“图层控制”下拉列表，将“文字标注”图层置为当前图层。

Step 02 执行“多行文字”命令（MT），设置好文字大小后，对图中的相关内容进行文字标注说明，并结合“直线”命令（L），在文字下方绘制指引线，其标注后的效果如图 8-56 所示。

提示：采暖平面图的文字标注说明

（1）在采暖入口处对采暖管径大小进行标注（其中用 DN50 表示管径大小为直径 50mm 的管道）。

（2）采暖给水及回水立管的名称标注（其中用 GL 表示给水立管标注，用 HL 表示回水立管标注）。

（3）在散热器的旁边对其进行安装高度的标注（例如 0.9m 表示该散热器的安装高度为 0.9m）。

Step 03 单击“图层”面板中的“图层控制”下拉列表，将“图框”图层置为当前图层。

Step 04 执行“插入”命令（I），打开“插入”对话框，将“案例\08\图框.dwg”图块插入相应位置，如图 8-57 所示。

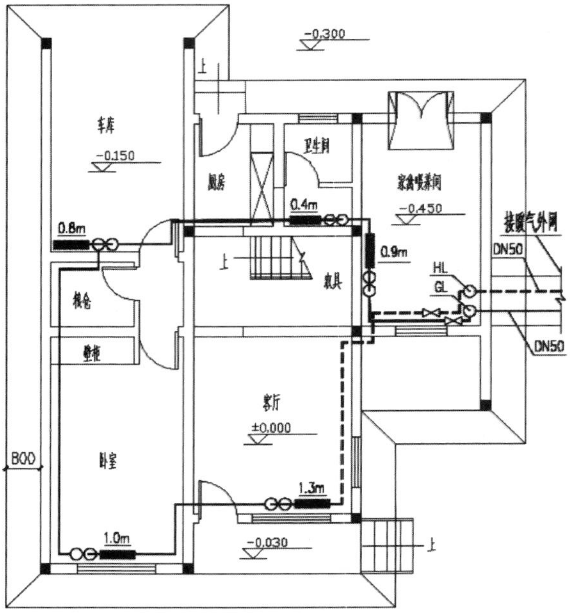

图 8-56

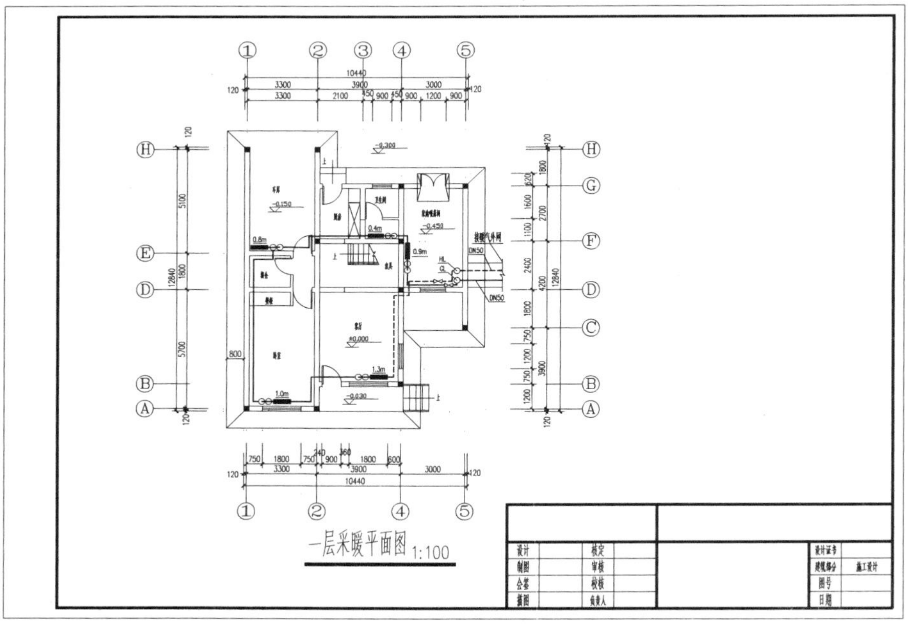

图 8-57

Step 05　至此，某别墅建筑一层采暖平面图绘制完毕，在“快速访问”工具栏单击“保存”按钮，将所绘制图形进行保存。

Step 06　在键盘上按<Alt+F4>或<Ctrl+Q>组合键，退出所绘制的文件对象。

9 办公楼建筑工程图纸的绘制

本章导读

本章以某办公楼的建筑施工图为例，对相应的施工图的绘制进行详略得当讲解，通过该套办公楼施工图的预览及绘制，让用户更加熟练地掌握综合阅读与绘制整套施工图。

本章内容

- 办公楼一层平面图的绘制
- 办公楼其他楼层的绘制效果
- 办公楼 1-5 立面图的绘制
- 办公楼 5-1 立面图的绘制效果
- 办公楼 1-1 剖面图的绘制
- 办公楼楼梯平面图的绘制效果

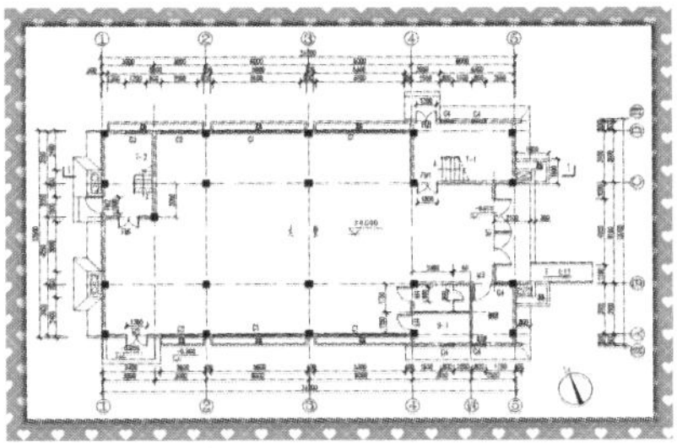

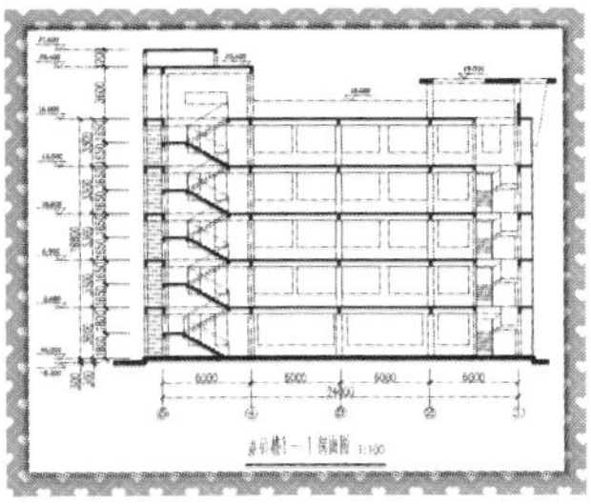

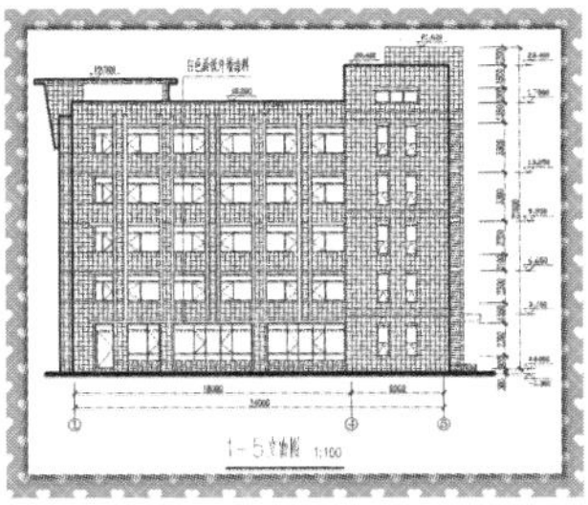

9.1 办公楼一层平面图的绘制

本案例所绘制的办公楼，共分为 5 层，上北下南，其一层平面图的水平宽度为 24200mm，垂直宽度为 13700mm；其面积为 307.82m^2。左侧为正大门，居中就是大堂，其一层平面图的效果如图 9-1 所示。

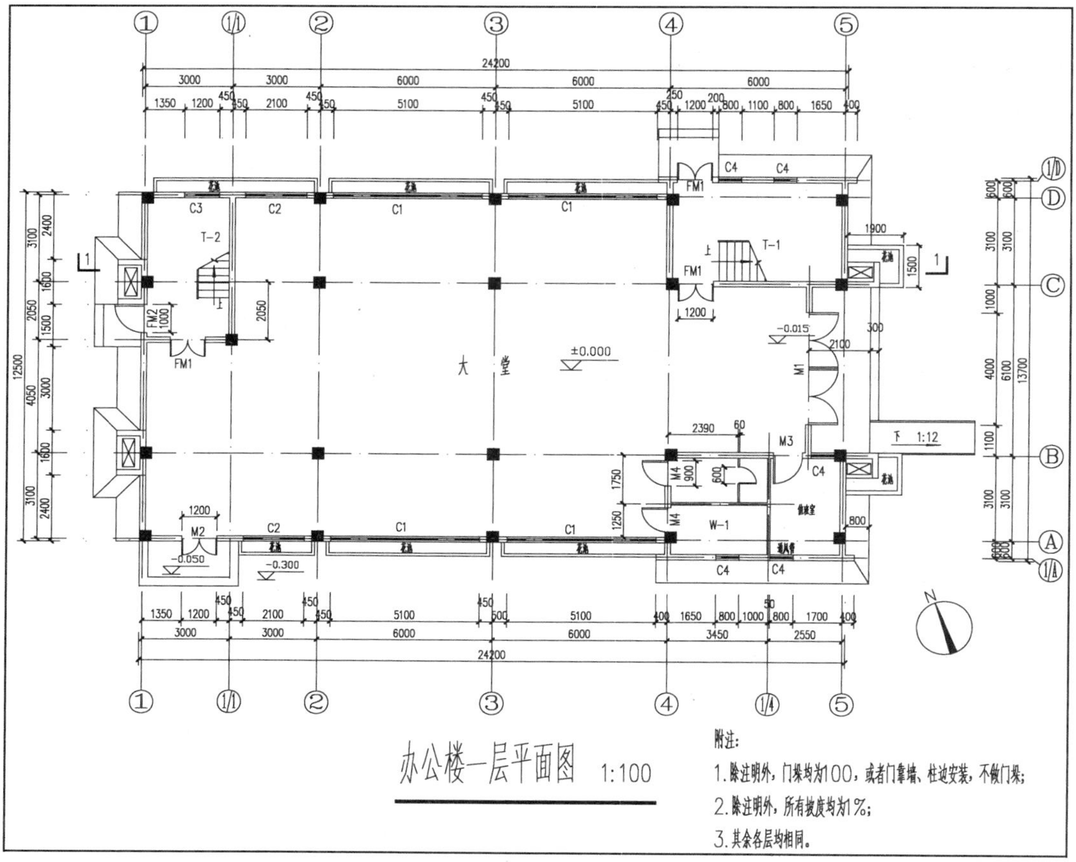
办公楼一层平面图 1:100
附注：
1.除注明外，门垛均为100，或者门靠墙、柱边安装，不做门垛；
2.除注明外，所有坡度均为1%；
3.其余各层均相同。
大堂
±0.000
T-1
T-2
FM1
M2
M3
W-1
24200
13700

图 9-1

9.1.1 调用绘图环境

案例 办公楼一层平面图.dwg　视频 调用绘图环境.avi　时长 01'27"

在绘制办公楼一层平面图之前，首先根据要求设置绘图环境，本案例调用“案例\03\建筑工程图样板.dwt”样板文件。

Step 01 在桌面上双击 AutoCAD 2015 图标，启动 AutoCAD 2015 软件，系统自动创建一个空白文档。

Step 02 在“快速访问”工具栏单击“打开”按钮，将“案例\03\建筑工程图样板.dwt”文件打开。

Step 03 在“快速访问”工具栏单击“另存为”按钮，将弹出“图形另存为”对话框，将该文件保存为“案例\09\办公楼一层平面图.dwg”文件。

9.1.2 绘制轴网线、墙体及柱子

案例	办公楼一层平面图.dwg	视频	绘制轴网线、墙体及柱子.avi	时长	13'48"

通过前面几章的讲解，读者已经初步掌握了绘制建筑平面图的方法，首先绘制周网线；再绘制墙体对象；最后绘制柱子对象。

Step 01 单击“图层”面板中的“图层控制”下拉列表，将“轴线”图层置为当前图层。

Step 02 执行“构造线”命令（XL），绘制两条互相垂直的构造线，然后执行“偏移”命令（O），按照如图9-2 所示的尺寸，将构造线进行偏移。最后执行“修剪”命令（TR），将其轴线结构进行修剪操作，从而完成轴网线结构的绘制。

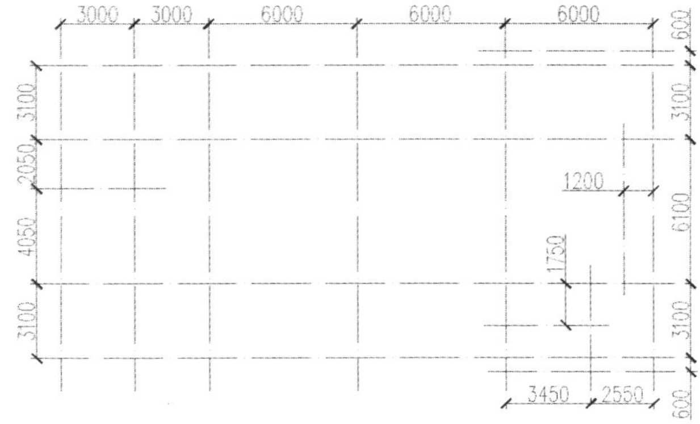

图 9-2

Step 03 将“柱子”图层置为当前图层，执行“矩形”（REC）和“图案填充”（H）等命令，分别绘制和填充边长为 400 的正方形，表示柱子。

Step 04 使用“夹点编辑”方法中的“复制”命令，将柱子对象分别复制到相应的轴线交点上，结果如图 9-3 所示。

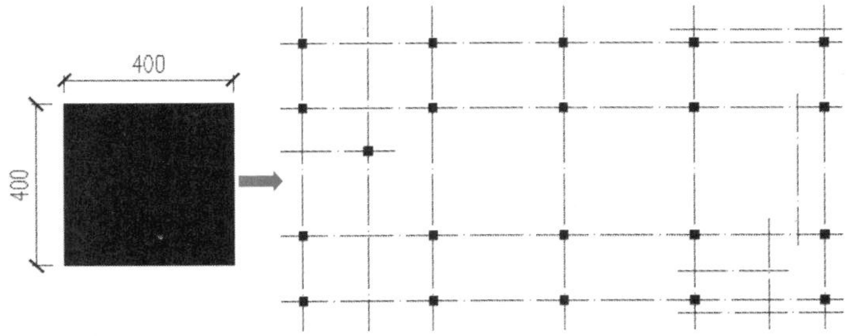

图 9-3

提示：步骤讲解

> 选中填充后表示柱子的图案，此时图案中心处出现一个圆点，单击该中心圆点，此时命令行出现“指定拉伸点或 [基点(B)/复制(C)/放弃(U)/退出(X)]:”提示信息，输入“复制（C）”选项，则可进行多次的对象复制操作。

Step 05 将“墙体”图层置为当前图层，执行“多线样式”命令（MLSTYLE），新建名称为“Q200”的多线样式，并设置图元的偏移量分别为 100 和-100，并“置为当前”，如图 9-4 所示。

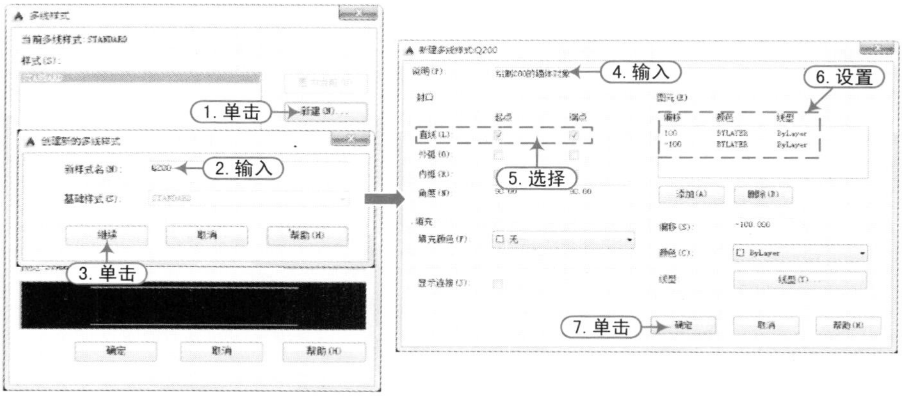

图 9-4

Step 06 使用相同的方法，在 Q200 多线样式的基础上，新建“Q100”多线样式，其图元的偏移量为 50 和–50，如图 9-5 所示。

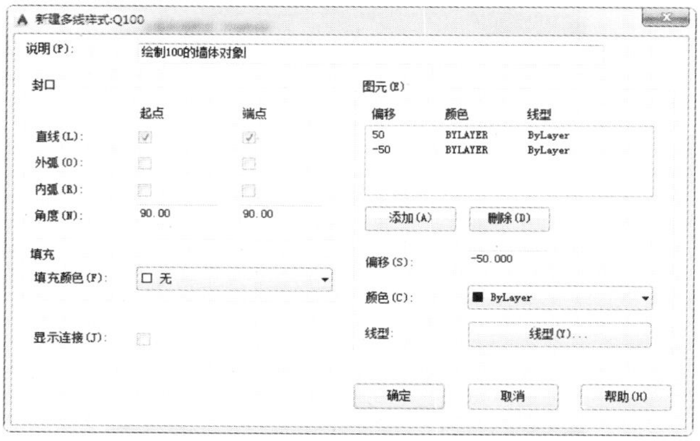

图 9-5

Step 07 执行“多线”命令（ML），根据命令行提示，设置对正方式为“无”，比例为 1，分别捕捉轴线的交点绘制 200mm 的墙体，以及框选住的 100mm 的墙体，如图 9-6 所示。

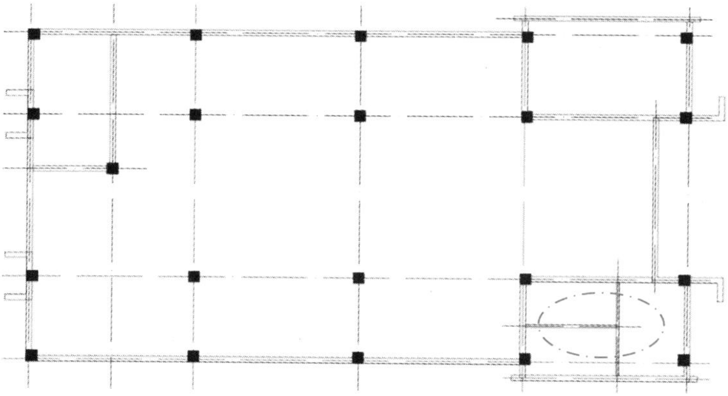

图 9-6

Step 08 直接用鼠标双击需要编辑的多线对象，将打开“多线编辑工具”对话框，分别单击“T 形打开”按钮、“角点结合”按钮，对多线的交点进行 T 形打开和角点结合编辑操作，效果如图 9-7 所示。

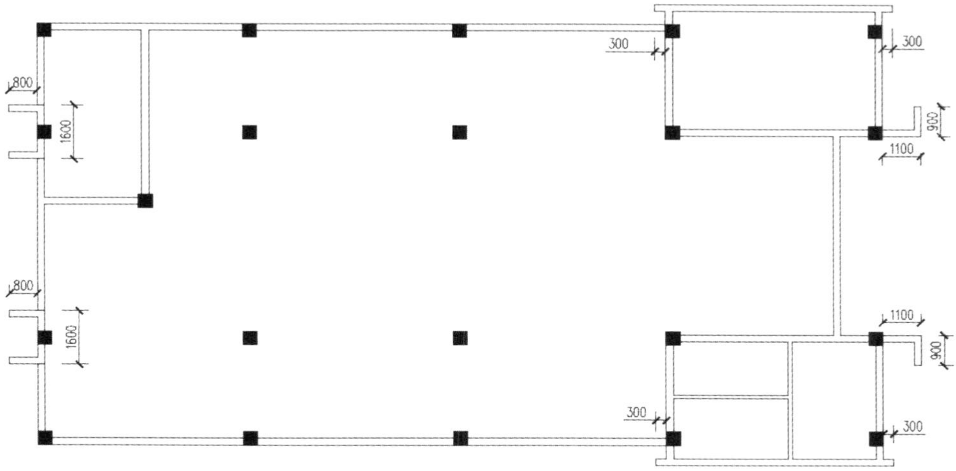

图 9-7

提示：步骤讲解

此处为了让读者更加清晰地观察墙体编辑后的效果，故关闭隐藏了“轴线”图层。

9.1.3 开启门窗洞口和安装门窗

案例	办公楼一层平面图.dwg	视频	开启门窗洞口和安装门窗.avi	时长	17'11"

根据图形的绘制要求，在一层平面图中分别开启门窗洞口，再安装相应的门窗对象。

Step 01 执行“偏移”（O）和“修剪”（TR）等命令，按照如图 9-8 所示的尺寸，偏移和修剪线段，从而形成下侧的门窗洞口。

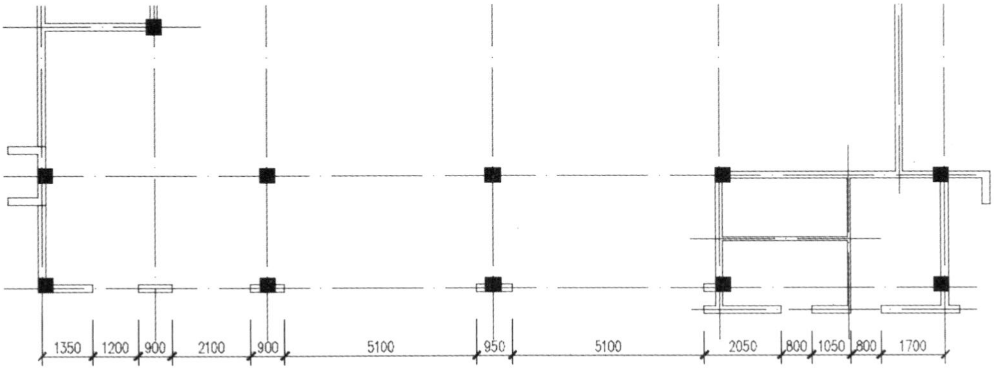

图 9-8

Step 02 继续执行“偏移”（O）和“修剪”（TR）等命令，偏移和修剪线段，开启其他的门窗洞口，如图 9-9 所示。

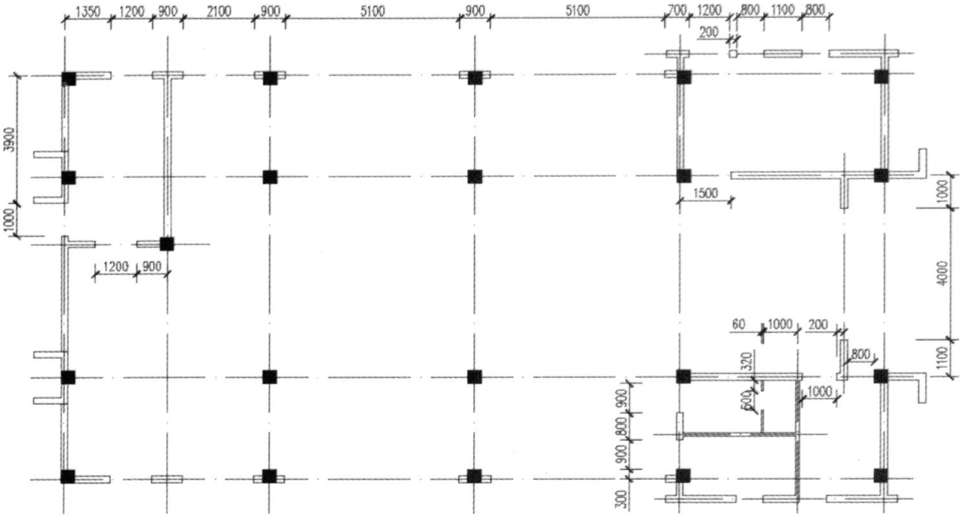

图 9-9

Step 03 将“门窗”图层置为当前图层，执行“插入”命令（I），打开“插入块”对话框，然后单击“浏览”按钮 浏览(B)... ，选择“案例\01\平开门符号.dwg”图块，插入到相应的位置，再使用“旋转”（RO）、“镜像”（MI）和“移动”（M）等命令，对插入的门块进行编辑，结果如图 9-10 所示。

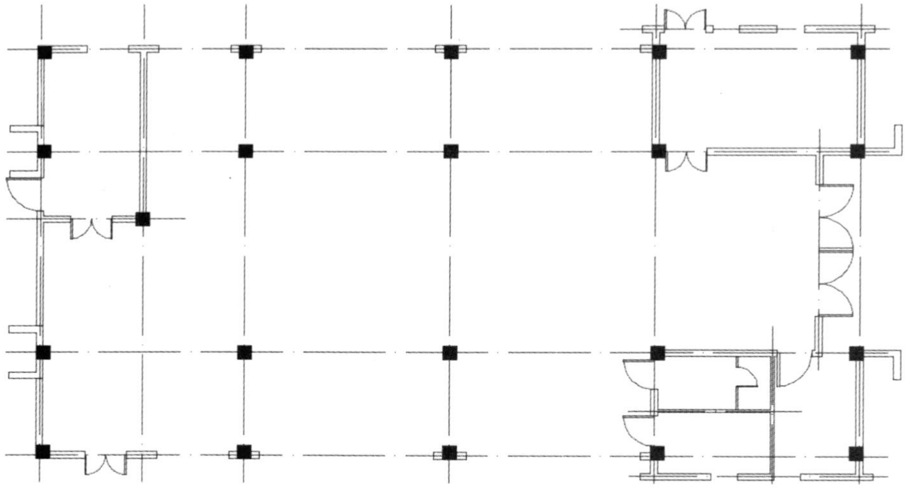

图 9-10

提示：门的安装

在安装宽 1200mm 的门对象时，可先插入比例为 0.6 的图块，再进行镜像，从而形成双开门的效果。

Step 04 执行“多线样式”命令（MLSTYLE），新建名称为“C”的多线样式，并设置图元的偏移量分别为 100、-100、33 和-33，并“置为当前”，如图 9-11 所示。

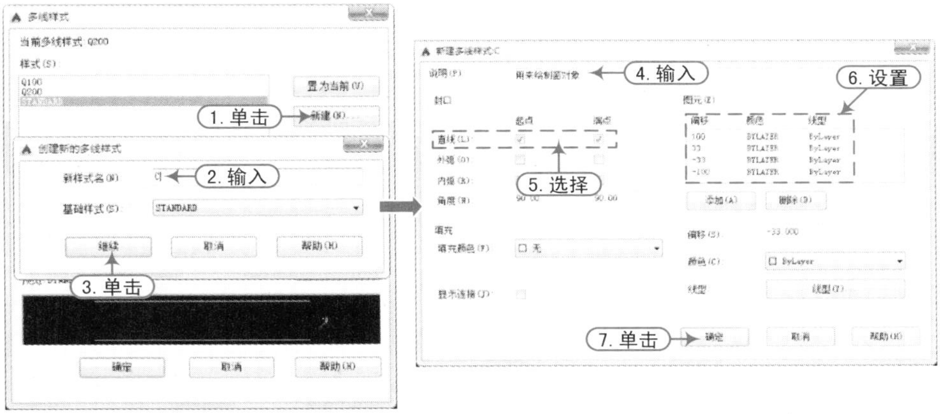

图 9-11

Step 05 按下 F8 键，开启“正交”模式，执行“多线”命令（ML），分别捕捉轴线交点，在窗洞口位置，绘制四线窗对象，绘制结果如图 9-12 所示。

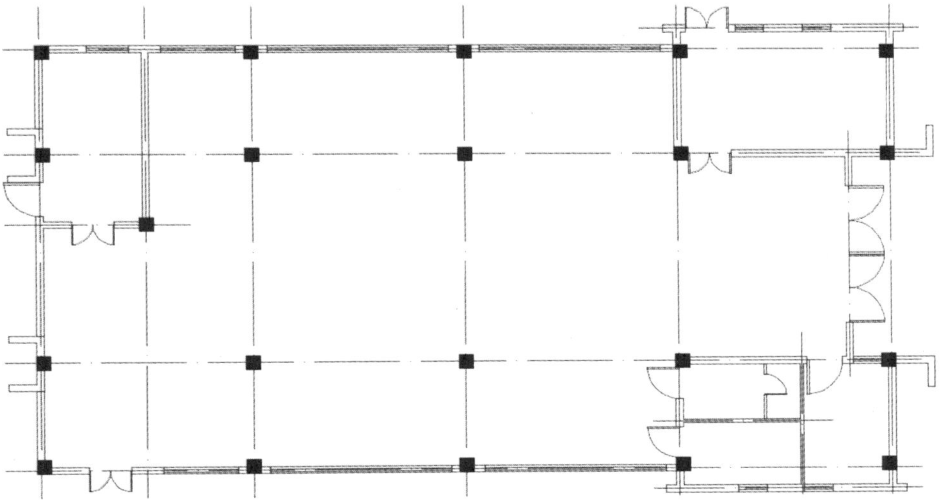

图 9-12

9.1.4 绘制楼梯、散水、设施

案例	办公楼一层平面图.dwg	视频	绘制楼梯、散水、设施.avi	时长	18'43"

接下来绘制平面图中的楼梯、散水和设施对象。

Step 01 单击“图层”面板中的“图层控制”下拉列表，将“楼梯”图层置为当前图层。

Step 02 执行“矩形”命令（REC），分别绘制 50×1674 和 1050×1624 的两个矩形，且两个矩形水平顶端对齐，如图 9-13 所示。

Step 03 执行“分解”（X）和“偏移”（O）等命令，将右侧的矩形进行分解；再将底侧的水平线段向上各偏移 6 个 260，如图 9-14 所示。

Step 04 执行“直线”（L）和“修剪”（TR）等命令，绘制表示折断的斜线段，再修剪掉多余的斜线段，结果如图 9-15 所示。

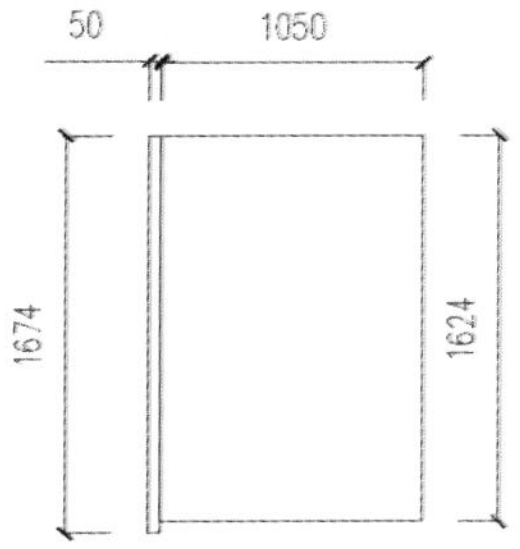

图 9-13

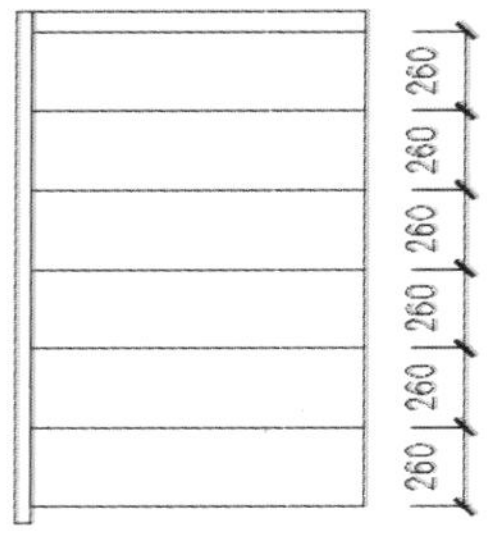

图 9-14

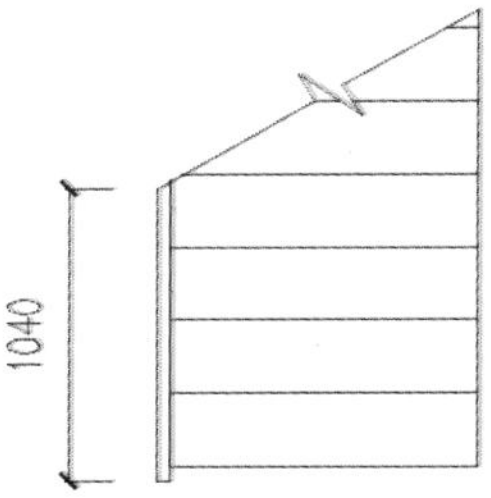

图 9-15

Step 05 执行“多段线”命令（PL），绘制如图 9-16 所示的方向箭头，其箭头的起点宽度为 80，末端宽度为 0，从而完成“楼梯 1”对象的绘制。

Step 06 执行“复制”（CO）命令，将绘制的“楼梯 1”对象水平向右复制一份；再执行“拉伸”命令（S），将复制楼梯的踏步部分向右拉长到 1450，并进行相应的调整，效果如图 9-17 所示。

Step 07 再执行“旋转”（RO）命令，将上步楼梯对象旋转-90°，形成“楼梯 2”对象，如图 9-18 所示。

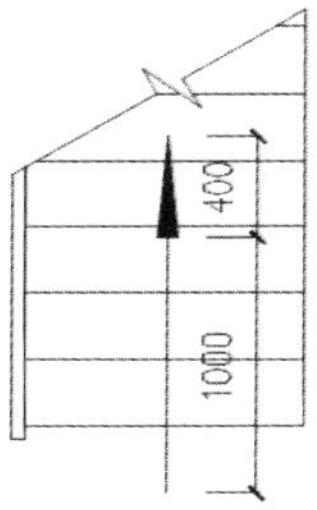

图 9-16

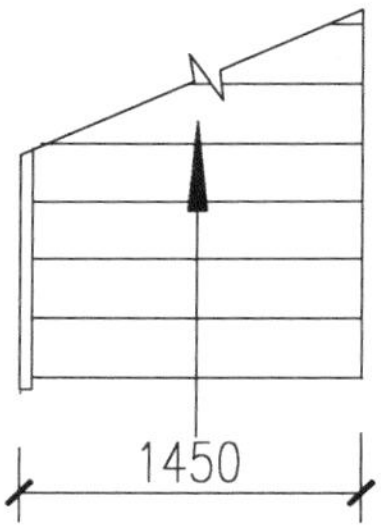

图 9-17

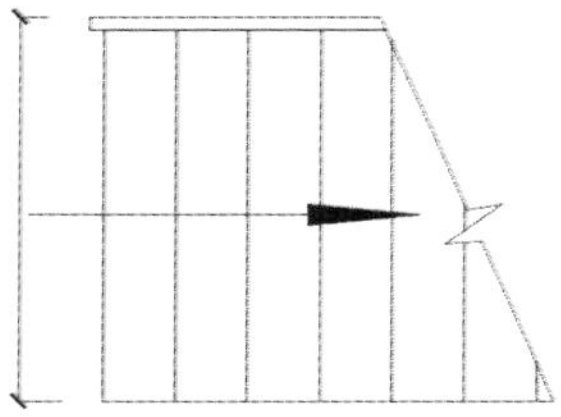

图 9-18

Step 08 执行“编组”命令（G），将绘制的楼梯对象分别进行编组操作，然后执行“移动”命令（M），将编组后的楼梯对象移动到相应的位置，如图 9-19 所示。

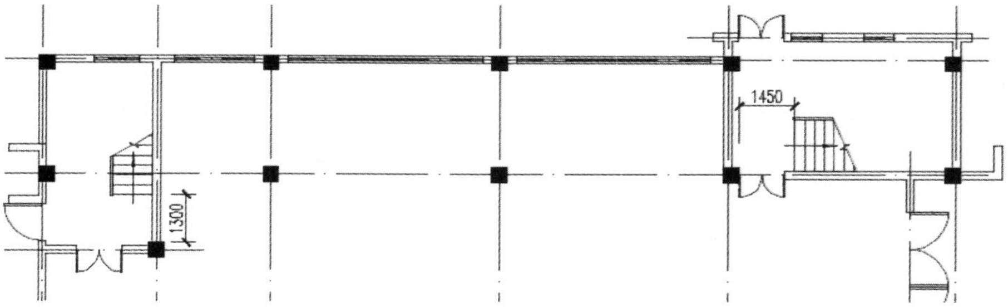

图 9-19

技巧：图形的编组

在绘制完楼梯对象后，将楼梯对象进行“编组”（G）操作，在后面移动楼梯时，可以提高绘图效率。

Step 09 单击“图层”面板中的“图层控制”下拉列表，将“设施”图层置为当前图层；执行“多段线”（PL）和“偏移”（O）等命令，绘制和偏移线段，表示花池对象，如图 9-20 所示。

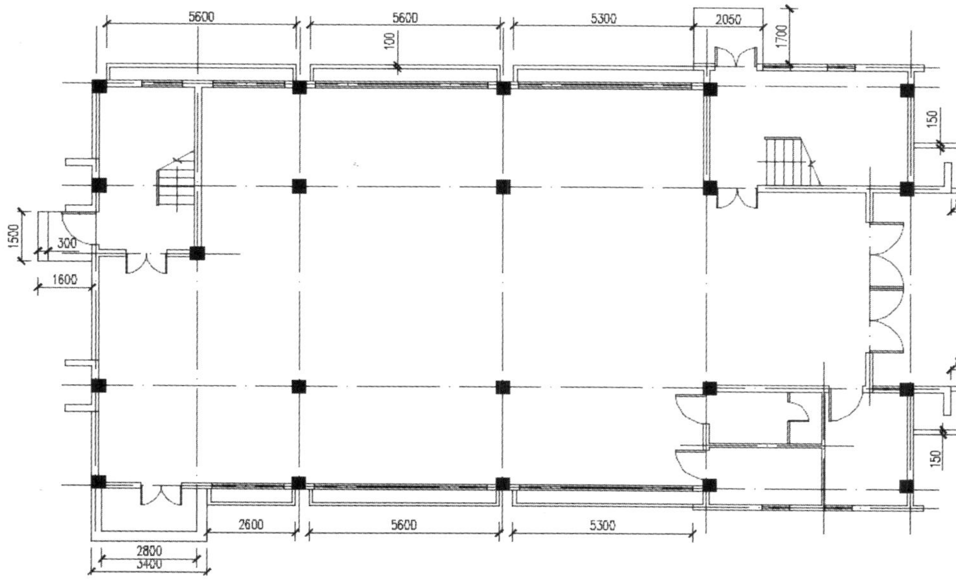

图 9-20

Step 10 执行“矩形”（REC）和“直线”（L）等命令，绘制矩形和对角线；再执行“复制”命令（CO），将绘制的通风井对象分别复制到相应的位置，如图 9-21 所示。

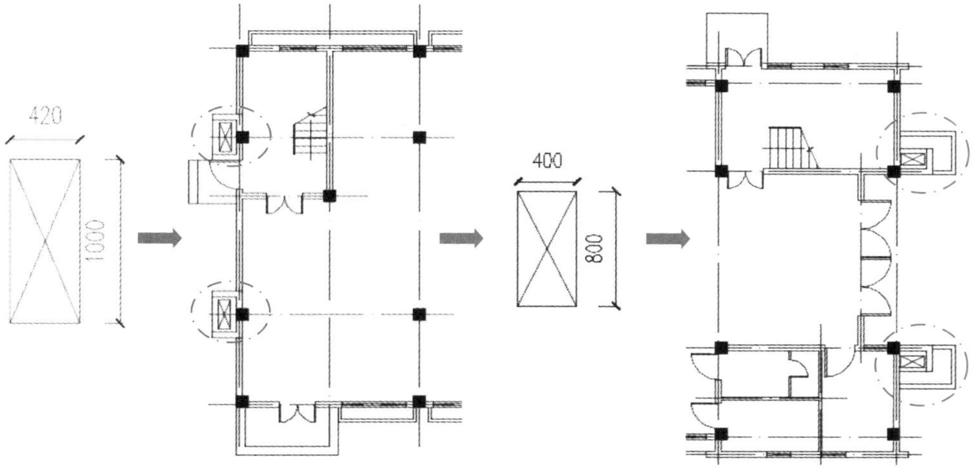

图 9-21

Step 11 将“其他”图层置为当前图层，执行“多段线”（PL）、“偏移”（O）和“删除”（E）等命令，沿着外墙线绘制一封闭的多段线；再将绘制的多段线向外偏移 800，然后删除掉与外墙线重合的多段线；再执行“直线”（L），绘制连接对应对角点的斜线段，完成散水效果如图 9-22 所示。

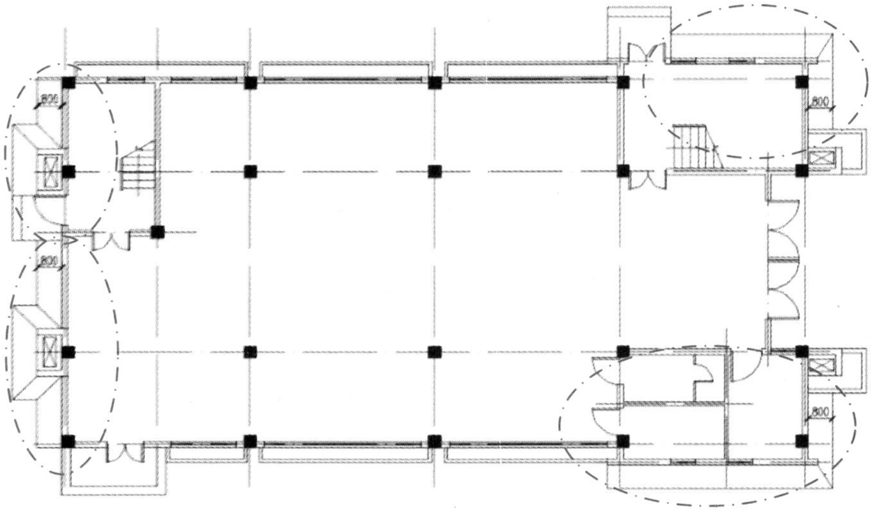

图 9-22

提示：散水的讲解

散水是指房屋的外墙外侧，用不透水材料做出具有一定宽度，向外倾斜的带状保护带，其外沿必须高于建筑外地坪，其作用是不让墙根处积水。

Step 12 执行“矩形”（REC）、“偏移”（O）和“直线”（L）等命令，绘制表示无障碍的坡道，如图 9-23 所示。

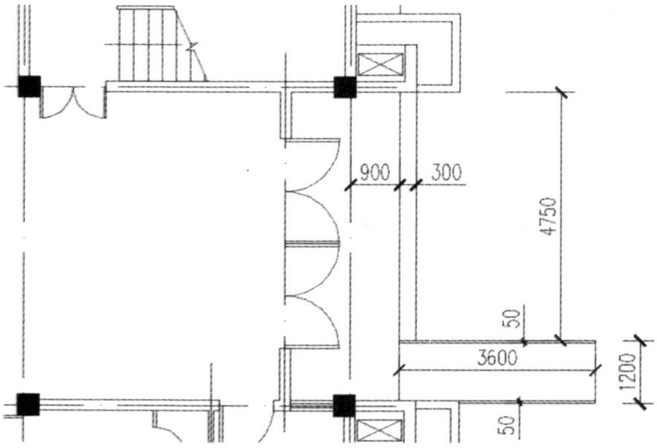

图 9-23

9.1.5 尺寸标注和文字说明

案例	办公楼一层平面图.dwg	视频	尺寸标注和文字说明.avi	时长	17'28"

前面已经将图形基本绘制好了，接下来进行文字说明、尺寸标注和图名的标注。

Step 01 将“文字标注”图层置为当前图层，然后单击“注释”标签下的“文字”面板，选择“图内说明”文字样式。

Step 02 执行“单行文字”命令（DT），设置文字大小为 400，对图形进行文字说明。

Step 03 将“标高”图层置为当前图层，执行“插入”命令（I），打开“插入块”对话框，然后单击“浏览”按钮 浏览(B)... ，选择“案例\02\标高符号.dwg”图块，插入绘图区，对符号进行修改，并修改标高值后移动到相应位置，如图 9-24 所示。

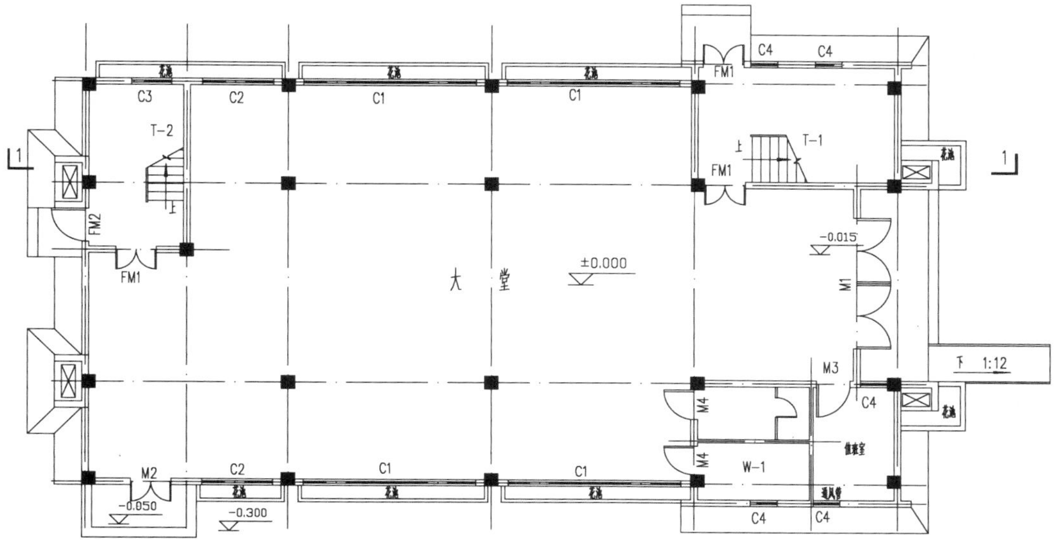

图 9-24

Step 04 单击“图层”面板中的“图层控制”下拉列表，将“尺寸标注”图层置为当前图层。

Step 05 执行“线性标注”（DLI）和“连续”（DCO）等命令，对一层平面图的四周进行尺寸标注，如图 9-25 所示。

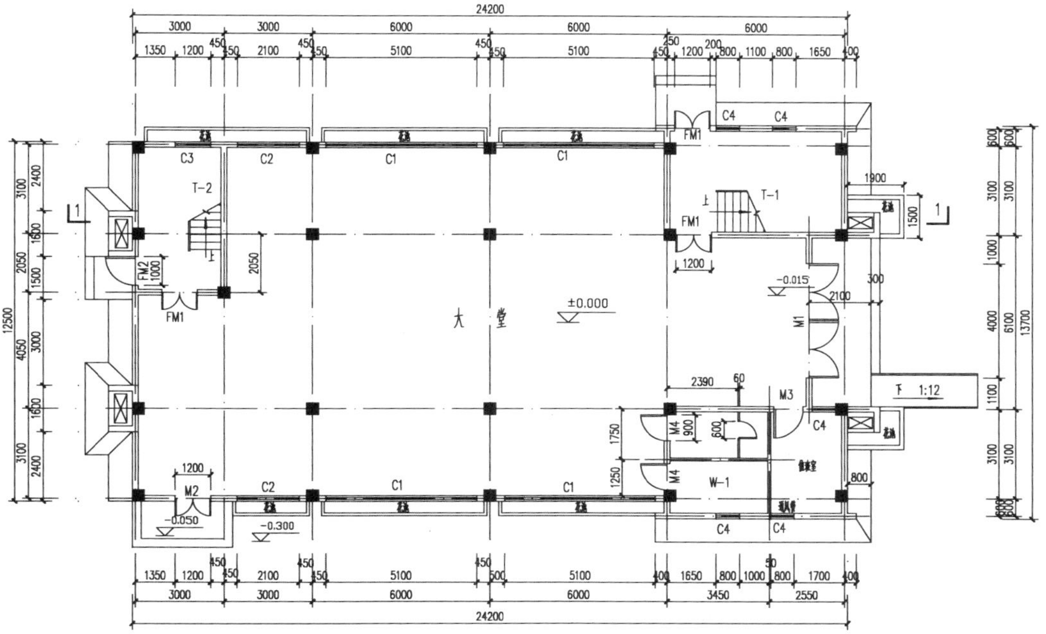

图 9-25

读书破万卷

Step 06　将“轴线编号”图层置为当前图层，执行“插入”命令（I），将“案例\05\轴线编号.dwg”插入图形相应位置，分别修改属性值。

Step 07　将“0”图层置为当前图层，执行“插入”命令（I），将“案例\02\指北针符号.dwg”按照 1:80 的比例插入图形右下角位置；再执行“旋转”（RO）命令，将其旋转 20°，效果如图 9-26 所示。

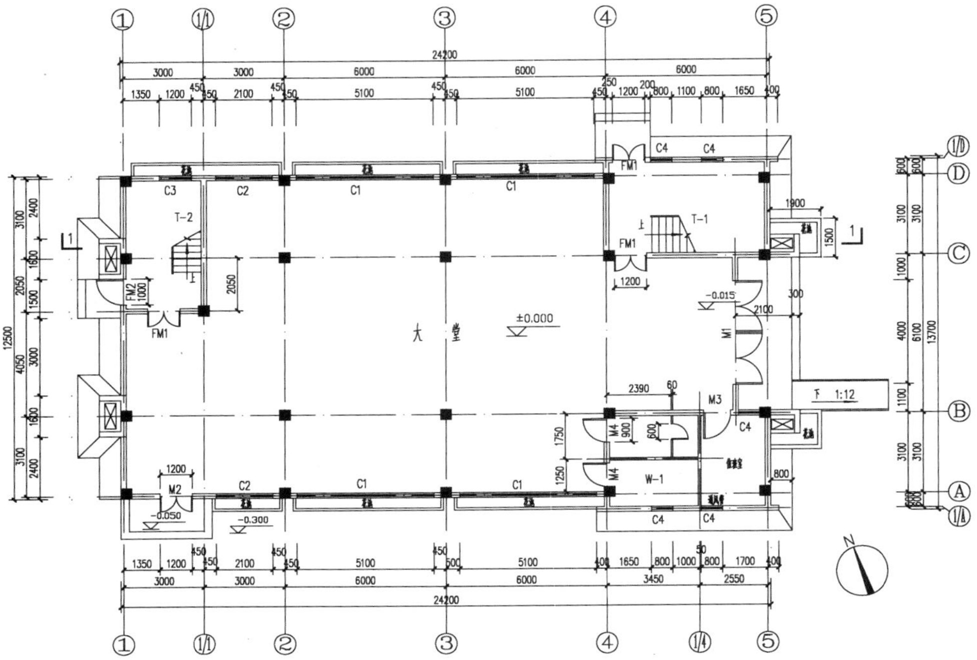

图 9-26

Step 08　将“文字标注”图层置为当前图层，然后单击“注释”标签下的“文字”面板，选择“图名”文字样式。

Step 09　执行“单行文字”命令（DT），在相应的位置输入“办公楼一层平面图”和比例“1:100”，然后分别选择相应的文字对象，按<Ctrl+1>组合键打开“特性”面板，修改对应文字大小为“1500”和“750”。

Step 10　执行“多段线”命令（PL），在图名的下侧绘制一条宽度为 100，与文字标注大约等长的水平多段线，如图 9-27 所示。

Step 11　执行“多行文字”命令（MT），在图形右下侧输入说明，其文字大小为 450，如图 9-28 所示。

办公楼一层平面图　1:100

图 9-27

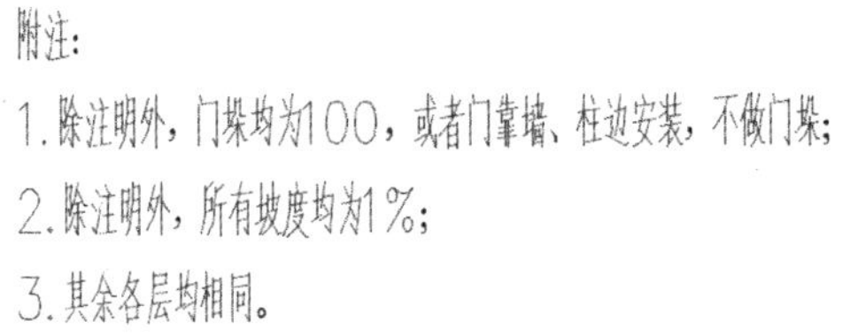

附注:
1.除注明外，门垛均为100，或者门靠墙、柱边安装，不做门垛;
2.除注明外，所有坡度均为1%;
3.其余各层均相同。

图 9-28

Step 12 至此，该办公楼一层平面图绘制完毕，在“快速访问”工具栏单击“保存”按钮，将所绘制图形进行保存。

Step 13 在键盘上按<Alt+F4>或<Ctrl+Q>组合键，退出所绘制的文件对象。

9.2 办公楼其他楼层的绘制效果

案例	办公楼其他楼层平面图.dwg	视频	无	时长	无

办公楼其他楼层的绘制方法，可以按照前面办公楼一层平面图的绘制方法来进行，从而加强建筑平面图的绘制练习。其完成的效果如图 9-29 和图 9-30 所示。

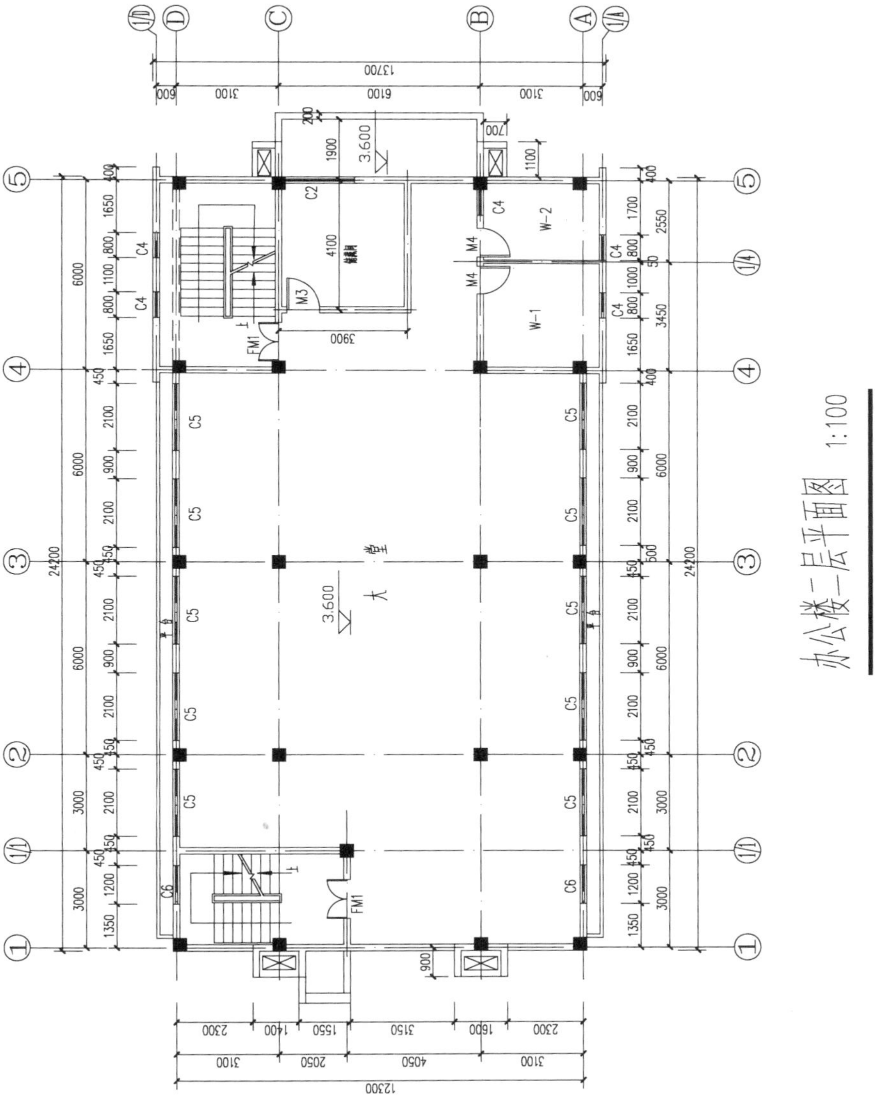

图 9-29

读书破万卷

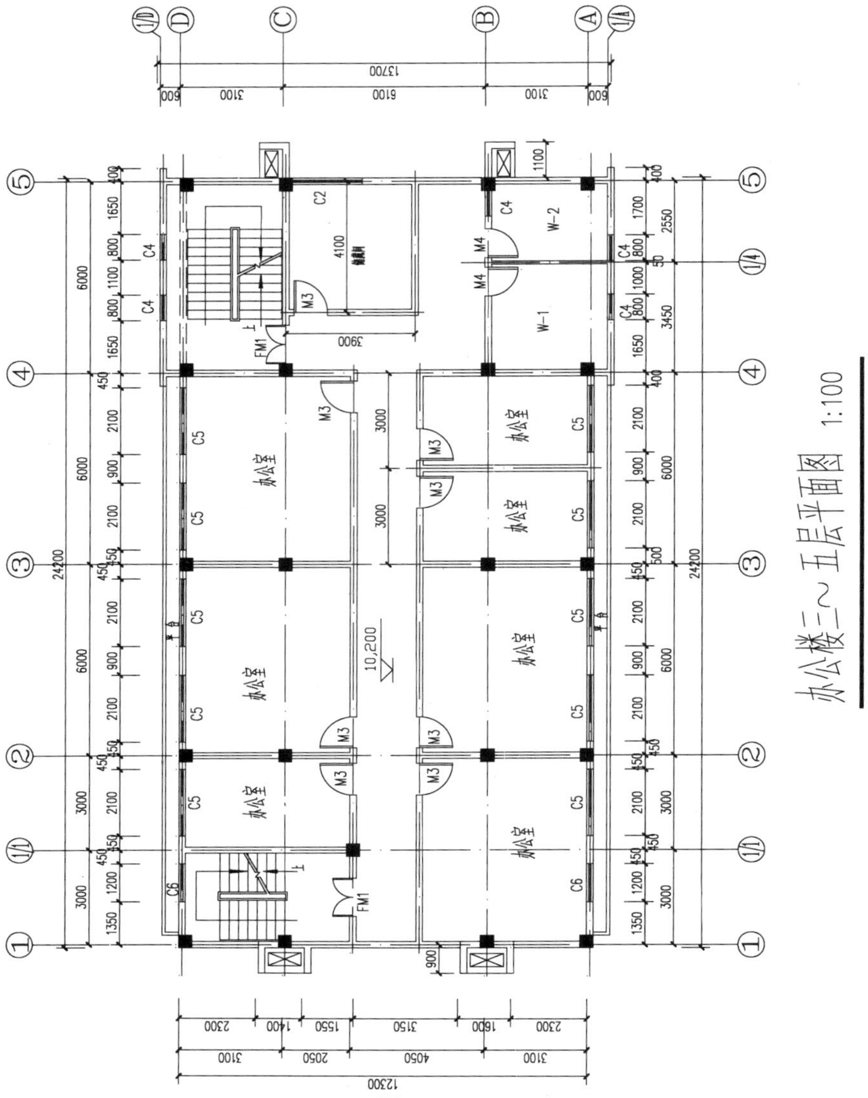

图 9-30

技巧：其他平面图的绘制技巧

在绘制办公楼其他楼层平面图时，不一定要调用样板文件，也可以直接调用“一层平面图”并另存为需要绘制的文件名，然后对图形进行修改和添加等，从而完成其他楼层平面图的绘制。

9.3 办公楼 1-5 立面图的绘制

建筑立面图的横向尺寸由相应的平面图确定，因此在绘制办公楼 1-5 立面图时，要参照其一层平面图的定位尺寸，其绘制的最终效果如图 9-31 所示。

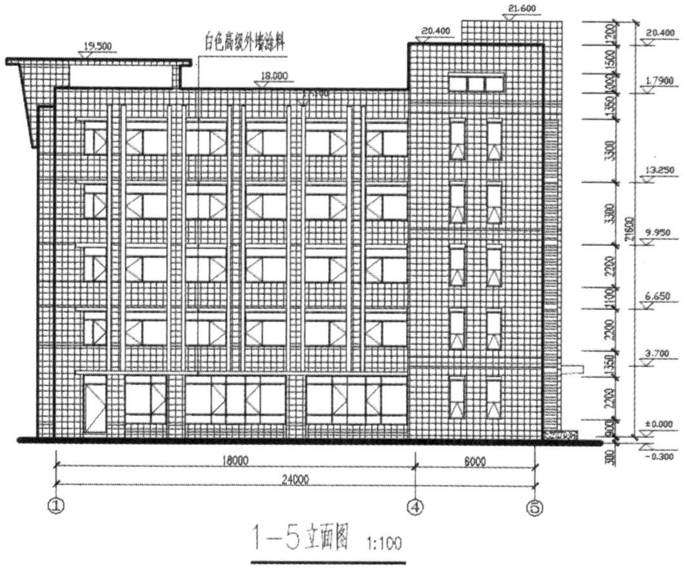

图 9-31

9.3.1 调用绘图环境

案例	办公楼 1-5 立面图.dwg	视频	调用绘图环境.avi	时长	01'03"

在绘制办公楼 1-5 立面图之前，首先根据要求设置绘图环境，本案例调用“案例\06\建筑立面图样板.dwt”样板文件。

Step 01 在桌面上双击 AutoCAD 2015 图标，启动 AutoCAD 2015 软件，系统自动创建一个空白文档。

Step 02 在“快速访问”工具栏单击“打开”按钮，将“案例\06\建筑立面图样板.dwt”文件打开。

Step 03 在“快速访问”工具栏单击“另存为”按钮，将弹出“图形另存为”对话框，将该文件保存为“案例\09\办公楼 1-5 立面图.dwg”文件。

9.3.2 绘制立面图外轮廓

案例	办公楼 1-5 立面图.dwg	视频	绘制立面图外轮廓.avi	时长	23'13"

首先通过一层平面图的定位尺寸，绘制垂直引申线段，再使用偏移、修剪等命令，从而完成 1-5 立面图的外轮廓。

Step 01 执行“插入”命令（I），在“插入”对话框中，选择“案例\09\办公楼一层平面图.dwg”文件，以图块的方式插入当前视图中。

Step 02 单击“图层”面板中“图层控制”下拉列表，将部分图层进行隐藏，并选择“辅助线”图层为当前图层。

Step 03 执行“构造线”命令（XL），捕捉一层平面图下侧相应墙线端点，绘制垂直构造线，如图 9-32 所示。

读书破万卷

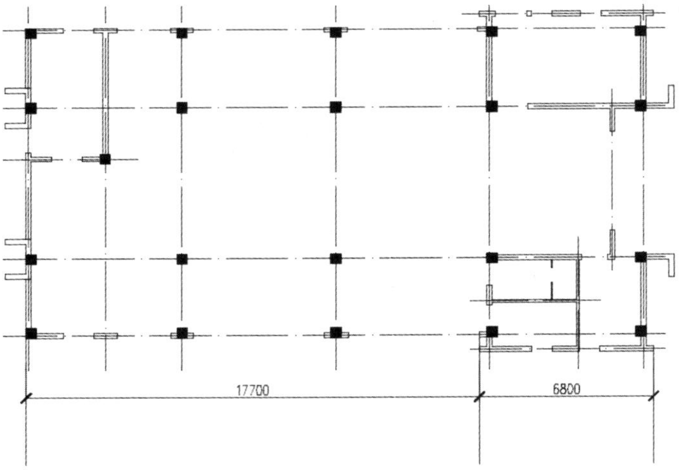

图 9-32

Step 04 执行“构造线”（XL）和“偏移”（O）等命令，绘制一条水平构造线，然后将水平构造线向上偏移 18300；如图 9-33 所示。

Step 05 将最底侧的水平线段由“辅助线”图层转换为“地坪线”图层，如图 9-34 所示

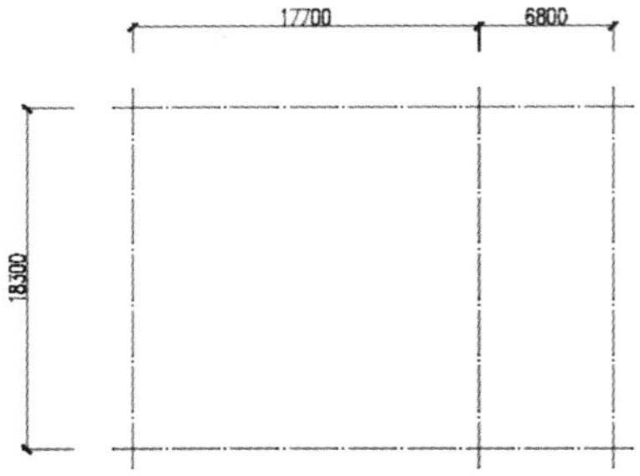

图 9-33

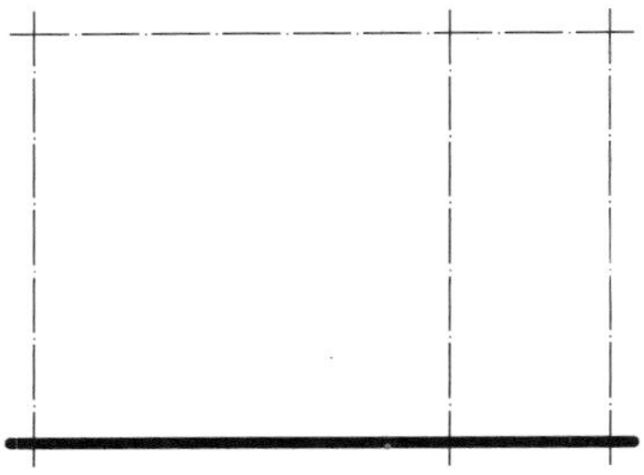

图 9-34

Step 06 将“0”图层置为当前图层，执行“直线”命令（L），捕捉辅助线交点绘制轮廓线，如图 9-35 所示。

Step 07 单击“图层”面板中“图层控制”下拉列表，将“辅助线”图层进行关闭隐藏，如图 9-36 所示。

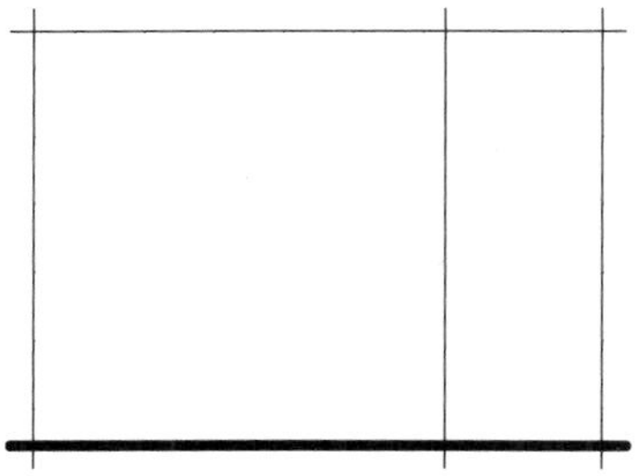

图 9-35

图 9-36

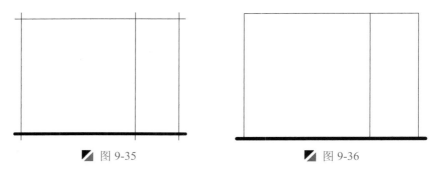

Step 08 执行“偏移”命令（O），将顶侧的水平线段向下各偏移 1500、2000、1300、2000、1300、2000、1300、2000、1300 和 2800，如图 9-37 所示。

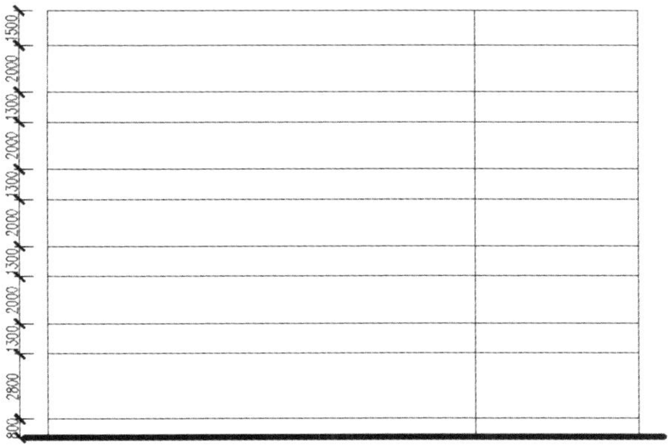

图 9-37

Step 09 执行“偏移”（O）、“延伸”（EX）和“修剪”（TR）等命令，将左侧的垂直线段向左偏移 800，向右各偏移 1450、1200、900、2100、900、5100、950 和 5100，然后将水平线段向左延伸到最左侧的垂直线段上，最后修剪掉多余的线段，结果如图 9-38 所示。

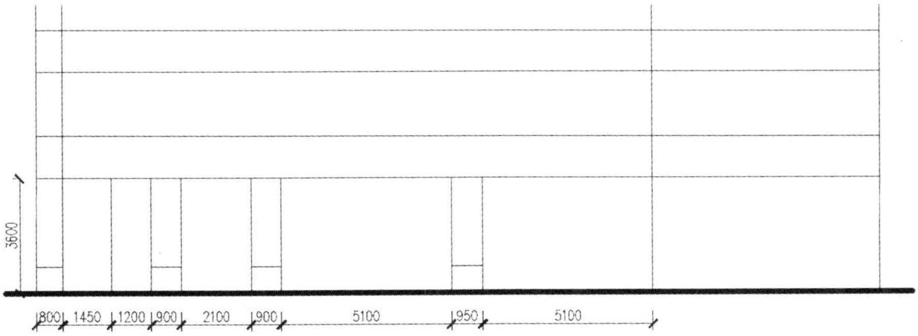

图 9-38

Step 10 执行“偏移”（O）和“修剪”（TR）等命令，按照如图 9-39 所示的尺寸，偏移和修剪线段，表示台阶和窗槛线。

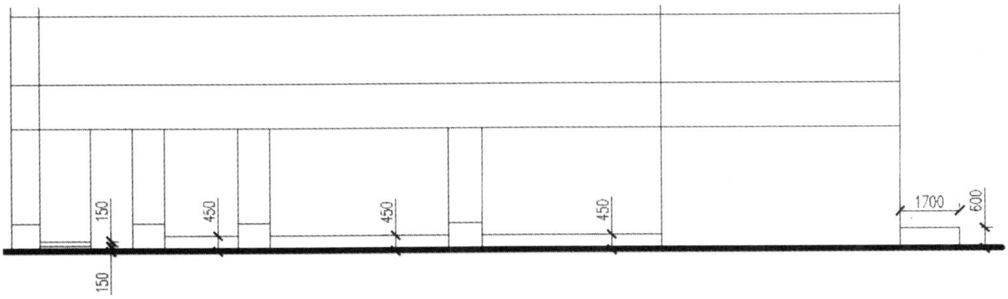

图 9-39

Step 11 执行“直线”（L）、“偏移”（O）和“修剪”（TR）等命令，修剪掉图形右侧多余的水平线段，在 3900 高位置绘制一水平线段；现将其向上各偏移 500、6100、500、6100 和 500，如图 9-40 所示。

Step 12 执行“直线”（L）、“偏移”（O）和“修剪”（TR）等命令，将右侧的垂直线段向右偏移 700 和 200，在距离地坪线 3600 位置绘制一条水平线段，分别向上各偏移 300、3000、300、3000、300、3000、300 和 3000，最后修剪掉多余的线段，如图 9-41 所示。。

Step 13 执行“偏移”命令（O）、“直线”命令（L）和“修剪”命令（TR），在右下侧绘制表示雨棚的对象，绘制结果如图 9-42 所示。

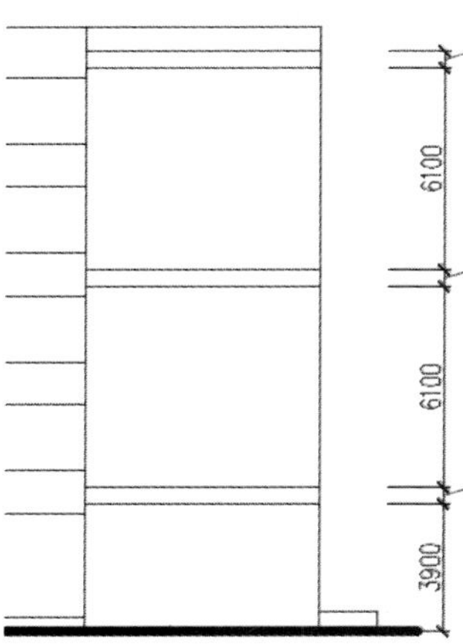

图 9-40

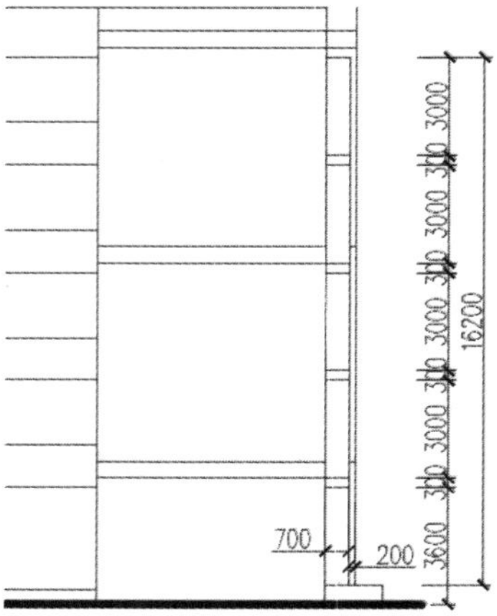

图 9-41

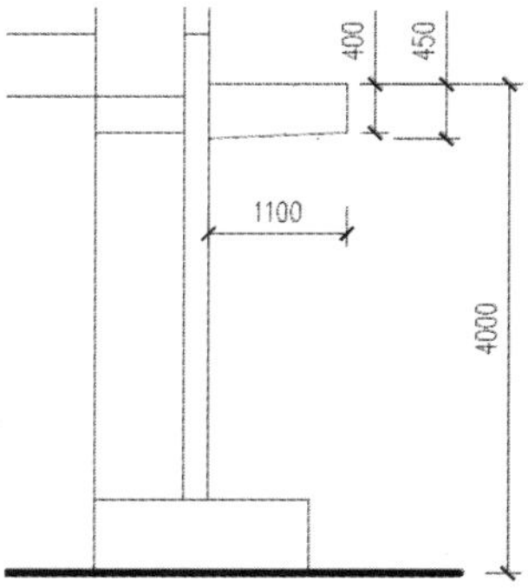

图 9-42

Step 14 执行“偏移”（O）和“修剪”（TR）等命令，在立面窗位置顶侧偏移和修剪线段，如图 9-43 所示。

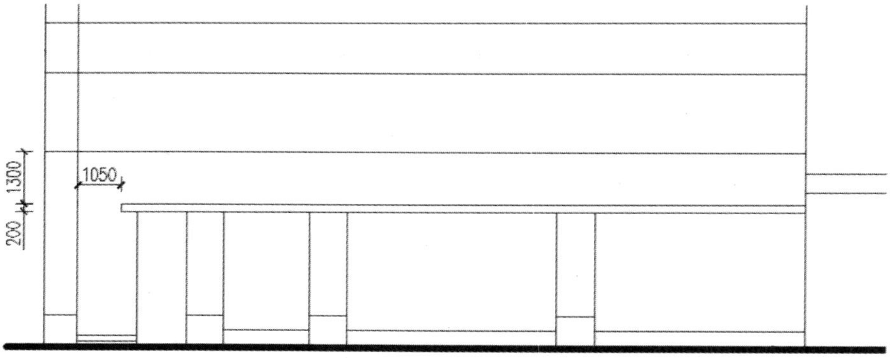

图 9-43

Step 15 将底层的柱子线向上分别拉长；再执行“偏移”（O），将柱子线各向内偏移 200，再将顶层线向下偏移 900；然后执行“修剪”（TR）命令，修剪出造型轮廓；最后执行“矩形”命令（REC），绘制 1600×200 的矩形作为窗檐，再复制到各层相应位置，如图 9-44 所示。

Step 16 执行“复制”命令（CO），将柱子以上的造型轮廓对象向右进行复制，结果如图 9-45 所示。

Step 17 执行“直线”（L）、“偏移”（O）和“修剪”（TR）等命令，绘制和修剪相应线段形成屋顶，结果如图 9-46 所示。

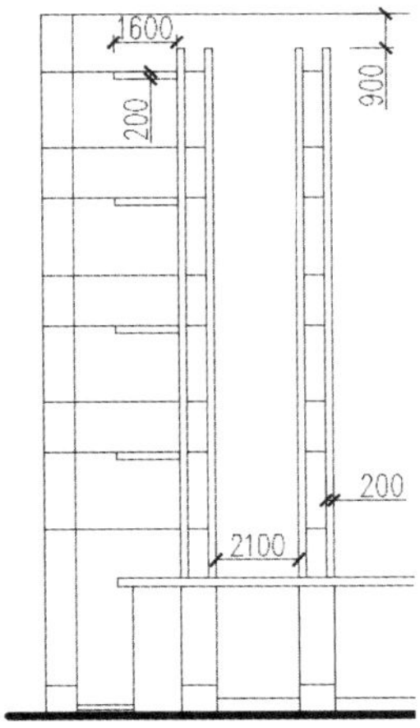

图 9-44

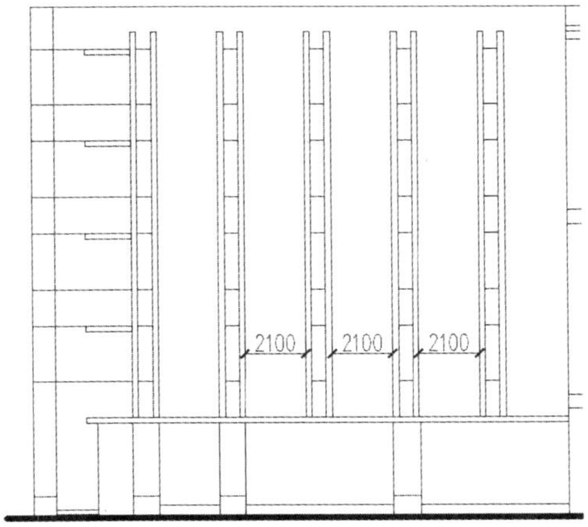

图 9-45

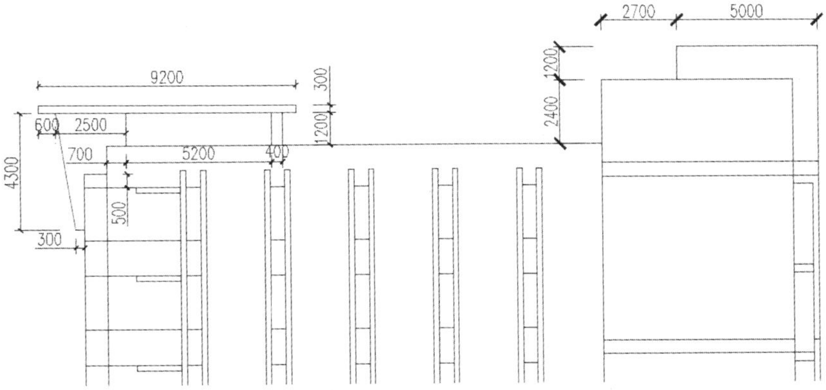

图 9-46

Step 18 将部分线段由“0”图层转换为“墙体”图层，如图 9-47 所示。

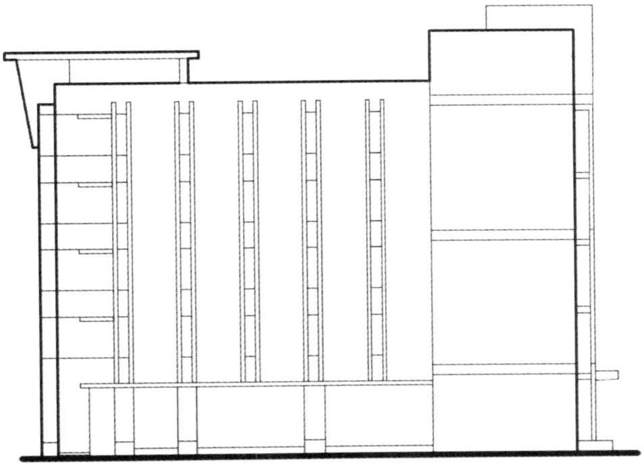

图 9-47

9.3.3 绘制并安装立面门窗对象

案例	办公楼 1-5 立面图.dwg	视频	绘制并安装立面门窗对象.avi	时长	19'10"

当立面图轮廓对象完成后，应绘制相应的门窗对象，并保存为图块对象，然后将其安装在相应位置。

Step 01 单击“图层”面板中的“图层控制”下拉列表，将“0”图层置为当前图层。

Step 02 执行“直线”（L）、“矩形”（REC）等命令，绘制立面门“M2”对象，如图 9-48 所示。

Step 03 执行“直线”（L）、“矩形”（REC）等命令，绘制立面窗“C4”对象，如图 9-49 所示。

Step 04 执行“直线”（L）、“矩形”（REC）等命令，绘制立面窗“C2”对象，如图 9-50 所示。

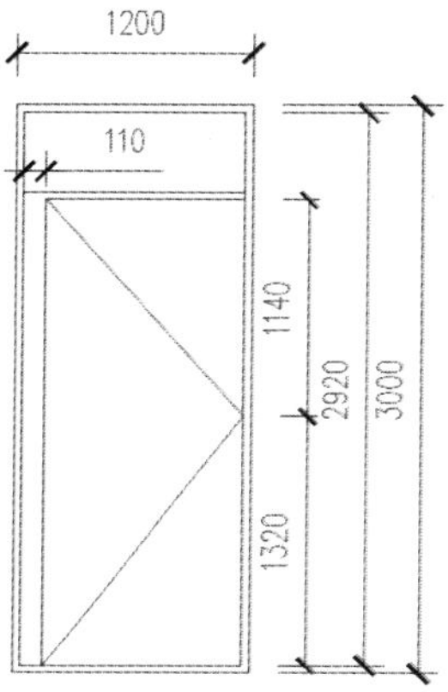

图 9-48

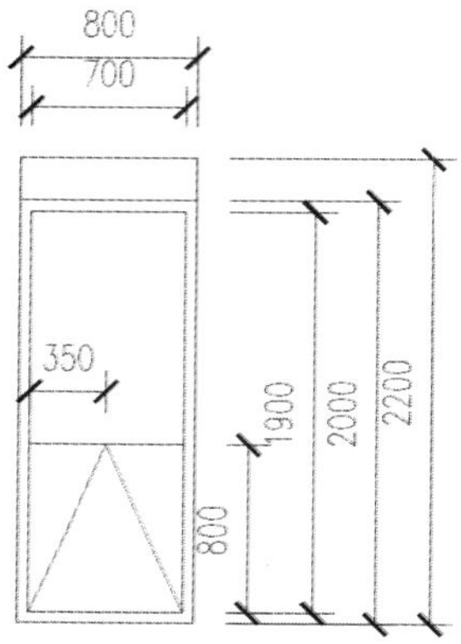

图 9-49

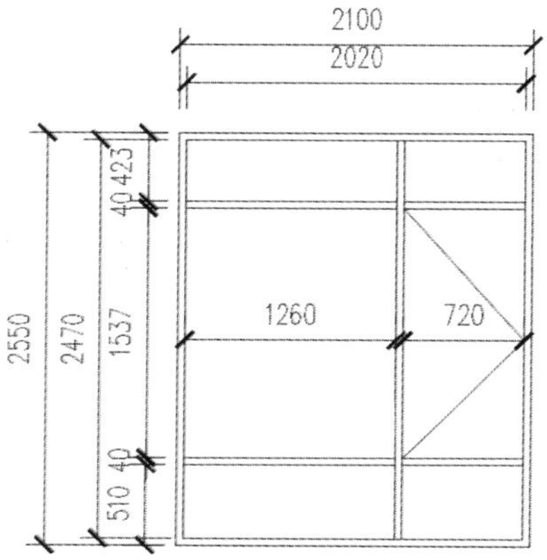

图 9-50

Step 05 执行“复制”命令（CO），将“C2”对象复制出一份；再执行“镜像”（MI）和“直线”（L）等命令，将复制出的“C2”窗对象向右镜像一份，然后在两窗之间绘制长 900 的水平连接线段，表示窗“C1”对象，如图 9-51 所示。

Step 06 执行“直线”（L）、“矩形”（REC）等命令，绘制立面窗“C5”对象，如图 9-52 所示。

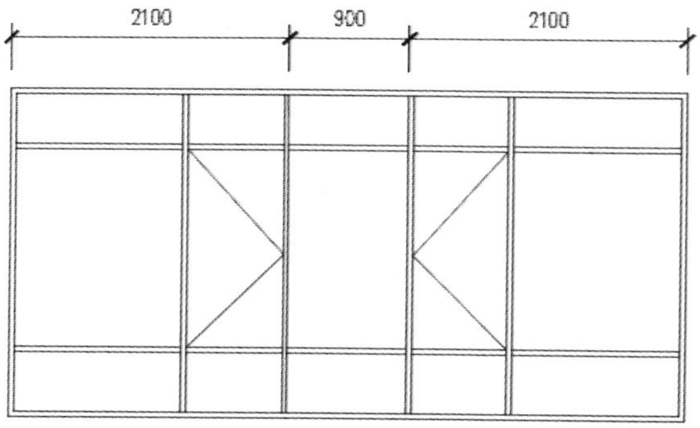

图 9-51

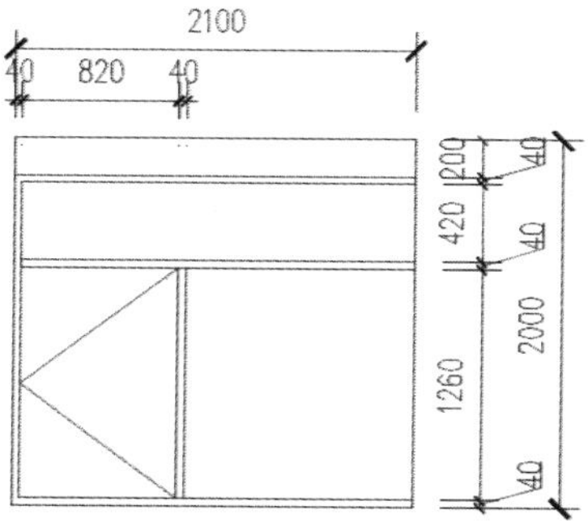

图 9-52

Step 07 执行“直线”（L）、“矩形”（REC）等命令，绘制立面窗“C6”对象，如图 9-53 所示。

Step 08 执行“直线”（L）、“矩形”（REC）等命令，绘制立面窗“C8”对象，如图 9-54 所示。

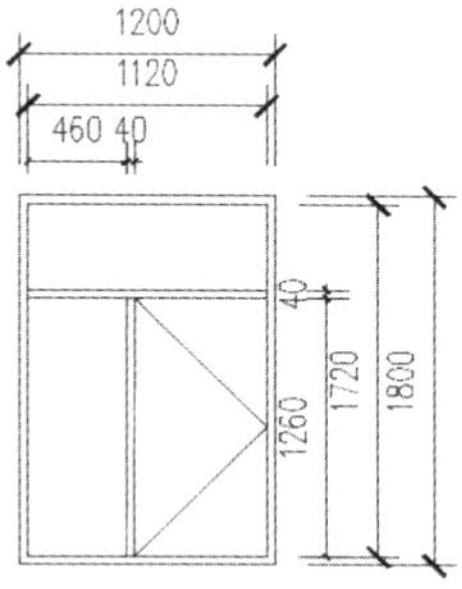

图 9-53

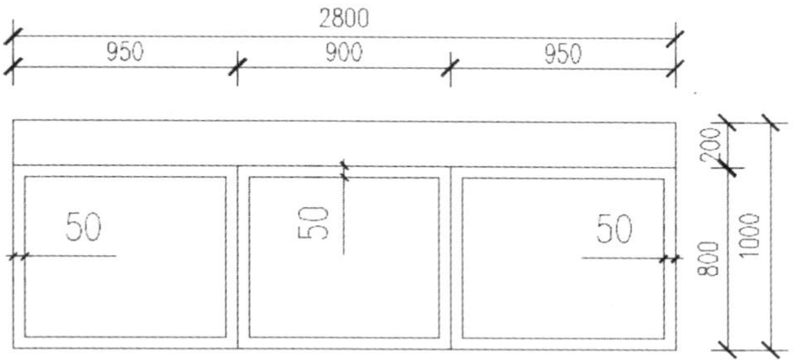

图 9-54

Step 09 执行“写块”命令（W），将绘制的 M2 对象，保存为“案例\09\M2.dwg”文件，如图 9-55 所示。

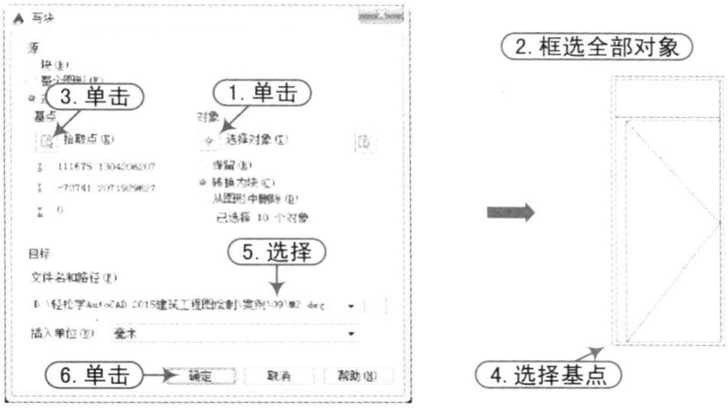

图 9-55

Step 10 使用以上相同的方法，将 C1、C2、C4、C5、C6 和 C8 对象，分别保存在“案例\09”文件夹下，以便后面的调用。

Step 11 将“门窗”图层置为当前图层，执行“插入”（I）、“移动”（M）、“复制”（CO）和“镜像”（MI）等命令，将“案例\09”文件夹下的 M2、C1、C2、C4、C5、C6 等图块插入办公楼一、二层相应的位置，一层从左到右分别是 M2、C2、C1、C1、C4、C4，二层从左到右分别是 C6、C5、C5、C5、C5、C5、C4 和 C4，如图 9-56 所示。

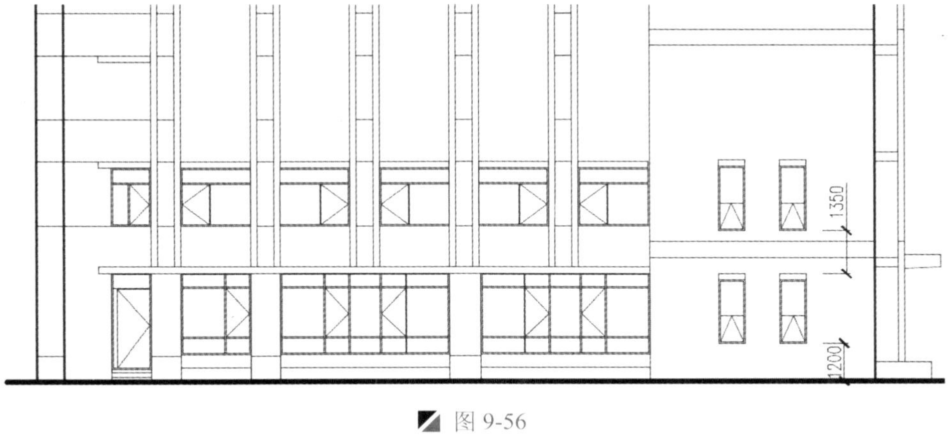

图 9-56

读书破万卷

Step 12 执行“复制”（CO）和“插入”（I）等命令，将二层中的立面窗对象向上进行 3300 距离的复制，最后将“C8”窗对象插入顶层到相应位置，结果如图 9-57 所示。

图 9-57

9.3.4 办公楼立面图的标注

案例	办公楼 1-5 立面图.dwg	视频	办公楼立面图的标注.avi	时长	12'48"

绘制好立面图的轮廓，并安装好门窗对象后，在相应的位置进行图案填充，并进行填充材料的文字标注说明，再在立面图的右侧进行尺寸标注和插入标高符号，再插入相应的立面轴号，最后进行图名标注。

Step 01 将“其他”图层置为当前图层，执行“图案填充”命令（H），分别选择图案“LINE”、“NET”和“AR-SAND”，设置合适的比例，对图形中相应位置进行填充，填充后的效果如图 9-58 所示。

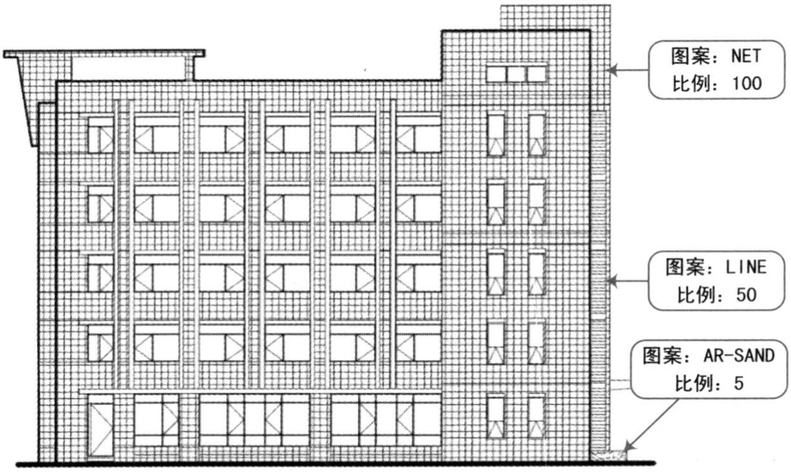

图 9-58

Step 02 将“尺寸标注”图层置为当前图层，执行“线性标注”（DLI）和“连续”（DCO）等命令，对立面图的右侧和底侧进行尺寸标注。

Step 03 将“标高”图层置为当前图层，执行“插入”命令（I），打开“插入块”对话框，然后单击“浏览”按钮 浏览(B)... ，选择“案例\02\标高符号.dwg”图块，插入绘图区，对符号进行修改，并修改标高值后移动到相应位置。

Step 04 将“文字标注”图层置为当前图层，然后单击“注释”标签下的“文字”面板，选择“图内说明”文字样式。

Step 05 执行“单行文字”命令（DT），对图形进行大小为 1000 的文字标注。如图 9-59 所示。

图 9-59

技巧：标高标注

在立面图右侧先插入一个“标高”图块后，再使用“复制”命令（CO），开启“正交”模式，将底侧的图块向上进行复制操作，然后分别修改属性值即可。

Step 06 将“轴线编号”图层置为当前图层，执行“插入”命令（I），将“案例\05\轴线编号.dwg”插入图形相应位置，分别修改属性值，如图 9-60 所示。

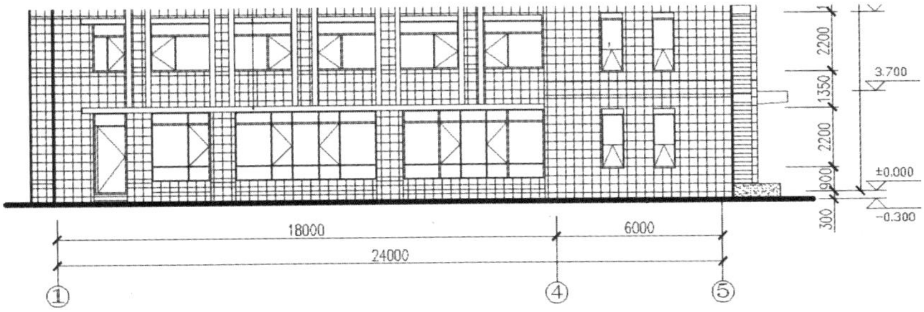

图 9-60

读书破万卷

Step 07 将“文字标注”图层置为当前图层，然后单击“注释”标签下的“文字”面板，选择“图名”文字样式。

Step 08 执行“单行文字”命令（DT），在相应的位置输入“1-5 立面图”和比例“1:100”，然后分别选择相应的文字对象，按<Ctrl+1>组合键打开“特性”面板，修改对应文字大小为“1500”和“750”。

Step 09 执行“多段线”命令（PL），在图名的下侧绘制一条宽度为 100，与文字标注大约等长的水平多段线，如图 9-61 所示。

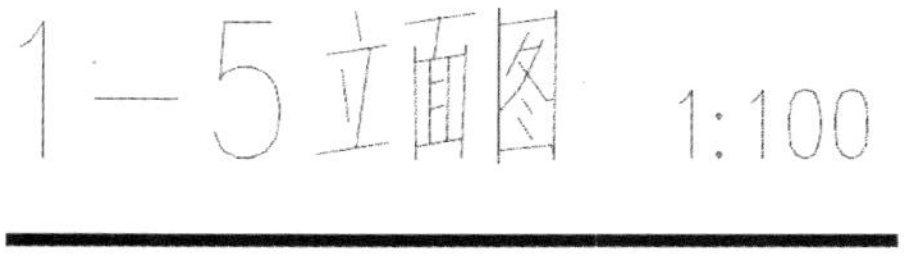

图 9-61

Step 10 至此，该办公楼 1-5 立面图绘制完毕，在“快速访问”工具栏单击“保存”按钮，将所绘制图形进行保存。

Step 11 在键盘上按<Alt+F4>或<Ctrl+Q>组合键,退出所绘制的文件对象。

提示：更改单行文字的特性

在 AutoCAD 中，在创建单行文字后，可以对其内容、特性等进行编辑，如更改文字内容、调整其位置，以及更改其字体大小等，以满足精确绘图的需要。双击文字对象，便可对单行文字的内容进行编辑，其内容可编辑时的显示如图 9-62 所示。

除了编辑单行文字的内容外，用户可在其“特性”面板中对单行文字进行更多的设置，如设置“宽度因子”、“倾斜”、“旋转”、“注释行比例”等，如图 9-63 所示。

图 9-62

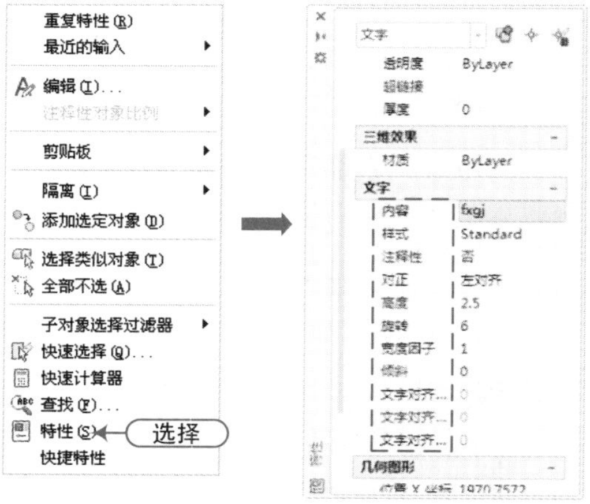

图 9-63

9.4 办公楼 5-1 立面图的绘制效果

案例	办公楼 5-1 立面图.dwg	视频	无	时长	无

办公楼 5-1 立面图的绘制，用户可以按照前面办公 1-5 立面图的绘制方法来进行绘制，从而加强建筑立面图的绘制练习。绘制的办公楼 5-1 立面图效果如图 9-64 所示。

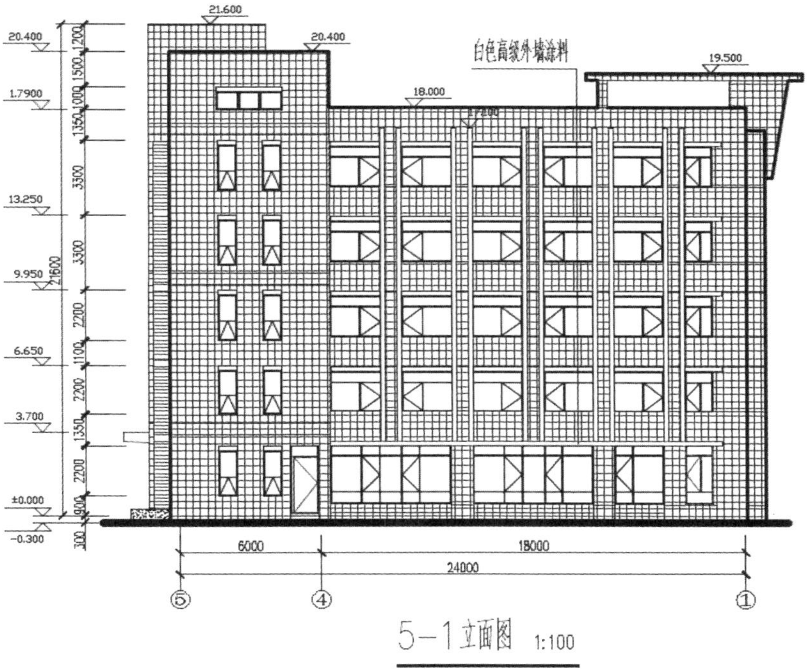

图 9-64

提示：5-1 立面图分析

从办公楼 5-1 立面图中可以看出，从左向右分别有 C4、C4、C1、C1、C2 和 C3 对象；二～五层平面图中从左向右分别有 C4、C4、C5、C5、C5、C5、C5 和 C6，屋顶层有立面窗 C8。其中新出现的 C3 窗尺寸为 1200×2550。

9.5 办公楼 1-1 剖面图的绘制

在绘制的建筑剖面图之前，首先应在建筑第一层平面图上作出相应的剖切符号，才能够绘制相应的剖面图，在本实例的办公楼 1-1 剖面图中，配合参照一～五层平面图和 5-1 立面图，从而完成办公楼 1-1 剖面图的绘制，其绘制的最终效果如图 9-65 所示。

9.5.1 调用绘图环境

案例	办公楼 1-1 剖面图.dwg	视频	调用绘图环境.avi	时长	01'50"

在绘制办公楼 1-1 剖面图之前，首先根据要求设置绘图环境，本案例调用“案例\07\建筑剖面图样板.dwt”样板文件。

读书破万卷

Step 01 在桌面上双击 AutoCAD 2015 图标，启动 AutoCAD 2015 软件，系统自动创建一个空白文档。

Step 02 在“快速访问”工具栏单击“打开”按钮，将“案例\07\建筑剖面图样板.dwt”文件打开。

Step 03 在“快速访问”工具栏单击“另存为”按钮，将弹出“图形另存为”对话框，将该文件保存为“案例\09\办公楼 1-1 剖面图.dwg”文件。

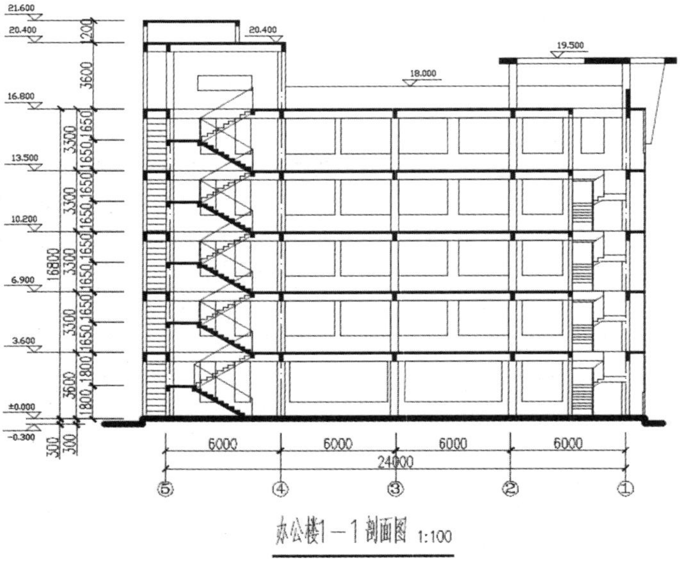

图 9-65

9.5.2 绘制剖面图外轮廓

案例	办公楼 1-1 剖面图.dwg	视频	绘制立面图外轮廓.avi	时长	04'23"

通过一层平面图的定位尺寸，绘制垂直引申线段，再使用偏移、修剪等命令，从而完成 1-5 立面图的外轮廓。

Step 01 执行“插入”命令（I），在“插入”对话框中，选择“案例\09\办公楼 5-1 立面图效果.dwg”文件，以图块的方式插入到当前视图中。

Step 02 单击“图层”面板中“图层控制”下拉列表，将部分图层进行关闭隐藏，然后将轮廓线向右复制一份，如图 9-66 所示。

Step 03 执行“偏移”命令（O），将底侧的水平线段向上分别偏移 300、3600、3300、3300、3300 和 3300，如图 9-67 所示。

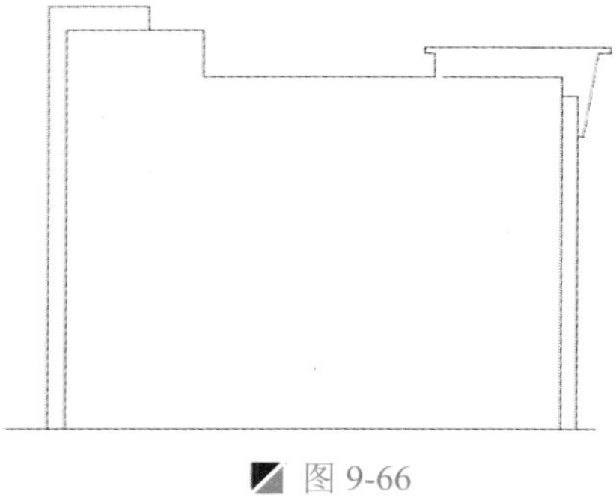

图 9-66

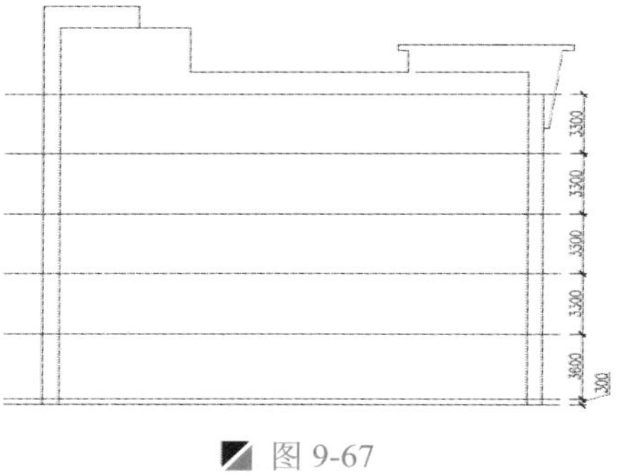

图 9-67

Step 04 执行“修剪”命令（TR），修剪掉多余的线段，结果如图 9-68 所示。

Step 05 将底侧修剪后的线段合并为一条多段线；并转换为“地坪线”图层，如图 9-69 所示。

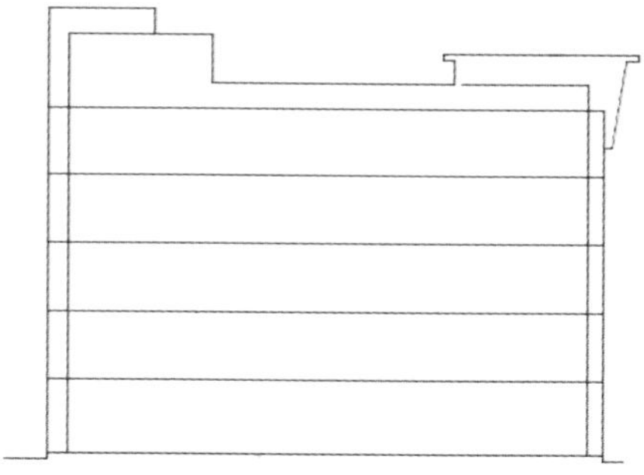

图 9-68

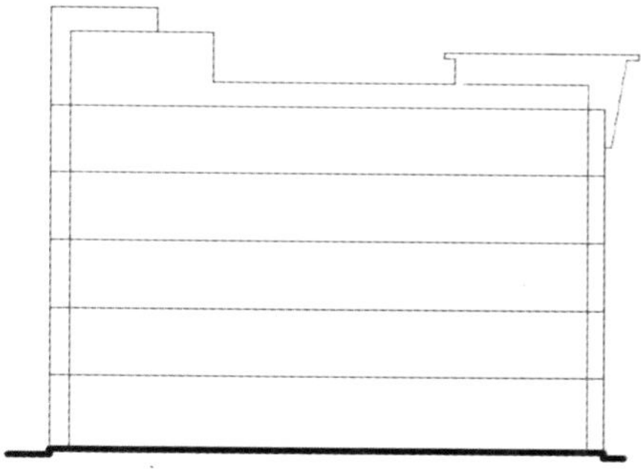

图 9-69

技巧：地平线的绘制

在上一步骤中，地平线的绘制也可以使用“合并”命令将其组合为一条多段线，然后再通过“特性”面板，改变其“全局线宽”的值为“240”。

9.5.3 绘制剖面楼板和墙体轮廓

案例	办公楼 1-1 剖面图.dwg	视频	绘制剖面楼板和墙体轮廓.avi	时长	11'12"

将楼层线偏移、修剪和填充，形成剖面楼板对象，再绘制立柱轮廓，从而完成整个剖面图的细节轮廓对象。

Step 01 执行“偏移”命令（O），如图 9-70 所示将水平线段分别向下各偏移 100 和 400。

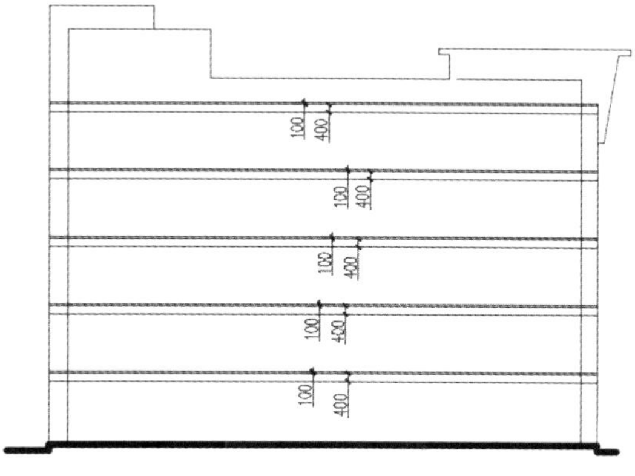

图 9-70

Step 02 执行“偏移”命令（O），将右侧的垂直线段向左各偏移 200、200、2600、200、2700、400、5800、400、5500、200、200、5400、200、200、1000 和 200，如图 9- 71 所示。

Step 03 将偏移得到的水平线段和垂直线段转换为“楼板”图层。并单击“图层”面板中“图层控制”下拉列表，选择“楼板”图层为当前图层。

Step 04 执行“修剪”命令（TR），修剪掉多余的线段；然后执行“图案填充”命令（H），对楼板进行图案“SOLID”的填充，填充后的效果如图 9-72 所示。

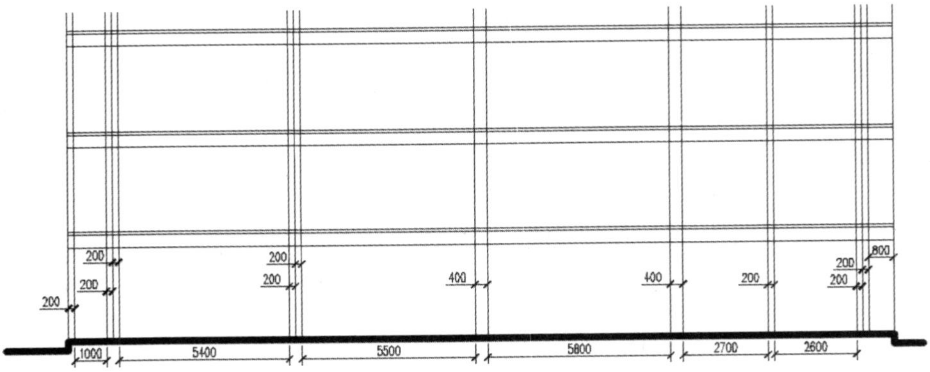

图 9-71

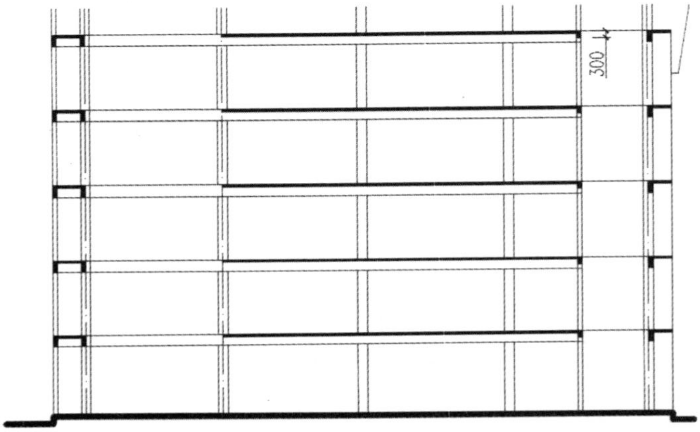

图 9-72

提示：步骤讲解

在上一步骤中，要注意部分线段是由“楼板”图层转换到“辅助线”图层的。

Step 05 通过执行“偏移”（O）、“修剪”命令（TR），偏移相应线段然后修剪成为楼板；再执行“图案填充”命令（H），对楼板进行图案“SOLID”的填充，填充后的效果如图 9-73 所示。

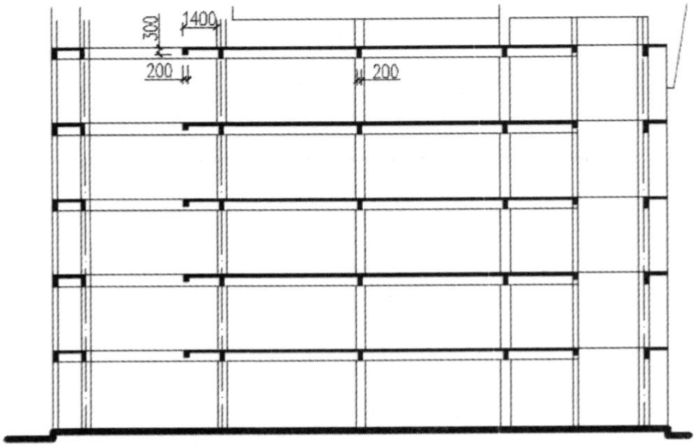

图 9-73

9.5.4 绘制剖面楼梯对象

案例	办公楼 1-1 剖面图.dwg	视频	绘制剖面楼梯对象.avi	时长	20'35"

通过构造线、直线、复制、修剪和图案填充命令，来绘制楼梯剖面平台、楼梯和栏杆对象，并安装在相应位置。

Step 01 单击“图层”面板中的“图层控制”下拉列表，将“楼梯”图层置为当前图层。

Step 02 执行“多段线”（PL）和“图案填充”（H）等命令，绘制楼梯平台处的楼板，如图 9-74 所示。

图 9-74

Step 03 执行“直线”（L）和“偏移”（O）命令，绘制夹角为 31° 的斜线段，再向上偏移 100；然后执行“多段线”（PL）命令，由上侧斜线底端向上绘制 280×165 的连续踏步；最后执行“删除”（E）命令，将中间斜线删除掉，如图 9-75 所示。

提示：步骤讲解

此处绘制梯步时，可以先绘制一个梯步，然后使用“路径”阵列，选择路径为夹角为 31° 的斜线段，从而完成所有梯步的绘制。

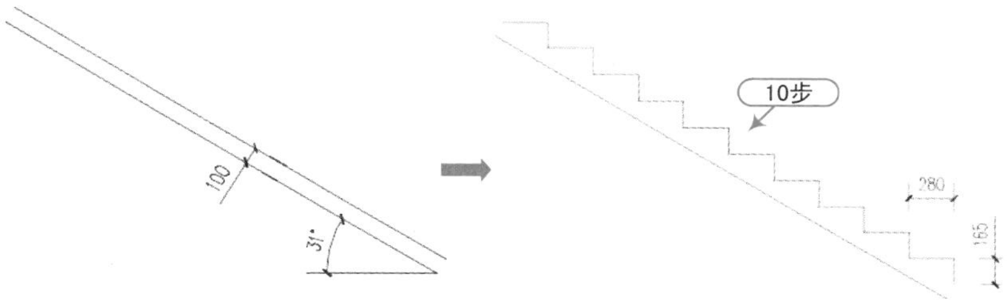

图 9-75

Step 04 执行“复制”（CO）和“删除”（E）等命令，将上一步绘制的踏步向右复制一份，再删除其中一个踏步，形成 9 步梯如图 9-76 所示。

Step 05 再执行“镜像”（MI）命令，将上步图形对象进行左右镜像并删除源对象，完成“踏步 2”对象效果如图 9-77 所示。

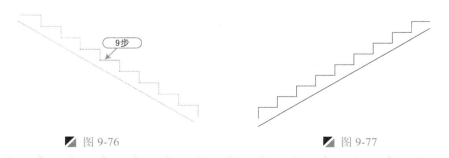

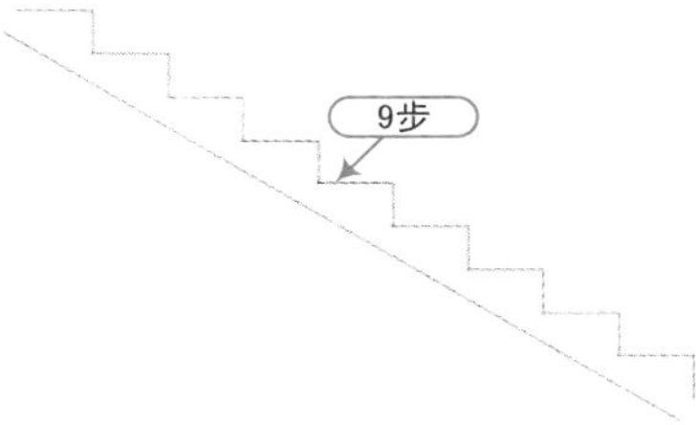

图 9-76

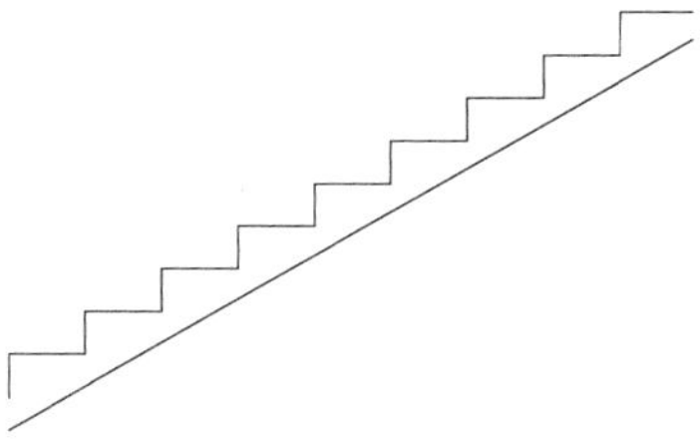

图 9-77

Step 06 执行“移动”（M）等命令，将两部分踏步组合在一起，并放置到第二层楼相应位置如图 9-78 所示。

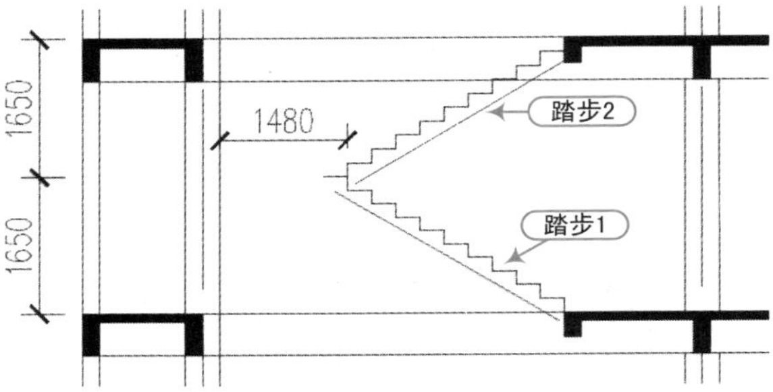

图 9-78

提示：步骤讲解

在移动和复制踏步对象的过程中，首先应捕捉踏步的顶端或底端的端点，再复制或移动到适当的位置。

Step 07 执行“移动”（M）和“图案填充”（H）等命令，将前面绘制的楼梯平台楼板对象移动到楼梯踏步处，并填充底部的踏步，如图 9-79 所示。

提示：步骤讲解

移动楼梯平台与踏步重合时，盖住了“踏步 1”上侧的一个步子，这样上、下楼梯的踏步数量是一样的。

Step 08 将“扶手”图层置为当前图层，执行“直线”命令（L），在踏步上方 1150 的位置绘制斜线段，表示楼梯的栏杆，如图 9-80 所示。

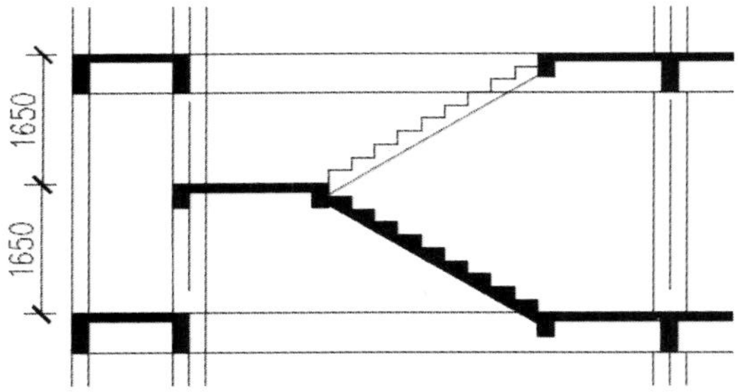

图 9-79

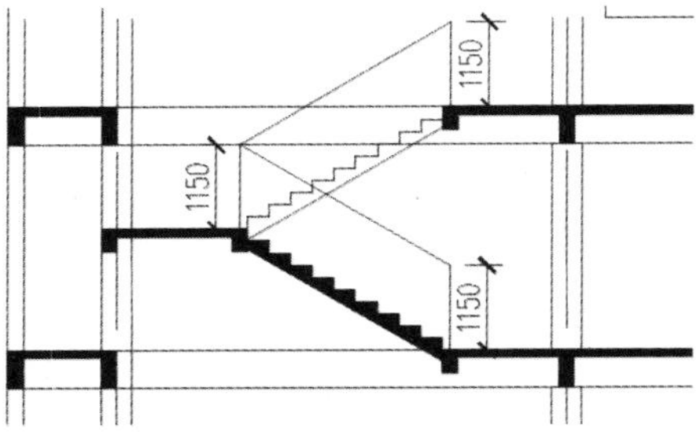

图 9-80

Step 09 执行“复制”命令（CO），将栏杆和平台对象分别复制到各楼层（除底层），如图 9-81 所示。

Step 10 前面的标准层高 3300，而底层楼高为 3600，所以首先应执行“复制”命令（CO），将前面绘制的楼梯对象复制出一份；再通过“拉伸”命令（S），将原来长 1880 的平台修改成为 1600；然后再执行“复制”命令（CO），将上踏步增加 1 个步子，下踏步也增加 1 个步子，如图 9-82 所示使之符合底层要求。

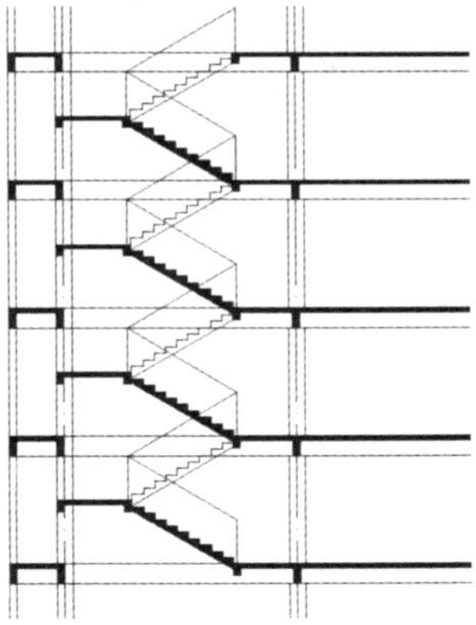

图 9-81

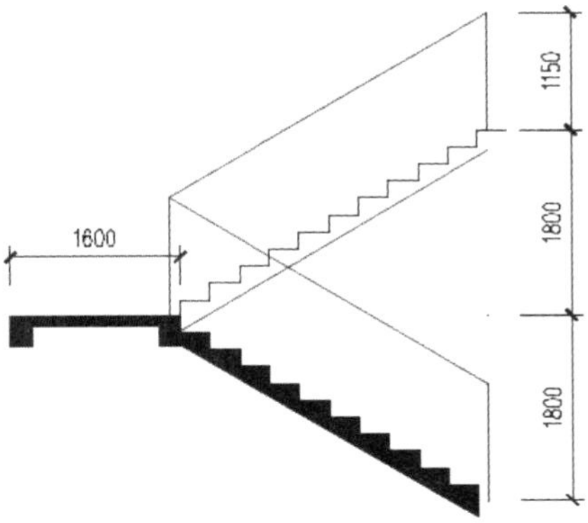

图 9-82

Step 11 执行“移动”命令（M），将编辑后的楼梯对象移动到底层的楼梯间位置，如图 9-83 所示。

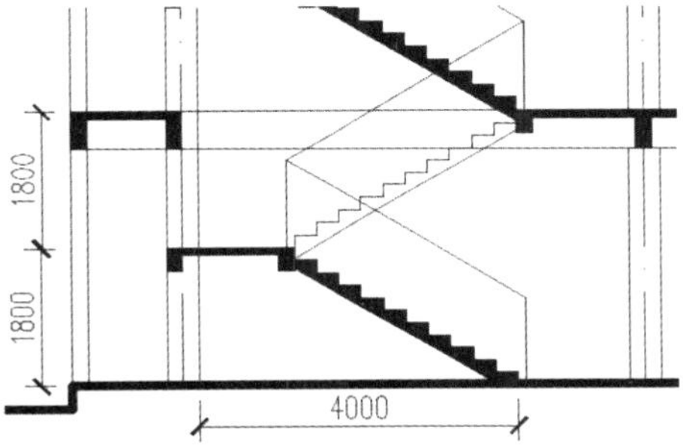

图 9-83

Step 12 将“其他”图层置为当前图层，执行“图案填充”命令（H），选择样例“LINE”，比例为 100，对左侧图形进行填充，结果如图 9-84 所示。

Step 13 将“楼梯”图层置为当前图层，执行“直线”命令（L）、“偏移”命令（O）和“修剪”命令（TR），绘制出标准层侧面楼梯间对象，如图 9-85 所示图形。

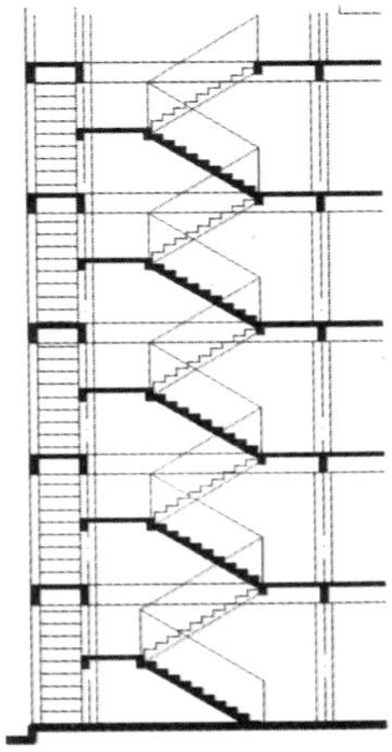

图 9-84

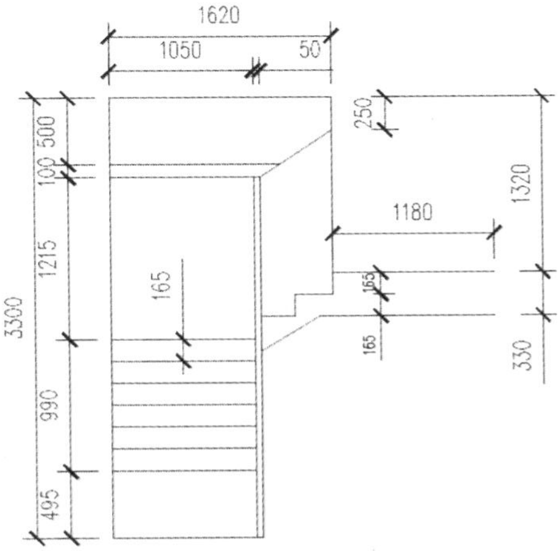

图 9-85

Step 14　根据同样的方法，绘制出底层的侧面楼梯间对象，如图 9-86 所示图形。

Step 15　执行“复制”（CO）和“移动”（M）等命令，将绘制的楼梯间对象分别复制到相应的楼层，结果如图 9-87 所示。

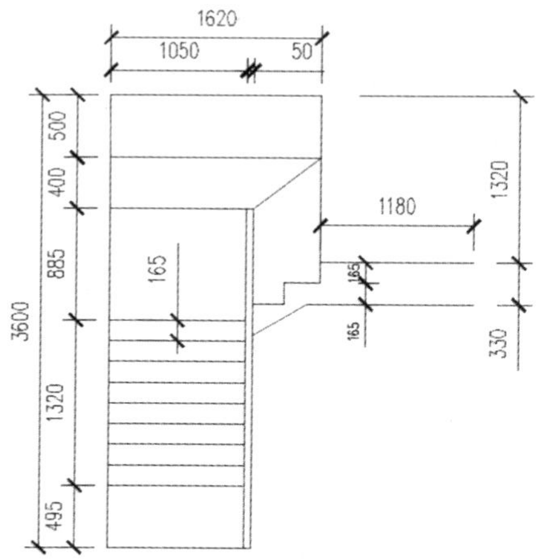

图 9-86

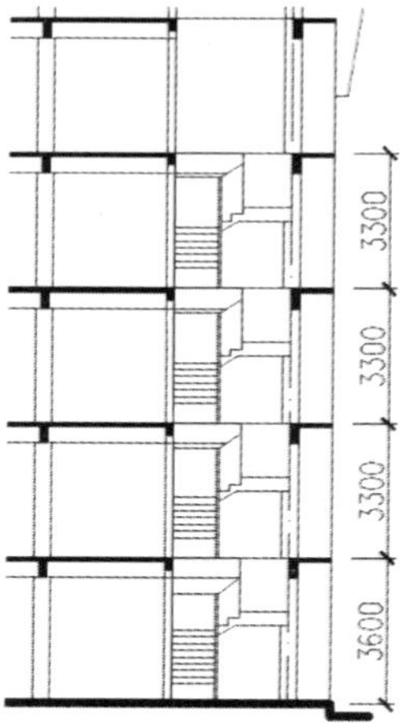

图 9-87

9.5.5 绘制剖面门窗对象

案例	办公楼 1-1 剖面图.dwg	视频	绘制剖面门窗对象.avi	时长	13'38"

在办公楼的屋顶位置处，绘制楼板对象，再分别绘制一、二层楼的剖面门窗对象，再通过复制的方法来绘制三～五层楼的剖面门窗对象，以及绘制屋顶门窗对象。

Step 01　单击“图层”面板中的“图层控制”下拉列表，将“门窗”图层置为当前图层。

Step 02　执行“直线”命令（L），在右侧相应位置，绘制如图 9-88 所示的线段。

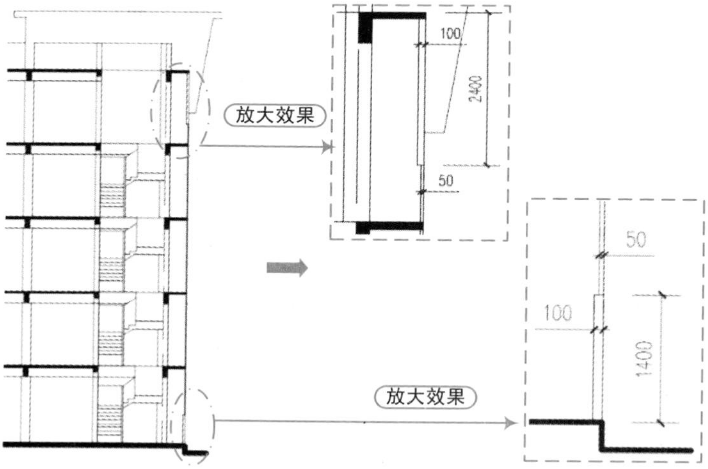

图 9-88

Step 03　将“楼板”图层置为当前图层，执行“偏移”（O）、“修剪”（TR）和“图案填充”（H）等命令，将顶层线段按照如图 9-89 所示进行偏移，且修剪出屋顶轮廓，并进行相应的填充。

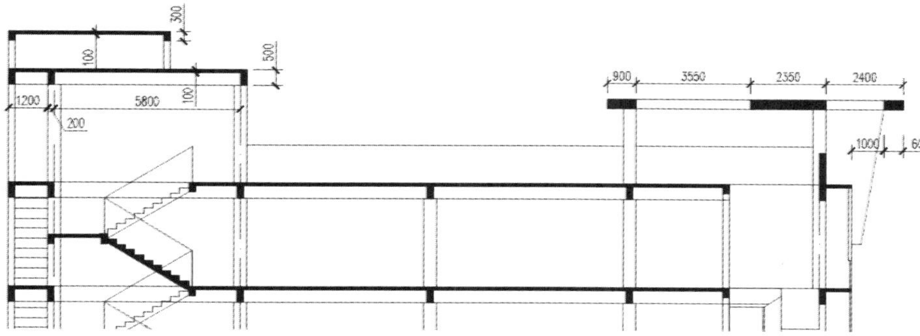

图 9-89

Step 04 将"门窗"图层置为当前图层，执行"矩形"命令（REC），分别绘制一、二层的剖面门窗对象，结果如图 9-90 所示。

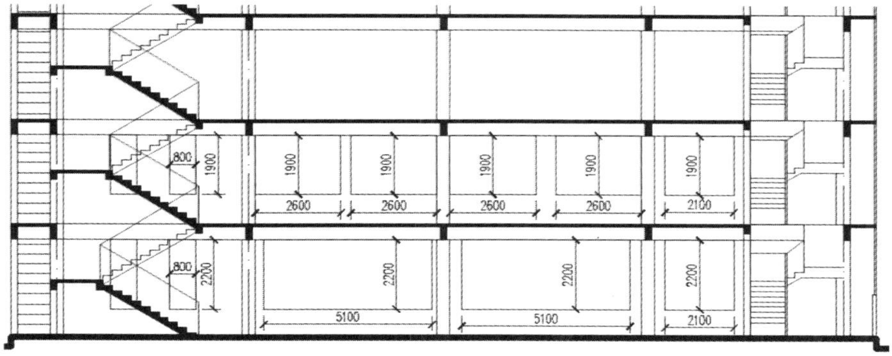

图 9-90

提示：步骤讲解

在绘制一、二层的剖面门窗之前，应清楚了解一、二层所对应的门窗对象，在一层从左到右，分别绘制尺寸为 800×2200、5100×2200、2100×2200 的矩形，表示剖开门窗对象 C4、C4、C1、C1、和 C2；在二层从左到右，分别绘制尺寸为 800×1900、2600×1900、2100×1900 的矩形，表示剖开门窗对象 C7、C7、C5、C5、C5、C5 和 C5。

Step 05 执行"复制"命令（CO），将二层绘制的剖开门窗对象，向三、四、五层楼进行距离为 3300 的复制操作，结果如图 9-91 所示。

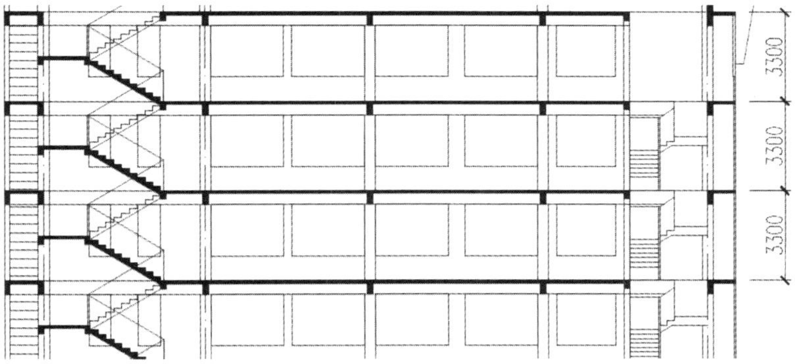

图 9-91

读书破万卷

Step 06 执行“矩形”命令（REC），分别绘制 2800×800、1200×1900 的矩形，表示“C8”和“C6”窗对象，如图 9-92 所示。

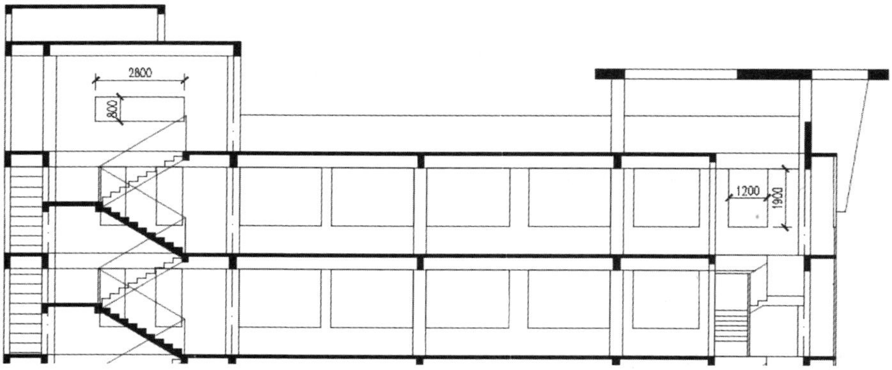

图 9-92

9.5.6 办公楼剖面图的标注

案例	办公楼 1-1 剖面图.dwg	视频	办公楼剖面图的标注.avi	时长	08'42"

接下来对办公楼剖面图进行标注。

Step 01 将“尺寸标注”图层置为当前图层，执行“线性标注”（DLI）和“连续”（DCO）等命令，对立面图的左侧和底侧进行尺寸标注，如图 9-93 所示。

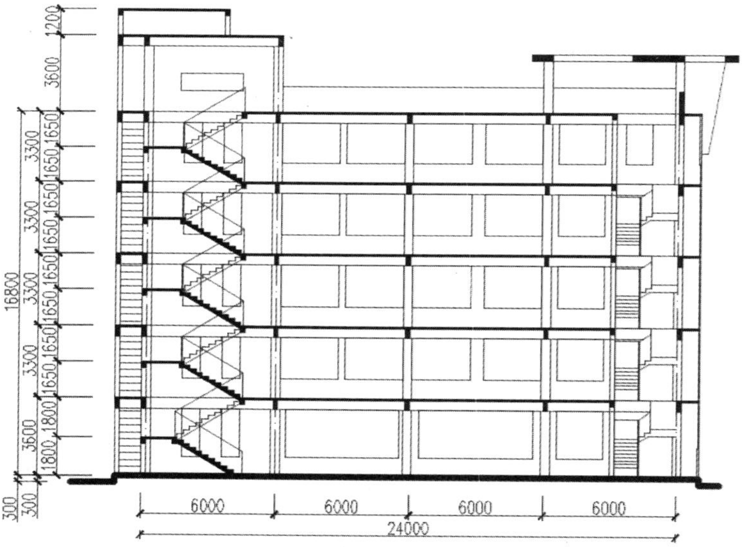

图 9-93

Step 02 将“标高”图层置为当前图层，执行“插入”命令（I），打开“插入块”对话框，然后单击“浏览”按钮 浏览(B)... ，选择“案例\02\标高符号.dwg”图块，插入绘图区，对符号进行修改，并修改标高值后移动到相应位置。

提示：步骤讲解

在进行标高标注时，可先插入一个标高符号，然后执行"复制"命令（CO），将标高符号对象复制到相应的位置，再修改正确标高值即可。

Step 03 将"轴线编号"图层置为当前图层，执行"插入"命令（I），将"案例\05\轴线编号.dwg"插入图形相应位置，分别修改属性值，如图 9-94 所示。

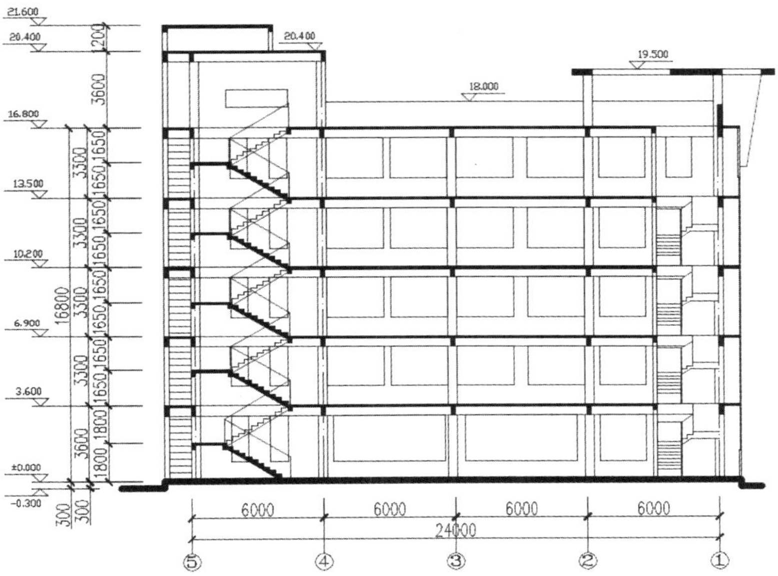

图 9-94

Step 04 将"文字标注"图层置为当前图层，然后单击"注释"标签下的"文字"面板，选择"图名"文字样式。

Step 05 执行"单行文字"命令（DT），在相应的位置输入"办公楼 1-1 剖面图"和比例"1:100"，然后分别选择相应的文字对象，按<Ctrl+1>组合键打开"特性"面板，修改对应文字大小为"1500"和"750"。

Step 06 执行"多段线"命令（PL），在图名的下侧绘制一条宽度为 100，与文字标注大约等长的水平多段线，如图 9-95 所示。

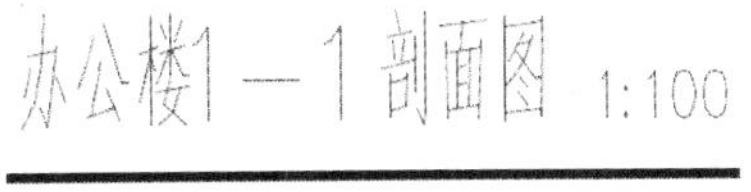

图 9-95

Step 07 至此，该办公楼 1-1 剖面图绘制完毕，在"快速访问"工具栏单击"保存"按钮，将所绘制图形进行保存。

Step 08 在键盘上按<Alt+F4>或<Ctrl+Q>组合键，退出所绘制的文件对象。

9.6 办公楼楼梯平面图的绘制练习

在前面绘制了办公楼平面图、立面图及剖面图，为了更全面地表达出整套施工图包含的内容，这里给出了办公楼各层的楼梯平面图效果，以供读者参考与绘制练习。楼梯平面图效果如图 9-96、图 9-97、图 9-98 所示。

提示：楼梯的讲解

> 楼梯是楼层垂直交通的必要设施，由梯段、平台和栏杆（或栏板）扶手组成。
>
> 一般情况，每一层楼都要画出相应的楼梯平面图。对于三层以上的房屋建筑，若中间各层的楼梯位置及其楼段数、踏步数和大小都相同时，通常只画出底层，中间（标准）层和顶层三个平面图。三个楼梯平面图画在同一张图纸内，并互相对齐，以便阅读。

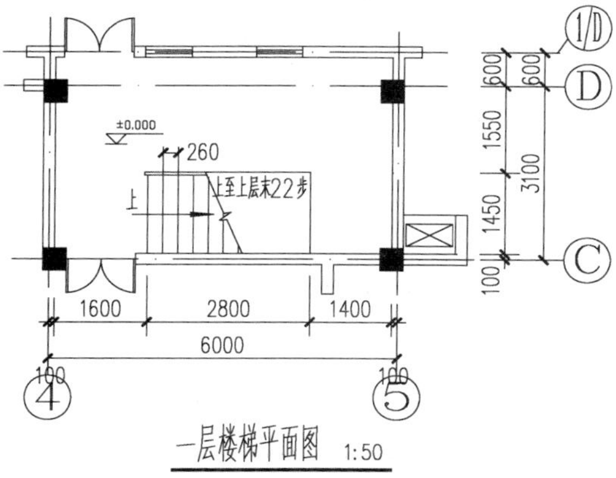

图 9-96

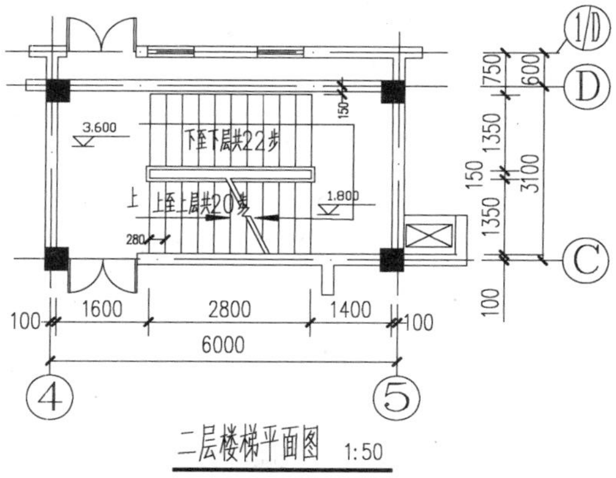

图 9-97

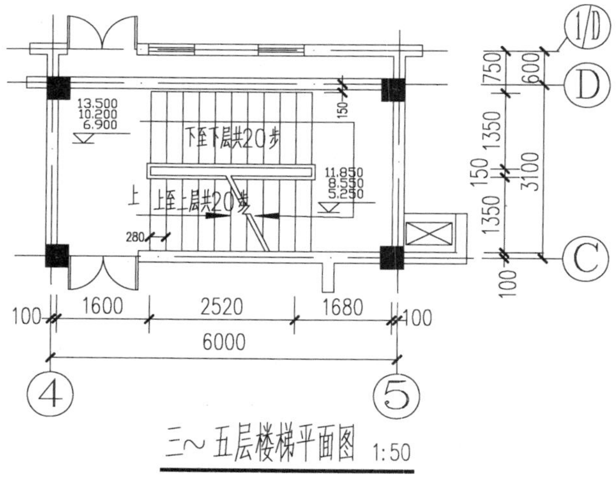

图 9-98

10

全套医院建筑工程图纸的绘制

本章导读

通过前面的学习，用户已经完全掌握了 AutoCAD 2015 的基础知识，在本章中，以某医院全套建筑工程图纸的绘制为例，对相应的施工图进行详细得当的绘制讲解，让用户掌握如何综合阅读和绘制一整套施工图。

本章内容

- 医院地下室平面图的绘制
- 医院首层平面图的绘制
- 医院二、三层平面图的绘制
- 医院屋顶平面图的绘制
- 医院立面图的绘制
- 医院剖面图的绘制

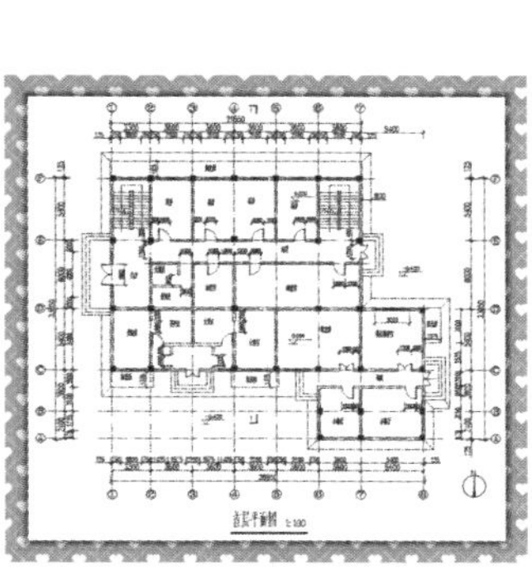

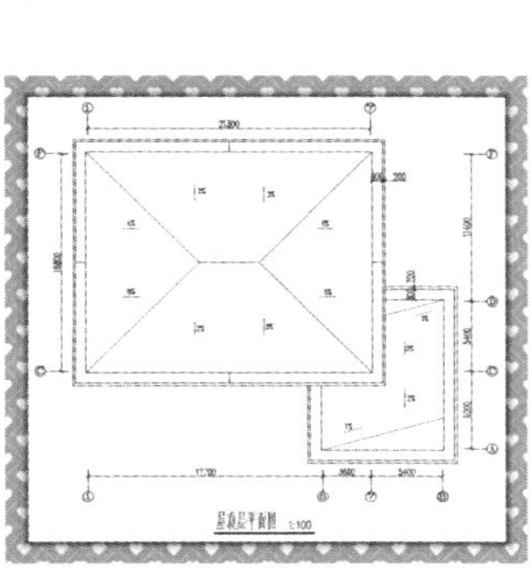

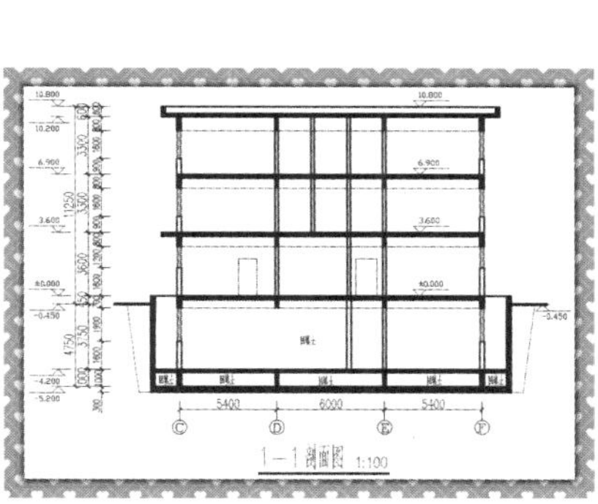

10.1 医院地下室平面图的绘制

本案例所绘制的医院，其水平宽度为 26950mm，有 1～8 号纵向轴号，垂直宽度为 24550，有 A～F 横向轴号，其地下室平面图的效果如图 10-1 所示。

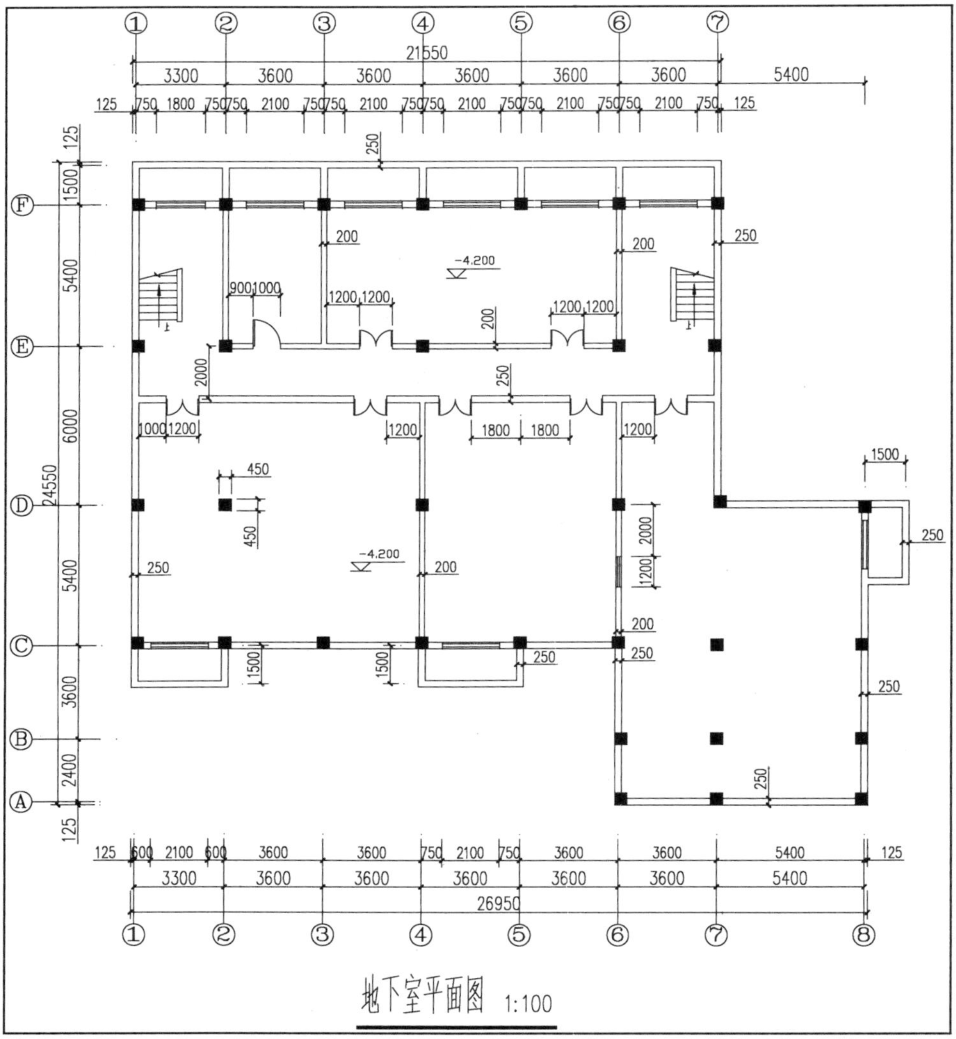

图 10-1

10.1.1 调用绘图环境

案例	医院全套施工图.dwg	视频	调用绘图环境.avi	时长	01'55"

在绘制建筑平面图时，首先根据要求设置绘图环境，本案例调用“案例\03\建筑工程图样板.dwt”样板文件。

Step 01 在桌面上双击 AutoCAD 2015 图标，启动 AutoCAD 2015 软件，系统自动创建一个空白文档。

Step 02 在“快速访问”工具栏单击“打开”按钮，将“案例\03\建筑工程图样板.dwt”文件打开。

Step 03 在“快速访问”工具栏单击“另存为”按钮，将弹出“图形另存为”对话框，将该文件保存为“案例\10\医院全套施工图.dwg”文件。

10.1.2 绘制轴网线、墙体及柱子

案例	医院全套施工图.dwg	视频	绘制轴网线、墙体及柱子.avi	时长	16'44"

通过前面几章的讲解，读者已经初步掌握了绘制建筑平面图的方法，首先绘制周网线；再绘制墙体对象；最后绘制柱子对象。

Step 01 单击“图层”面板中的“图层控制”下拉列表，将“轴线”图层置为当前图层。

Step 02 执行“构造线”命令（XL），绘制两条互相垂直且相交的水平和垂直构造线；然后执行“偏移”命令（O），按照如图 10-2 所示的尺寸，将构造线进行偏移。最后执行“修剪”命令（TR），将其轴线结构进行修剪操作，从而完成轴网线结构的绘制。

Step 03 将“柱子”图层置为当前图层，执行“矩形”（REC）和“图案填充”（H）等命令，分别绘制和填充边长为 450 的正方形，表示柱子。

Step 04 使用“夹点编辑”方法中的“复制”命令，将柱子对象分别复制到相应的轴线交点上，结果如图 10-3 所示。

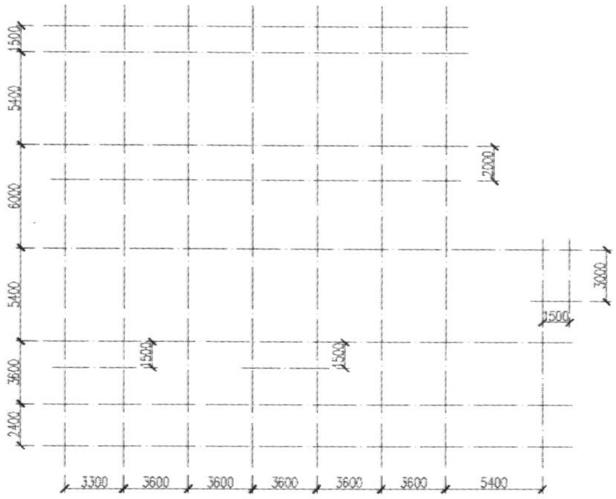

图 10-2

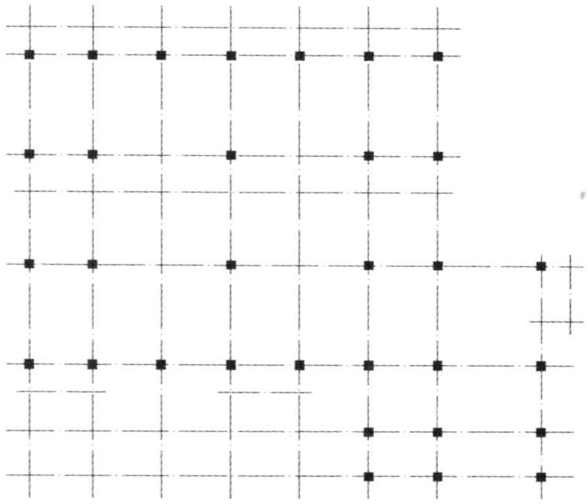
图 10-3

提示：轴线的设置

由于轴线对象是使用点画线对象，当图形比较大时，所绘制的轴线对象看不出点画线的效果，这时用户可选择“格式 | 线型”菜单命令，在弹出的“线型”对话框中设置其线型的全局比例因子为“50”即可。

Step 05 将“墙体”图层置为当前图层，执行“多线样式”命令（MLSTYLE），新建名称为“Q250”的多线样式，并设置图元的偏移量分别为 125 和–125，并“置为当前”，如图 10-4 所示。

Step 06 使用相同的方法，在 Q250 多线样式的基础上，新建“Q200”多线样式，其图元的偏移量为 100 和–100，如图 10-5 所示。

Step 07 执行“多线”命令（ML），根据命令行提示，设置对正方式为“无”，比例为 1，分别捕捉轴线的交点绘制 250mm 的墙体，如图 10-6 所示。

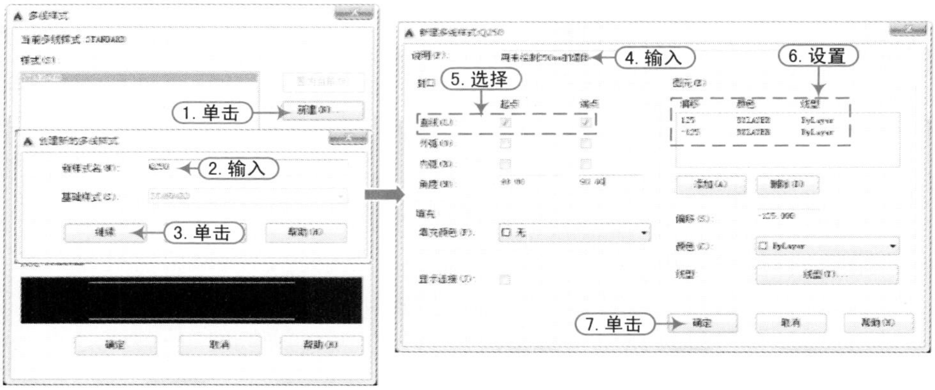

图 10-4

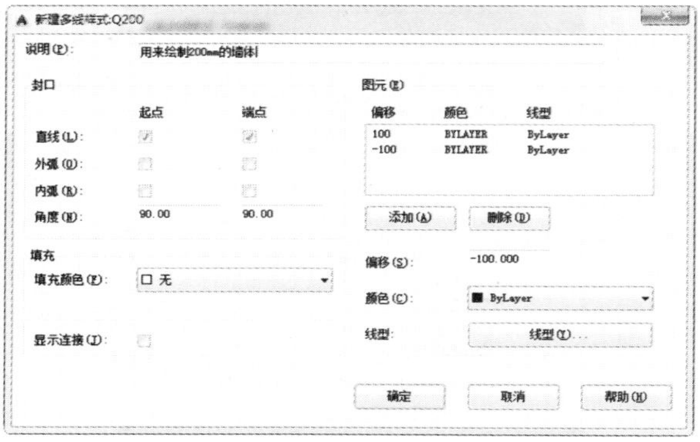

图 10-5

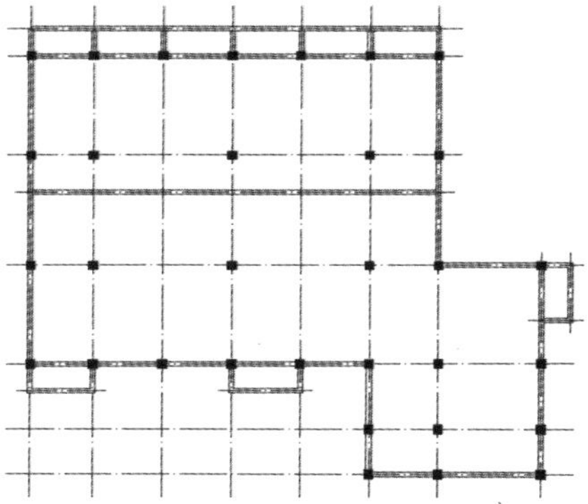

图 10-6

Step 08 执行“多线”命令（ML），根据命令行提示，设置对正方式为“无”，比例为 1，分别捕捉轴线的交点绘制 200mm 的墙体，如图 10-7 所示。

Step 09 直接用鼠标双击需要编辑的多线对象，将打开“多线编辑工具”对话框，分别单击“T 形打开”按钮、“角点结合”按钮，对其多线交点进行 T 形打开和角点结合编辑操作，然后关闭“轴线”图层效果如图 10-8 所示。

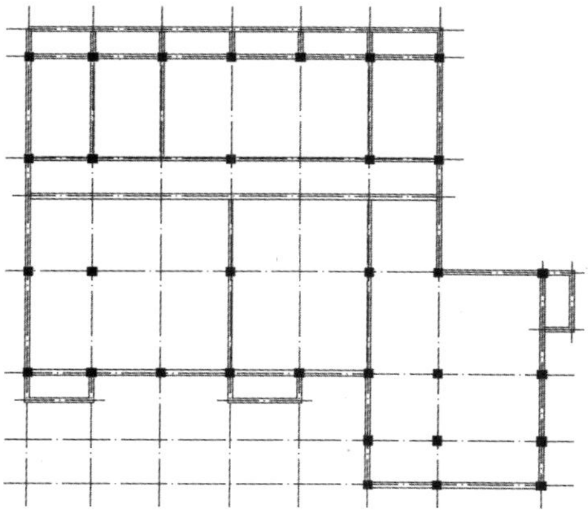

图 10-7

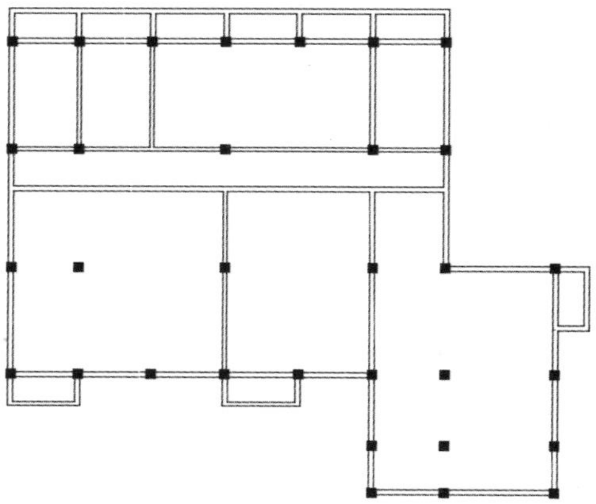

图 10-8

10.1.3 绘制门窗

案例	医院全套施工图.dwg	视频	绘制门窗.avi	时长	13'00"

根据图形的绘制要求，在地下室平面图中分别开启门窗洞口，再安装相应的门窗对象。

Step 01 执行“偏移”（O）和“修剪”（TR）等命令，按照如图 10-9 所示的尺寸，偏移和修剪线段，从而开启门窗洞口。

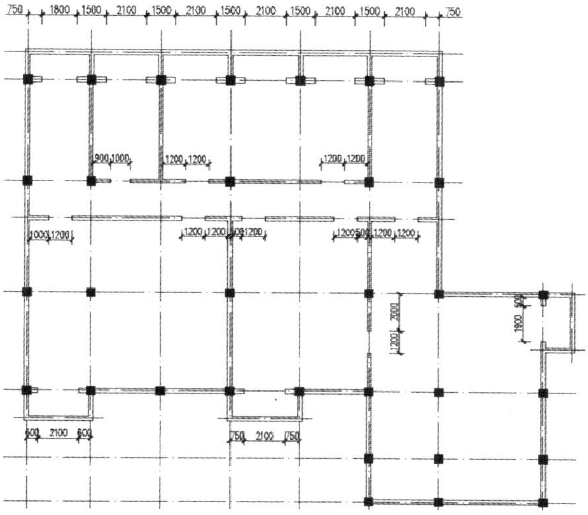

图 10-9

Step 02 将“门窗”图层置为当前图层，执行“插入”命令（I），打开“插入块”对话框，然后单击“浏览”按钮 浏览(B)...，选择“案例\01\平开门符号.dwg”图块插入相应的位置，再使用“旋转”（RO）、“镜像”（MI）和“移动”（M）等命令，对插入的门块进行编辑，结果如图 10-10 所示。

Step 03 执行“多线样式”命令（MLSTYLE），新建名称为“C”的多线样式，并设置图元的偏移量分别为 125、-125、60 和-60，并“置为当前”。

Step 04 按下 F8 键，开启“正交”模式，执行“多线”命令（ML），分别捕捉轴线交点，在窗洞口位置，绘制窗 C 对象，绘制结果如图 10-11 所示。

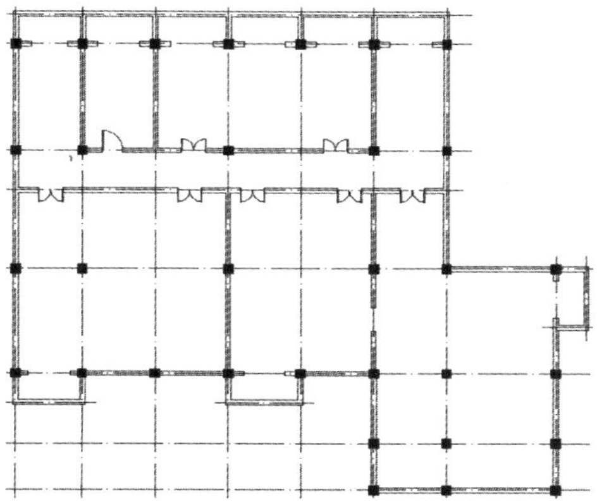

图 10-10

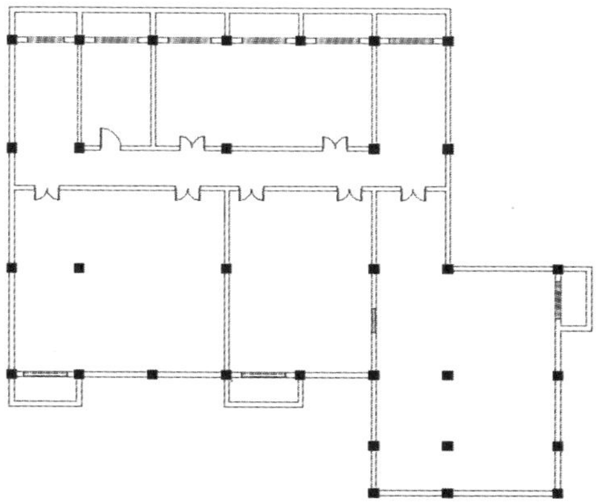

图 10-11

10.1.4 绘制首层楼梯

案例	医院全套施工图.dwg	视频	绘制首层楼梯.avi	时长	04'36"

接下来绘制地下室平面图中的楼梯对象。

Step 01 单击“图层”面板中的“图层控制”下拉列表，将“楼梯”图层置为当前图层。

Step 02 执行“矩形”命令（REC），分别绘制 1390×3080 和 200×3150 的两个矩形，且两矩形水平顶端对齐，如图 10-12 所示。

Step 03 执行“分解”（X）和“偏移”（O）等命令，将左侧的矩形进行分解；再将底侧的水平线段向上各偏移 11 个 280，如图 10-13 所示。

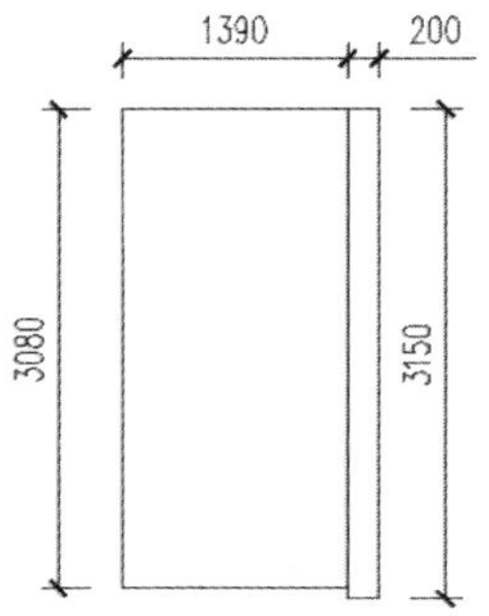

图 10-12

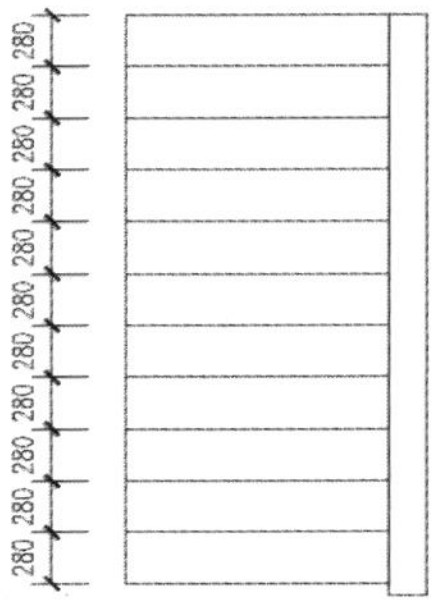

图 10-13

Step 04 执行“直线”（L）和“修剪”（TR）等命令，绘制表示折断的斜线段，再修剪掉多余的斜线段，结果如图 10-14 所示。

Step 05 执行“多段线”命令（PL），绘制如图 10-15 所示的方向箭头，其箭头端的起点宽度为 80，末端宽度为 0，从而完成楼梯对象的绘制。

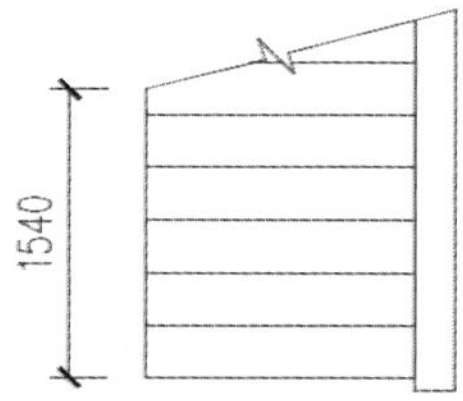

图 10-14

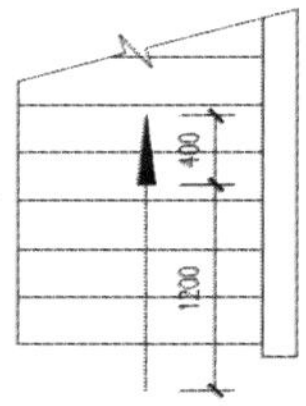

图 10-15

Step 06 执行“编组”命令（G），将绘制的楼梯对象分别进行编组操作，然后执行“移动”命令（M）、“镜像”命令（MI），将编组后的楼梯对象移动到相应的位置，如图 10-16 所示。

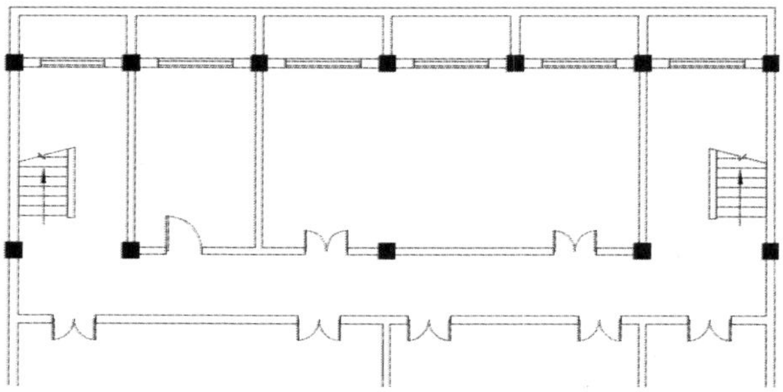

图 10-16

技巧：图形的编组

在绘制完楼梯对象后，将楼梯对象进行“编组”（G）操作，在后面移动楼梯时，可以提高绘图效率。

10.1.5 尺寸标注和文字说明

案例	医院全套施工图.dwg	视频	尺寸标注和文字说明.avi	时长	12'56"

前面已经将图形基本绘制好了，接下来进行文字说明、尺寸标注和图名的标注。

Step 01 单击“图层”面板中的“图层控制”下拉列表，将“尺寸标注”图层置为当前图层。

Step 02 执行“线性标注”（DLI）和“连续”（DCO）等命令，对地下室平面图进行相应的尺寸标注，如图 10-17 所示。

Step 03 将“标高”图层置为当前图层，执行“插入”命令（I），打开“插入块”对话框，然后单击“浏览”按钮 浏览(B)... ，选择“案例\02\标高符号.dwg”图块插入绘图区，对符号进行修改，并修改标高值后移动到相应位置。

Step 04 将“轴线编号”图层置为当前图层，执行“插入”命令（I），将“案例\05\轴线编号.dwg”插入到图形相应位置，分别修改属性值，如图 10-18 所示。

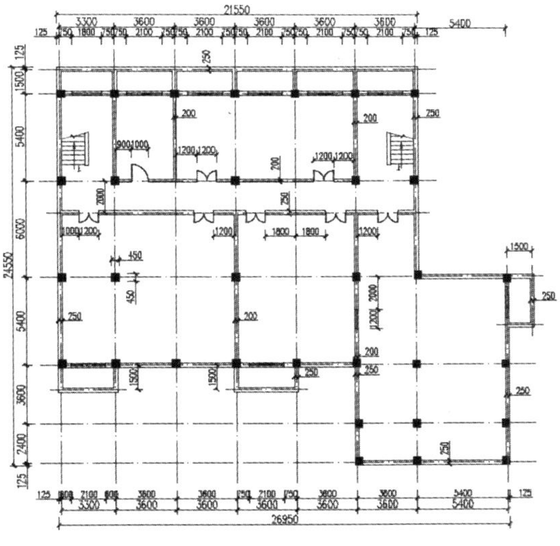

图 10-17

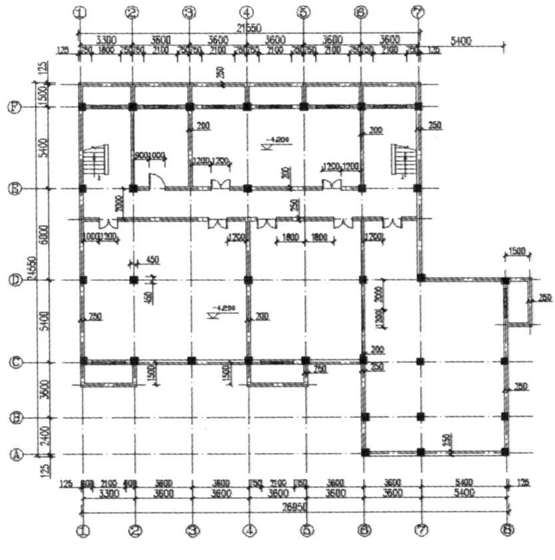

图 10-18

Step 05 将“文字标注”图层置为当前图层，然后单击“注释”标签下的“文字”面板，选择“图名”文字样式。

Step 06 执行“单行文字”命令（DT），在相应的位置输入“地下室平面图”和比例“1:100”，然后分别选择相应的文字对象，按<Ctrl+1>组合键打开“特性”面板，修改对应文字大小为“1500”和“750”。

Step 07 执行“多段线”命令（PL），在图名的下侧绘制一条宽度为 100，与文字标注大约等长的水平多段线，如图 10-19 所示。

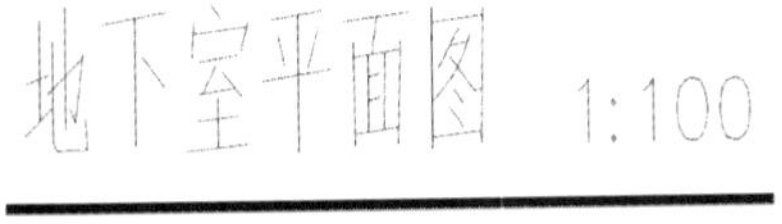

图 10-19

Step 08 至此，该医院地下室平面图绘制完毕。

提示：步骤讲解

> 此时，医院地下室平面图绘制完毕，由于后面还要绘制医院建筑的其他工程图，它们在一张图纸上，所以这里不关闭退出文件，但要按<Ctrl+S>组合键对其进行一次保存操作。

10.2 医院首层平面图的绘制

在绘制医院首层平面图时，首先将前面的地下室平面图复制出一份，保留中轴线和柱子对象，然后根据图形的要求重新绘制墙体、门窗、楼梯，再绘制台阶、阳光板、散水等对象，最后根据要求对图形进行尺寸、轴标符号、文字、剖切符号、图名等标注，其医院首层平面图的效果如图 10-20 所示。

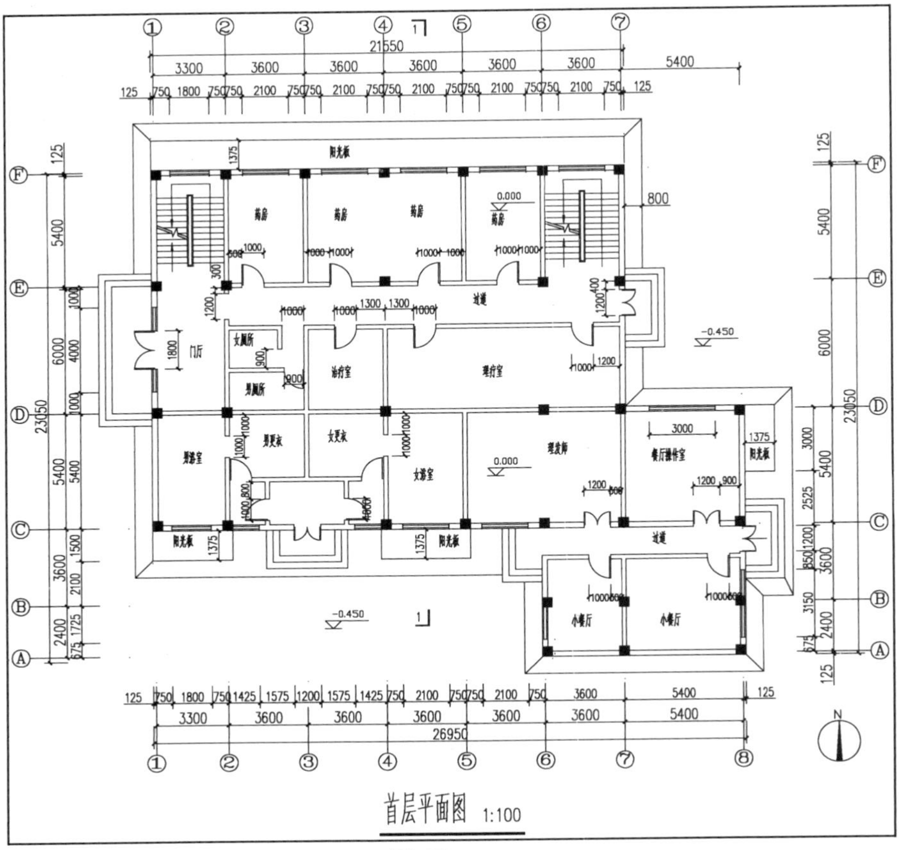

图 10-20

10.2.1 编辑轴网和柱子

案例	医院全套施工图.dwg	视频	编辑轴网和柱子.avi	时长	01'13"

在前面绘制好地下室平面图复制出一份，再将原有的轴线、轴标号等对象水平向右复制即可操作进行绘制首层平面图。

Step 01 执行“复制”命令（CO），提示“选择对象”，此时按<Ctrl+A>组合键将视图中的所有对象选中，然后将其水平向右复制到空白处位置。

Step 02 在“图层”工具栏的“图层控制”下拉列表中将“轴线”、“柱子”图层关闭，然后执行“删除”命令（E），将其复制到右侧的对象全部删除，然后再将“轴线”和“柱子”图层显示出来，如图 10-21 所示以调用前面绘制的轴线与柱子。

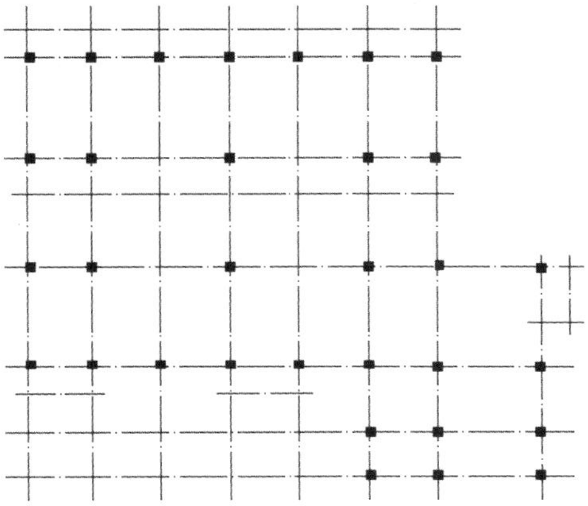

图 10-21

提示：步骤讲解

> 当图层关闭隐藏后，执行“删除”命令删除的对象只能是显示出来的图形。

10.2.2 绘制墙体对象

案例	医院全套施工图.dwg	视频	绘制墙体对象.avi	时长	08'09"

其首层平面图与地下室平面图的墙体对象有所变化，所以在此应单独进行绘制。

Step 01 单击“图层”面板中的“图层控制”下拉列表，将“墙体”图层置为当前图层。

Step 02 执行“多线”命令（ML），根据命令行提示，设置对正方式为“无”，比例为 1，分别捕捉轴线的交点绘制 250mm 的墙体，如图 10-22 所示。

Step 03 执行“多线”命令（ML），根据命令行提示，设置对正方式为“无”，比例为 1，分别捕捉轴线的交点绘制 200mm 的墙体，如图 10-23 所示。

Step 04 直接用鼠标双击需要编辑的多线对象，将打开“多线编辑工具”对话框，分别单击“T 形打开”按钮、“角点结合”按钮，对其多线交点进行 T 形打开和角点结合编辑操作，效果如图 10-24 所示。

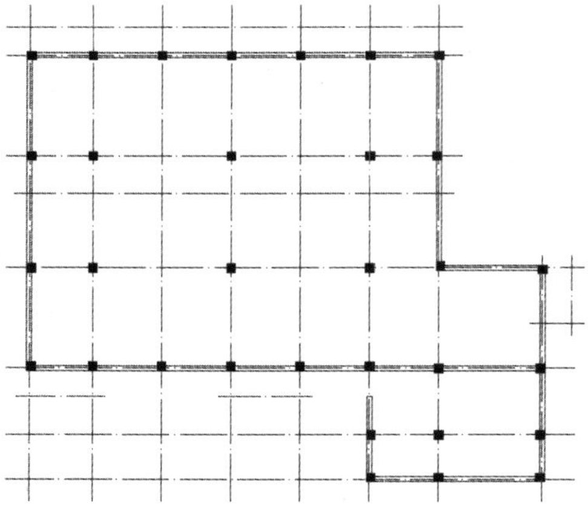

图 10-22

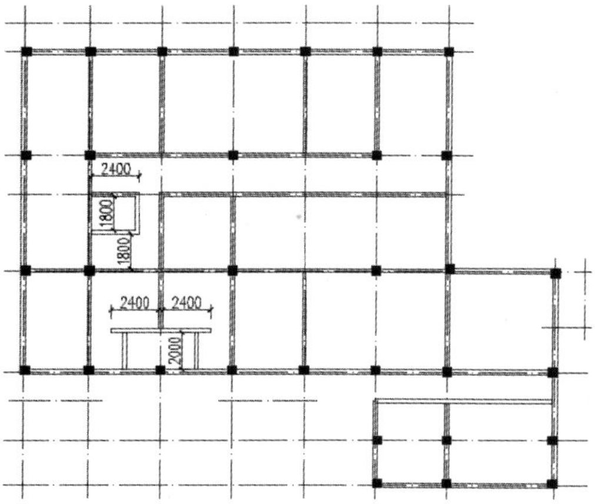

图 10-23

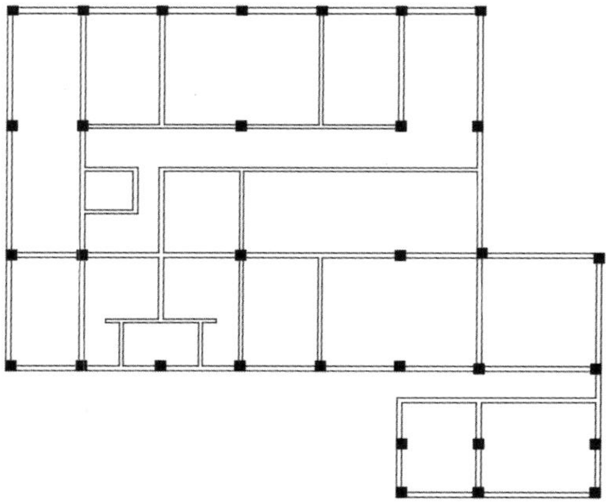

图 10-24

提示：步骤讲解

此处为了让读者更加清晰地观察墙体编辑后的效果，故关闭隐藏了“轴线”图层。

10.2.3 绘制门窗

案例	医院全套施工图.dwg	视频	绘制门窗.avi	时长	08'33"

根据图形的绘制要求，在地下室平面图中分别开启门窗洞口，再安装相应的门窗对象。

Step 01 执行“偏移”（O）和“修剪”（TR）等命令，按照如图 10-25 所示的尺寸，偏移和修剪线段，从而开启门窗洞口。

Step 02 按下 F8 键，开启“正交”模式，执行“多线”命令（ML），选择名称为“C”的多线样式，分别捕捉轴线交点，在窗洞口位置，绘制窗 C 对象，绘制结果如图 10-26 所示。

Step 03 将“门窗”图层置为当前图层，执行“插入”命令（I），打开“插入块”对话框，然后单击“浏览”按钮 浏览(B)... ，选择“案例\01\平开门符号.dwg”图块插入相应的位置，再使用“旋转”（RO）和“镜像”（MI）等命令，对插入的门块进行编辑，结果如图 10-27 所示。

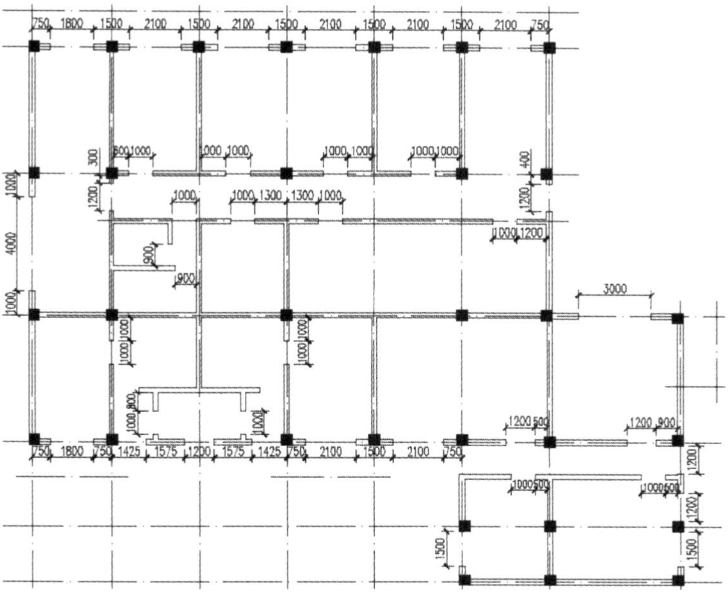

图 10-25

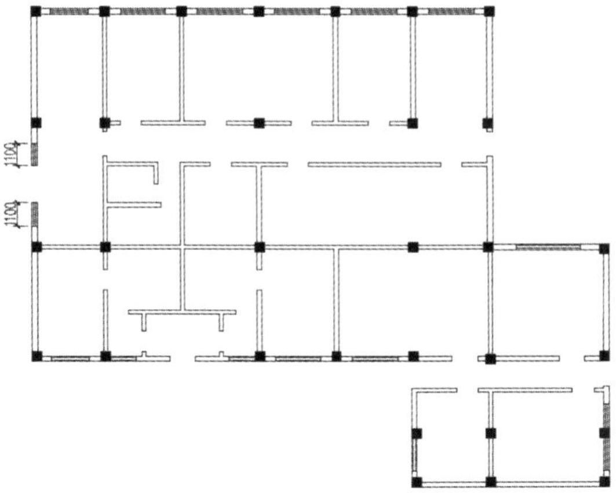

图 10-26

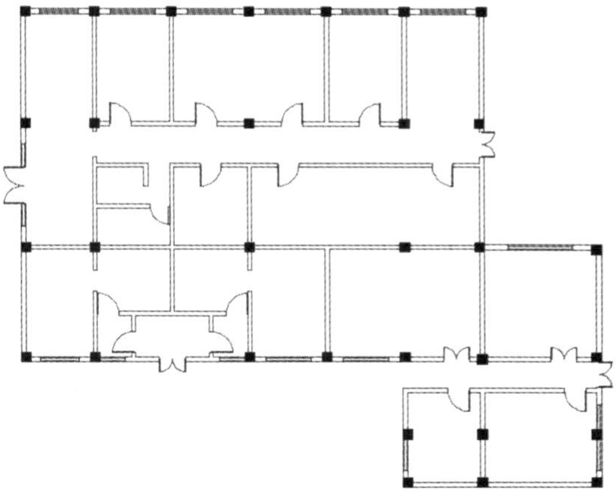

图 10-27

提示：步骤讲解

此处为了让读者更加清晰地观察绘制的窗对象，故关闭隐藏了“轴线”图层。

10.2.4 绘制首层楼梯

案例	医院全套施工图.dwg	视频	绘制首层楼梯.avi	时长	05'12"

接下来绘制首层平面图中的楼梯对象。

Step 01 单击“图层”面板中的“图层控制”下拉列表，将“楼梯”图层置为当前图层。

Step 02 执行“矩形”（REC）、“分解”（X）、“偏移”（O）和“修剪”（TR）等命令，绘制如图 10-28 所示图形。

Step 03 执行“直线”（L）和“修剪”（TR）等命令，绘制表示折断的斜线段；然后执行“多段线”命令（PL），绘制楼梯的方向箭头，其箭头的起点宽度为 80，末端宽度为 0，从而完成宽度为“3075”楼梯对象的绘制，如图 10-29 所示。

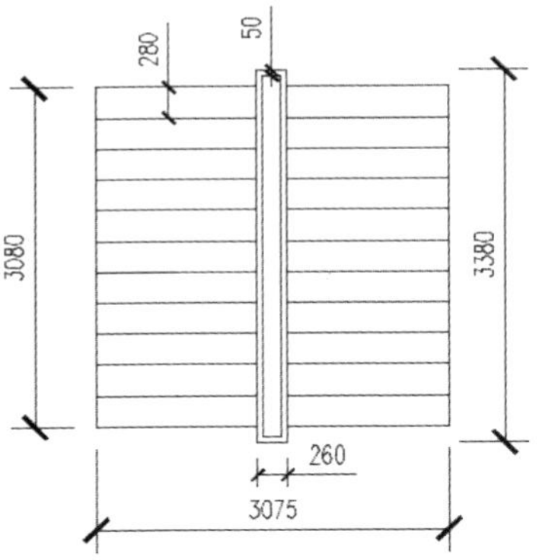

图 10-28

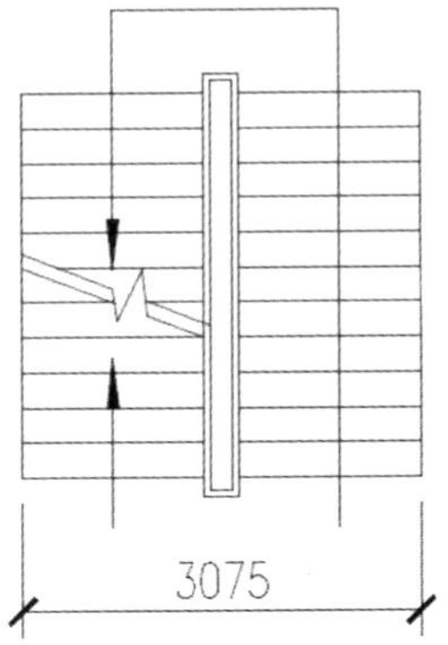

图 10-29

Step 04 再按照同样的方法，绘制楼梯宽度为“3375”的楼梯对象，如图 10-30 所示。

Step 05 执行“编组”命令（G），将绘制的楼梯对象分别进行编组操作，然后执行“移动”命令（M），将编组后的楼梯对象移动到相应的位置，如图 10-31 所示。

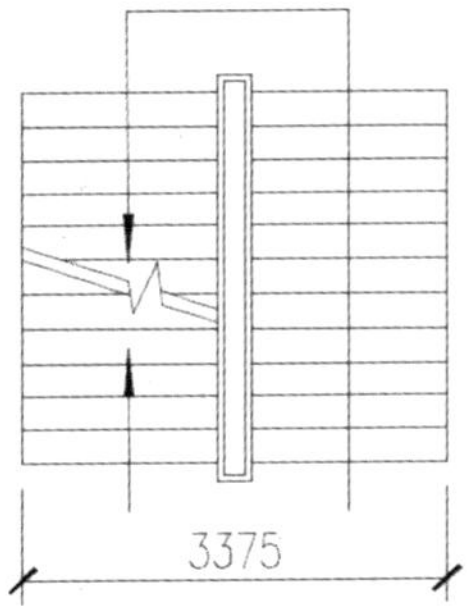

图 10-30

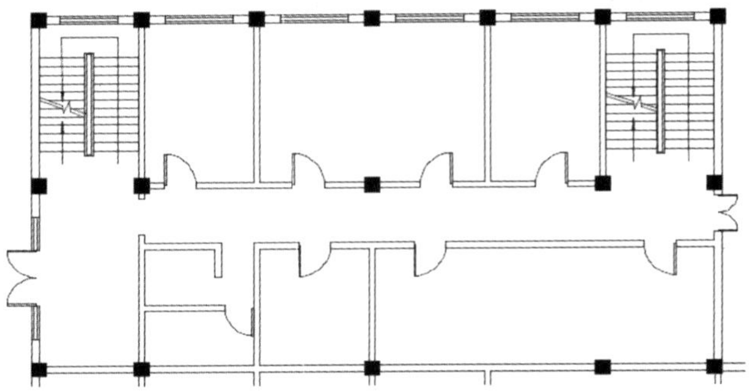

图 10-31

提示：取消编组的方法

如果用户误将对象进行编组（G）操作，可单击“默认”标签下“组”面板中的“解除编组”按钮，或在命令行输入“UnGroup”命令，即可解除对象的编组操作。

10.2.5 绘制台阶、阳光板及散水

案例	医院全套施工图.dwg	视频	绘制台阶、阳光板及散水.avi	时长	11'34"

根据图形尺寸的要求，使用“多段线”命令在双开门外侧绘制台阶，其台阶的宽度为 300，再绘制相应的阳光板对象。

Step 01 单击“图层”面板中的“图层控制”下拉列表，将“设施”图层置为当前图层。

Step 02 执行“多段线”命令（PL），在图形左侧的双开大门处绘制一多段线，然后执行“偏移”命令（O），将其多段线向外偏移两次，每次偏移的距离为 300，其台阶面宽为 1800，如图 10-32 所示。

Step 03 按照相同的方法，在图形右侧绘制面宽为 1200 的台阶，如图 10-33 所示。

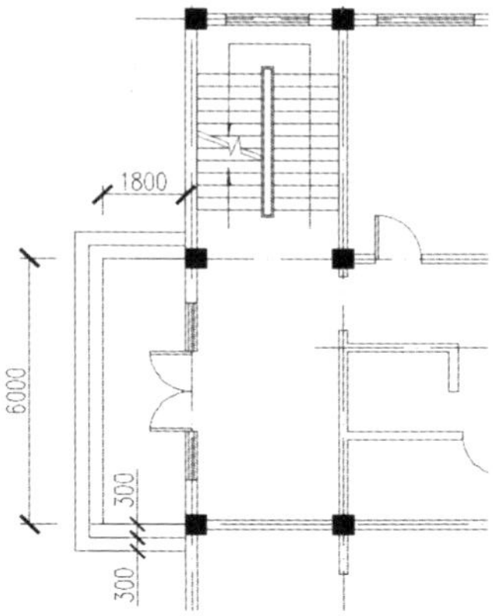

图 10-32

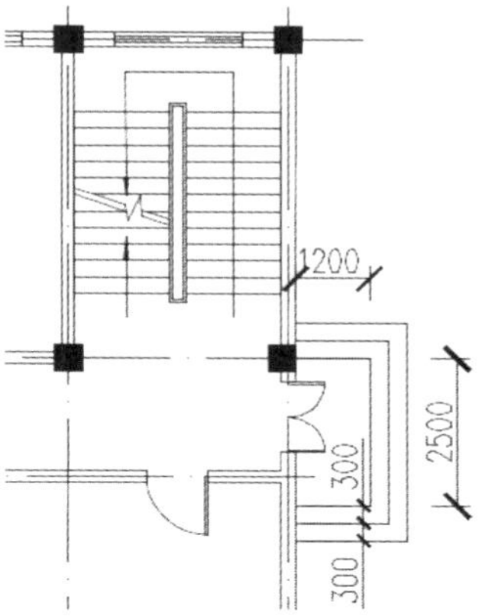

图 10-33

Step 04 继续按照同样的方法，在图形的下侧分别绘制台阶，其面宽均为 1200，如图 10-34 所示。

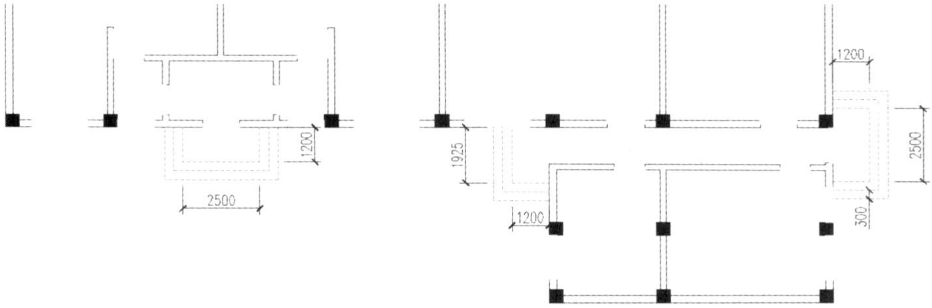

图 10-34

Step 05 执行“多段线”命令（PL），在图形上、下侧的窗台位置处绘制相应的阳光板对象，如图 10-35 所示。

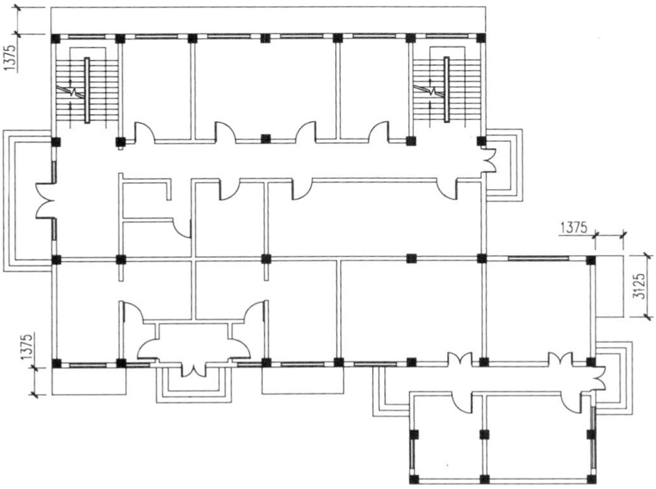

图 10-35

Step 06 将“其他”图层置为当前图层，执行“多段线”命令（PL），绕图形的外墙及阳光板边缘绘制以封闭多段线；再执行“偏移”命令（O），将绘制的多段线向外偏移 800，再在转角处绘制斜线段，然后将原有的封闭多段线删除；再执行“修剪”命令（TR），修剪掉多余的线段，从而完成散水对象的绘制，如图 10-36 所示。

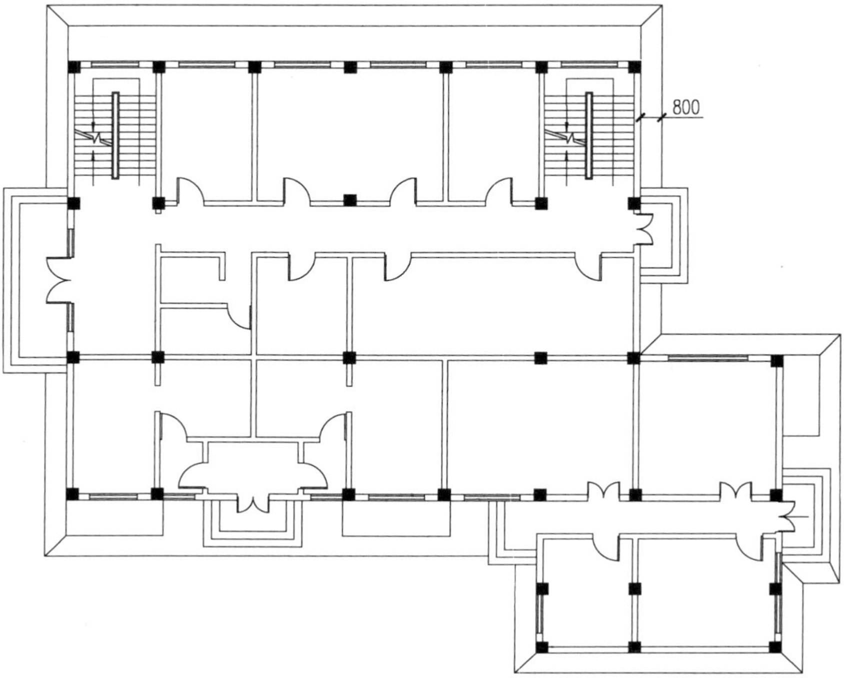

图 10-36

10.2.6 尺寸标注和文字说明

案例	医院全套施工图.dwg	视频	尺寸标注和文字说明.avi	时长	09'13"

前面已经将图形基本绘制好了，接下来进行文字说明、尺寸标注和图名的标注。

Step 01 单击“图层”面板中的“图层控制”下拉列表，将“尺寸标注”图层置为当前图层。

Step 02 执行“线性标注”（DLI）和“连续”（DCO）等命令，对地下室平面图进行相应的尺寸标注。

Step 03 将“文字标注”图层置为当前图层，然后单击“注释”标签下的“文字”面板，选择“图内说明”文字样式。

Step 04 执行“单行文字”命令（DT），设置文字大小为 600，对图形进行文字说明。

Step 05 将“标高”图层置为当前图层，执行“插入”命令（I），打开“插入块”对话框，然后单击“浏览”按钮 浏览(B)...，选择“案例\02\标高符号.dwg”图块，插入到绘图区，对符号进行修改，并修改标高值后移动到相应位置。

Step 06 将“轴线编号”图层置为当前图层，执行“插入”命令（I），将“案例\05\轴线编号.dwg”插入到图形相应位置，分别修改属性值，效果如图 10-37 所示。

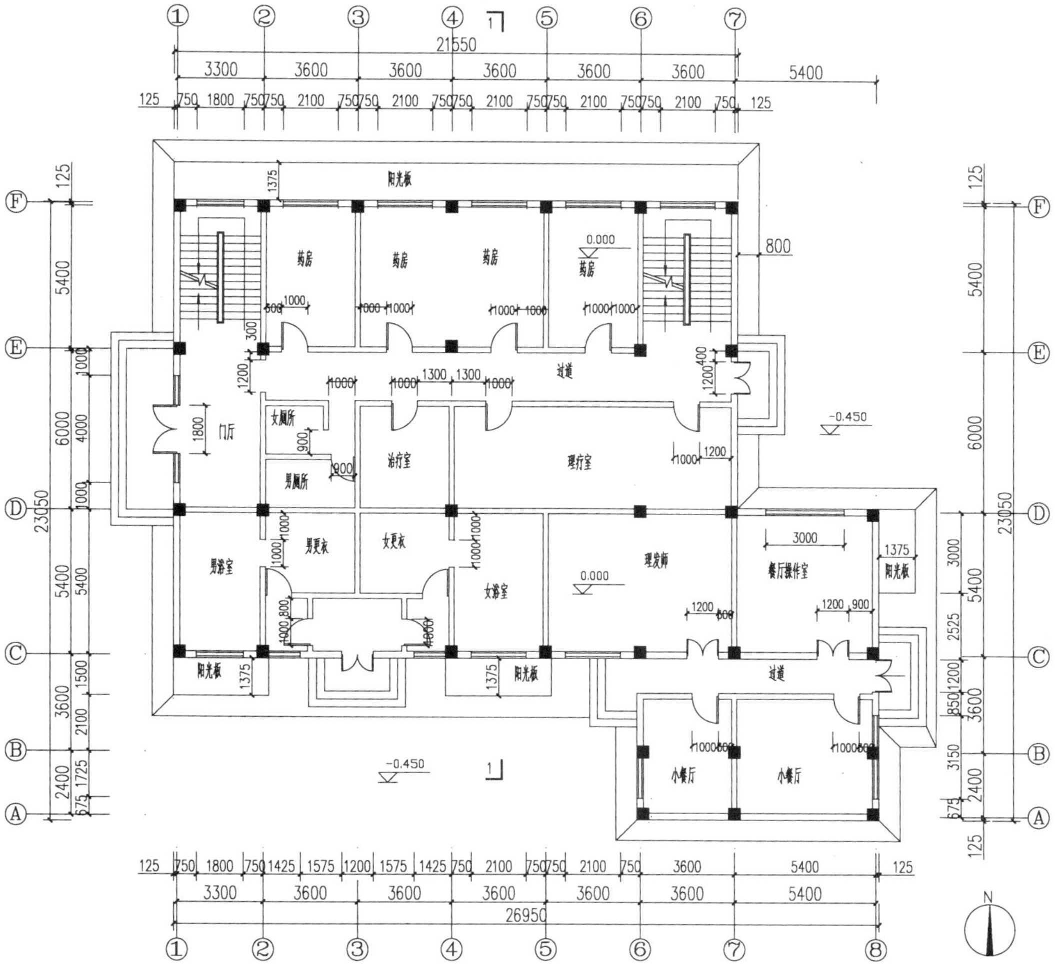

图 10-37

Step 07 将“0”图层置为当前图层，执行“多段线”命令（PL），设置全局宽度为 50，在 4、5 轴之间绘制转折剖视线；再执行“单行文字”命令（DT），设置文字大小为 500，在剖视线位置注定文字“1”，完成“1-1”剖切符号的绘制。

Step 08 执行“插入”命令（I），将“案例\02\指北针符号.dwg”插入到图形右下角位置。

Step 09 将“文字标注”图层置为当前图层，然后单击“注释”标签下的“文字”面板，选择“图名”文字样式。

Step 10 执行“单行文字”命令（DT），在相应的位置输入“首层平面图”和比例“1:100”，然后分别选择相应的文字对象，按<Ctrl+1>键打开“特性”面板，修改对应文字大小为“1500”和“750”。

Step 11 执行“多段线”命令（PL），在图名的下侧绘制一条宽度为 100，与文字标注大约等长的水平多段线，如图 10-38 所示。

Step 12 至此，该医院首层平面图绘制完毕。按<Ctrl+S>组合键，对其文件进行一次保存操作。

读书破万卷

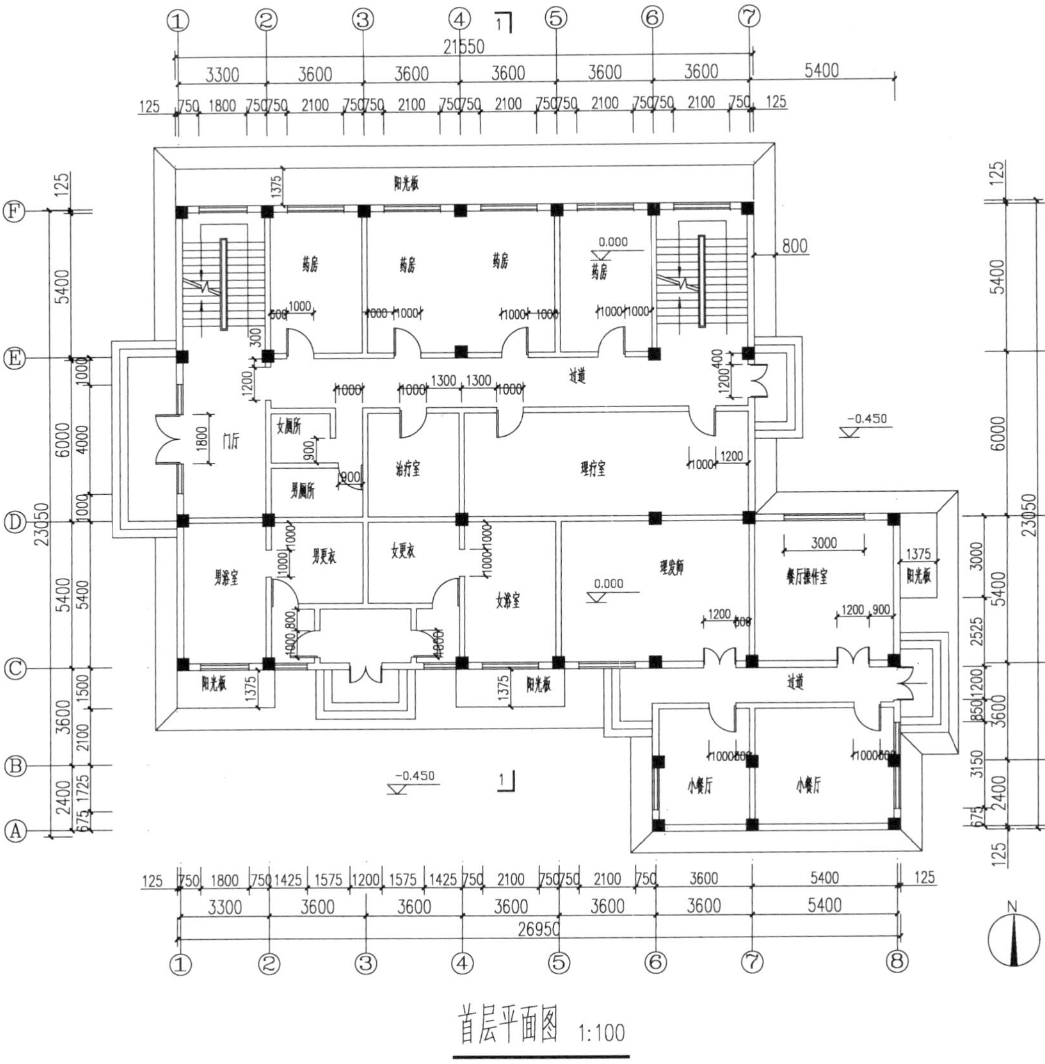

图 10-38

提示：其他类型的尺寸标注

在 AutoCAD 2015 中，除了前面介绍的几种常用尺寸标注外，还可以使用角度标注、基线标注、对齐标注、半径和直径标注以及其他类型的标注功能，对图形中的角度、半径、直径等元素进行标注。

（1）角度标注用于标注两条不平行直线之间的角度、圆和圆弧的角度或三点之间的角度。如图 10-39 所示为角度标注示意图。

（2）基线标注是自同一基线处测量的多个标注，可以从当前任务最近创建的标注中以增量的方式创建基线标注。如图 10-40 所示为对齐标注示意图。

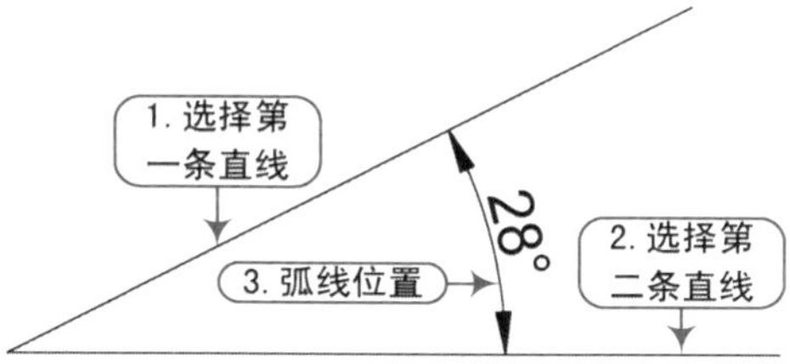

图 10-39

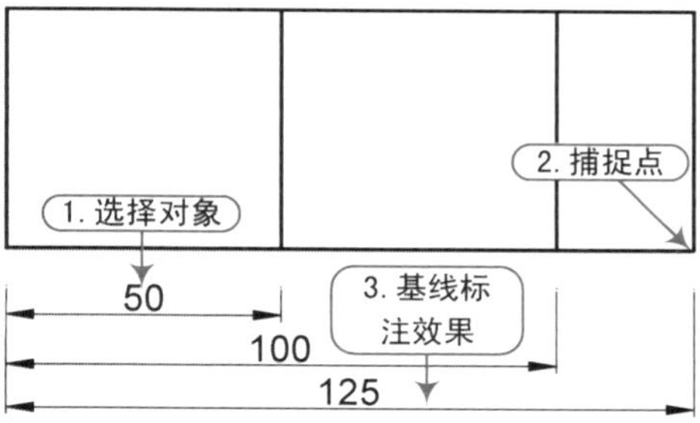

图 10-40

（3）对齐标注是线性标注的一种形式，其尺寸线始终与标注对象保持平行，用来创建与制定位置或对象平行的标注。如图 10-41 所示为对齐标注示意图。

（4）圆心标记用于为指定的圆弧画出圆心符号，其标记可以为短十字线，也可以是中心线。如图 10-42 所示为圆心标记示意图。

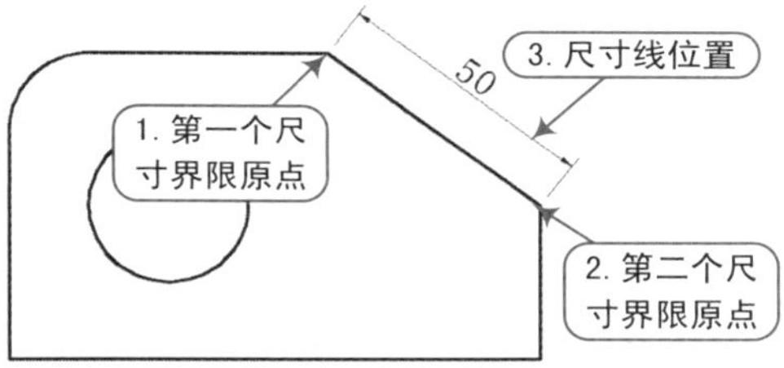

图 10-41

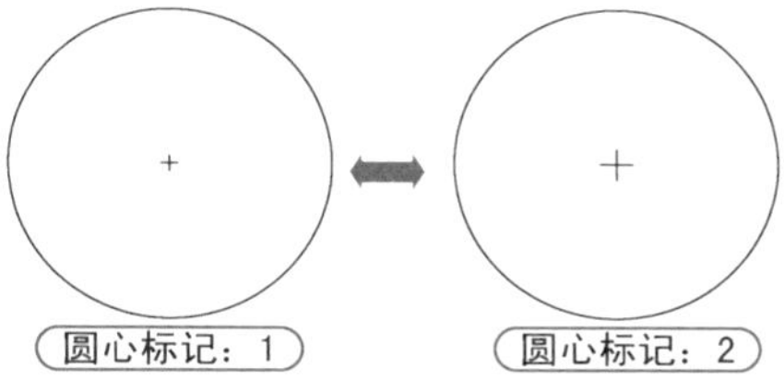

图 10-42

（5）半径标注用于标注圆或圆弧的半径，半径标注是由一条指向圆或圆弧的箭头的半径尺寸线组成的，并显示前面带有半径符号（R）的标注文字。如图 10-43 所示为圆和圆弧的半径标注示意图。

（6）直径标注用于标注圆或圆弧的直径，直径标注是由一条指向圆或圆弧的箭头的直径尺寸线组成的，并显示前面带有直径符号（Φ）的标注文字。如图 10-44 所示为圆和圆弧的直径标注示意图。

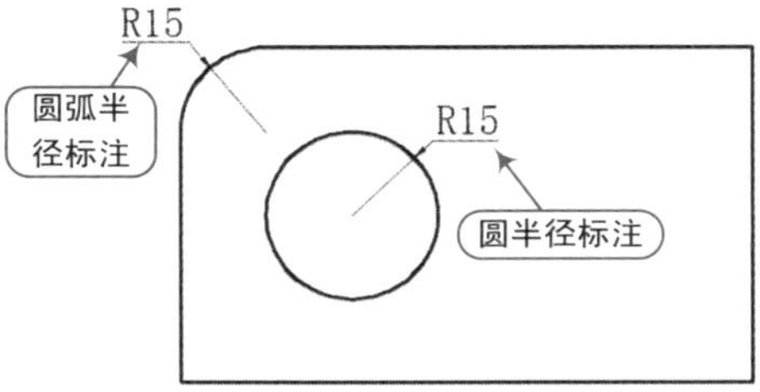

图 10-43

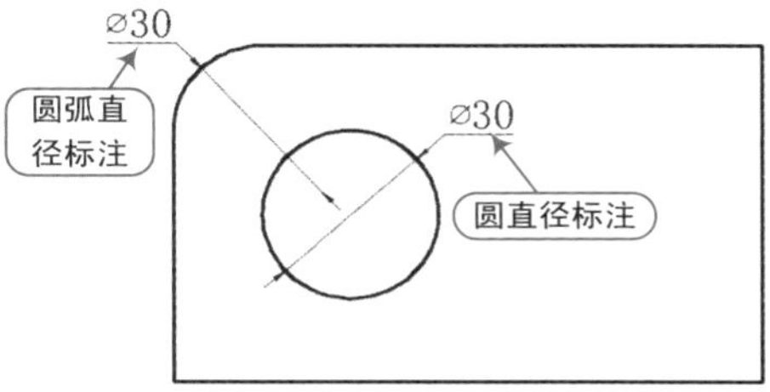

图 10-44

10.3 医院二、三层平面图的绘制

在绘制医院二、三层平面图时，首先将前面绘制的首层平面图复制出一份，然后保留中轴线和柱子对象，再根据图形的要求重新绘制墙体、门窗、楼梯、挡雨板等，最后根据要求对图形进行尺寸、轴标符号、文字、剖切符号、图名等标注，其医院二、三层平面图的效果如图 10-45 所示。

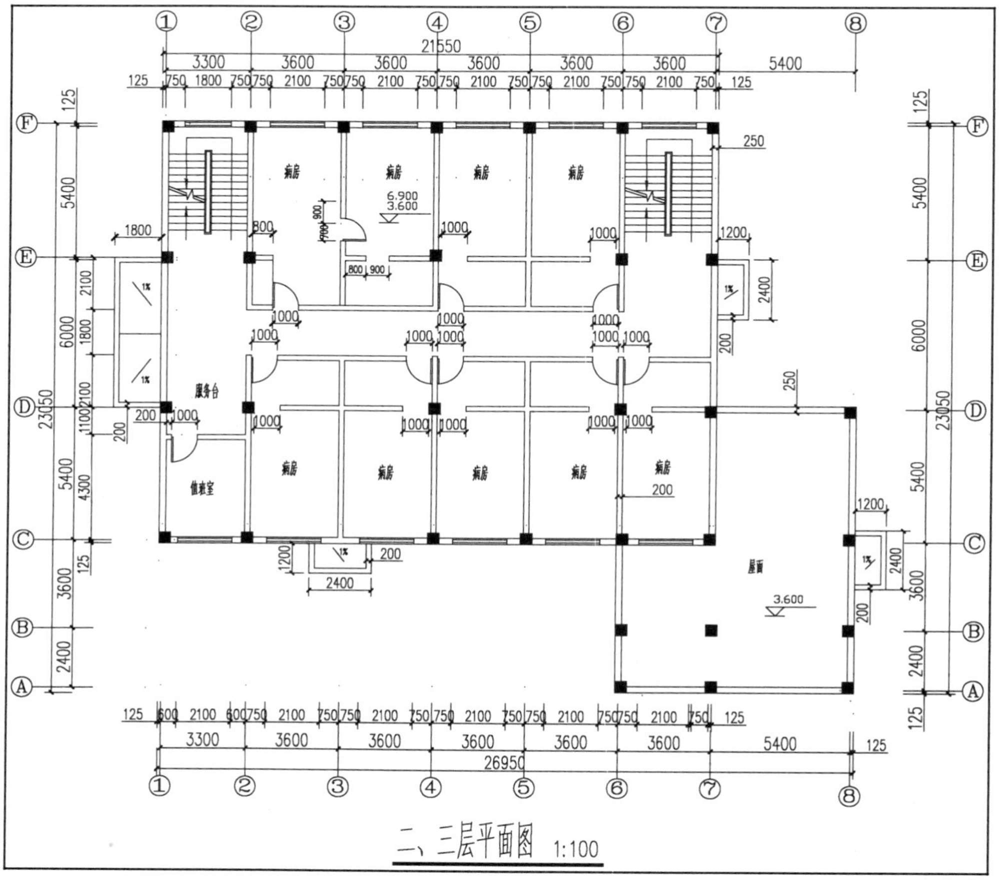

图 10-45

10.3.1 编辑轴网和柱子

案例	医院全套施工图.dwg	视频	编辑轴网和柱子.avi	时长	01'27"

在前面绘制好首层平面图之后，只需要复制出一份来作为二、三层平面图绘制的基础。然后根据需要将不需要的图形删除掉，只保留轴线和柱子。

Step 01 执行"复制"命令（CO），将"首层平面图"中的所有对象选中，然后将其水平向右复制到空白处位置。

Step 02 在"图层"工具栏的"图层控制"下拉列表中将"轴线"、"柱子"图层关闭，然后执行"删除"命令（E），将其复制到右侧的对象全部删除，然后再将"轴线"和"柱子"图层显示出来，则保留轴线和柱子对象如图 10-46 所示。

提示：步骤讲解

当“柱子”和“轴线”图层显示出来后，可对其进行编辑，添加轴线或删除不需要的轴线。

10.3.2 绘制墙体对象

案例	医院全套施工图.dwg	视频	绘制墙体对象.avi	时长	05'03"

其二、三层平面图中，外围墙体对象宽度为 250，内部墙体宽度为 200。

Step 01 单击“图层”面板中的“图层控制”下拉列表，将“墙体”图层置为当前图层。

Step 02 执行“多线”命令（ML），根据命令行提示，设置对正方式为“无”，比例为 1，分别捕捉轴线的交点绘制 250mm 的墙体，如图 10-47 所示。

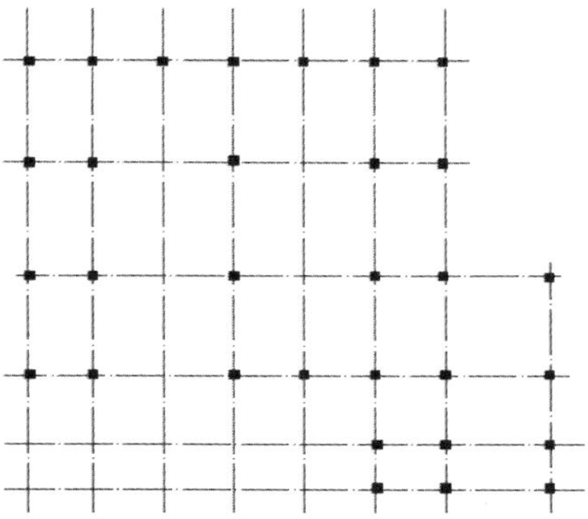

图 10-46

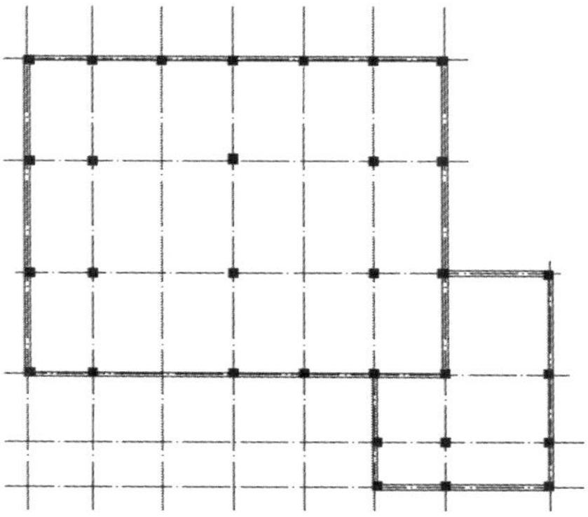

图 10-47

Step 03 执行“多线”命令（ML），根据命令行提示，设置对正方式为“无”，比例为 1，分别捕捉轴线的交点绘制 200mm 的墙体，如图 10-48 所示。

Step 04 直接用鼠标双击需要编辑的多线对象，将打开“多线编辑工具”对话框，分别单击“十字打开”按钮、“T 形打开”按钮和“角点结合”按钮，对其多线交点进行十字打开、T 形打开和角点结合编辑操作，效果如图 10-49 所示。

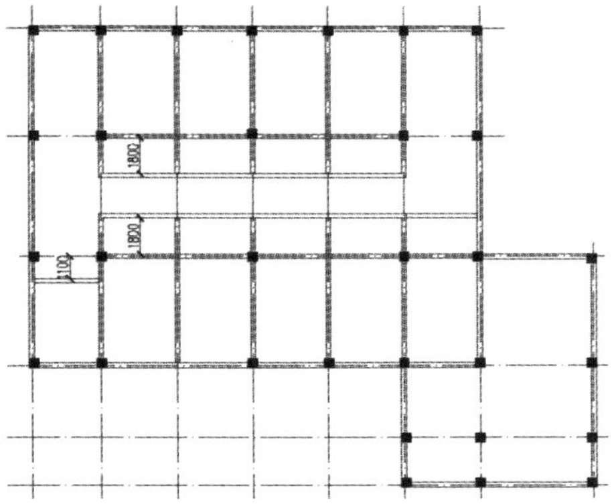

图 10-48

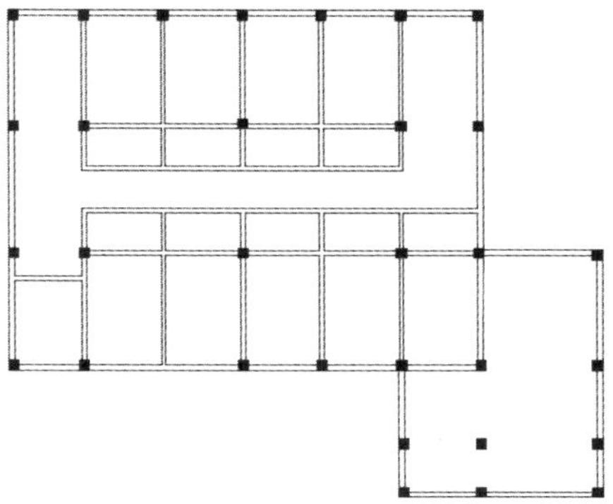

图 10-49

提示：步骤讲解

此处为了让读者更加清晰的观察墙体编辑后的效果，故关闭隐藏了“轴线”图层。

10.3.3 绘制门窗

案例	医院全套施工图.dwg	视频	绘制门窗.avi	时长	05'25"

根据图形的绘制要求，在二、三层平面图中分别开启门窗洞口，然后通过多线绘制窗对象，再安装相应的门窗对象。

Step 01 执行“偏移”（O）和“修剪”（TR）等命令，按照如图 10-50 所示的尺寸，偏移和修剪线段，从而开启门窗洞口。

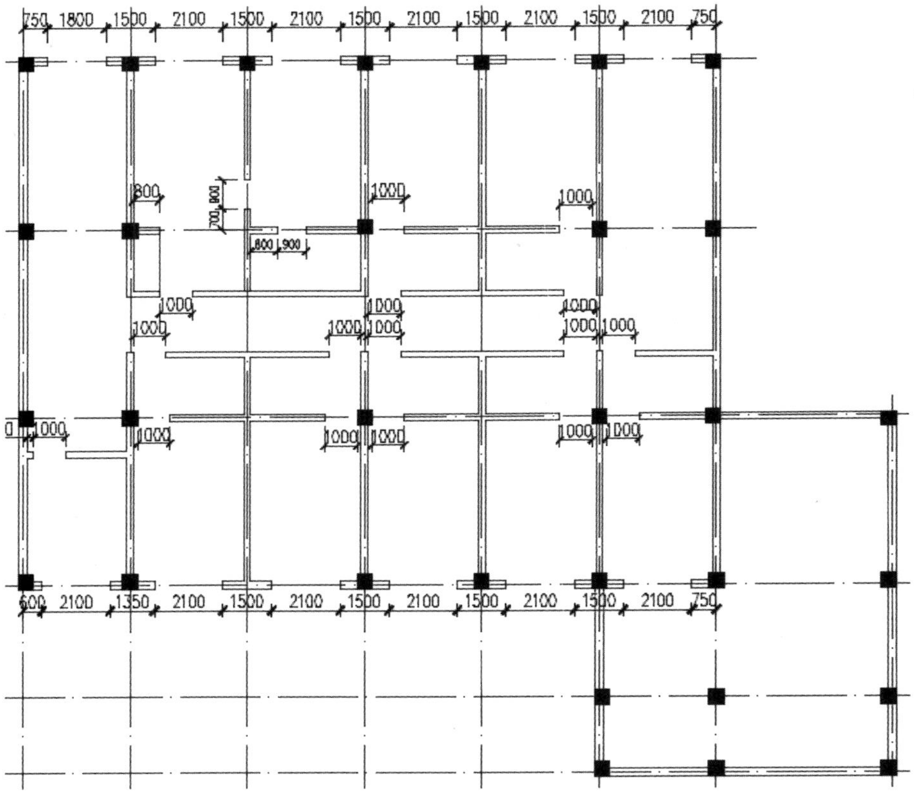

图 10-50

Step 02 按下 F8 键，开启“正交”模式，执行“多线”命令（ML），选择名称为“C”的多线样式，分别捕捉轴线交点，在窗洞口位置，绘制窗 C 对象，绘制结果如图 10-51 所示。

Step 03 将“门窗”图层置为当前图层，执行“插入”命令（I），打开“插入块”对话框，然后单击“浏览”按钮 浏览(B)...，选择“案例\01\平开门符号.dwg”图块，插入到相应的位置，再使用“旋转”（RO）和“镜像”（MI）等命令，对插入的门块进行编辑，结果如图 10-52 所示。

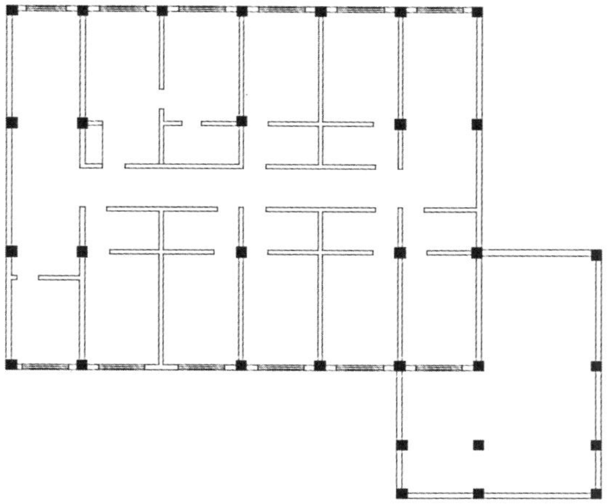

图 10-51

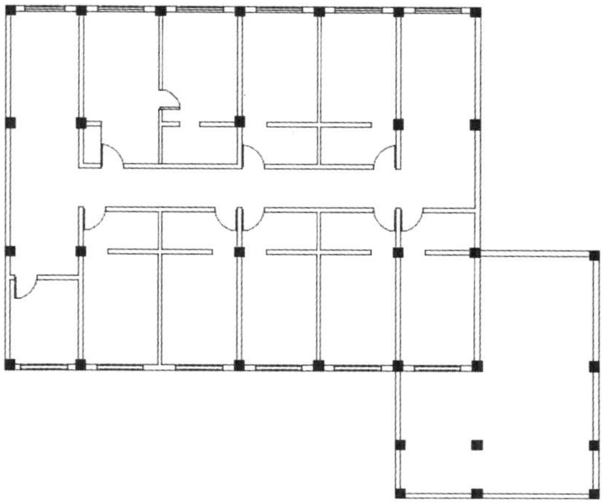

图 10-52

提示：门的安装

在安装门对象时，可以直接在前面的首层平面图中复制并移动到相应位置。

10.3.4 绘制楼梯和挡雨板

案例	医院全套施工图.dwg	视频	绘制楼梯和挡雨板.avi	时长	06'31"

根据首层平面图中楼梯的相关数据，绘制二、三层的楼梯对象，再将其插入到相应的位置，然后在图形的相应位置绘制挡雨板，且标注坡度值。

Step 01 单击“图层”面板中的“图层控制”下拉列表，将“楼梯”图层置为当前图层。

Step 02 执行“复制”命令（CO），将前面首层平面图中的两个对应楼梯对象复制到二、三层对应的楼梯间位置，如图 10-53 所示。

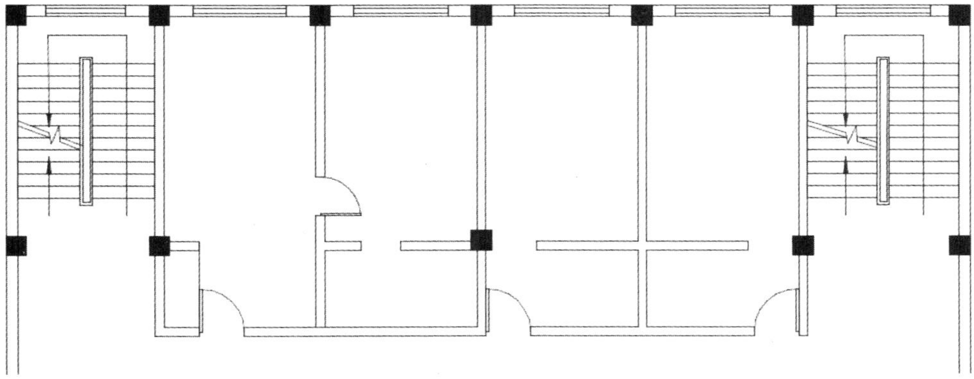

图 10-53

Step 03 将“设施”图层置为当前图层，执行“多段线”命令（PL），分别在外墙的外侧相应位置处绘制挡雨板对象；并通过“单行文字”命令（DT），设置文字大小为 300，标注坡度为“1%”，如图 10-54 所示。

读书破万卷

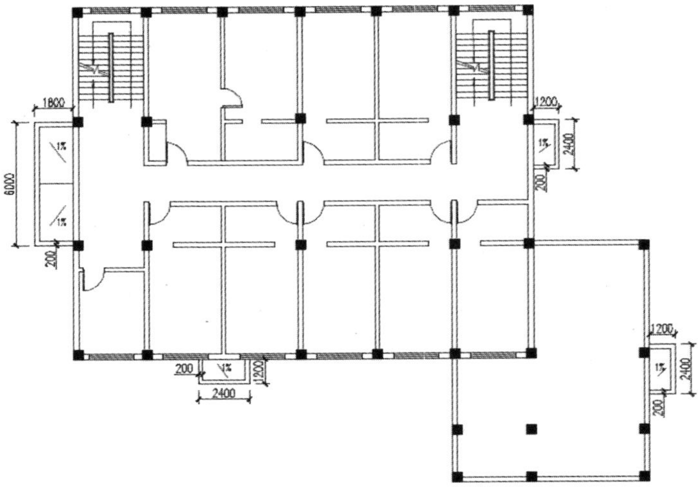

图 10-54

10.3.5 尺寸标注和文字说明

案例	医院全套施工图.dwg	视频	尺寸标注和文字说明.avi	时长	05'19"

前面已经将二、三层平面图基本绘制完毕，接下来进行文字说明、尺寸标注和图名的标注。

Step 01 单击“图层”面板中的“图层控制”下拉列表，将“尺寸标注”图层置为当前图层。

Step 02 执行“线性标注”（DLI）和“连续”（DCO）等命令，对二、三层平面图进行相应的尺寸标注，如图 10-55 所示。

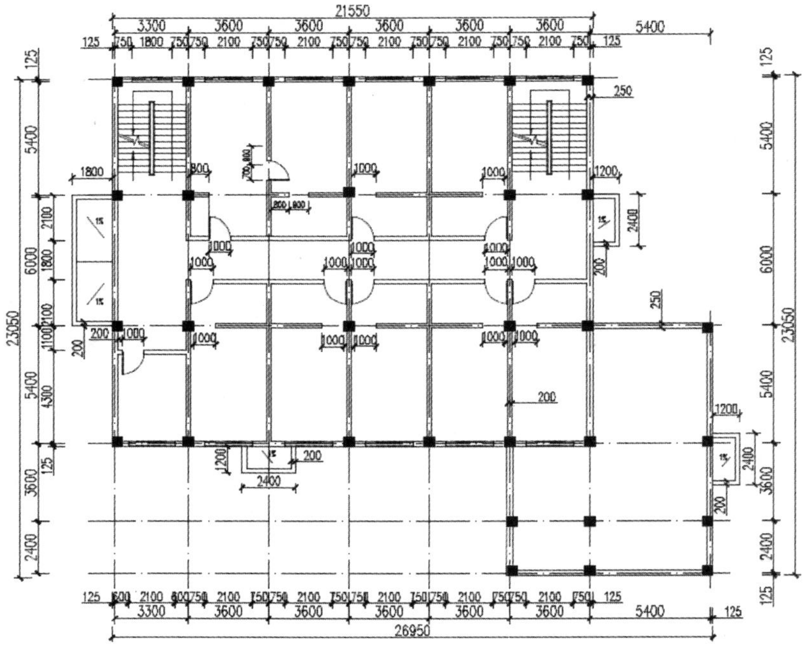

图 10-55

Step 03 将"文字标注"图层置为当前图层，然后单击"注释"标签下的"文字"面板，选择"图内说明"文字样式。

Step 04 执行"单行文字"命令（DT），设置文字大小为600，对图形进行文字说明。

Step 05 执行"复制"命令（CO），将其首层平面图中的标高符号复制到二、三层平面图中相应位置，并修改其标高值。

Step 06 将"轴线编号"图层置为当前图层，执行"插入"命令（I），将"案例\05\轴线编号.dwg"插入到图形相应位置，分别修改属性值，如图10-56所示。

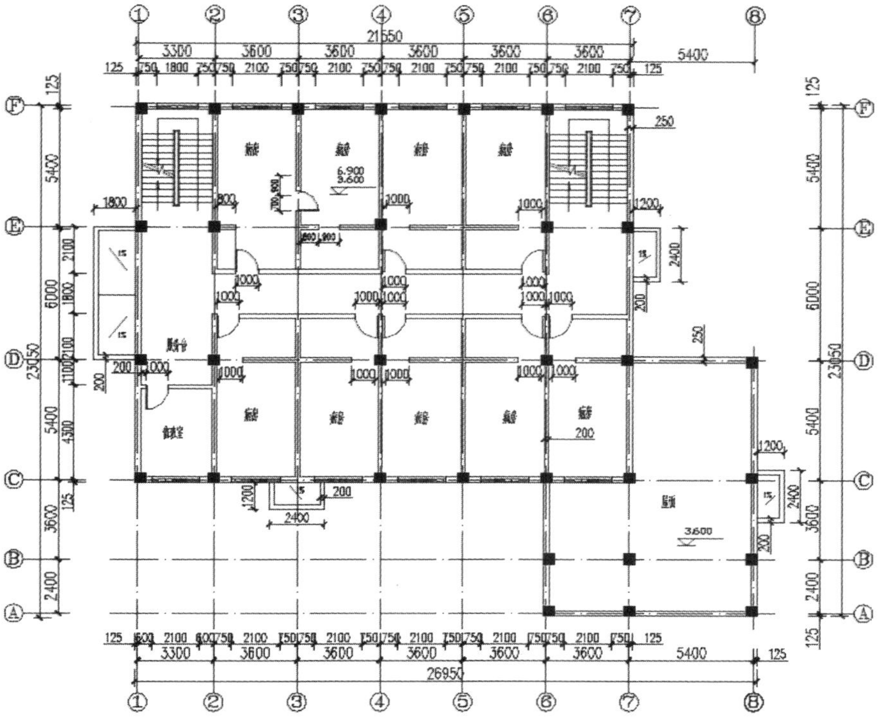

图 10-56

提示：步骤讲解

在进行轴标符号标注时，也可以直接在前面的首层平面图中复制、修改后移动到相应位置。

Step 07 将"文字标注"图层置为当前图层，然后单击"注释"标签下的"文字"面板，选择"图名"文字样式。

Step 08 执行"单行文字"命令（DT），在相应的位置输入"二、三层平面图"和比例"1:100"，然后分别选择相应的文字对象，按<Ctrl+1>键打开"特性"面板，修改对应文字大小为"1500"和"750"。

Step 09 执行"多段线"命令（PL），在图名的下侧绘制一条宽度为100，与文字标注大约等长的水平多段线，如图10-57所示。

Step 10 至此，该医院二、三层平面图绘制完毕。

读书破万卷

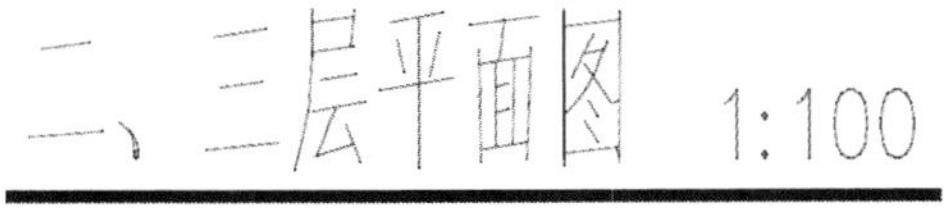

图 10-57

提示：步骤讲解

> 此时，医院二、三层平面图绘制完毕，由于后面还要绘制医院建筑的其他工程图纸，所以这里不关闭退出文件，但要按<Ctrl+S>组合键对其文件进行一次保存操作。

10.4 医院屋顶平面图的绘制

在绘制医院屋顶平面图时，先将前面绘制的二、三层平面图中轴线和柱子对象复制到右侧，然后根据图形的要求重新绘制墙体、吊顶轮廓等，最后根据要求对图形进行坡度、尺寸、文字、图名、比例标注等，其医院屋顶平面图的效果如图 10-58 所示。

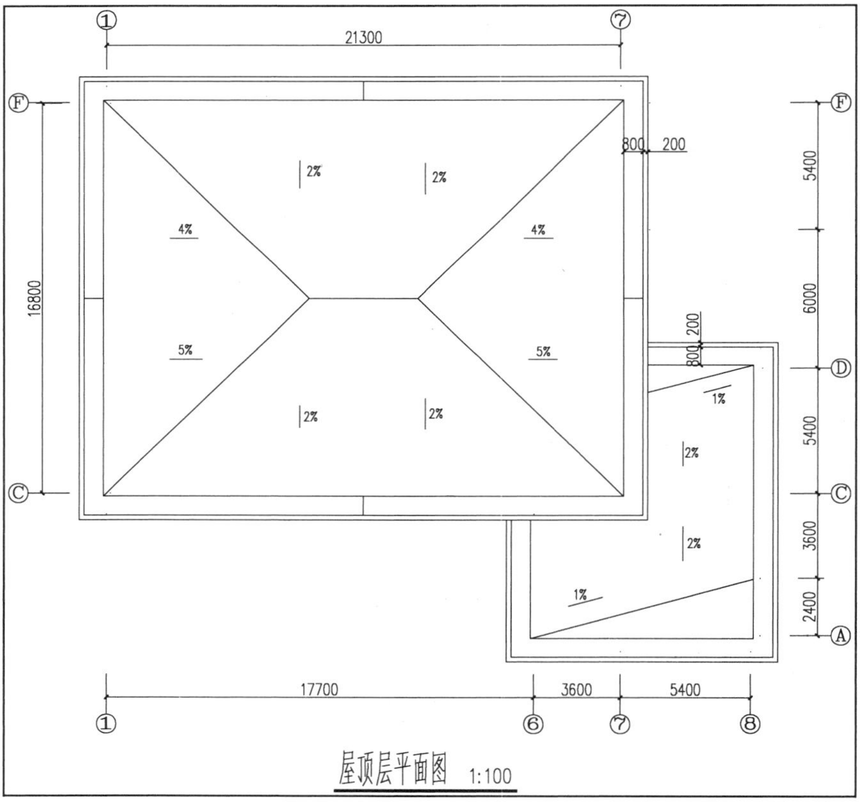

图 10-58

10.4.1 绘制屋顶平面图

案例	医院全套施工图.dwg	视频	绘制屋顶平面图.avi	时长	08'09"

在前面绘制好二、三层平面图之后，将原有的轴线、轴标号等对象水平向右复制即可操作进行绘制屋顶平面图。

Step 01 执行“复制”命令（CO），将“二、三层平面图”中的所有对象选中，然后将其水平向右复制到空白处位置。

Step 02 在“图层”工具栏的“图层控制”下拉列表中将“轴线”、“柱子”图层关闭，然后执行“删除”命令（E），将其复制到右侧的对象全部删除，然后再将“轴线”和“柱子”图层显示出来。

Step 03 将“墙体”图层置为当前图层，执行“多段线”命令（PL），绕柱子的外侧绘制封闭多段线，再使用“偏移”命令将其多段线向外偏移 800 和 200，如图 10-59 所示。

Step 04 执行“删除”命令（E），将所有的柱子对象删除，再执行“修剪”命令（TR），对其多段线进行修剪，效果如图 10-60 所示。

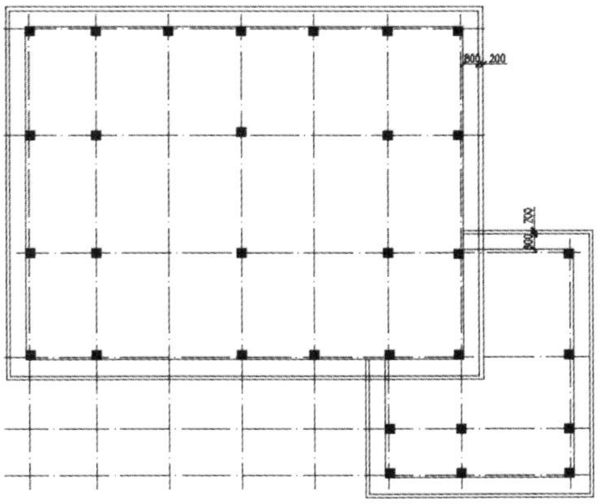

图 10-59

图 10-60

提示：步骤讲解

此处为了让读者更加清晰的观察墙体编辑后的效果，故关闭隐藏了“轴线”图层。

Step 05 执行“直线”（L）、“修剪”（TR）和“删除”（E）等命令，绘制屋顶轮廓线，如图 10-61 所示。

Step 06 将“文字标注”图层置为当前图层，执行“多段线”命令（PL），绘制屋顶坡度箭头符号，再执行“单行文字”命令（DT），设置字高为 500，标注坡度值，如图 10-62 所示。

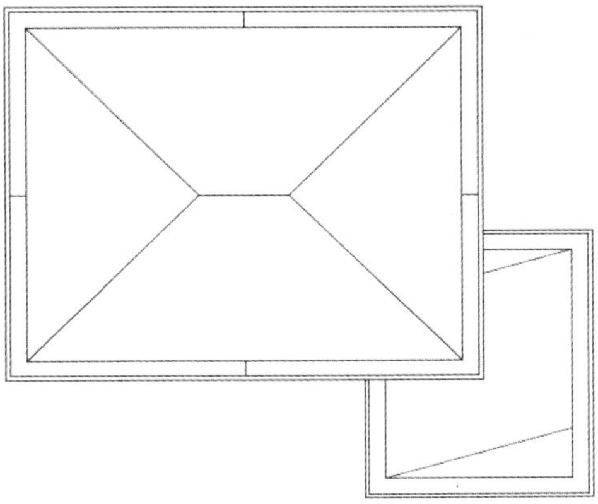

图 10-61

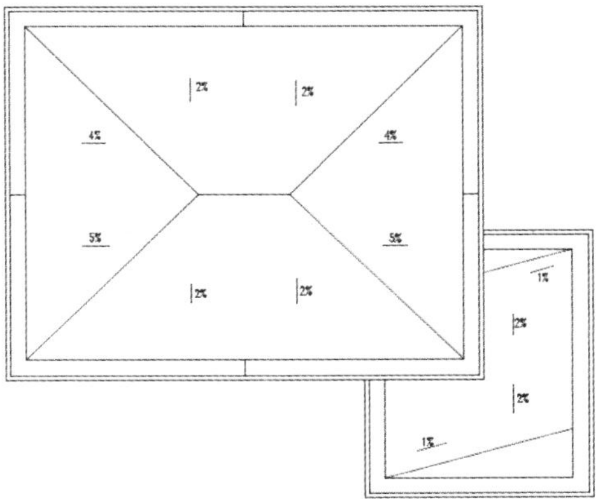

图 10-62

10.4.2 尺寸标注和文字说明

案例	医院全套施工图.dwg	视频	尺寸标注和文字说明.avi	时长	04'37"

前面已经将屋顶平面图基本绘制完毕，接下来进行文字说明、尺寸标注和图名的标注。

Step 01 单击"图层"面板中的"图层控制"下拉列表，将"尺寸标注"图层置为当前图层。

Step 02 执行"线性标注"（DLI）和"连续"（DCO）等命令，对屋顶平面图进行相应的尺寸标注，如图 10-63 所示。

Step 03 将"轴线编号"图层置为当前图层，执行"插入"命令（I），将"案例\05\轴线编号.dwg"插入到图形相应位置，分别修改属性值，如图 10-64 所示。

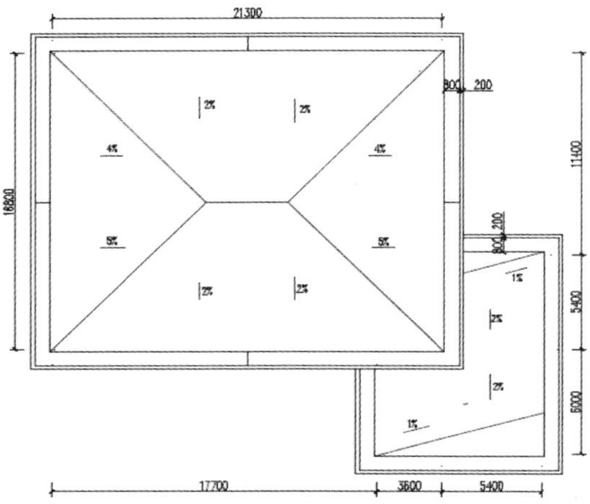

图 10-63

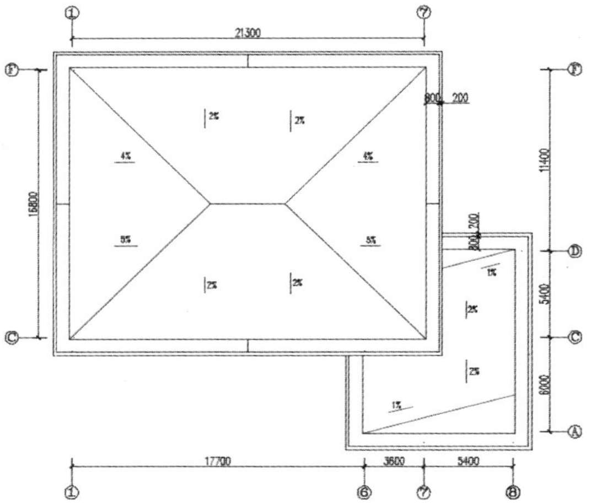

图 10-64

Step 04 将"文字标注"图层置为当前图层，然后单击"注释"标签下的"文字"面板，选择"图名"文字样式。

Step 05 执行"单行文字"命令（DT），在相应的位置输入"屋顶层平面图"和比例"1:100"，然后分别选择相应的文字对象，按<Ctrl+1>键打开"特性"面板，修改对应文字大小为"1500"和"750"。

Step 06 执行"多段线"命令（PL），在图名的下侧绘制一条宽度为 100，与文字标注大约等长的水平多段线，如图 10-65 所示。

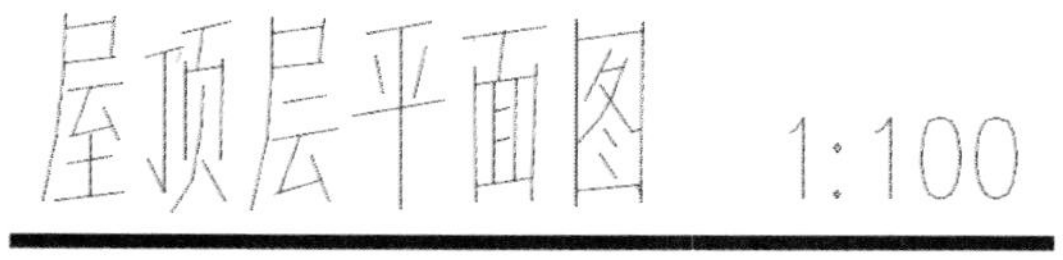

图 10-65

Step 07 至此，该医院屋顶层平面图绘制完毕。

提示：步骤讲解

此时，医院屋顶层平面图绘制完毕，由于后面还要绘制医院建筑的其他工程图纸，所以这里不关闭退出文件，但要按<Ctrl+S>组合键对其文件进行一次保存操作。

10.5 医院 1-8 立面图的绘制

在绘制医院 1-8 立面图时，首先将地下室平面图中竖直轴线对象垂直向下**复制**，再绘制并偏移楼层轴线，从而形成 1-8 立面图的轴网结构，接着使用“多段线”等命令绘制地平线和外轮库线，再绘制门窗对象，制作成图块，并插入到相应的位置，然后对其进行尺寸、文字、标高、图名、比例等标注，其绘制的最终效果如图 10-66 所示。

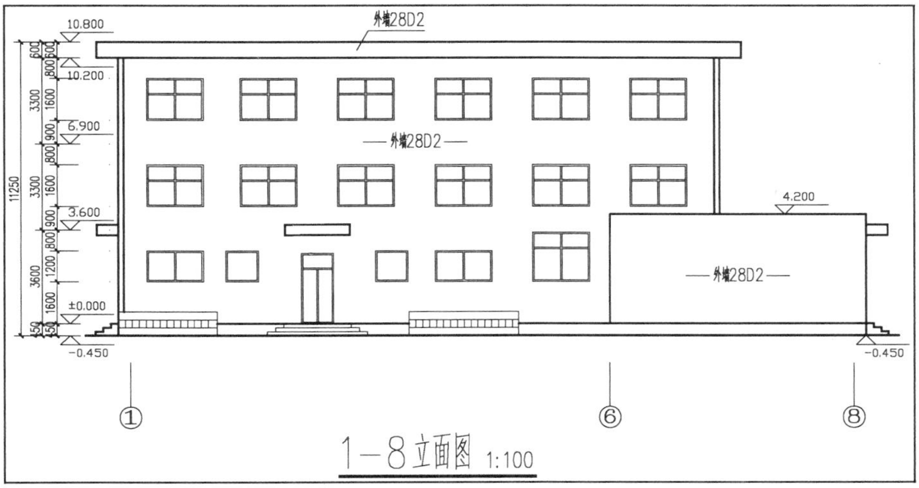

图 10-66

10.5.1 绘制辅助定位轴线

案例	医院全套施工图.dwg	视频	绘制辅助定位轴线.avi	时长	05'14"

Step 01 执行“复制”命令（CO），将地下室平面图中 1-8 号的竖直轴线及轴线文字垂直向下进行复制，如图 10-67 所示。

Step 02 将“轴线”图层置为当前图层，执行“直线”命令（L），在复制的对象的下侧绘制长度约为 30000 的水平轴线，再执行“偏移”命令（O），将水平轴线向上依次偏移 450、3600、3300、600，如图 10-68 所示。

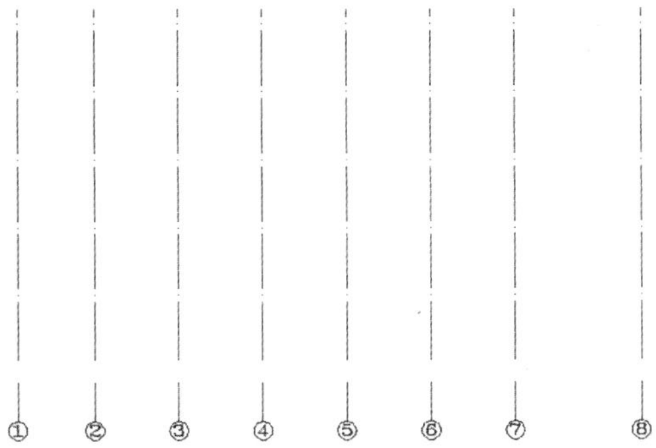

图 10-67

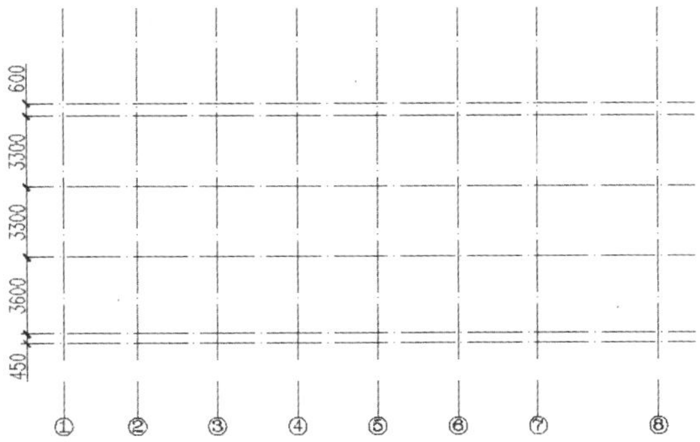

图 10-68

提示：步骤讲解

这里水平轴线偏移的距离是根据室外高度、各层层高、屋顶高等主要轮廓线的数值确定的。

Step 03 执行“偏移”命令（O），将 1、7 和 8 号轴线分别向外偏移 250、200 和 800，将从下往上数的第二条水平轴线向上偏移 4200，然后执行“修剪”命令（TR），将多余的轴线进行修剪操作，结果如图 10-69 所示。

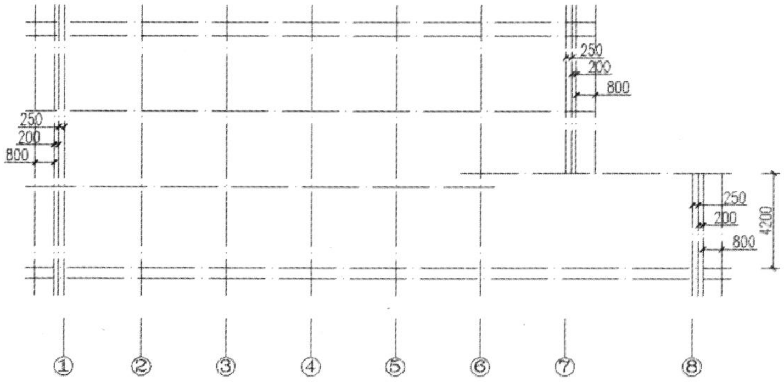

图 10-69

10.5.2 绘制立面图外轮廓

案例	医院全套施工图.dwg	视频	绘制立面图外轮廓.avi	时长	09'45"

在绘制建筑立面图时，根据其要求需要绘制一定宽度的外轮廓线，且其地平线的宽度还要比外轮廓宽。

Step 01 在命令行输入“LA”，在打开的“图层特性管理器”面板中新建“地平线”和“外轮廓线”两个图层，如图 10-70 所示。

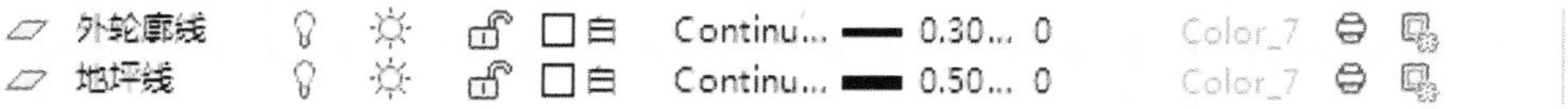

图 10-70

Step 02 单击“图层”面板中“图层控制”下拉列表，选择“地坪线”图层为当前图层。

Step 03 执行“直线”命令（L），捕捉最下侧轴线的起点和终点绘制一条水平线段，从而完成地平线的绘制，如图 10-71 所示。

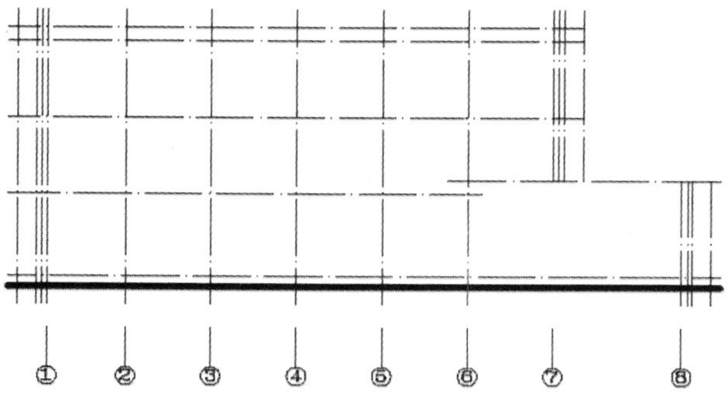

图 10-71

Step 04 将“外轮廓线”图层置为当前图层，执行“多段线”命令（PL），分别捕捉相应的交点绘制外轮廓线，从而完成外轮廓线的绘制，如图 10-72 所示。

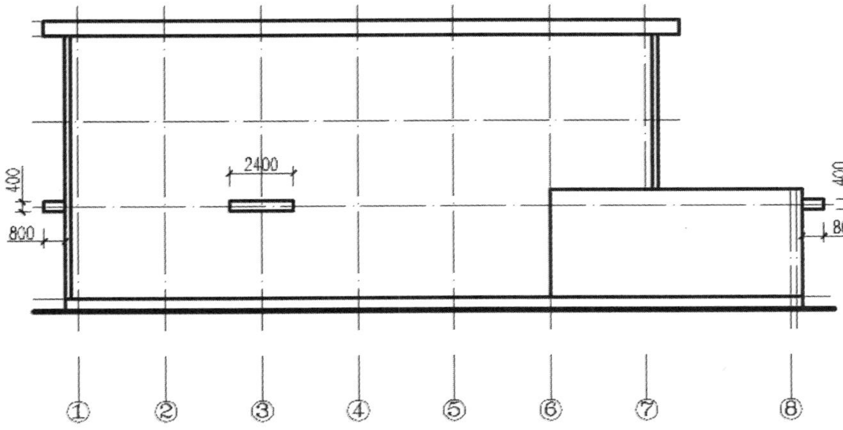

图 10-72

Step 05 将“0”图层置为当前图层，执行“多段线”（PL）、“直线”（L）和“修剪”等命令，绘制相应的台阶和阳光板等对象，如图 10-73 所示

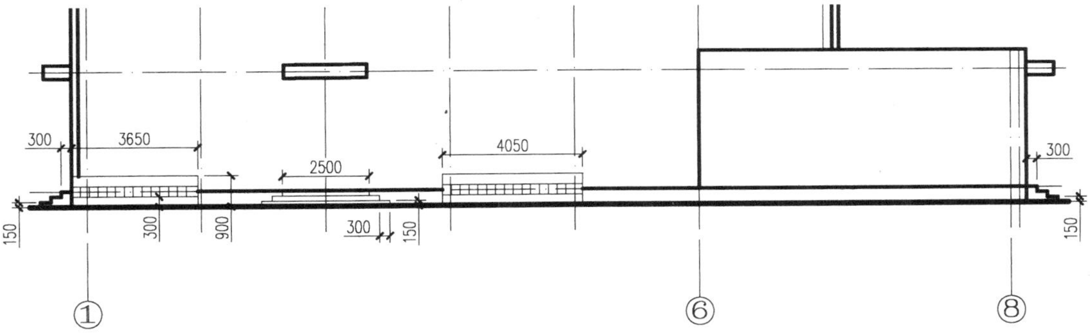

图 10-73

提示：步骤讲解

这里台阶和阳光板等对象的尺寸在前面首层平面图中能够找到。

10.5.3 绘制并安装立面门窗对象

案例	医院全套施工图.dwg	视频	绘制并安装立面门窗对象.avi	时长	09'43"

当立面图轮廓对象完成后，应绘制相应的门窗对象，并保存为图块对象，然后将其安装在相应位置。

Step 01 单击“图层”面板中的“图层控制”下拉列表，将“0”图层置为当前图层。

Step 02 执行“直线”（L）、“矩形”（REC）、“偏移”（O）、“修剪”（TR）等命令，绘制相应的门窗对象，如图 10-74 所示。

读书破万卷

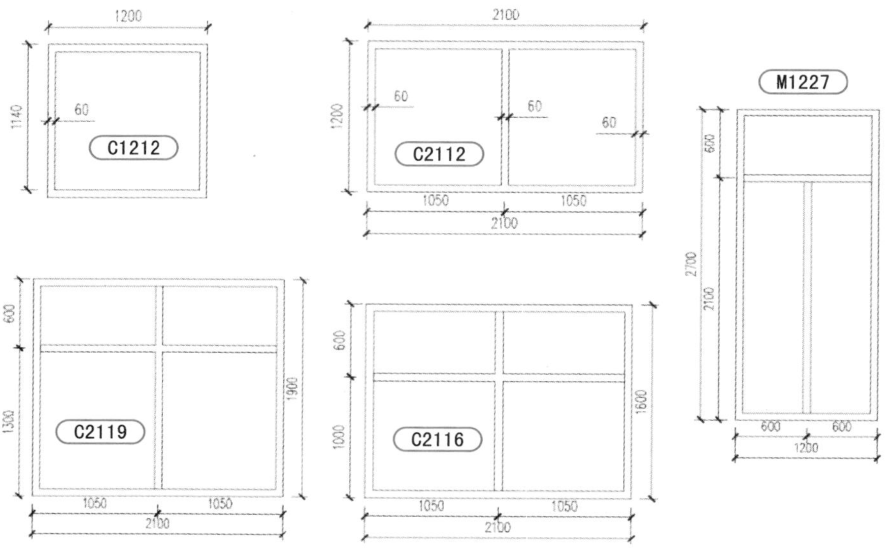

图 10-74

Step 03 执行“写块”命令（W），将绘制的各种门窗对象保存在“案例\10”文件夹下，分别命名为“C1212”、“C2112”、“M1227”、“C2119”和“C2116”。

提示：门窗名的解析

门窗名格式是由“窗/门（C/M）+窗宽+窗高”组成，如此处的“C2112”，表示宽度 2100 高度 1200 的窗。如“M1227”，表示该门宽 1200，高为 2700。

Step 04 执行“偏移”命令（O），将下侧第二条水平轴线向上偏移 1600，将第三、四条水平轴线分别向上偏移 900，如图 10-75 所示。

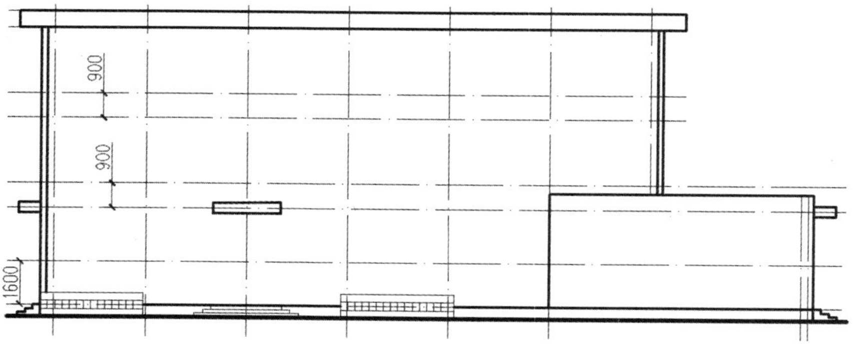

图 10-75

Step 05 继续执行“偏移”命令（O），将竖直轴线按照前面首层、二三层平面图窗洞口的位置要求进行偏移得到辅助线，如图 10-76 所示。

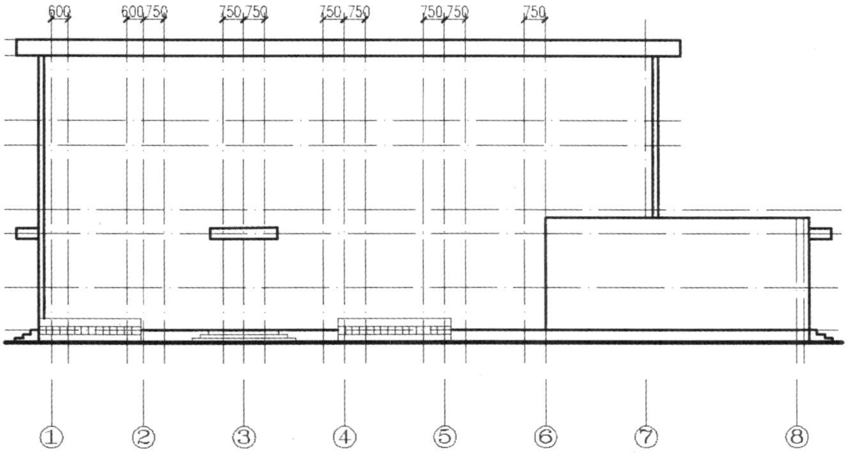

图 10-76

Step 06 将“门窗”图层置为当前图层，执行“插入”命令（I），分别将前面制作好的门窗对象插入到辅助线相应的位置，然后再将辅助轴线删除，效果如图 10-77 所示。

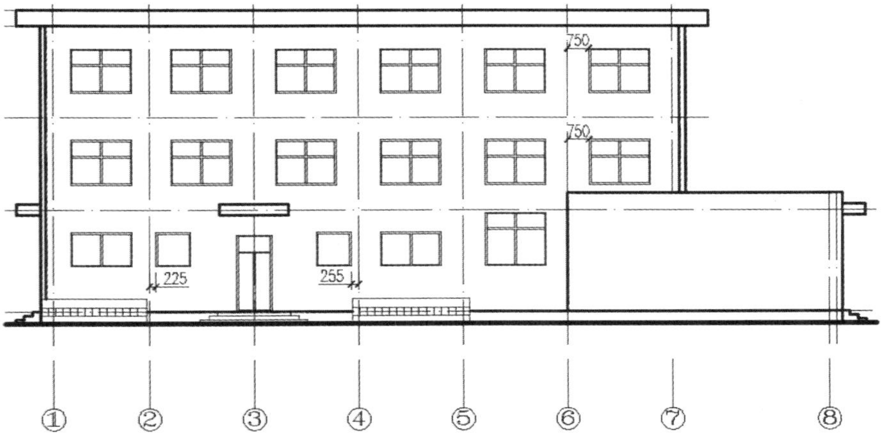

图 10-77

提示：步骤讲解

在进行第三层门窗图块的布置时，可以直接将第二层的门窗图块直接复制到第三层的相应位置即可。

10.5.4 医院立面图的标注

案例	医院全套施工图.dwg	视频	医院立面图的标注.avi	时长	08'33"

在医院立面图的地坪线、外轮廓线、门窗对象等已经绘制完毕后，接下来对其进行尺寸、文字、标高、图名和比例等标注。

Step 01 单击“图层”面板中的“图层控制”下拉列表，将“尺寸标注”图层置为当前图层。

Step 02 执行“线性标注”（DLI）和“连续”（DCO）等命令，对立面图进行相应的尺寸标注。

Step 03 将“文字标注”图层置为当前图层，然后单击“注释”标签下的“文字”面板，选择“图内说明”文字样式。

Step 04 执行“单行文字”命令（DT），设置文字大小为 600，对图形进行文字说明。

Step 05 执行“复制”命令（CO），将其首层平面图中的标高符号复制到立面图中相应位置，并修改其标高值，如图 10-78 所示。

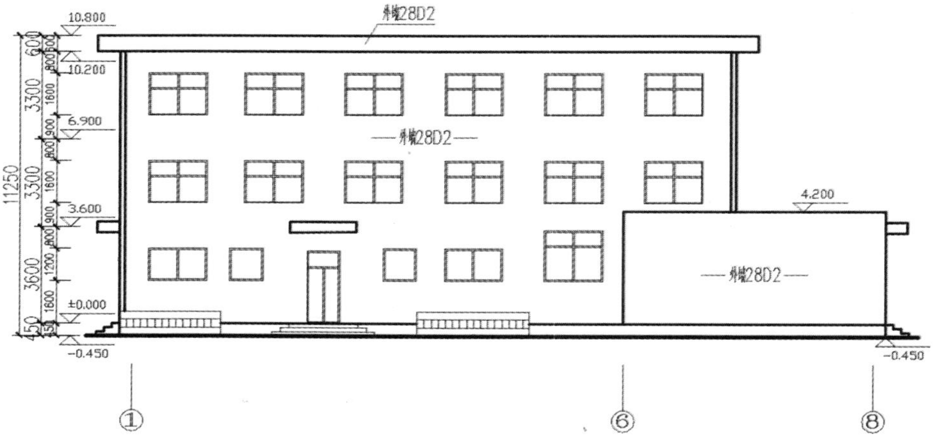

图 10-78

Step 06 将“文字标注”图层置为当前图层，然后单击“注释”标签下的“文字”面板，选择“图名”文字样式。

Step 07 执行“单行文字”命令（DT），在相应的位置输入“1-8 立面图”和比例“1:100”，然后分别选择相应的文字对象，按<Ctrl+1>键打开“特性”面板，修改对应文字大小为“1500”和“750”。

Step 08 执行“多段线”命令（PL），在图名的下侧绘制一条宽度为 100，与文字标注大约等长的水平多段线，如图 10-79 所示。

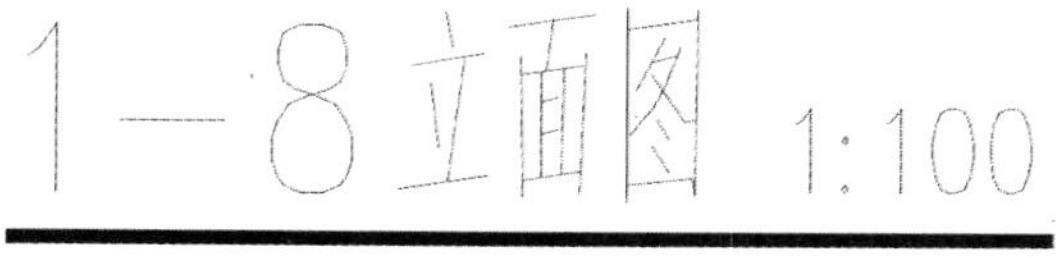

图 10-79

Step 09 至此，该医院 1-8 立面图绘制完毕。

提示：步骤讲解

此时，医院 1-8 立面图绘制完毕，由于后面还要绘制医院建筑的其他工程图纸，所以这里不关闭退出文件，但要按<Ctrl+S>组合键对其文件进行一次保存操作。

10.6 医院 1-1 剖面图的绘制

在绘制医院 1-1 剖面图时，首先将首层平面图的 C-F 的水平轴线及轴标文字对象向下复制，再对复制的对象进行旋转和镜像等操作，接着对其绘制剖面墙及楼层轮廓线，再对剖面墙及楼板进行混泥土填充，然后绘制剖面窗和立面窗对象，并安装到相应位置，最后进行尺寸、文字、标高、图名、比例等标注，其绘制的最终效果如图 10-80 所示。

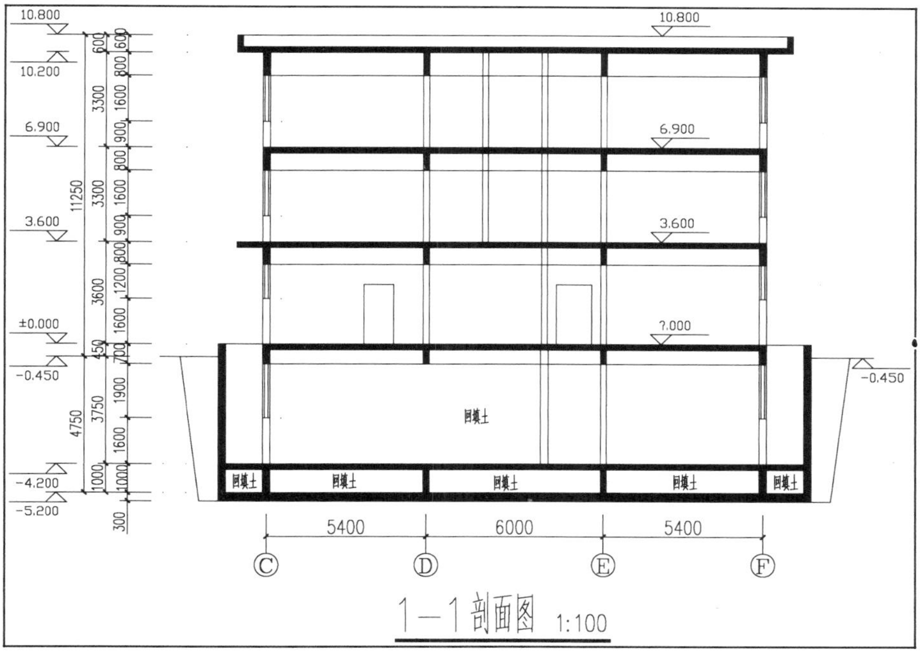

图 10-80

10.6.1 绘制辅助定位轴线

案例	医院全套施工图.dwg	视频	绘制辅助定位轴线.avi	时长	09'32"

Step 01 执行“复制”（CO）、“旋转”（RO）等命令，将首层平面图中的 C-F 轴线进行复制、旋转操作，使之符合 1-1 剖面图要求，如图 10-81 所示。

Step 02 将“轴线”图层置为当前图层，执行“直线”命令，在复制的对象的下侧绘制长度为 25000 的水平轴线，再执行“偏移”命令（O），将水平轴线向上依次偏移 1000、3750、450、3600、3300、3300 和 600，如图 10-82 所示。

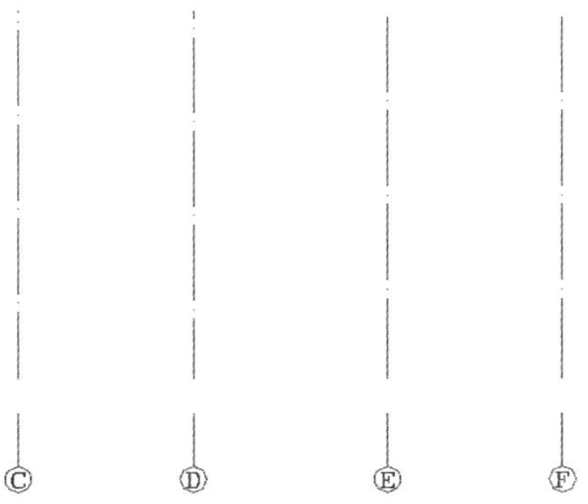

图 10-81

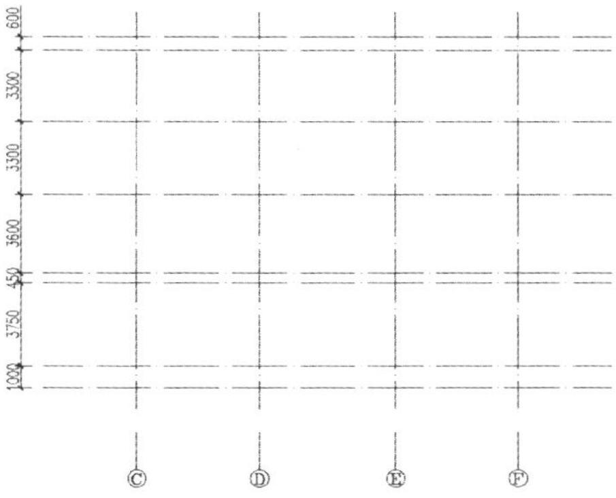

图 10-82

提示：步骤讲解

这里水平轴线偏移的距离是根据地下室、室外高度、各层层高、屋顶高等主要轮廓线的数值确定的。

Step 03 执行“偏移”命令（O），将 C、F 轴线分别向内、外偏移 125，再将 C、F 轴线分别向外偏移 1000，然后将 D、E 轴线分别向左、右各偏移 100，然后结果如图 10-83 所示。

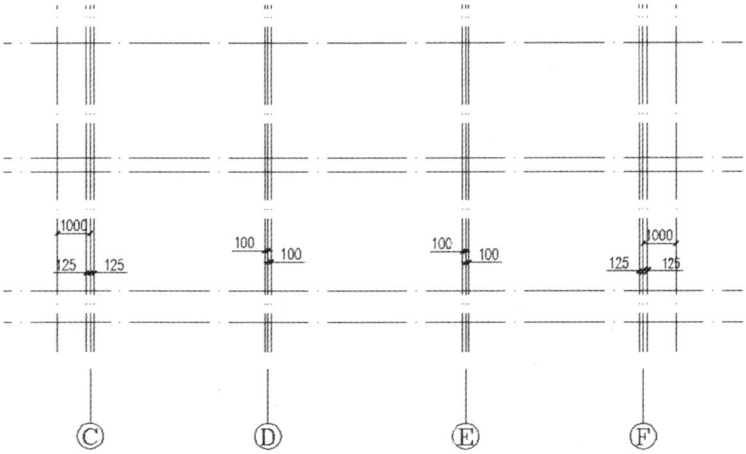

图 10-83

Step 04 继续执行“偏移”命令（O），将层高为 10.200 的水平轴线依次向下偏移 800、1600；将层高为 6.900 的水平轴线依次向下偏移 200、600、1600；将层高为 3.600 的水平轴线依次向下偏移 200、600、1200；将层高为 0.000 的水平轴线依次向下偏移 200、500、1900；将层高为−4.200 的水平轴线向下偏移 200；将层高为−5.200 的水平轴线向下偏移 300，结果如图 10-84 所示。

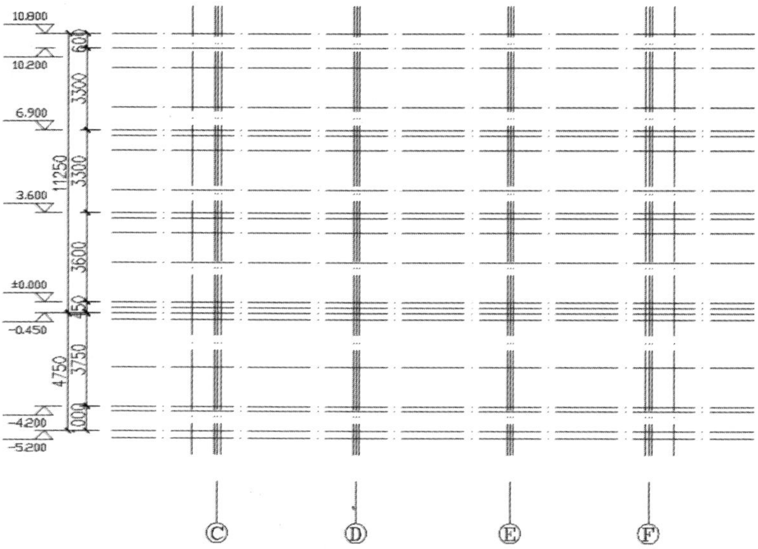

图 10-84

提示：步骤讲解

由于偏移后的水平轴线较多，为了区别主、次轴线，用户可将其主轴线与次轴线的颜色有所区分。

10.6.2 绘制轮廓线及墙体

案例	医院全套施工图.dwg	视频	绘制轮廓线及墙体.avi	时长	15'03"

在对剖面图的水平和竖直辅助轴线定位好后，接下来根据剖面图的要求绘制相应的地坪线、竖直墙线、水平楼层线等对象，最后对楼板及墙体对象进行填充操作。

Step 01 将“地坪线”置为当前图层，执行“直线”命令（L），过层高为-0.450 的水平轴线绘制地平线对象。

Step 02 将“外轮廓线”置为当前图层，执行“多段线”命令（PL），分别捕捉轴线交点绘制剖面图的外轮廓线，然后将“轴线”图层关闭，效果如图 10-85 所示。

Step 03 执行“修剪”命令（TR），修剪掉多余的轮廓线对象，结果如图 10-86 所示。

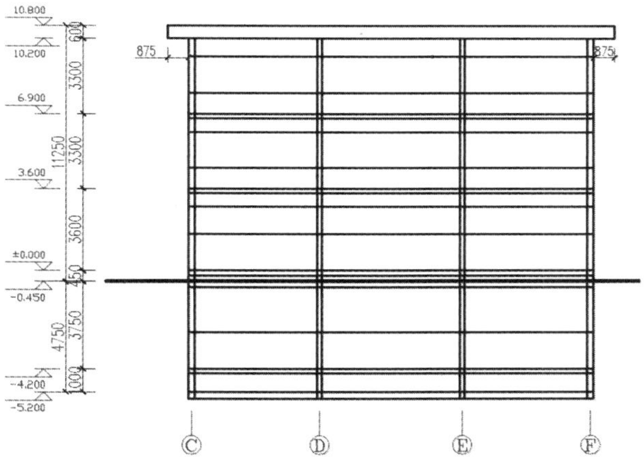

图 10-85

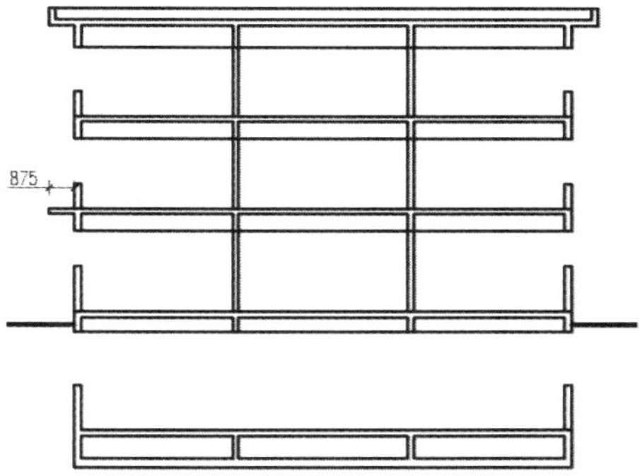

图 10-86

Step 04 执行“偏移”命令（O），将 C、F 轴线分别向外偏移 1375 和 250；然后执行“延伸”（EX）和“修剪”命令（TR），绘制绘制地下室轮廓对象，如图 10-87 所示。

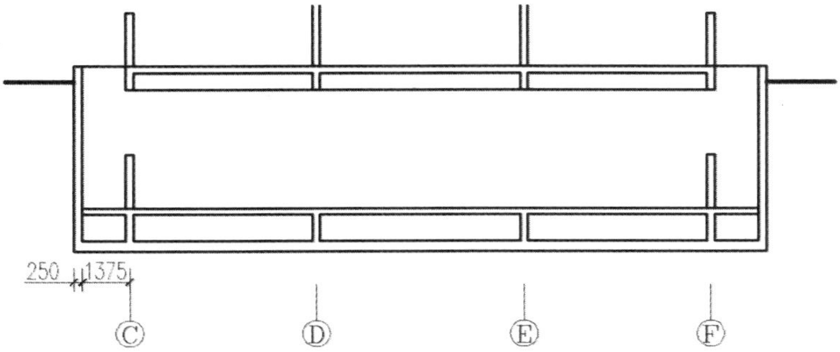

图 10-87

读书破万卷

Step 05 将“设施”图层置为当前图层，执行“多段线”命令（PL），在地下室左右两侧各绘制相应的多段线，从而形成窗井效果，如图 10-88 所示

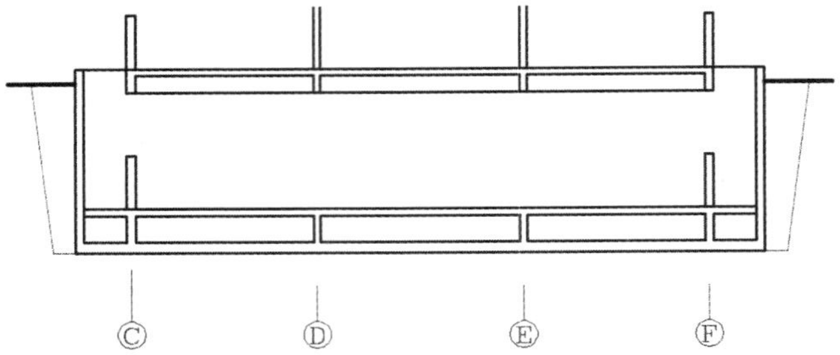

图 10-88

Step 06 在命令行输入“LA”，在打开的“图层特性管理器”面板中新建“填充”图层，并将它设置为当前图层，如图 10-89 所示。

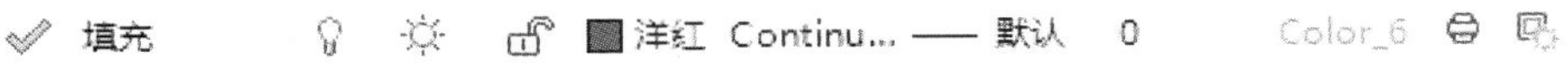

图 10-89

Step 07 执行“图案填充”命令（H），对剖面墙体及楼板对象进“SOLID”图案填充，然后将部分线段的由“外轮廓线”图层转换为“0”图层，其效果如图 10-90 所示

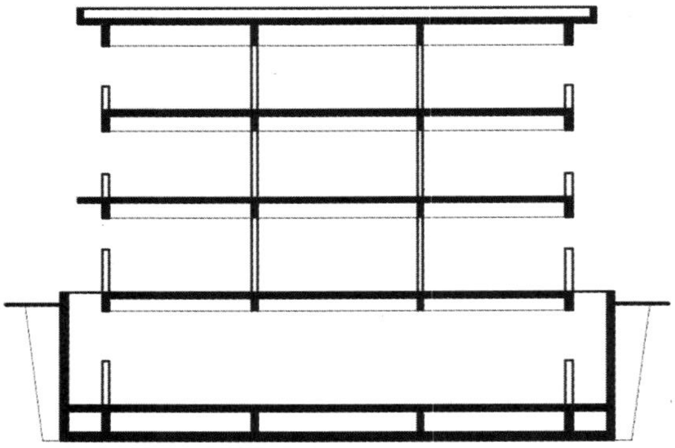

图 10-90

提示：步骤讲解

在进行图案填充过程中，拾取点区域时，若发现所选区域未闭合，则无法进行相应的填充操作，这时可首先将需要进行图案填充的区域绘制一条多段线，然后进行图案填充，最后删掉辅助用的多段线即可。

10.6.3 绘制门窗对象

案例	医院全套施工图.dwg	视频	绘制门窗对象.avi	时长	05'22"

对剖面图轮廓线绘制完成后，根据图形的要求绘制剖面门窗对象。

Step 01 将“外轮廓线”图层置为当前图层，执行“偏移”（O）、“直线”（L）和“修剪”（TR）等命令，在地下室和首层绘制如图 10-91 所示的隔墙。

Step 02 继续使用同样的方法，执行“偏移”（O）、“直线”（L）和“修剪”（TR）等命令，在二、三层绘制如图 10-92 所示的隔墙。

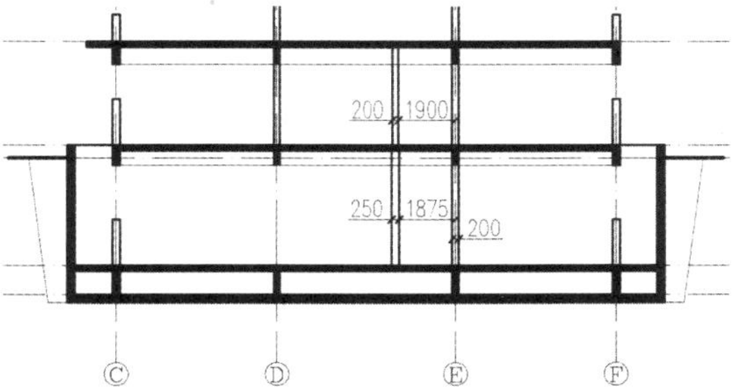

图 10-91

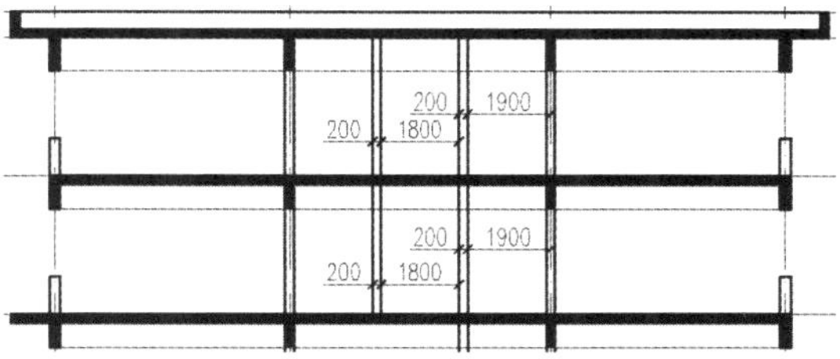

图 10-92

提示：步骤讲解

用户在绘制 D、E 轴之间的剖面隔墙效果时，可以放在前面绘制轮廓线部分中进行一并绘制。

Step 03 将“门窗”图层置为当前图层，执行“多线”命令（ML），以多线样式“C”来绘制相应的窗对象，如图 10-93 所示。

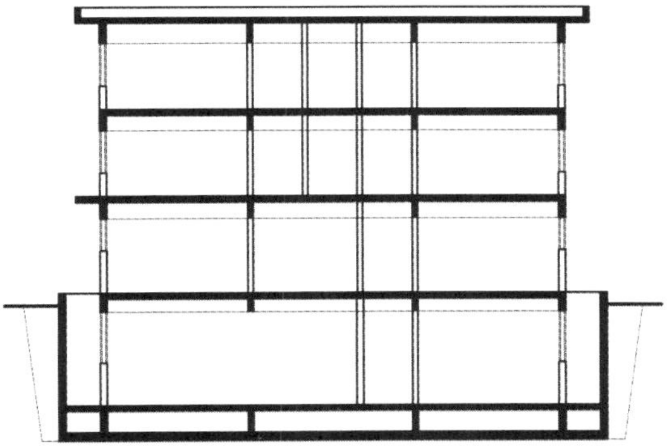

图 10-93

Step 04 执行“矩形”（REC）和“移动”（M）等命令，在首层剖面图中绘制 1000×2100 和 1200×2100 的矩形，然后将其移动到相应的位置，从而完成首层立面门的安装，如图 10-94 所示。

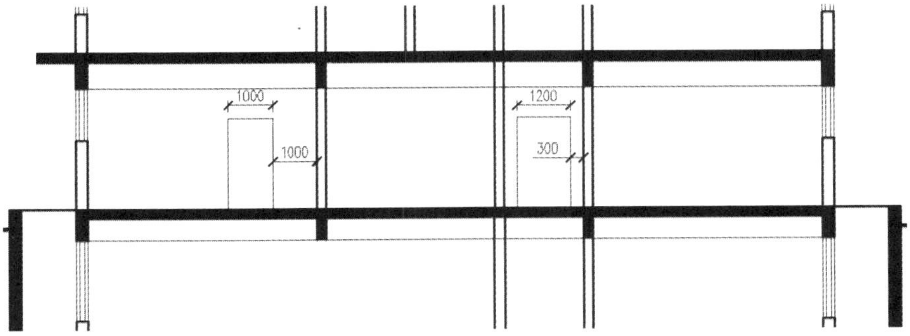

图 10-94

读书破万卷

10.6.4 医院剖面图的标注

案例	医院全套施工图.dwg	视频	医院剖面图的标注.avi	时长	06'06"

在医院 1-1 剖面图的外轮廓线、填充墙、门窗对象等绘制完毕后，接下来对其进行标注。

Step 01 根据前面图形的标注方法，对医院 1-1 剖面图进行尺寸、文字、标高、图名、比例等标注，最终效果如图 10-95 所示。

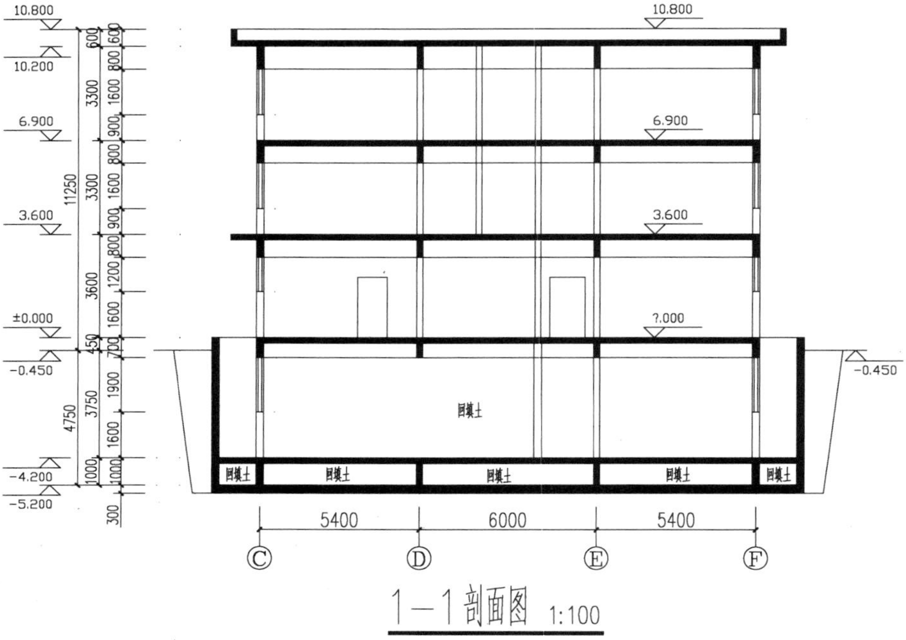

图 10-95

Step 02 至此，该医院 1-1 剖面图绘制完毕，在“快速访问”工具栏单击“保存”按钮，将所绘制图形进行保存。

Step 03 在键盘上按<Alt+F4>或<Ctrl+Q>组合键，退出所绘制的文件对象。

提示：步骤讲解

此时，医院全套建筑工程图纸已经全部绘制完毕，所以这里绘制图形一切完成后，应关闭退出文件。

附录A AutoCAD常见的快捷命令

1．对象特性					
快捷键	命令	含义	快捷键	命令	含义
AA	AREA	面积	LTS	LTSCALE	线形比例
ADC	ADCENTER	设计中心	LW	LWEIGHT	线宽
AL	ALIGN	对齐	MA	MATCHPROP	属性匹配
ATE	ATTEDIT	编辑属性	OP	OPTIONS	自定义设置
ATT	ATTDEF	属性定义	OS	OSNAP	设置捕捉模式
BO	BOUNDARY	边界创建	PRE	PREVIEW	打印预览
CH	PROPERTIES	修改特性	PRINT	PLOT	打印
COL	COLOR	设置颜色	PU	PURGE	清除垃圾
DI	DIST	距离	R	REDRAW	重新生成
DS	DSETTINGS	设置极轴追踪	REN	RENAME	重命名
EXIT	QUIT	退出	SN	SNAP	捕捉栅格
EXP	EXPORT	输出文件	ST	STYLE	文字样式
IMP	IMPORT	输入文件	TO	TOOLBAR	工具栏
LA	LAYER	图层操作	UN	UNITS	图形单位
LI	LIST	显示数据信息	V	VIEW	命名视图
LT	LINETYPE	线形			
2．绘图命令					
快捷键	命令	含义	快捷键	命令	含义
A	ARC	圆弧	MT	MTEXT	多行文本
B	BLOCK	块定义	PL	PLINE	多段线
C	CIRCLE	圆	PO	POINT	点
DIV	DIVIDE	等分	POL	POLYGON	正多边形
DO	DONUT	圆环	REC	RECTANGLE	矩形
EL	ELLIPSE	椭圆	REG	REGION	面域
H	BHATCH	填充	SPL	SPLINE	样条曲线
I	INSERT	插入块	T	MTEXT	多行文本
L	LINE	直线	W	WBLOCK	定义块文件
ML	MLINE	多线	XL	XLINE	构造线
3．修改命令					
快捷键	命令	含义	快捷键	命令	含义
AR	ARRAY	阵列	M	MOVE	移动
BR	BREAK	打断	MI	MIRROR	镜像
CHA	CHAMFER	倒角	O	OFFSET	偏移
CO	COPY	复制	PE	PEDIT	多段线编辑
E	ERASE	删除	RO	ROTATE	旋转
ED	DDEDIT	修改文本	S	STRETCH	拉伸
EX	EXTEND	延伸	SC	SCALE	比例缩放
F	FILLET	倒圆角	TR	TRIM	修剪
LEN	LENGTHEN	直线拉长	X	EXPLODE	分解

4．视窗缩放					
快捷键	命令	含义	快捷键	命令	含义
P	PAN	平移	Z+P		返回上一视图
Z		局部放大	Z+双空格		实时缩放
Z+E		显示全图			

5．尺寸标注					
快捷键	命令	含义	快捷键	命令	含义
D	DIMSTYLE	标注样式	DED	DIMEDIT	编辑标注
DAL	DIMALIGNED	对齐标注	DLI	DIMLINEAR	直线标注
DAN	DIMANGULAR	角度标注	DOR	DIMORDINATE	点标注
DBA	DIMBASELINE	基线标注	DOV	DIMOVERRIDE	替换标注
DCE	DIMCENTER	中心标注	DRA	DIMRADIUS	半径标注
DCO	DIMCONTINUE	连续标注	LE	QLEADER	快速引出标注
DDI	DIMDIAMETER	直径标注	TOL	TOLERANCE	标注形位公差

6．常用 Ctrl 快捷键					
快捷键	命令	含义	快捷键	命令	含义
Ctrl+1	PROPERTIES	修改特性	Ctrl+O	OPEN	打开文件
Ctrl+L	ORTHO	正交	Ctrl+P	PRINT	打印文件
Ctrl+N	NEW	新建文件	Ctrl+S	SAVE	保存文件
Ctrl+2	ADCENTER	设计中心	Ctrl+U		极轴
Ctrl+B	SNAP	栅格捕捉	Ctrl+V	PASTECLIP	粘贴
Ctrl+C	COPYCLIP	复制	Ctrl+W		对象追踪
Ctrl+F	OSNAP	对象捕捉	Ctrl+X	CUTCLIP	剪切
Ctrl+G	GRID	栅格	Ctrl+Z	UNDO	放弃

7．常用功能键					
快捷键	命令	含义	快捷键	命令	含义
F1	HELP	帮助	F7	GRIP	栅格
F2		文本窗口	F8	ORTHO	正交
F3	OSNAP	对象捕捉			

附录 B AutoCAD 常用的系统变量

A	
变量	含义
ACADLSPASDOC	控制 AutoCAD 是将 acad.lsp 文件加载到所有图形中，还是仅加载到在 AutoCAD 任务中打开的第一个文件中
ACADPREFIX	存储由 ACAD 环境变量指定的目录路径（如果有的话），如果需要则添加路径分隔符
ACADVER	存储 AutoCAD 版本号
ACISOUTVER	控制 ACISOUT 命令创建的 SAT 文件的 ACIS 版本
AFLAGS	设置 ATTDEF 位码的属性标志
ANGBASE	设置相对当前 UCS 的 0° 基准角方向
ANGDIR	设置相对当前 UCS 以 0° 为起点的正角度方向
APBOX	打开或关闭 AutoSnap 靶框
APERTURE	以像素为单位设置对象捕捉的靶框尺寸
AREA	存储由 AREA、LIST 或 DBLIST 计算出来的最后一个面积
ATTDIA	控制 INSERT 是否使用对话框获取属性值
ATTMODE	控制属性的显示方式
ATTREQ	确定 INSERT 在插入块时是否使用默认属性设置
AUDITCTL	控制 AUDIT 命令是否创建核查报告文件(ADT)
AUNITS	设置角度单位
AUPREC	设置角度单位的小数位数
AUTOSNAP	控制 AutoSnap 标记、工具栏提示和磁吸

B	
变量	含义
BACKZ	存储当前视口后剪裁平面到目标平面的偏移值
BINDTYPE	控制绑定或在位编辑外部参照时外部参照名称的处理方式
BLIPMODE	控制点标记是否可见

C	
变量	含义
CDATE	设置日历的日期和时间
CECOLOR	设置新对象的颜色
CELTSCALE	设置当前对象的线型比例缩放因子
CELTYPE	设置新对象的线型
CELWEIGHT	设置新对象的线宽
CHAMFERA	设置第一个倒角距离
CHAMFERB	设置第二个倒角距离
CHAMFERC	设置倒角长度
CHAMFERD	设置倒角角度
CHAMMODE	设置 AutoCAD 创建倒角的输入模式
CIRCLERAD	设置默认的圆半径
CLAYER	设置当前图层
CMDACTIVE	存储一个位码值，此位码值标识激活的是普通命令、透明命令、脚本还是对话框
CMDECHO	控制 AutoLISP 的(command)函数运行时 AutoCAD 是否回显提示和输入
CMDNAMES	显示活动命令和透明命令的名称
CMLJUST	指定多线对正方式
CMLSCALE	控制多线的全局宽度
CMLSTYLE	设置多线样式
COMPASS	控制当前视口中三维坐标球的开关状态
COORDS	控制状态栏上的坐标更新方式
CPLOTSTYLE	控制新对象的当前打印样式
CPROFILE	存储当前配置文件的名称
CTAB	返回图形中的当前选项卡(模型或布局)名称。通过本系统变量，用户可确定当前的活动选项卡
CURSORSIZE	按屏幕大小的百分比确定十字光标的大小
CVPORT	设置当前视口的标识号

D	
变量	含义
DATE	存储当前日期和时间
DBMOD	用位码表示图形的修改状态
DCTCUST	显示当前自定义拼写词典的路径和文件名
DCTMAIN	本系统变量显示当前的主拼写词典的文件名
DEFLPLSTYLE	为新图层指定默认打印样式名称
DEFPLSTYLE	为新对象指定默认打印样式名称
DELOBJ	控制用来创建其他对象的对象将从图形数据库中删除还是保留在图形数据库中
DEMANDLOAD	在图形包含由第三方应用程序创建的自定义对象时，指定 AutoCAD 是否以及何时要求加载此应用程序
DIASTAT	存储最近一次使用对话框的退出方式
DIMADEC	控制角度标注显示精度的小数位
DIMALT	控制标注中换算单位的显示
DIMALTD	控制换算单位中小数的位数
DIMALTF	控制换算单位中的比例因子

读书破万卷

DIMALTRND	决定换算单位的舍入
DIMALTTD	设置标注换算单位公差值的小数位数
DIMALTTZ	控制是否对公差值作消零处理
DIMALTU	设置所有标注样式族成员（角度标注除外）的换算单位的单位格式
DIMALTZ	控制是否对换算单位标注值作消零处理
DIMAPOST	指定所有标注类型（角度标注除外）换算标注测量值的文字前缀或后缀（或两者都指定）
DIMASO	控制标注对象的关联性
DIMASZ	控制尺寸线、引线箭头的大小
DIMATFIT	当尺寸界线的空间不足以同时放下标注文字和箭头时，确定这两者的排列方式
DIMAUNIT	设置角度标注的单位格式
DIMAZIN	对角度标注作消零处理
DIMBLK	设置显示在尺寸线或引线末端的箭头块
DIMBLK1	当 DIMSAH 为开时，设置尺寸线第一个端点箭头
DIMBLK2	当 DIMSAH 为开时，设置尺寸线第二个端点箭头
DIMCEN	控制由 DIMCENTER、DIMDIAMETER 和 DIMRADIUS 绘制的圆或圆弧的圆心标记和中心线
DIMCLRD	为尺寸线、箭头和标注引线指定颜色
DIMCLRE	为尺寸界线指定颜色
DIMCLRT	为标注文字指定颜色
DIMDEC	设置标注主单位显示的小数位位数
DIMDLE	当使用小斜线代替箭头进行标注时，设置尺寸线超出尺寸界线的距离
DIMDLI	控制基线标注中尺寸线的间距
DIMDSEP	指定一个单独的字符作为创建十进制标注时使用的小数分隔符
DIMEXE	指定尺寸界线超出尺寸线的距离
DIMEXO	指定尺寸界线偏离原点的距离
DIMFIT	已废弃。现由 DIMATFIT 和 DIMTMOVE 代替
DIMFRAC	设置当 DIMLUNIT 被设为 4（建筑）或 5（分数）时的分数格式
DIMGAP	在尺寸线分段以放置标注文字时，设置标注文字周围的距离
DIMJUST	控制标注文字的水平位置
DIMLDRBLK	指定引线的箭头类型
DIMLFAC	设置线性标注测量值的比例因子
DIMLIM	将极限尺寸生成为默认文字
DIMLUNIT	为所有标注类型（角度标注除外）设置单位
DIMLWD	指定尺寸线的线宽
DIMLWE	指定尺寸界线的线宽
DIMPOST	指定标注测量值的文字前缀/后缀（或两者都指定）
DIMRND	将所有标注距离舍入到指定值

DIMSAH	控制尺寸线箭头块的显示
DIMSCALE	为标注变量（指定尺寸、距离或偏移量）设置全局比例因子
DIMSD1	控制是否禁止显示第一条尺寸线
DIMSD2	控制是否禁止显示第二条尺寸线
DIMSE1	控制是否禁止显示第一条尺寸界线
DIMSE2	控制是否禁止显示第二条尺寸界线
DIMSHO	控制是否重新定义拖动的标注对象
DIMSOXD	控制是否允许尺寸线绘制到尺寸界线之外
DIMSTYLE	显示当前标注样式
DIMTAD	控制文字相对尺寸线的垂直位置
DIMTDEC	设置标注主单位的公差值显示的小数位数
DIMTFAC	设置用来计算标注分数或公差文字的高度的比例因子
DIMTIH	控制所有标注类型（坐标标注除外）的标注文字在尺寸界线内的位置
DIMTIX	在尺寸界线之间绘制文字
DIMTM	当 DIMTOL 或 DIMLIM 为开时，为标注文字设置最大下偏差
DIMTMOVE	设置标注文字的移动规则
DIMTOFL	控制是否将尺寸线绘制在尺寸界线之间（即使文字放置在尺寸界线之外）
DIMTOH	控制标注文字在尺寸界线外的位置
DIMTOL	将公差添加到标注文字中
DIMTOLJ	设置公差值相对名词性标注文字的垂直对正方式
DIMTP	当 DIMTOL 或 DIMLIM 为开时，为标注文字设置最大上偏差
DIMTSZ	指定线性标注、半径标注以及直径标注中替代箭头的小斜线尺寸
DIMTVP	控制尺寸线上方或下方标注文字的垂直位置
DIMTXSTY	指定标注的文字样式
DIMTXT	指定标注文字的高度，除非当前文字样式具有固定的高度
DIMTZIN	控制是否对公差值作消零处理
DIMUNIT	已废弃，现由 DIMLUNIT 和 DIMFRAC 代替
DIMUPT	控制用户定位文字的选项
DIMZIN	控制是否对主单位值作消零处理
DISPSILH	控制线框模式下实体对象轮廓曲线的显示
DISTANCE	存储由 DIST 计算的距离
DONUTID	设置圆环的默认内直径
DONUTOD	设置圆环的默认外直径
DRAGMODE	控制拖动对象的显示
DRAGP1	设置重生成拖动模式下的输入采样率
DRAGP2	设置快速拖动模式下的输入采样率
DWGCHECK	确定图形最后是否经非 AutoCAD 程序编辑

DWGCODEPAGE	存储与 SYSCODEPAGE 系统变量相同的值（出于兼容性的原因）
DWGNAME	存储用户输入的图形名
DWGPREFIX	存储图形文件的“驱动器/目录”前缀
DWGTITLED	指出当前图形是否已命名
E	
变量	含义
EDGEMODE	控制 TRIM 和 EXTEND 确定剪切边和边界的方式
ELEVATION	存储当前空间的当前视口中相对于当前 UCS 的当前标高值
EXPERT	控制是否显示某些特定提示
EXPLMODE	控制 EXPLODE 是否支持比例不一致（NUS）的块
EXTMAX	存储图形范围右上角点的坐标
EXTMIN	存储图形范围左下角点的坐标
EXTNAMES	为存储于符号表中的已命名对象名称（例如线型和图层）设置参数
F	
变量	含义
FACETRATIO	控制圆柱或圆锥 ACIS 实体镶嵌面的宽高比
FACETRES	调整着色对象和渲染对象的平滑度，对象的隐藏线被删除
FILEDIA	禁止显示文件对话框
FILLETRAD	存储当前的圆角半径
FILLMODE	指定多线、宽线、二维填充、所有图案填充（包括实体填充）和宽多段线是否被填充
FONTALT	指定在找不到指定的字体文件时使用的替换字体
FONTMAP	指定要用到的字体映射文件
FRONTZ	存储当前视口中前剪裁平面到目标平面的偏移量
FULLOPEN	指示当前图形是否被局部打开
G	
变量	含义
GRIDMODE	打开或关闭栅格
GRIDUNIT	指定当前视口的栅格间距（X 和 Y 方向）
GRIPBLOCK	控制块中夹点的分配
GRIPCOLOR	控制未选定夹点（绘制为轮廓框）的颜色
GRIPHOT	控制选定夹点（绘制为实心块）的颜色
GRIPS	控制“拉伸”、“移动”、“旋转”、“比例”和“镜像”夹点模式中选择集夹点的使用
GRIPSIZE	以像素为单位设置显示夹点框的大小
H	
变量	含义
HANDLES	报告应用程序是否可以访问对象句柄
HIDEPRECISION	控制消隐和着色的精度
HIGHLIGHT	控制对象的亮显。它并不影响使用夹点选定的对象
HPANG	指定填充图案的角度
HPBOUND	控制 BHATCH 和 BOUNDARY 创建的对象类型
HPDOUBLE	指定用户定义图案的交叉填充图案
HPNAME	设置默认的填充图案名称
HPSCALE	指定填充图案的比例因子
HPSPACE	为用户定义的简单图案指定填充图案的线间距
HYPERLINKBASE	指定图形中用于所有相对超级链接的路径
I	
变量	含义
IMAGEHLT	控制是亮显整个光栅图像还是仅亮显光栅图像边框
INDEXCTL	控制是否创建图层和空间索引并保存到图形文件中
INETLOCATION	存储 BROWSER 和“浏览 Web 对话框”使用的网址
INSBASE	存储 BASE 设置的插入基点
INSNAME	为 INSERT 设置默认块名
INSUNITS	当从 AutoCAD 设计中心拖放块时，指定图形单位值
INSUNITSDEFSOURCE	设置源内容的单位值
INSUNITSDEFTARGET	设置目标图形的单位值
ISAVEBAK	提高增量保存速度，特别是对于大的图形
ISAVEPERCENT	确定图形文件中所允许的占用空间的总量
ISOLINES	指定对象上每个曲面的轮廓素线的数目
L	
变量	含义
LASTANGLE	存储上一个输入圆弧的端点角度
LASTPOINT	存储上一个输入的点
LASTPROMPT	存储显示在命令行中的上一个字符串
LENSLENGTH	存储当前视口透视图中的镜头焦距长度（以毫米为单位）
LIMCHECK	控制在图形界限之外是否可以生成对象
LIMMAX	存储当前空间的右上方图形界限
LIMMIN	存储当前空间的左下方图形界限
LISPINIT	当使用单文档界面时，指定打开新图形时是否保留 AutoLISP 定义的函数和变量
LOCALE	显示当前 AutoCAD 版本的国际标准化组织（ISO）语言代码
LOGFILEMODE	指定是否将文本窗口的内容写入日志文件
LOGFILENAME	指定日志文件的路径和名称
LOGFILEPATH	为同一任务中的所有图形指定日志文件的路径

读书破万卷

LOGINNAME	显示加载 AutoCAD 时配置或输入的用户名
LTSCALE	设置全局线型比例因子
LUNITS	设置线性单位
LUPREC	设置线性单位的小数位数
LWDEFAULT	设置默认线宽的值
LWDISPLAY	控制"模型"或"布局"选项卡中的线宽显示
LWUNITS	控制线宽的单位显示为英寸还是毫米
M	
变量	含义
MAXACTVP	设置一次最多可以激活多少视口
MAXSORT	设置列表命令可以排序的符号名或块名的最大数目
MBUTTONPAN	控制定点设备第三按钮或滑轮的动作响应
MEASUREINIT	设置初始图形单位（英制或公制）
MEASUREMENT	设置当前图形的图形单位（英制或公制）
MENUCTL	控制屏幕菜单中的页切换
MENUECHO	设置菜单回显和提示控制位
MENUNAME	存储菜单文件名，包括文件名路径
MIRRTEXT	控制 MIRROR 对文字的影响
MODEMACRO	在状态行显示字符串
MTEXTED	设置用于多行文字对象的首选和次选文字编辑器
N	
变量	含义
NOMUTT	禁止消息显示，即不反馈工况（如果消息在通常情况不禁止）
O	
变量	含义
OFFSETDIST	设置默认的偏移距离
OFFSETGAPTYPE	控制如何偏移多段线以弥补偏移多段线的单个线段所留下的间隙
OLEHIDE	控制 AutoCAD 中 OLE 对象的显示
OLEQUALITY	控制内嵌的 OLE 对象质量默认的级别
OLESTARTUP	控制打印内嵌 OLE 对象时是否加载其源应用程序
ORTHOMODE	限制光标在正交方向移动
OSMODE	使用位码设置执行对象捕捉模式
OSNAPCOORD	控制是否从命令行输入坐标替代对象捕捉
P	
变量	含义
PAPERUPDATE	控制警告对话框的显示（如果试图以不同于打印配置文件默认指定的图纸大小打印布局）
PDMODE	控制如何显示点对象
PDSIZE	设置显示的点对象大小
PERIMETER	存储 AREA、LIST 或 DBLIST 计算的最后一个周长值
PFACEVMAX	设置每个面顶点的最大数目
PICKADD	控制后续选定对象是替换当前选择集还是追加到当前选择集中
PICKAUTO	控制"选择对象"提示下是否自动显示选择窗口
PICKBOX	设置选择框的高度
PICKDRAG	控制绘制选择窗口的方式
PICKFIRST	控制在输入命令之前（先选择后执行）还是之后选择对象
PICKSTYLE	控制编组选择和关联填充选择的使用
PLATFORM	指示 AutoCAD 工作的操作系统平台
PLINEGEN	设置如何围绕二维多段线的顶点生成线型图案
PLINETYPE	指定 AutoCAD 是否使用优化的二维多段线
PLINEWID	存储多段线的默认宽度
PLOTID	已废弃，在 AutoCAD2000 中没有效果，但在保持 AutoCAD2000 以前版本的脚本和 LISP 程序的完整性时还可能有用
PLOTROTMODE	控制打印方向
PLOTTER	已废弃，在 AutoCAD2000 中没有效果，但在保持 AutoCAD2000 以前版本的脚本和 LISP 程序的完整性时还可能有用
PLQUIET	控制显示可选对话框以及脚本和批打印的非致命错误
POLARADDANG	包含用户定义的极轴角
POLARANG	设置极轴角增量
POLARDIST	当 SNAPSTYL 系统变量设置为 1（极轴捕捉）时，设置捕捉增量
POLARMODE	控制极轴和对象捕捉追踪设置
POLYSIDES	设置 POLYGON 的默认边数
POPUPS	显示当前配置的显示驱动程序状态
PRODUCT	返回产品名称
PROGRAM	返回程序名称
PROJECTNAME	给当前图形指定一个工程名称
PROJMODE	设置修剪和延伸的当前"投影"模式
PROXYGRAPHICS	指定是否将代理对象的图像与图形一起保存
PROXYNOTICE	如果打开一个包含自定义对象的图形，而创建此自定义对象的应用程序尚未加载时，显示通知
PROXYSHOW	控制图形中代理对象的显示
PSLTSCALE	控制图纸空间的线型比例
PSPROLOG	为使用 PSOUT 时从 acad.psf 文件读取的前导段指定一个名称
PSQUALITY	控制 Postscript 图像的渲染质量
PSTYLEMODE	指明当前图形处于"颜色相关打印样式"还是"命名打印样式"模式
PSTYLEPOLICY	控制对象的颜色特性是否与其打印样式相关联
PSVPSCALE	为新创建的视口设置视图缩放比例因子

PUCSBASE	存储仅定义图纸空间中正交 UCS 设置的原点和方向的 UCS 名称
Q	
变量	含义
QTEXTMODE	控制文字的显示方式
R	
变量	含义
RASTERPREVIEW	控制 BMP 预览图像是否随图形一起保存
REFEDITNAME	指示图形是否处于参照编辑状态，并存储参照文件名
REGENMODE	控制图形的自动重生成
RE-INIT	初始化数字化仪、数字化仪端口和 acad.pgp 文件
RTDISPLAY	控制实时缩放(ZOOM)或平移(PAN)时光栅图像的显示
S	
变量	含义
SAVEFILE	存储当前用于自动保存的文件名
SAVEFILEPATH	为 AutoCAD 任务中所有自动保存文件指定目录的路径
SAVENAME	在保存图形之后存储当前图形的文件名和目录路径
SAVETIME	以分钟为单位设置自动保存的时间间隔
SCREENBOXES	存储绘图区域的屏幕菜单区显示的框数
SCREENMODE	存储表示 AutoCAD 显示的图形/文本状态的位码值
SCREENSIZE	以像素为单位存储当前视口的大小（X 和 Y 值）
SDI	控制 AutoCAD 运行于单文档还是多文档界面
SHADEDGE	控制渲染时边的着色
SHADEDIF	设置漫反射光与环境光的比率
SHORTCUTMENU	控制“默认”、“编辑”和“命令”模式的快捷菜单在绘图区域是否可用
SHPNAME	设置默认的形名称
SKETCHINC	设置 SKETCH 使用的记录增量
SKPOLY	确定 SKETCH 生成直线还是多段线
SNAPANG	为当前视口设置捕捉和栅格的旋转角
SNAPBASE	相对于当前 UCS 设置当前视口中捕捉和栅格的原点
SNAPISOPAIR	控制当前视口的等轴测平面
SNAPMODE	打开或关闭“捕捉”模式
SNAPSTYL	设置当前视口的捕捉样式
SNAPTYPE	设置当前视口的捕捉样式
SNAPUNIT	设置当前视口的捕捉间距
SOLIDCHECK	打开或关闭当前 AutoCAD 任务中的实体校验
SORTENTS	控制 OPTIONS 命令（从“选择”选项卡中执行）对象排序操作
SPLFRame	控制样条曲线和样条拟合多段线的显示
SPLINESEGS	设置为每条样条拟合多段线生成的线段数目
SPLINETYPE	设置用 PEDIT 命令的“样条曲线”选项生成的曲线类型
SURFTAB1	设置 RULESURF 和 TABSURF 命令所用到的网格面数目
SURFTAB2	设置 REVSURF 和 EDGESURF 在 N 方向上的网格密度
SURFTYPE	控制 PEDIT 命令的“平滑”选项生成的拟合曲面类型
SURFU	设置 PEDIT 的“平滑”选项在 M 方向所用到的表面密度
SURFV	设置 PEDIT 的“平滑”选项在 N 方向所用到的表面密度
SYSCODEPAGE	指示 acad.xmf 中指定的系统代码页
T	
变量	含义
TABMODE	控制数字化仪的使用
TARGET	存储当前视口中目标点的位置
TDCREATE	存储图形创建的本地时间和日期
TDINDWG	存储总编辑时间
TDUCREATE	存储图形创建的国际时间和日期
TDUPDATE	存储最后一次更新/保存的本地时间和日期
TDUSRTIMER	存储用户消耗的时间
TDUUPDATE	存储最后一次更新/保存的国际时间和日期
TEMPPREFIX	包含用于放置临时文件的目录名
TEXTEVAL	控制处理字符串的方式
TEXTFILL	控制打印、渲染以及使用 PSOUT 命令输出时 TrueType 字体的填充方式
TEXTQLTY	控制打印、渲染以及使用 PSOUT 命令输出时 TrueType 字体轮廓的分辨率
TEXTSIZE	设置以当前文字样式绘制出来的新文字对象的默认高
TEXTSTYLE	设置当前文字样式的名称
THICKNESS	设置当前三维实体的厚度
TILEMODE	将“模型”或最后一个布局选项卡设置为当前选项卡
TOOLTIPS	控制工具栏提示的显示
TRACEWID	设置宽线的默认宽度
TRACKPATH	控制显示极轴和对象捕捉追踪的对齐路径
TREEDEPTH	指定最大深度，即树状结构的空间索引可以分出分支的最大数目
TREEMAX	通过限制空间索引（八叉树）中的节点数目，从而限制重新生成图形时占用的内存
TRIMMODE	控制 AutoCAD 是否修剪倒角和圆角的边缘
TSPACEFAC	控制多行文字的行间距。以文字高度的比例计算 t
TSPACETYPE	控制多行文字中使用的行间距类型
TSTACKALIGN	控制堆迭文字的垂直对齐方式

TSTACKSIZE	控制堆迭文字分数的高度相对于选定文字的当前高度的百分比
U	
变量	含义
UCSAXISANG	存储使用 UCS 命令的 X，Y 或 Z 选项绕轴旋转 UCS 时的默认角度值
UCSBASE	存储定义正交 UCS 设置的原点和方向的 UCS 名称
UCSFOLLOW	用于从一个 UCS 转换到另一个 UCS 时生成一个平面视图
UCSICON	显示当前视口的 UCS 图标
UCSNAME	存储当前空间中当前视口的当前坐标系名称
UCSORG	存储当前空间中当前视口的当前坐标系原点
UCSORTHO	确定恢复一个正交视图时是否同时自动恢复相关的正交 UCS 设置
UCSVIEW	确定当前 UCS 是否随命名视图一起保存
UCSVP	确定活动视口的 UCS 保持定态还是作相应改变以反映当前活动视口的 UCS 状态
UCSXDIR	存储当前空间中当前视口的当前 UCS 的 X 方向
UCSYDIR	存储当前空间中当前视口的当前 UCS 的 Y 方向
UNDOCTL	存储指示 UNDO 命令的“自动”和“控制”选项的状态位码
UNDOMARKS	存储“标记”选项放置在 UNDO 控制流中的标记数目
UNITMODE	控制单位的显示格式
USERI1-5	存储和提取整型值
USERR1-5	存储和提取实型值
USERS1-5	存储和提取字符串数据
V	
变量	含义
VIEWCTR	存储当前视口中视图的中心点
VIEWDIR	存储当前视口中的查看方向
VIEWMODE	使用位码控制当前视口的查看模式
VIEWSIZE	存储当前视口的视图高度
VIEWTWIST	存储当前视口的视图扭转角

VISRETAIN	控制外部参照依赖图层的可见性、颜色、线型、线宽和打印样式（如果 PSTYLEPOLICY 设置为 0），并且指定是否保存对嵌套外部参照路径的修改
VSMAX	存储当前视口虚屏的右上角坐标
VSMIN	存储当前视口虚屏的左下角坐标
W	
变量	含义
WHIPARC	控制圆或圆弧是否平滑显示
WMFBKGND	控制 WMFOUT 命令输出的 Windows 图元文件、剪贴板中对象的图元格式，以及拖放到其他应用程序的图元的背景
WORLDUCS	指示 UCS 是否与 WCS 相同
WORLDVIEW	确定响应 3DORBIT、DVIEW 和 VPOINT 命令的输入是相对于 WCS（默认），还是相对于当前 UCS 或由 UCSBASE 系统变量指定的 UCS
WRITESTAT	指出图形文件是只读的还是可写的。开发人员需要通过 AutoLISP 确定文件的读/写状态
X	
变量	含义
XCLIPFRame	控制外部参照剪裁边界的可见性
XEDIT	控制当前图形被其他图形参照时是否可以在位编辑
XFADECTL	控制在位编辑参照时的褪色度
XLOADCTL	打开或关闭外部参照文件的按需加载功能，控制打开原始图形还是打开一个副本
XLOADPATH	创建一个路径用于存储按需加载的外部参照文件临时副本
XREFCTL	控制 AutoCAD 是否生成外部参照的日志文件(XLG)
Z	
变量	含义
ZOOMFACTOR	控制智能鼠标的每一次前移或后退操作所执行的缩放增量